应用型本科院校
土木工程专业系列教材

重大版·建筑

YINGYONGXING BENKE YUANXIAO
TUMU GONGCHENG ZHUANYE XILIE JIAOCAI

U0240600

第2版

土力学与基础工程

TULIXUE YU JICHU GONGCHENG

主　编■韩建刚

副主编■吕秀杰　李巨文　李　驰

参　编■（以姓氏笔画为序）
　　　　李光范　李红霞　何朋立
　　　　杜　娟　吴晓枫　胡　伟

主　审■刘明振

重庆大学出版社

内 容 提 要

本书系统地阐明了土力学的基本理论,介绍了基础工程的基本原理。全书的内容包括土的物理性质及工程分类、土的渗透性与渗流、土中应力和沉降、土的抗剪强度与地基承载力、土压力与土坡稳定性、岩土工程勘察、浅基础、桩基础与其他深基础、地基处理、特殊土地基等共 10 章。本书内容简明扼要、重点突出,并附有大量的例题、思考题、习题及答案,以便于自学。

本书可作为高等学校应用型本科土木工程专业基础课教材,亦可供建筑设计院、勘察院和建筑公司工程技术人员学习参考。

图书在版编目(CIP)数据

土力学与基础工程/韩建刚主编.—2 版.—重庆:
重庆大学出版社,2014.8(2015.12 重印)
应用型本科院校土木工程专业系列教材
ISBN 978-7-5624-8524-7

Ⅰ.①土⋯ Ⅱ.①韩⋯ Ⅲ.①土力学—高等学校—教
材②基础(工程)—高等学校—教材 Ⅳ.①TU4

中国版本图书馆 CIP 数据核字(2014)第 183128 号

应用型本科院校土木工程专业系列教材
土力学与基础工程
(第二版)
主 编 韩建刚
副主编 吕秀杰 李巨文 李 驰
主 审 刘明振
责任编辑:范春青 版式设计:范春青
责任校对:关德强 责任印制:赵 晟

*

重庆大学出版社出版发行
出版人:易树平
社址:重庆市沙坪坝区大学城西路 21 号
邮编:401331
电话:(023) 88617190 88617185(中小学)
传真:(023) 88617186 88617166
网址:http://www.cqup.com.cn
邮箱:fxk@ cqup.com.cn(营销中心)
全国新华书店经销
万州日报印刷厂印刷

*

开本:787×1092 1/16 印张:24.5 字数:581 千
2014 年 8 月第 2 版 2015 年 12 月第 6 次印刷
印数:11 102—14 101
ISBN 978-7-5624-8524-7 定价:43.00 元

第二版前言

本书力求实现土力学和基础工程的有机结合，并保持各自的独立性。在教材的内容体系安排上，考虑了有些院校将"土力学"和"基础工程"分开设课的实际情况。本教材既能满足"土力学与基础工程"设课的教学需要，又可满足"土力学"和"基础工程"分别设课的教学要求。

本书基本特点是：设计与施工密切结合，以具体应用现行设计与施工技术规范于工程实践为主线。由于《岩土工程勘察规范》(2009 年版)(GB 50021—2001)、《建筑地基基础设计规范》(GB 50007—2011)、《建筑地基处理技术规范》(JGJ 79—2012)等技术规范或规程已经进行了更新，第二版对相应内容进行了改编。

此外，在教学过程中还发现少量不足之处，也进行了修改。

本书由海南大学韩建刚主编，吕秀杰、李巨文、李驰副主编，西安建筑科技大学刘明振教授主审。

参加本书编写人员如下：绪论、第 1 章由韩建刚(海南大学)编写；第 2 章由李光范(海南大学)编写，第 3 章由李红霞(黄河科技学院)编写；第 4 章由杜娟(海南大学)编写；第 5 章由何朋立(洛阳理工学院)编写；第 6 章由李驰(内蒙古工业大学)编写；第 7 章由吕秀杰(嘉兴学院)编写；第 8 章由胡伟(海南大学)编写；第 9 章由李巨文(防灾科技学院)编写；第 10 章由吴晓枫(常州工学院)编写。最后，由韩建刚教授负责全书的统稿和定稿工作。

限于编者水平和能力，书中定有不当之处，恳请读者不吝指正。

编　者
2014 年 5 月

第一版前言

　　本书是应用型本科院校土木工程专业系列教材之一,较系统地介绍了土力学和基础工程的基本理论知识、分析计算方法及在工程实践中的应用等。土力学部分有:土的物理性质及工程分类、土的渗透性与渗流、土中应力和沉降、土的抗剪强度和地基承载力、土压力与土坡稳定。基础工程部分有:岩土工程勘察、浅基础、桩基础及其他深基础、地基处理、特殊土地基等。主要章节附有例题、复习思考题及习题。

　　本书力求实现土力学和基础工程的有机结合,并保持各自的独立性。在教材的内容体系安排上,既能满足"土力学与基础工程"单独设课的教学需要,又可满足"土力学"和"基础工程"分别设课的教学要求。

　　本书基本特点是设计与施工密切结合,以具体应用现行设计与施工技术规范于工程实践为主线,实现《土的工程分类标准》(GB/T 50145—2007)、《岩土工程勘察规范》(GB 50021—2001)、《建筑地基基础设计规范》(GB 50007—2002)、《建筑桩基技术规范》(JGJ 94—2008)、《公路桥涵地基与基础设计规范》(JGJD 63—2007)等现行技术规范或规程的融合。

　　本书内容充实、概念清楚、层次分明、覆盖面广、重点突出。本书主要作为普通高等学校土木工程专业(建筑工程、交通土建、岩土工程等)的教学用书,并可作为地基基础课程设计的参考资料,亦可供其他相近专业师生及工程技术人员参考使用。

　　本书由海南大学韩建刚任主编,吕秀杰、李巨文、李驰任副主编,西安建筑科技大学刘明振教授主审。

　　参加本书编写人员如下:绪论、第1章由韩建刚(海南大学)编写;第2章由李光范(海南大学)编写;第3章由李红霞(黄河科技学院)编写;第4章由杜娟(海南大学)编写;第5章由何朋立(洛阳理工学院)编写;第6章由李驰(内蒙古工业大学)编写;第7章由吕秀杰(嘉兴学院)编写;第8章由吴景华(长春工程学院)、胡伟(海南大学)编写;第9章由李巨文(防灾

科技学院)编写;第10章由吴晓枫(常州工学院)编写。最后,由韩建刚教授负责全书的统稿和定稿工作。

限于编者水平和能力,书中定有不当之处,恳请读者不吝指正。

编 者

2009 年 3 月

目　录

绪 论

土是岩石经过物理、化学、生物等风化作用的产物，是矿物颗粒组成的集合体，多数情况下是由固体颗粒、水和空气组成的三相体。土力学是运用力学知识和土工测试技术，研究土的物理、力学性质，以及土的变形及其强度变化规律的一门学科。

"土"是一个广义词，它包括岩石、碎石、砂及细粒土。研究岩石力学特性的学科称为岩石力学，土力学和岩石力学统称为岩土力学。随着生产和科学技术的发展，又开辟了许多土力学的分支，如理论土力学、计算土力学、实验土力学、应用土力学、环境土力学、海洋土力学、冻土力学、黄土力学、土动力学等。

工程上所研究的土，可作为建筑环境（如地下隧道周围的土介质）、建筑材料（如公路路堤的填筑材料）和支承建筑物与构筑物的地基。为了保证建筑物或构筑物的正常使用，对于支承整个建筑荷载的地基，应满足两个基本的条件：首先是作用于地基上的建筑荷载，不超过地基承载力的设计值，以保证地基的安全稳定（即强度条件）；其次是地基沉降量不超过沉降容许值，以保证建筑物的正常使用（即变形条件）。

不经过人工加固处理，直接修筑建筑物的地基，称为天然地基；经过人工加固处理后，作为建筑物地基的称为人工地基。建筑物或构筑物可分为上部结构、下部结构两部分。下部结构是支承上部结构荷载，并将其传给地基，称为基础。土力学、地基和基础是本课程介绍的三部分主要内容。

土力学与基础工程是高等院校土木工程专业四年制本科的必修专业基础课。当开始学习这门课程时，不免会问：为何要学这门课程？本课程有什么特点？它在土木建筑有关专业中究竟起到什么作用？倘若土力学理论掌握不好，地基基础设计不当，将会发生什么样的后果？当了解了国内外工程事故实例和成功的经验后，上述问题便可以获得答案。

0.1 国内外地基基础工程成败实例

▶ 0.1.1 建筑物倾斜

1)意大利比萨斜塔

图0.1 意大利比萨斜塔

比萨斜塔是举世闻名的建筑物倾斜的典型实例(图0.1)。该塔自1173年9月8日动工,至1178年建至第4层中部,高度29 m时,因塔身明显倾斜而停工。94年后,于1272年复工,经6年时间,建完第7层,高48 m,再次停工中断82年,于1360年竣工。全塔共8层,从地面到塔顶高55 m,基础埋深3.36 m。

比萨斜塔采用圆形基础,塔身呈圆筒形,1~6层由优质大理石砌成,顶部7、8层采用砖和轻石料。塔身每层都有精美的圆柱与花纹图案,是一座宏伟而精致的艺术品。传说1590年,出生在比萨城的意大利物理学家伽利略,曾在比萨斜塔上做自由落体实验。1987年12月,联合国教育科学文化组织世界遗产委员会第11次会议决定,将其收入世界遗产名录。

比萨斜塔之所以会倾斜,是由地基土层的特殊性造成的。比萨斜塔下有好几层性质不同的土层,各种软质粉土的沉淀物和非常软的黏土相间形成,而在深约1 m的地方则是地下水位。比萨斜塔总重约14 453 t,重心在地面上方22.6 m处。圆形基础面积为285 m²,对地基的平均压强为497 kPa。目前的倾斜约为10%,即5.5°左右,偏离基础外沿2.3 m,塔顶突出4.5 m。由于倾斜程度过大,曾在1990年停止向游客开放。经过多年修缮,耗资约2 500万美元,斜塔被扶正44 cm,基本达到了预期效果,2001年12月15日起再次向游人开放。

2)苏州市虎丘塔

虎丘塔(图0.2)位于苏州市西北虎丘公园山顶,原名云岩寺塔,落成于宋太祖建隆二年(公元961年),距今已有1 000多年悠久历史。全塔7层,高47.5m。塔的平面呈八角形,由外壁、回廊与塔心三部分组成。虎丘塔全部砖砌,外型完全模仿楼阁式木塔,每层都有8个壶门,拐角处的砖特制成圆弧形,十分美观,在建筑艺术上是一个创造,中外游人不绝。1961年3月4日国务院将其列为全国重点文物保护单位。

1980年6月虎丘塔现场调查发现,该塔向东北方向严重倾斜,不仅塔顶离中心线已达2.31 m,而且底层塔身发生不少

图0.2 苏州市虎丘塔

裂缝,已成为危险建筑,因此决定全塔封闭,停止开放。当时技术人员仔细观察塔身的裂缝,发现一个规律,即塔身的东北方向为垂直裂缝,塔身的西南面却是水平裂缝。

经勘察,虎丘山是由火山喷发和造山运动形成,为坚硬的凝灰岩和晶屑流纹岩。山顶岩面倾斜,西南高,东北低。虎丘塔地基为人工地基,由大块石组成,块石最大直径达 1 000 mm。人工块石填土层厚 1～2 m,西南薄,东北厚。下为粉质黏土,呈可塑至软塑状态,厚薄分布与人工块石填土相同。底部为风化岩石和基岩。在塔底层直径 13.66 m 范围内,覆盖层厚度西南为 2.8 m,东北为 5.8 m,厚度相差 3.0 m,这是虎丘塔发生倾斜的根本原因。此外,南方多暴雨,长年的雨水渗入地基块石填土层,冲走块石之间的细粒土,形成空洞,这是虎丘塔发生倾斜的重要原因。在十年"文化大革命"期间,无人管理,树叶堵塞虎丘塔周围排水沟,大量雨水下渗,加剧了地基不均匀沉降,危及塔身安全。

后来通过在塔四周建造一圈桩排式地下连续墙,并在塔底土层中钻孔注浆和树根桩对塔基进行加固,塔身倾斜的发展才得到了有效控制。

▶ 0.1.2 建筑地基严重下沉

墨西哥首都墨西哥市艺术宫(图 0.3),是一座巨型的具有纪念性的早期建筑。此艺术宫于 1904 年落成,至今已有百余年的历史。该市处于四面环山的盆地中,古代原是一个大湖泊。因周围火山喷发的火山沉积和湖水蒸发,经漫长年代,湖水干涸形成目前的盆地。

该艺术宫所处的地表为人工填土与砂夹卵石硬壳层,厚度约 5 m。其下为超高压缩性淤泥,天然孔隙比 e 高达 7～12,天然含水量 w 高

图 0.3 墨西哥市艺术宫

达 150%～600%,为世界罕见的软弱土,层厚达 25 m。因此,这座艺术宫严重下沉,沉降量竟高达 4 m。临近的公路下沉 2 m,公路路面至艺术宫门前高差达 2 m。参观者需步下 9 级台阶,才能从公路进入艺术宫。这是地基沉降最严重的典型实例。下沉量超过一般房屋的一层高度,造成室内外连接困难和交通不便,内外管网修理工程量增加。

▶ 0.1.3 建筑物墙体开裂

天津市人民会堂办公楼(图 0.4),位于人民会堂东北,东西向 7 个开间,长约 27 m,南北宽约 5 m,高约 5.6 m,为两层楼房,建成后使用正常。

1984 年 7 月,在该会堂办公楼两侧,新建天津市科学会堂学术楼。此学术楼东西向计 8 个开间,长约 34 m,南北宽约 18 m,高约 22 m,6 层,与人民会堂办公楼外墙净距仅 30 cm。

1984 年底,人民会堂办公楼西侧北墙发现裂缝。此后,裂缝不断加长、加宽。至 1986 年 7 月,会堂办公楼墙体开裂已极其严重。

此工程事故的原因在于新建科学会堂学术楼的附加应力扩散至人民会堂办公楼西侧软弱地基所致。这是相邻荷载影响导致事故的最典型的实例之一。

图 0.4　天津市人民会堂办公楼

▶ 0.1.4　建筑物基础开裂

南京分析仪器厂职工住宅,位于南京市西部秦淮河以南太平南路西一新村,住宅楼东西向长 37.64 m,南北向宽 8.94 m,5 层,建筑面积 1 721 m²,建筑场地地表为杂填土,较厚,设计采用无埋式筏板基础。1977 年 12 月开工,次年 5 月住宅楼主体施工至第 5 层时,于 5 月 13 日发现,东起第五开间中部的钢筋混凝土筏板基础南北向断裂,5 月 15 日工程停工。

经重新勘察和调查,场地原为一个水塘,南北长 70 m,东西宽 40 ~ 50 m。附近的饭店、茶炉、浴室用稻壳作燃料,烧烬的稻壳灰倾倒塘内,几十年后填平。1972 年曾作烧砖场,1977 年初整平,同年年底动工修建该住宅楼。

第一次勘察,误将稻壳灰鉴别为一般杂填土。由于住宅楼西半部置于古水塘内,东半部坐落岸上,土质突变,造成钢筋混凝土筏板基础拦腰断裂的严重事故。经有关方面多次研究讨论,最终采用卸荷处理方案,先拆去一层,后又拆去一层,原 5 层住宅改为 3 层。

▶ 0.1.5　建筑物地基滑动

加拿大特朗斯康谷仓(图 0.5),其平面呈矩形,南北向长 59.44 m,东西向宽 23.47 m,高 31.00 m,容积 36 368 m³,谷仓为圆筒仓,每排 13 个,5 排共计 65 个。谷仓基础为钢筋混凝土筏板,厚度 61 cm,埋深 3.66 m。

谷仓于 1911 年动工,1913 年完工,空仓自重 20 000 t,相当于装满谷物后满载总重量的 42.5%。1913 年 9 月装谷物,10 月 17 日当谷仓已装了 31 822 t 谷物时,发现 1 h 内竖向沉降达 30.5 cm,结构物向西倾斜,并在 24 h 内倾斜角达 26°53′,谷仓西端下沉 7.32 m,东端上抬 1.52 m,上部钢筋混凝土筒仓整体完好。

图 0.5　加拿大特朗斯康谷仓

谷仓地基土事先未进行调查研究,按邻近结构物基槽开挖试验结果计算的地基承载力为352 kPa。但1952年经勘察试验与计算,谷仓地基实际承载力为193.8~276.6 kPa,远小于谷仓破坏时发生的压力329.4 kPa,因此,谷仓地基因超载而发生强度破坏。事后在下面做了70多个支撑于基岩上的混凝土墩,使用388个50 t千斤顶以及支撑系统,才把仓体逐渐纠正过来,但其位置比原来降低了4 m。

▶ 0.1.6 土坡滑动

香港地区人口稠密,市区建筑密集,新建筑只好建在山坡上。1972年7月某日清晨,香港宝城路附近,两万立方米残积土从山坡上滑下,巨大滑动体正好冲过一幢高层住宅——宝城大厦(图0.6),顷刻间大厦被冲垮倒塌并砸毁相邻大楼一角的5层住宅。宝城大厦居住着金城银行等银行界人士,因大厦冲毁时为清晨7点钟,人们都还在睡梦中,当场死亡120人,这起重大伤亡事故引起了世界极大的震惊。

土坡滑动的主要原因是山坡上残积土原本强度就低,加之雨水渗入,其强度进一步大幅下降,使得土体滑动力超过土的强度,山坡土体便发生滑动。

图0.6 香港宝城大厦

▶ 0.1.7 地基液化失效

日本新泻1964年6月16日发生里氏7.5级地震,震后数分钟内大面积地区砂土液化,引起地表开裂与下沉,致使建筑物倾斜甚至倒塌,如图0.7所示。

土体液化主要是由于瞬间突然受到巨大地震力的强烈作用,砂土层中的孔隙水来不及排出,孔隙水压力突然升高,致使砂土层呈现出液态的物理形状,地基承载力大幅下降,使地面建筑物在形成的液化砂层中下沉,产生极大的破坏。一般认为,地震时的喷砂冒

图0.7 土体液化引起房屋倾斜

水现象,也是埋在地下的砂土层产生液化的结果。

▶ 0.1.8 不良地基成功处理的实例

图 0.8 广州白云宾馆

广州白云宾馆(图 0.8)主楼建筑总高度 114.05 m,平面尺寸为 18 m×70 m,共 33 层,总重近 $1×10^6$ kN,建筑在一丘陵地带,上部系残积、坡积覆盖土,土层呈褐色或红褐色,为可塑粉质黏土,总厚度在 10 ~ 27.75 m,其下埋藏着第三纪砂岩与砾岩的交互成层土,基岩起伏面较大,考虑到土层的倾斜分布及抗震的要求,基础采用 287 根直径 1 m 的灌柱桩,桩嵌入基岩 0.5 ~ 1.0 m,最长桩 17.25 m,单桩荷载试验容许承载力为 4 500 kN,建成时沉降量仅为 4 mm,目前建筑物使用情况良好。

0.2 本课程的任务和作用

土木工程师在工作中经常与土体打交道。例如,需要用土做地基以支承建筑物、桥梁、道路、沟渠和堤坝,需要用土作为路基、土坝等土工构筑物的建筑材料,需设计一些支撑围护结构以维护河道、基坑等露天开挖空间和地铁、地下厂房、地下洞室、地下停车场、地下飞机库等地下空间周围土的稳定。同时,在考虑振动、爆破、地震等外荷载作用时都同样涉及土体问题。

当涉及土体的问题时,土木工程师需要针对土的特征和工程特点研究土的应力、变形、强度和稳定,方能解决好所面对的土木工程问题。而土力学正是从土的特性出发,阐述土的应力、变形、强度和稳定以及相关问题的基本概念、基本理论、基本方法的一门科学。基础工程这一学科不仅将土作为地基来研究,还包括了将土作为工程结构物的环境介质,以及土工构筑物材料在内的工程问题,亦即包含了人类所有的工程活动赖以存在的全部与土有关的工程技术问题。

地基与基础的勘察、设计与施工是工程建设的关键性阶段,整个工程的失败在很大程度上取决于地基和基础工程的质量与水平。地基与基础又是隐蔽工程,施工条件极为复杂,影响工程质量的因素很多,稍有不慎,轻则留下安全隐患,重则造成伤亡事故。基础工程的造价占工程造价的比例很大,在地质条件复杂地区,可高达 20% ~ 30%,甚至更高,节约建设资金的潜力很大。如果盲目地提高安全度,有时多花费建设资金却仍不能收到良好的效果。因此具有丰富工程经验的工程技术人员都十分重视地基与基础的勘察、设计与施工阶段的工作。要求从事土木工程及相关工程技术工作的人员,必须掌握土力学及基础工程的理论知识和实际技能,才能正确地解决工程中的地基及基础技术问题。

正确解决工程中的地基及基础问题,其根本目的在于保证工程质量,使工程结构物能安全、正常地使用。"万丈高楼平地起",基础的质量是整个建筑物安全的根本所在。基础工程的质量包括:在建筑物荷载作用下地基应当是足够稳定的;地基的沉降对于结构物的变形和建筑物的正常使用是允许的;在各种不利条件的影响下,基础的耐久性是可靠的;所使用的施工工艺和施工方法适合场地的工程地质条件,符合工程特点的要求,并且有利于实现上述有关的地基稳定、沉降和耐久性要求。这就是地基基础设计与施工的目标,也是学习本门课程的主要任务。

通过本课程的学习,获得和掌握土力学的基本理论和计算方法,能根据建筑物的要求和地基勘察资料,选择一般地基和基础方案,运用土力学的原理进行一般建筑物的地基和基础设计,为学习建筑施工等专业课程和从事地基与基础设计和施工打下良好基础。

0.3 本课程的内容和学习方法

本课程共分 10 章,分别阐述土力学的基本理论,研究地基与基础工程设计和施工中常见的技术问题并配合理论介绍相应的工程实例。

第 1 章 土的物理性质及工程分类:这是本课程的基础,要求了解土的三相组成,掌握土的物理性质和土的物理状态指标的定义、物理概念、计算方法;熟练掌握物理性质指标的换算,了解地基土的工程分类的依据与定名。

第 2 章 土的渗透性与渗流:要求掌握土的层流渗透定律及渗透性指标;熟悉渗透性指标的测定方法及影响因素、稳流时渗水量的计算、渗透破坏与渗流控制问题;了解土中二维渗流及流网的概念和应用。

第 3 章 土中应力和沉降:要求掌握地基中三种应力的计算方法、土的压缩性指标的测定方法和两种常用的地基沉降计算方法;了解饱和土的单向固结理论和地基沉降与时间的关系,了解地基变形值的概念和影响因素以及防止有害沉降的措施。

第 4 章 土的抗剪强度与地基承载力:要求了解地基强度的意义与土的强度在工程中的应用,了解土的抗剪强度的来源与影响因素;掌握测定土的抗剪强度的各种方法与应用条件,掌握土的极限平衡条件的概念;计算地基的临塑荷载、临界荷载和极限荷载,并掌握这三种荷载的物理意义和工程应用。

第 5 章 土压力与土坡稳定性:要求了解影响土压力大小的因素,掌握静止土压力、主动土压力和被动土压力产生的条件、计算方法和工程应用;掌握库仑、朗肯土压力计算的假定条件,掌握各种土压力理论的原理与计算方法;掌握挡土墙的设计;掌握土坡稳定分析原理、计算方法。

第 6 章 岩土工程勘察:要求了解工程地质勘察的目的、内容与方法;了解工程地质勘察报告文字与图表的内容和应用;掌握验槽的目的、内容与注意事项。

第 7 章 浅基础:要求了解浅基础的各种类型与应用;掌握地基承载力的概念和地基承载力特征值的确定方法,掌握基础的埋置深度和基底尺寸的设计方法。

第 8 章 桩基础与其他深基础:要求了解桩基础与其他深基础的特点和适用条件,了解

桩的类型;掌握单桩竖向承载力、群桩承载力和桩基设计;了解常用深基础的工作原理和优缺点。

第9章 地基处理:要求掌握几种常用地基处理方法的特点、适用范围、效果,掌握这几种常用地基处理方法的原理、设计要点及施工质量要求。

第10章 特殊土地基:要求了解湿陷性黄土、膨胀土、红黏土和冻土的特性,以及消除其危害的工程措施。

本课程所涉及的自然学科范围很广,是在学习了材料力学、结构力学和弹性理论的基础上,与钢筋混凝土课配合教学,并与弹塑性理论、流变理论以及地下水动力学等学科有密切关系。本课程的学习方法是:注意搞清概念,掌握原理,抓住重点,理论联系实际,学会设计计算,重在工程应用,并应重视室内土工试验和现场原位测试。

土木工程设计与施工都必须执行法定的规范标准,这也是以后从事土木工程相关工作的法律依据。土力学与基础工程的相关规范是根据土力学和基础工程的基本原理,并总结了工程实践的成功经验与失败教训,对设计内容、施工方法和质量检验标准作出的各种规定,是设计和施工必须遵循的准则。在本课程中,将要学习如何根据工程实际情况使用规范的方法,不同行业的地基基础问题都有不同的专门规范,有关结构工程的规范中也包含了地基基础的内容,所以应用时应特别注意规范的应用条件。同时随着工程技术的进步,规范也在不断修编完善,各种具体的规定也随之而变化。因此在学习本课程的过程中,不可能也不必要掌握所有的规范内容,只要掌握了土力学和基础工程的基本原理,了解主要规范的基本精神,懂得了使用规范的方法,就能在今后的工程实践中正确地使用规范,并适应规范标准的发展。

0.4 本学科的发展概况

早在新石器时代,人类已建造原始的地基基础,西安半坡村遗址的土台和石础即为一例。公元前2世纪修建的万里长城,后来修建的南北大运河、黄河大堤,以及宏伟的宫殿、寺庙、宝塔等建筑,都有坚固的地基基础,经历了地震、强风考验,留存至今。例如,隋朝修建的河北省赵州桥,为世界上最早最长的石拱桥,全桥仅一孔石拱横越洨河,净跨达37.02 m。此石拱桥两端主拱肩部设有两对小拱,结构合理,造型美观,节料减重,简化桥台,增加了稳定性。桥宽8.4 m,桥下通航,桥上行车。桥台位于粉土天然地基上,基底压力达500~600 kPa,1390年至今,沉降与位移甚微,安然无恙。1991年赵州桥被列为"国际历史土木工程第12个里程碑"。再如,公元989年建造开封市开宝寺木塔时,就预见塔基土质不均匀会引起差异沉降,施工时特意做成倾斜,待沉降稳定后塔身正好竖直。此外,在西北黄土地区大量建造窑洞,以及采用料石基垫、灰土地基等,这些都为地基处理提供了宝贵的经验。

18世纪欧美国家在产业革命推动下,社会生产力有了快速发展,大型建筑、桥梁、铁路、公路的修建,促使人们对地基土和路基土的一系列技术问题进行了研究。1773年法国科学家库仑(Coulomb)根据试验,创立了著名的表达土的抗剪强度的库仑定律和土压力理论;1855年法国学者达西(Darcy)创立了土的层流渗透定律;1857年英国学者朗肯(Rankine)提出了另外一种土压力理论;1885年法国学者布辛奈斯克(Boussinesq)求得半无限空间弹性体,在竖向集中力作用下的土中应力和应变的理论解。这些古典理论对土力学的发展起了很大的推动作用，一直沿用至今。

自20世纪20年代开始，土力学的研究有了迅速发展。1915年，瑞典学者彼得森（Petterson）首先提出了土坡稳定分析的整体圆弧滑动面法，后由瑞典学者费伦纽斯（Fellenius）及美国学者泰勒（Taylor）对其进行了进一步发展；1920年普朗德尔（Prandtl）发表了地基剪切破坏的极限承载力计算公式；1925年美籍奥地利人太沙基（Terzaghi）发表了第一部土力学专著。太沙基是第一个重视土的工程性质和土工试验的人，他所提出的饱和土的有效应力原理，将土的主要力学性质，如应力、应变、强度及时间等各种因素联系起来，有效地解决了一系列的工程实际问题，使得土力学成为一门独立的学科。在此之后，有关土力学的研究、论著和教材，如雨后春笋般地蓬勃发展起来。为了总结和交流世界各国的理论和实践经验，自1936年起，每隔4年召开一次国际土力学和基础工程会议。我国1957年在北京设立了全国性的中国土力学及基础工程学会学术委员会，由茅以升主持开展工作，并于1978年成立了中国土木工程学会土力学及基础工程学会。为了与国际土力学与岩土工程协会相对应，于1999年该学会更名为中国土木工程学会土力学及岩土工程分会（The Chinese Institution of Soil Mechanics and Geotechnical Engineering-the China Civil Engineering Society，英文简称CISMGE-CCES），也每隔4年召开一次学术会议。

近年来，世界各国超高土石坝、超高层建筑、核电站等大型和超大型工程的兴建，应对各类强烈地震、台风、飓风工程措施的研究，促进了土力学的进一步发展。有关科研院所和高等学校积极研究土的本构关系、土的黏弹性理论和土的动力特性等。同时，各个国家研制成功多种多样的工程勘察、试验与地基处理的新设备，为土力学理论研究和地基基础工程的发展提供了良好的条件。

随着社会的发展，不可避免地会出现新的、更多的土力学和基础工程的问题，也会不断出现新的热点和难点问题需要解决，而土力学和基础工程将在克服这些难题的基础上不断得到新的发展。

1

土的物理性质及工程分类

〖**本章导读**〗

本章将介绍土的生成和演变、土的物质组成、土—水系统的相互作用、土的结构以及土的物理性质和土的分类等。通过学习将有助于我们对土的本质属性作深入理解，增加对土所表现的力学性质内在原因和机理的认识，而不是仅停留在宏观现象的认识和理解上。学完本章后，应能够绘制土颗粒的级配曲线，并能够评价土的基本工程性质，熟练掌握土的三相指标的定义和计算，熟悉砂土和黏土的特点，知晓利用何种指标对其性质进行描述，了解土的压实机理和压实系数的概念，了解土的分类原则。

1.1 概　述

在自然界，存在于地壳表层的岩石圈是由基岩及其覆盖土组成的，所谓基岩是指原位且在其水平和竖直两个方向延伸很广的各类岩石。覆盖土是指覆盖于基岩之上各类土的总称。基岩岩石按成因可分为岩浆岩、变质岩和沉积岩三大类。地壳表面的岩石在风化作用下形成大小悬殊的颗粒，经过不同的搬运方式，在各种自然环境中堆积而成的松散颗粒集合体称之为土。土广泛分布在地壳表层，是松散的沉积物，也是人类工程活动的主要对象。自然界土的工程性质差异很大，有的可直接作为工程建筑材料，有的可以用作混凝土的骨料，有的可用来烧制砖瓦或作为路基填料，有的则没有多大工程使用价值，甚至可能影响工程的使用性能。作为建筑物的地基，一些土层上面可以直接建造低层建筑，有的可以建造高层建筑，但有的土层如果不经处理则不能直接作建筑物的地基使用。土的性质之所以有这样大的差别，主要是由其成分和结构不同所致,而土的成分与结构则取决于其成因特点。

土中固体颗粒的矿物成分各异,颗粒间的联结力不同,有的较弱,甚至没有联结力。土的固体颗粒还与其周围的土中水发生着复杂的物理化学作用。在天然状态下,土体是由构成土骨架的固态矿物颗粒(固相)、土孔隙中的水(液相)和土孔隙中的气体(气相)三部分组成,简称为土的三相体系。土中各相的性质和相对含量的大小,以及土的结构构造等因素直接影响土的一系列工程性质,在一定程度上决定了它的力学性质。所以,物理性质是土的最基本的工程特性。在处理与土相关的工程问题和进行土力学计算时,必须要知道土的物理性质、特征及变化规律,从而了解各类土的工程性质。同时还必须掌握表示各类土物理性质的指标和测定方法,以及这些指标之间的相互换算关系,并熟悉按土的有关特征和指标来制定地基土的分类方法。

本章主要介绍土的生成、土的组成、土的三相比例指标、无黏性土的密实度、黏性土的物理特征、土的压实原理和地基土的分类。

1.2　土的生成和组成

▶ 1.2.1　土的生成与特性

地球表面的整体岩石在阳光、大气、水和生物等因素影响下发生风化作用,使岩石崩解、破碎,经流水、风、冰川等动力作用,形成形状各异、大小不一的颗粒。这些颗粒受各种自然力作用,在各种不同的自然环境下堆积起来,就形成了土。因此,通常说土是岩石风化的产物。

堆积下来的土,在很长的地质年代中发生复杂的物理化学变化,逐渐压密、岩化,最终又会形成岩石,这就是沉积岩。这种长期的地质过程称为沉积过程。因此,在自然界中,岩石不断风化破碎形成土,而土又不断压密、岩化而变成岩石。这一循环过程永无休止地重复进行。

1)风化作用的类型

岩石的风化是岩石在自然界各种因素和外力的作用下遭到破碎与分解,产生颗粒变小及化学成分改变的现象。岩石风化后产生的物质,其性质与原生岩石的性质有很大区别。通常把风化作用分为物理风化、化学风化、生物风化三类。这三类风化经常是同时进行并且互相作用的。

(1)物理风化

物理风化是岩体在各种物理作用力的影响下,从大的块体分裂为小的石块或碎粒的过程。风化后的产物仅仅由大变小,其化学成分不变。

(2)化学风化

化学风化是指母岩表面或碎散的颗粒受环境因素的作用改变其原有矿物的化学成分而形成新的矿物。所形成的新矿物也称次生矿物。环境因素包括水、空气及溶解在水中的氧气和碳酸气等。

（3）生物风化

生物风化作用是指各种动植物及人类活动对岩石的破坏作用。从生物的风化方式看,可分为生物的物理风化和化学风化两种基本形式。生物的物理风化主要是生物产生的机械力造成岩石破碎;生物的化学风化则主要是生物产生的化学成分,引起岩石成分改变而使岩石破坏。例如,植物根系在生长的变长、变粗过程中,使岩石楔裂破碎,人类从事的爆破作业对岩石产生的破坏等,都属于生物的物理风化。而植物根系分泌的某些有机酸,动植物死亡后遗体腐烂侵蚀以及微生物作用等,可使岩石成分变化而遭到腐蚀破坏。

上述风化作用常常是同时存在、互相促进的。但是在不同地区,自然条件不同,各种风化作用又有主次之分。例如,在我国西北干旱大陆性地区,水分很缺乏,气温变化剧烈,以物理风化为主;在东南沿海地区,雨量充沛,潮湿炎热,则往往以化学风化为主。

由于影响风化的各种自然因素在地表最活跃,地表向下随深度增加而迅速减弱,故风化作用也是由地表向下逐渐减弱的,达到一定深度后,风化作用基本消失。

2）土的生成类型

工程上所遇到的大多数土都是在第四纪地质年代内所形成的。第四纪地质年代的土又可划分为更新世与全新世两类。更新世距今约为 180 万年到 1 万年;而全新世约开始于 1 万年前,持续至今。在有人类文化期以来沉积的土称为新近代沉积土,从其形成的条件来看可以分为两大类,一类为残积土,另一类为搬运土。

（1）残积土

残积土是指母岩表层经风化作用破碎成为岩屑或细小颗粒后,未经搬运,残留在原地的堆积物。它的特征是颗粒表面粗糙、多棱角、粗细不均、无层理。

（2）搬运土

搬运土是指风化所形成的土颗粒,受自然力的作用,被搬运到远近不同的地点所沉积的堆积物。其特点是颗粒经过滚动和摩擦作用而变圆滑。在沉积过程中因受水流等自然力的分选作用而形成颗粒粗细不同的层次,粗颗粒下沉快,细颗粒下沉慢而形成不同粒径的土层。搬运和沉积过程对土的性质影响很大,下面将根据搬运力的不同,介绍几类搬运土。

①坡积土:是残积土受重力和雨水或雪水的作用,顺着斜坡将风化碎屑搬运或移动后的堆积物。由于坡积土的搬运距离短,来不及在颗粒大小上进行分选,因而同一土层中各种组成物的尺寸相差很大,性质很不均匀。

②风积土:由风力将土粒经过一段搬运后再沉积下来的风积土有两类。一类是砂粒大小的土,风力只能吹动砂粒在地面滚动,形成沙漠中的各种砂丘,这些砂丘在风力的推动下随时改变形状和位置;另一类是黄土,干旱地带粉粒大小以及更小的土粒,由于它很细小,容易被风力吹向天空,经过长距离搬运后再沉积下来,形成在全球具有广泛分布的黄土。黄土的特点是孔隙大,密度低。黄土分布于干旱和半干旱地区,干燥时土粒间有较强的胶结作用,其强度较高;但遇水后,其胶结作用降低甚至丧失,强度大为削弱并且在外力作用下产生较大的变形。在处理黄土地区的工程问题时,应充分注意这一特点。

③冲积土:由于江、河水流搬运所形成的沉积物,分布在山谷、河谷和冲积平原上的这类土属于冲积土。这类土由于经过较长距离的搬运,浑圆度和分选性都更为明显,常形成砂层

和黏性土层交叠的地层。

④洪积土:是残积土和坡积土受洪水冲刷,并被挟带到山麓处沉积的堆积物。洪积土具有一定的分选性。搬运距离近的沉积颗粒较粗,力学性能较好;搬运远的则颗粒较细,力学性能较差。

⑤湖泊沼泽沉积土:是在极为缓慢水流或静水条件下沉积形成的堆积物。这种土的特征,除了含有细小的颗粒外,常伴有由生物化学作用所形成的有机物的存在,成为具有特殊性质的淤泥或淤泥质土,其工程性质一般都很差。

⑥海相沉积土:是由水流挟带到大海沉积起来的堆积物,其颗粒细,表层土质松软,工程性质较差。

⑦冰积土:由冰川或冰水挟带搬运所形成的沉积物,颗粒粗细变化较大,土质不均匀。

土的上述形成过程决定了它具有特殊的物理和力学性质,与一般建筑材料相比,土具有三个重要特点:

a. 散体性,颗粒之间无黏结或弱黏结,存在大量孔隙,可以透水、透气;

b. 多相性,土往往是由固体颗粒、液态水和气体组成的三相体系,三相之间质和量的变化直接影响它的工程性质;

c. 自然变异性,土是在自然界漫长的地质历史时期演化形成的多矿物组合体,性质复杂,不均匀,且随时间还在不断变化。

▶ 1.2.2 土的组成

1)土的固体颗粒

土中固体颗粒的大小与形状、含量、矿物成分、颗粒的相互搭配、颗粒与水和气的相互作用及气体在孔隙中的相对含量是决定土的物理、力学性质的主要因素。土的固体颗粒对土的物理力学性质起决定性作用。研究固体颗粒就要分析粒径的大小及各种粒径所占的百分率,另外还要研究固体颗粒的矿物成分及颗粒的形状。一般粗颗粒的成分都是原生矿物,形状多为粒状,而颗粒很细的土,其成分大多是次生矿物,形状多为片状或针状。

土中固体颗粒的大小及其含量,决定了土的物理及力学性质。颗粒的大小通常用粒径表示。实际工程中常按粒径大小分组,粒径在某一范围之内的分为一组,称为粒组。粒组不同其性质也不同。常用的粒组有砾粒、砂粒、粉粒、黏粒,各粒组的具体划分和粒径范围见表1.1。

土中各粒组颗粒的相对含量称为土的粒径级配。土粒含量的具体含义是指一个粒组中的土粒质量与干土总质量之比,一般用质量分数*表示。土的粒径级配直接影响土的性质,如土的密实度、透水性、强度和压缩性等。要确定各粒组的相对含量,需要将各粒组的颗粒分离出来,再分别称量。这就是工程中常用的颗粒分析方法,实验室常用的有筛分法和沉降分析法。

---

* 本书以百分数示出的含量,包含含水量、颗粒含量、有机质含量等均指其质量分数,即该物质质量占总体质量的百分率。

表 1.1　土的粒组划分方法和各粒组土的特性

粒组统称	粒组划分		粒径范围 d/mm	主要特性
巨 粒	漂石(块石)		>200	透水性大,无黏性,无毛细水,不易压缩
	卵石(碎石)		200~60	透水性大,无黏性,无毛细水,不易压缩
粗 粒	砾 粒	粗砾	60~20	透水性大,无黏性,不能保持水分,毛细水上升高度很小,压缩性较小
		中砾	20~5	
		细砾	5~2	
	砂 粒	粗砂	2~0.5	易透水,无黏性,毛细水上升高度不大,饱和松细砂在振动荷载作用下会产生液化,一般压缩性较小,随颗粒减小,压缩性增大
		中砂	0.5~0.25	
		细砂	0.25~0.075	
细 粒	粉 粒		0.075~0.005	透水性小,湿时有微黏性,毛细管上升高度较大,有冻胀现象,饱和并很松时在振动荷载作用下会产生液化
	黏 粒		≤0.005	透水性差,湿时有黏性和可塑性,遇水膨胀,失水收缩,性质受含水量的影响较大,毛细水上升高度大

　　筛分法适用粒径大于 0.075 mm 的土。利用一套孔径大小不同的标准筛,将称过质量的干土过筛,充分筛选,将留在各级筛上的土粒分别称量,然后计算小于某粒径的土粒含量。

　　沉降分析法适用于粒径小于 0.075 mm 的土。基本原理是颗粒在水中下沉速度与粒径的平方成正比,粗颗粒下沉速度快,细颗粒下沉速度慢。根据下沉速度就可以将颗粒按粒径大小分组(详见土工试验书籍)。

　　当土中含有颗粒粒径大于 0.075 mm 和小于 0.075 mm 的土粒时,可以联合使用筛分法和沉降分析法。

　　工程中常用粒径级配曲线直接了解土的级配情况。根据颗粒大小分析试验结果,可以直接绘制如图 1.1 所示的颗粒级配累积曲线。曲线的横坐标为土颗粒粒径的对数,单位为 mm;纵坐标为小于某粒径土颗粒的累积含量,用质量分数表示。由曲线的坡度可以大致判断土的均匀程度。如曲线较陡,则表示颗粒粒径大小相差不多,土颗粒均匀;反之,曲线较平缓,则表示颗粒大小相差悬殊,土颗粒不均匀,即级配良好。

　　颗粒级配曲线在土木、水利水电等工程中经常用到。从曲线中可直接求得各粒组的颗粒含量及粒径分布的均匀程度,进而估测土的工程性质。根据描述级配的粒径累计曲线,可以简单地确定颗粒级配的两个定量指标,即不均匀系数 C_u 和曲率系数 C_c。粒径分布的均匀程度由不均匀系数 C_u 表示:

$$C_u = \frac{d_{60}}{d_{10}} \tag{1.1}$$

式中　d_{60}——限制粒径或限定粒径,土中小于此粒径土的质量占总土质量的 60% ;

　　　　d_{10}——有效粒径,土中小于此粒径土的质量占总土质量的 10% 。

　　C_u 越大,土越不均匀,也即土中粗、细颗粒的大小相差越悬殊。若土的颗粒级配曲线是连续的,C_u 越大,d_{60} 与 d_{10} 相距越远,则曲线越平缓,表示土中的粒组变化范围宽,土粒不均匀;反之,C_u 越小,d_{60} 与 d_{10} 相距越近,曲线越陡,表示土中的粒组变化范围窄,土粒均匀。工

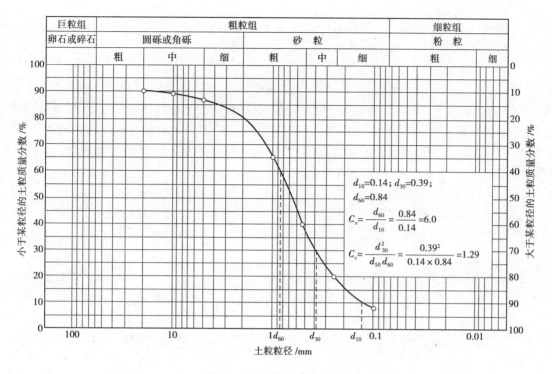

图 1.1　土颗粒级配累积曲线

程中,把 $C_u > 5$ 的土称为不均为土,$C_u \leqslant 5$ 的土称为均匀土。

若土的颗粒级配曲线不连续,在该曲线上出现水平段,水平段粒组范围不包含该粒组颗粒。这种土缺少中间某些粒径,粒径级配曲线呈台阶状,土的组成特征是颗粒粗的较粗,细的较细,在同样的压实条件下,密实度不如级配连续的土高,其他工程性质也较差。因此,为了确定土的粒径级配曲线的形状,尤其是确定其是否连续,可用曲率系数 C_c 反映:

$$C_c = \frac{d_{30}^2}{d_{10}d_{60}} \tag{1.2}$$

式中　d_{30}——土中小于此粒径的土的质量占总土质量的 30%。

若曲率系数过大,表示粒径分布曲线的台阶出现在 d_{10} 和 d_{30} 范围内。反之,若曲率系数过小,表示台阶出现在 d_{30} 和 d_{60} 范围内。经验表明,当级配连续时,C_c 的范围为 1 ~ 3。因此,当 $C_c < 1$ 或 $C_c > 3$ 时,均表示级配曲线不连续。

由上可知,土的级配优劣可由土中颗粒的不均匀系数和粒径分布曲线的形状曲率系数衡量。一般认为:砾类土和砂类土同时满足 C_u 大于或等于 5,且 C_c 等于 1 ~ 3 时,它的级配是良好的;不能同时满足上述条件时,它的级配是不良的。

粒度成分的分布曲线可以在一定程度上反映土的某些性质。对于级配良好的土,较粗颗粒间的孔隙被较细的颗粒所填充,这一连锁充填效应使得土的密实度较好。同时,这种地基土的强度和稳定性较好,透水性和压缩性也较小,如为填方工程的建筑材料,则比较容易获得较大的密实度,是堤坝或其他土建工程良好的填方用土。

2）土的矿物成分

土中固体颗粒的成份绝大多数是矿物质，或有少量有机物。颗粒的矿物成分一般有两大类，一类是原生矿物，另一类是次生矿物，有的还含有有机质等。

（1）原生矿物

原生矿物在母岩物理风化中，仅形状和大小发生了变化，化学成分并未改变。主要有石英、长石、云母类矿物，其次为角闪石、磁铁矿等。这些矿物的化学性质比较稳定，具有较强的抗水性和抗风化能力，亲水性较弱。它们是组成颗粒土的主要矿物成分，对土的工程性质的影响程度比其他几种矿物要小得多，其影响主要表现在颗粒的形状、坚硬程度和抗风化稳定性等方面。

（2）次生矿物

次生矿物是原生矿物在进一步氧化、水化、水解及溶解等化学风化作用下而形成的新的矿物，其颗粒很细，甚至形成胶体。在自然界中，最常见的次生矿物有黏土矿物、含水氧化物及次生二氧化硅。

黏土矿物是次生矿物中数量最多的矿物，其颗粒极细，一般小于 5 μm，是构成土中黏粒的主要矿物成分。它在土中的相对含量即使不大，也会起控制土体性质的作用。

黏土矿物是一种复合的铝-硅酸盐晶体，由硅片和铝片构成的晶包交互成层组叠而成，呈片状。黏土矿物根据硅片和铝片的组叠形式不同，可以形成三种不同类型：高岭石、伊利石和蒙脱石。

①高岭石的晶层结构是由一个硅片和一个铝片上下组叠而成的，这种结构称为 1:1 的两层结构。两层结构最大的特点是晶层结构之间通过 O^{2-} 与 OH^- 相互联结，称为氢键联结。氢键的联结力较强，致使晶格不能自由活动，水难以进入晶格之间，是一种遇水较为稳定的黏土矿物。因为晶层之间的联结力较强，能组叠很多晶层，多达百个以上，成为一个颗粒。所以由高岭石矿物形成的黏粒较粗大，甚至可达到粉粒。颗粒大小为 0.3～3 μm（1 μm = 0.001 mm），厚为 0.03～0.3 μm。与其他黏土矿物相比，高岭石的主要特征是颗粒较粗，不容易吸水膨胀或失水收缩，亲水能力差。

②蒙脱石的晶层结构是由两个硅片中间夹一个铝片所构成，这种晶体结构称为 2:1 的三层结构。晶层之间是 O^{2-} 对 O^{2-} 的联结，联结力很弱，水很容易进入晶层之间。每一颗粒能组叠的晶层数较少。颗粒大小约为 0.1～1.0 μm，厚约 0.001～0.01 μm。蒙脱石的主要特征是颗粒细小，具有显著的吸水膨胀、失水收缩的特性，亲水能力强。

③伊利石是云母在碱性介质中风化的产物。它与蒙脱石相似，是由两层硅片夹一层铝片所形成的三层结构，但晶层之间有钾离子联结。晶层之间联结强度弱于高岭石而高于蒙脱石，其特征也介于两者之间。

（3）有机质

有机质是由土层中的动植物分解而成的。一种是分解不完全的植物残骸，形成泥炭，疏松多孔；另一种是完全分解的腐殖质。腐殖质的颗粒极细，粒径小于 0.1 μm，呈凝胶状，具有极强的吸附性。有机质的含量对土的工程性质的影响较大，比如当土中含有 1%～2% 的有机质时，其对液限和塑限的影响相当于 10%～20% 的蒙脱石。

有机质的存在对土的工程性质影响甚大。总的来说，随着有机质含量的增加，土的分散性加大(分散性指土在水中能够大部分或全部自行分散形成原级颗粒土的性能),含水量增高(可达50%~200%),干密度减小,胀缩性增加(>70%),压缩性增大,强度减小,承载力降低,故对工程极为不利。

3)土中的水

在自然条件下,土中水可以处于液态、固态或气态。土中细粒越多即土的分散性较大,水对土的性质的影响也越大。研究土中水,必须考虑到水的存在状态及其与土粒的相互作用。

存在于土颗粒矿物的晶体格架内部,或是参与矿物构造中的水称为矿物内部结合水,它只有在比较高的温度(80~680 ℃,随土粒的矿物成分不同而异)下才能化为气态水,与土粒分离。从土的工程性质上分析,可以把矿物内部结合水当作矿物颗粒的一部分。

土中的液体一部分以结晶水的形式存在于固体颗粒的内部,形成结合水,另一部分存在于土颗粒的孔隙中,形成自由水。

(1)结合水(吸附水)

结合水是指受电分子吸引力吸附于土粒表面的土中水,这种电分子吸引力可高达几千到几万个大气压,使水分子和土粒表面牢固地粘结在一起。

由于土粒(矿物颗粒)表面一般带有负电荷,围绕土粒形成电场,在土粒电场范围内的水分子和水溶液中的阳离子(如 Na^+、Ca^{2+}、Al^{3+} 等)一起吸附在土粒表面。因为水分子是极性分子(氢原子端显正电荷,氧原子端显负电荷),它被土粒表面电荷或水溶液中离子电荷的吸引而定向排列,如图1.2所示。

土粒周围水溶液中的阳离子,一方面受到土粒所形成电场的静电引力作用,另一方面又受到布朗运动(热运动)的扩散力作用。在最靠近土粒表面处,静电引力最强,把水化离子和极性水分子牢固地吸附在颗粒表面上形成固定层。在固定层外围,静电引力比较小,因此水化离子和极性水分子的活动性比在固定层中大些,形成扩散层。固定层和扩散层中所含的阳离子(反离子)与土粒表面负电荷一起即构成双电层(图1.2)。

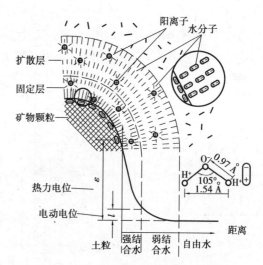

图1.2 结合水分子定向排列简图

水溶液中的反离子(阳离子)的原子价越高,它与土粒之间的静电引力越强,则扩散层厚度越薄。在实践中可以利用这种原理来改良土质,例如用三价及二价离子(如 Fe^{3+}、Ca^{2+}、Al^{3+}、Mg^{2+})处理黏土使得它的扩散层变薄,从而增加土的稳定性,减少膨胀性,提高土的强度。有时,还可用含一价离子的盐溶液处理黏土,使扩散层增厚,大大降低土的透水性。

从上述双电层的概念可知,反离子层中的结合水分子和交换离子,越靠近土粒表面,则排列得越紧密和整齐,活动性也越小。因而,结合水又可以分为强结合水和弱结合水两种。强结合水是相当于反离子层的内层(固定层)中的水,而弱结合水则相当于扩散层中的水。

（2）自由水

自由水是存在于土粒表面电场影响范围以外的水。它的性质和普通水一样，能传递静水压力，冰点为 0 ℃，有溶解能力。自由水按其移动时所受作用力的不同，可以分为重力水和毛细水。

①重力水：是存在于地下水位以下的透水土层中的地下水，它是在重力或压力差作用下运动的自由水，对土粒有浮力作用。重力水对土中的应力状态，和开挖基槽、基坑以及修筑地下构筑物时所应采取的排水和防水措施有重要的影响。

②毛细水：是受到水与空气交界面处表面张力作用的自由水，毛细水存在于地下水位以上的透水土层中。

土中存在着许多大小不同的相互连通的弯曲孔道，由于水分子与土粒分子之间的附着力和水、气界面上的表面张力，地下水将沿着这些孔道被吸引上来，在地下水位以上形成一定高度的毛细水带，这一高度称为毛细水上升高度，简称"毛细高度"。它与土中孔隙的大小和形状、土粒矿物组成以及水的性质有关。在毛细水带内，只有靠近地下水位的一部分土才被认为是饱和的，这一部分就称为毛细水饱和带，如图 1.3 所示。

毛细水带内，由于水、气界面上弯液面和表面张力的存在，使水内的压力小于大气压力。即水压力为负值。

在潮湿的粉、细砂中，孔隙水仅存在于土粒接触点周围，彼此是不连续的。这时，由于孔隙中的气与大气相连通，因此，孔隙水中的压力亦小于大气压力。于是，将引起迫使相邻土粒挤紧的压力，这个压力称为毛细压力，如图 1.4 所示。毛细压力的存在，增加了土粒间错动的摩擦阻力。这种由毛细压力引起的摩擦阻力犹如给予砂土某些黏聚力，以致在潮湿的砂土中能开挖一定高度的直立坑壁。但一旦砂土被水浸没，则弯液面消失，毛细压力变为零，这种"黏聚力"也就不再存在。因而，把这种"黏聚力"称为假黏聚力。

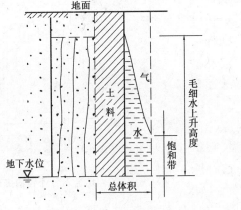

图 1.3　土层中的毛细水带

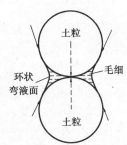

图 1.4　毛细水压力示意图

在工程中，要注意毛细水的上升高度和速度，因为毛细水的上升对于建筑物地下部分的防潮、地基土的浸湿及冻胀等有重要影响。此外，在干旱地区，地下水中的可溶盐随毛细水上升后不断蒸发，盐分便积聚于靠近地表处而形成盐渍土。土中毛细水的上升高度可用试验方法确定。

4)土中气体

土中的气体存在于土孔隙中未被水所占据的部位。在粗粒的沉积物中常见到与大气相连通的气体,它对土的力学性质影响不大。在细粒土中则常存在与大气隔绝的封闭气泡,使土在外力作用下的弹性变形增加,透水性减小。

对于淤泥和泥炭等有机质土,由于微生物(细菌)的分解作用,在土中蓄积了某种可燃气体(如硫化氢、甲烷等),使土层在自重作用下长期得不到压密,形成高压缩性土层。

▶ 1.2.3 土的结构和构造

1)土的结构

土粒或土粒集合体的大小、形状、相互排列与联结等综合特征,称为土的结构。土的结构是在成土过程中逐渐形成的,它反映了土的成分、成因和年代对土的工程性质的影响。土的结构对土的工程性质有重要的影响,但到目前为止还未能提出满意的定量描述。土的结构可以分为三种基本结构形式。

(1)单粒结构

单粒结构是由粗颗粒在水或空气中自由下落堆积而成的,是碎石土和砂土的结构特征,如图1.5所示。因土粒尺寸较大,粒间的分子引力远小于土粒自重,故土粒间几乎没有相互联结作用,是典型的散粒状物体,简称散粒。疏松状态的单粒结构在荷载作用下,特别是在振动荷载作用下会趋向密实,土粒移向更稳定的位置,同时产生较大的变形。密实状态的单粒结构在剪应力作用下会发生体积膨胀,趋向松散。单粒结构的紧密程度取决于矿物成分、颗粒形状、粒度成分及级配的均匀程度。片状矿物颗粒组成的砂土最为疏松,浑圆的颗粒组成的土比带棱角的容易趋向密实,土粒的级配越不均匀,结构越紧密。

(2)蜂窝结构

蜂窝结构是以粉粒为主的土的结构特征,如图1.6所示。粒径0.075~0.005 mm的土粒在水中沉积时,基本上是单个颗粒下沉,在下沉的过程中碰上已经沉积的土粒时,如土粒间的引力相对自重而言足够大,则此颗粒就停留在最初的接触位置上不再下沉,形成大孔隙的蜂窝结构。蜂窝结构的黏性土,土粒之间的联结强度往往由于长期的压密作用和胶结作用而得到加强。蜂窝结构的孔隙一般远大于土粒本身的尺寸,由于拱架作用和一定程度的粒间联结,使得其可以承担一般的静力荷载,但当其承受高应力的静力荷载或动力荷载时,其结构将破坏,并可能导致严重的沉降变形。

(3)絮状结构

絮状结构是由黏粒(<5 μm)集合体组成的结构形式,如图1.7所示。黏粒能够在水中悬浮,不因自重而下沉。当在水中加入某些电解质后,颗粒间的排斥力削弱,运动着的土粒凝聚成絮状物下沉,形成类似蜂窝而孔隙很大的絮状结构。这种结构对土的各向异性、抗剪强度和固结性质都有很大影响。絮状结构的黏性土,土粒之间的联结强度也会由于长期的压密作用和胶结作用而得到加强。因此,粒间的联结特征是影响这一类土的工程性质的主要因素。

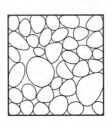

图 1.5　单粒结构

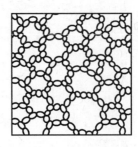

图 1.6　蜂窝结构

图 1.7　絮状结构

2）土的构造

土的构造实际上是土层在空间的存在状态,表现土层的层理、裂隙及大孔隙等宏观特征。土的构造最主要的特征是成层性,即层理构造。它是在土的形成中由于不同阶段沉积的物质成分、颗粒大小或颜色的不同,而沿竖向呈现的成层特征。常见的有水平层理构造和交错层理构造。土的构造的另一特征是土的裂隙性,这是土在自然演化过程中,经受地质构造作用和自然淋滤、蒸发作用形成的,如黄土的柱状裂隙,膨胀土的收缩裂隙等。裂隙的存在大大降低了土体的强度和稳定性,增大了透水性,对工程不利,往往是工程结构或土体边坡失稳的原因之一。此外,也应注意到土中有无包裹物(如腐植物、贝克、结核体等)以及天然或人为的孔洞存在,这些都会造成土的不均匀性。

1.3　土的物理性质指标

由于土是由固体颗粒、液体和气体三部分组成,各部分含量的比例关系直接影响土的物理性质和土的状态。例如,同样一种土,松散时强度较低,经过外力压密后,强度会提高。对于黏性土,含水量不同,其性质也有明显差别,含水量高,则软,含水量低,则硬。

在土力学中,为进一步描述土的物理和力学性质,将土的三相成分比例关系量化,用一些具体的物理量来表示,这些物理量就是土的物理性质指标。如含水量、密度、土粒比重、孔隙比、孔隙率和饱和度等。为了形象、直观地表示土的三相组成,常用三相图来表示土的三相组成,如图 1.8 所示。在三相图左侧,表示三相组成的质量,右侧表示三相组成的体积。

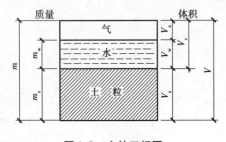

图 1.8　土的三相图

图中:m_s 为土颗粒质量,g;m_w 为土中水的质量,g;m 为土的总质量,g。通常认为空气的质量可以忽略,则土样的质量为水和土粒质量之和,$m = m_s + m_w$。

V_s 为土粒体积,cm^3;V_w 为土中水体积,cm^3;V_a 为土中气体体积,cm^3;V_v 为土中孔隙体积,$V_v = V_w + V_a$;V 为土的总体积,$V = V_w + V_a + V_s$。

1）实测指标

通过试验测定的指标有土的密度、土粒相对密度和含水量。

（1）土的密度 ρ

土的密度 ρ 是指单位体积土的质量，在三相图中，即总质量与总体积之比。单位用 g/cm^3 计，公式如下：

$$\rho = \frac{m}{V} = \frac{m_s + m_w}{V_s + V_w + V_a} \tag{1.3}$$

黏性土的密度常用环刀法测得，即用一定容积 V 的环刀切取试样，称得质量 m，即可求得密度 ρ。ρ 通常称为湿密度。天然状态下土的密度称为天然密度，天然密度的变化范围较大，一般黏性土 $\rho = 1.8 \sim 2.0 \ g/cm^3$，砂土 $\rho = 1.6 \sim 2.0 \ g/cm^3$，腐殖土 $\rho = 1.5 \sim 1.7 \ g/cm^3$。

（2）土粒相对密度 d_s

土粒相对密度 d_s 是土粒的质量与同体积纯蒸馏水在 4 ℃时的质量之比。

$$d_s = \frac{m_s}{V_s \rho_{wl}} = \frac{\rho_s}{\rho_{wl}} \tag{1.4}$$

式中　ρ_s——土粒的密度，g/cm^3，即单位体积的土粒质量，$\rho_s = m_s/V_s$；

　　　ρ_{wl}——4 ℃时纯蒸馏水的密度，等于 $1 \ g/cm^3$。

一般情况下，土粒相对密度在数值上就等于土粒密度，但两者的含义不同，前者是两种物质的质量密度之比，而后者是一种物质（土粒）的质量密度。天然土的颗粒是由不同的矿物组成的，它们的相对密度并不相同。试验测得的是土粒的相对密度的平均值。土粒的相对密度变化范围较小，一般为 $2.65 \sim 2.80$，若土中的有机质含量增加，则土的密度将减小。土粒相对密度可在试验室内用比重瓶法测得。通常也可按经验数值选用，一般土粒的相对密度参考值见表 1.2。

表 1.2　土粒相对密度参考值

土的名称	砂　土	粉　土	黏性土	
			粉质黏土	黏　土
土的相对密度	2.65 ~ 2.69	2.70 ~ 2.71	2.72 ~ 2.73	2.74 ~ 2.76

（3）土的含水量 w

土的含水量 w 是指土中水的质量和土颗粒质量之比，用百分率表示，需通过试验取得：

$$w = \frac{m_w}{m_s} \times 100\% = \frac{m - m_s}{m_s} \times 100\% \tag{1.5}$$

含水量 w 是标志土含水程度（或湿度）的一个重要的物理性质指标。天然土层的含水量变化范围很大，它与土的种类、埋藏条件及其所处的自然地理环境等有关。一般干的粗砂，其值接近零，而饱和砂土可达 40%，坚硬黏性土的含水量可小于 30%，而饱和软黏土（如淤泥）可达 60% 甚至更高。一般来说，同一类土（尤其是细粒土），当含水量增加时，其强度就会降低。土的含水量一般用"烘干法"测定。

2）换算指标

除了上述 3 个实测指标之外，还有 6 个可以通过计算求得的指标，称为换算指标，包括土的干密度、饱和密度、有效密度、孔隙比、孔隙率和饱和度。

（1）土的干密度 ρ_d

土的干密度 ρ_d 为土被完全烘干时的密度,若忽略气体的质量,干密度在数值上等于单位体积中土粒的质量,公式为:

$$\rho_d = \frac{m_s}{V} \tag{1.6}$$

土的干密度越大,土越密实,强度越高,压缩性越低。

(2)土的饱和密度 ρ_{sat}

土的饱和密度 ρ_{sat} 为孔隙完全被水充满时土的密度,公式为:

$$\rho_{sat} = \frac{m_s + V_v \rho_w}{V} \tag{1.7}$$

式中　ρ_w——水的密度,接近或等于 $1\ \text{g/cm}^3$。

(3)土的有效密度 ρ'

土的有效密度 ρ' 为地下水位以下,单位体积中土粒的质量与同体积水的质量之差,也称为土的浮密度,公式为:

$$\rho' = \frac{m_s - V_s \rho_w}{V} \tag{1.8}$$

土的三相比例指标中的质量密度指标有 4 个,即土的密度、干密度、饱和密度和有效密度。土的单位体积的重力(即土的密度与重力加速度的乘积)称为土的重力密度,简称重度 γ,单位为 kN/m^3。与之对应,有关的重度指标也有 4 个,即土的重度 γ、干重度 γ_d、饱和重度 γ_{sat}、有效重度 γ'。其定义均以重力代替质量,也就是将所有的密度乘以重力加速度 $g = 9.806\ 65\ \text{m/s}^2$ 所得,实用时可近似取 $10\ \text{m/s}^2$。

同一土的各密度或重度之间,在数值上有如下关系:$\rho_{sat} \geqslant \rho \geqslant \rho_d > \rho'$ 或 $\gamma_{sat} \geqslant \gamma \geqslant \gamma_d > \gamma'$。

(4)土的孔隙比 e

土的孔隙比 e 是指孔隙的体积与土粒体积之比。

$$e = \frac{V_v}{V_s} \tag{1.9}$$

孔隙比是一个重要的物理性质指标,可以用来评价天然土层的密实程度。一般 $e < 0.6$ 的土是密实的低压缩性土,$e > 1.0$ 的土是疏松的高压缩性土。

(5)孔隙率 n

孔隙率 n 是指孔隙的体积与土的总体积之比,用百分数表示。

$$n = \frac{V_v}{V} \times 100\% \tag{1.10}$$

土的孔隙比和孔隙率都是用来表示孔隙体积比值的。相同颗粒形成的土,当其孔隙比和孔隙率不同时,土的密实程度也不同。它们随土的形成过程中所受到的压力、粒径级配和颗粒排列的不同而有很大差异。一般来说,粗粒土的孔隙率小,如砂类土的孔隙率一般在 30% 左右,细粒土的孔隙率大,如黏性土的孔隙率有时可高达 70%。

(6)饱和度 S_r

土的饱和度 S_r 是指土孔隙中液体充满的程度,它等于液体所占的体积与孔隙的体积之比,用百分数表示。

$$S_r = \frac{V_w}{V_v} \times 100\% \tag{1.11}$$

很显然,干土的 $S_r = 0$,饱和土的 $S_r = 100\%$。通常根据饱和度的大小可以将砂土的湿度分为三种类型:$S_r \leqslant 50\%$ 稍湿,$50\% < S_r \leqslant 80\%$ 很湿,$S_r > 80\%$ 饱和。

3)三相指标的换算

土的三相比例指标之间可以相互换算,根据上述三个试验指标,可以用换算公式求得全部换算指标,也可以用某几个指标换算其他的指标,这种换算关系见表1.3。下面介绍导出换算公式的基本方法。

表1.3　土的三项比例指标换算公式

名　称	符号	三相比例指标表达式	常用换算式公式	常见的数值范围
密度	ρ	$\rho = \dfrac{m}{V}$	$\rho = \rho_d(1+w)$　$\rho = \dfrac{d_s(1+w)}{1+e}\rho_w$	$1.6 \sim 2.0 \text{ g/cm}^3$
土粒相对密度	d_s	$d_s = \dfrac{m_s}{V_s\rho_{wl}} = \dfrac{\rho_s}{\rho_{wl}}$	$d_s = \dfrac{S_r e}{w}$	黏性土:$2.72 \sim 2.75$ 粉土:$2.70 \sim 2.71$ 砂土:$2.65 \sim 2.69$
含水量	w	$w = \dfrac{m_w}{m_s} \times 100\%$	$w = \dfrac{S_r e}{d_s}$　$w = \dfrac{\rho}{\rho_d} - 1$	$20\% \sim 60\%$
干密度	ρ_d	$\rho_d = \dfrac{m_s}{V}$	$\rho_d = \dfrac{\rho}{1+w}$　$\rho_d = \dfrac{d_s}{1+e}\rho_w$	$1.3 \sim 1.8 \text{ g/cm}^3$
饱和密度	ρ_{sat}	$\rho_{sat} = \dfrac{m_s + V_v\rho_w}{V}$	$\rho_{sat} = \dfrac{d_s+e}{1+e}\rho_w$	$1.8 \sim 2.3 \text{ g/cm}^3$
有效密度	ρ'	$\rho' = \dfrac{m_s - V_s\rho_w}{V}$	$\rho' = \rho_{sat} - \rho_w$　$\rho' = \dfrac{d_s-1}{1+e}\rho_w$	$0.8 \sim 1.3 \text{ g/cm}^3$
孔隙比	e	$e = \dfrac{V_v}{V_s}$	$e = \dfrac{wd_s}{S_r}$　$e = \dfrac{d_s(1+w)\rho_w}{\rho} - 1$	黏性土和粉土:$0.40 \sim 1.20$ 砂土:$0.30 \sim 0.90$
孔隙率	n	$n = \dfrac{V_v}{V} \times 100\%$	$n = \dfrac{e}{1+e}$　$n = 1 - \dfrac{\rho_d}{d_s\rho_w}$	黏性土和粉土:$30\% \sim 60\%$ 砂土:$25\% \sim 45\%$
饱和度	S_r	$S_r = \dfrac{V_w}{V_v} \times 100\%$	$S_r = \dfrac{wd_s}{e}$　$S_r = \dfrac{w\rho_d}{n\rho_w}$	$0 \sim 100\%$

将图1.8两侧的量值分别除以 V_s,同时引入实测指标后,图1.8两侧的量值即如图1.9。此时土粒体积 $V_s = 1$,则孔隙体积为 e,总体积为两部分之和 $V = 1 + e$。土粒的质量 $m_s = d_s\rho_w$,水的质量 $m_w = wd_s\rho_w$,总质量 $m = m_s + m_w = (1+w)d_s\rho_w$。于是由各指标定义可得:

$$\rho = \frac{m}{V} = \frac{d_s(1+w)}{1+e}\rho_w \tag{1.12}$$

$$\rho_d = \frac{m_s}{V} = \frac{d_s}{1+e}\rho_w \tag{1.13}$$

$$\rho_{sat} = \frac{m_s + V_v\rho_w}{V} = \frac{d_s+e}{1+e}\rho_w \tag{1.14}$$

$$\rho' = \frac{m_s - V_s\rho_w}{V} = \frac{d_s-1}{1+e}\rho_w = \rho_{sat} - \rho_w \tag{1.15}$$

$$e = \frac{V_v}{V_s} = \frac{d_s(1 + w)\rho_w}{\rho} - 1 \qquad (1.16)$$

$$n = \frac{V_v}{V} \times 100\% = \frac{e}{1 + e} \qquad (1.17)$$

$$S_r = \frac{V_w}{V_v} \times 100\% = \frac{wd_s}{e} = \frac{w\rho_d}{n\rho_w} \qquad (1.18)$$

以上公式推导中,是以 $V_s = 1$ 作为计算的出发点,也可以用其他量作为单位值进行推导。这是因为三相量的指标都是相对的比例关系,不是量的绝对值,因此在换算中可以根据具体情况决定采用某种方法。

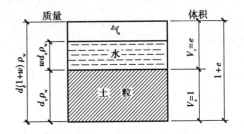

图1.9　土的三相指标换算图

【例1.1】　某饱和土体,土粒相对密度 $d_s = 2.70$,重度 $\gamma = 19.5$ kN/m³。求:(1)根据题中的已知条件,推导干重度 γ_d 的表达式;(2)根据表达式来计算该土的干重度。

【解】　(1)饱和土体 $V_a = 0$,所以 $V = V_s + V_w$,则饱和土体的重度,即为该土的重度 $\gamma = \gamma_{sat} = 19.5$ kN/m³。根据土的饱和重度的定义有:

$$\gamma_{sat} = \frac{m_s + V_v\rho_w}{V}g = \frac{V_s d_s \gamma_w + V_v \gamma_w}{V}$$

根据三相指标换算图,上式改写为:

$$\gamma_{sat} = \frac{d_s + e}{1 + e}\gamma_w$$

$$\gamma_{sat} - \gamma_w = \frac{(d_s - 1)\gamma_w}{1 + e} = \frac{\gamma_d(d_s - 1)}{d_s}$$

即可求得:

$$\gamma_d = \frac{(\gamma_{sat} - \gamma_w)d_s}{d_s - 1}$$

(2)将已知条件带入上式:

$$\gamma_d = \frac{(19.5 - 10.0) \times 2.70}{2.70 - 1} \text{kN/m}^3 = 15.1 \text{ kN/m}^3$$

【例1.2】　某土料孔隙比 $e = 0.9$,饱和度 $S_r = 40\%$,如果在体积不变的情况下,使饱和度增加到 $S_r = 90\%$,问 1 m³ 土料中应加多少水?

【解】　已知 $e = \frac{V_v}{V_s} = 0.9$,$V_v + V_s = 1$ m³,则可得:

$$V_s = \frac{1 \text{ m}^3}{1 + 0.9} = 0.526 \text{ m}^3, V_v = 0.9V_s = 0.474 \text{ m}^3$$

加水前:$S_{r1} = \frac{V_{w1}}{V_v} = 40\%$,则:$V_{w1} = 0.19$ m³;

加水后：$S_{r2} = \dfrac{V_{w2}}{V_v} = 90\%$，则：$V_{w2} = 0.43 \ \text{m}^3$。则最终的加水量为：$V_{w2} - V_{w1} = 0.24 \ \text{m}^3$。

1.4 无黏性土的密实度

无黏性土一般是指碎石和砂类土。这两类土中黏粒含量甚少，呈单粒结构，不具有可塑性。无黏性土的物理性质主要决定于土的密实度，土的湿度仅对细砂、粉砂有影响。无黏性土呈密实状态时，强度较大，是良好的天然地基；呈稍密和松散状态时则是一种软弱地基，尤其是饱和的粉、细砂，稳定性差，在振动荷载作用下可能产生液化现象。

▶ 1.4.1 砂土的相对密实度

砂土的相对密实度是砂土密实程度的指标之一。孔隙比、干容重在一定程度上也可以反映土的密实程度，但这两个指标没有考虑粒径级配对土的密实程度的影响。不难验证，不同级配的砂土，即使具有相同的孔隙比 e，若土颗粒的大小、形状和级配不同，它们所能达到的最大孔隙比和最小孔隙比是不同的，则土的密实度也明显不同。为此，实际工程中，常用相对密实度 D_r 来表征砂土的密实程度，公式表达为：

$$D_r = \frac{e_{\max} - e_0}{e_{\max} - e_{\min}} \tag{1.19}$$

式中 e_0——砂土的实际孔隙比；

$e_{\min}, e_{\max}$——分别为砂土的最小和最大孔隙比，可由试验测得。

当 $D_r = 0$ 时，表示土处于最松状态；当 $D_r = 1$ 时，表示土处于最密实状态。工程中，用相对密度判别砂土的密实状态：

疏松：$0 < D_r \leqslant \dfrac{1}{3}$；中密：$\dfrac{1}{3} < D_r \leqslant \dfrac{2}{3}$；密实：$\dfrac{2}{3} < D_r \leqslant 1$。

▶ 1.4.2 无黏性土密实度划分的其他方法

1)砂土密实度按标准贯入击数划分

从理论上讲，相对密实度的概念比较明确，能全面反映影响砂土密实度的各种因素。但是由于测定砂土的最大孔隙比和最小孔隙比的试验方法不够完善，试验结果常有较大的离散性；同时也由于原状砂土试样难以取得，天然孔隙比很难准确测定，使得相对密实度的应用受到了限制。因此在工程实际中，更多地采用标准贯入试验来判定砂土的密实度。

标准贯入试验是用重 63.5 kg 的锤，在落距为 76 cm 的条件下，把标准贯入器打入土中 30 cm，记录所需的锤击数 N 的原位测试方法。在《建筑地基基础设计规范》(GB 50007)中，即使用原位标准贯入试验锤击数 N 划分砂土的密实度，见表 1.4。

表 1.4 标准贯入试验锤击数 N 划分砂土的密实度

密实度	松 散	稍 密	中 密	密 实
标贯击数 N	$N \leqslant 10$	$10 < N \leqslant 15$	$15 < N \leqslant 30$	$30 < N$

2）碎石土密实度划分

碎石土由于很难做室内试验，常用野外鉴别法、圆锥动力触探试验或重型动力触探试验判别其密实度。根据《岩土工程勘察规范》（GB 50021），划分标准分别见表1.5、表1.6及表1.7。

表1.5　碎石土密实度野外鉴别

密实度	骨架颗粒含量和排列	可挖性	可钻性
松散	骨架颗粒质量小于总质量的60%，排列混乱，大部分不接触	锹可以挖掘，井壁易坍塌，从井壁取出大颗粒后，立即坍塌	钻进容易，钻杆稍有跳动，孔壁易坍塌
中密	骨架颗粒质量等于总质量的60%～70%，呈交错排列，大部分接触	锹镐可挖掘，井壁有掉块现象，从井壁取出大颗粒处，能保持凹面形状	钻进较困难，钻杆、吊锤跳动不剧烈，孔壁有坍塌现象
密实	骨架颗粒质量大于总质量的70%，呈交错排列，连续接触	锹镐挖掘困难，用撬棍方能松动，井壁较稳定	钻进困难，钻杆、吊锤跳动剧烈，孔壁较稳定

表1.6　碎石土密实度按重型圆锥动力触探数 $N_{63.5}$ 分类

密实度	松散	稍密	中密	密实
重型动力触探数 $N_{63.5}$	$N_{63.5} \leq 5$	$5 < N_{63.5} \leq 10$	$10 < N_{63.5} \leq 20$	$20 < N_{63.5}$

表1.7　碎石土密实度按超重型圆锥动力触探数 N_{120} 分类

密实度	松散	稍密	中密	密实	很密
超重型动力触探数 N_{120}	$N_{120} \leq 3$	$3 < N_{120} \leq 6$	$6 < N_{120} \leq 11$	$11 < N_{120} \leq 14$	$14 < N_{120}$

1.5　黏性土的物理性质

在生活中经常可以看到这样的现象，雨天土路泥泞不堪，车辆驶过便形成深深的车辙，而久晴以后土路却异常坚硬。这种现象说明土的工程性质与它的含水量有着十分密切的关系，因而需要定量地加以研究。

▶ 1.5.1　黏性土的状态与界限含水量

黏性土最主要的特性是它的稠度，稠度是指黏性土在某一含水量下的软硬程度和土体对外力的抵抗能力。当土中含水量很低时，水被土颗粒表面的电荷吸附于颗粒表面，土中水为强结合水，土呈现固态或半固态。当土中含水量增加，吸附在颗粒周围的水膜加厚，土粒周围除强结合水外还有弱结合水。弱结合水不能自由流动，但受力时可以变形，此时土体在外力作用下，可以被捏成任意形状，外力取消后仍保持改变后的形状，这种状态称为塑态。当土中含水量继续增加,土中除结合水外已有相当数量的水处于电场引力范围之外,这时,土体不再能承受剪应力,呈现流动状态。实质上,土的稠度反映了土体含水量的变化对土的工程性质的影响。

土从一种状态转变成另一种状态的含水量界限值,称为稠度界限,又称界限含水量。这是由瑞典科学家阿太堡(Aterberg,1911)首先提出的,故又称为阿太堡界限。它对黏性土的分类和工程性质评价具有重要意义。

黏性土由可塑状态转变为流动状态的界限含水量称为液限,用符号 w_L 表示;土由半固态转变为可塑状态时的界限含水量称为塑限,用符号 w_P 表示;土由固态转变到半固态的界限含水量称为缩限,用符号 w_s 表示。当土体处于固态和半固态

图 1.10　黏性土的状态与含水量的关系

时,较坚硬,统称为坚硬状态。固态与半固态的区别在于半固态时,随着土中水的蒸发,土的体积收缩小,而固态的土,尽管水继续蒸发,但土的体积已不再减小。黏性土的状态与含水量的关系图如图 1.10 所示。界限含水量均以百分数表示。实际上,由于黏性土从一种状态转变为另一种状态是渐变的,没有明确的界限,因此只能根据试验方法测得相应的界限含水量。

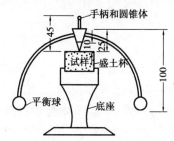

图 1.11　锥式液限仪

图 1.12　碟式液限仪

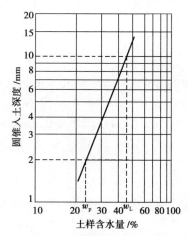

图 1.13　圆锥体的入土深度
与含水量的关系曲线

我国采用锥式液限仪(图 1.11)来测定黏性土的液限 w_L。将调成均匀的浓糊状土试样装满盛土杯内(盛土杯置于底座上),刮平杯口表面,将 76 g 重的圆锥体轻放在试样表面,使其在自重作用下沉入试样,若锥体经 5 s 时恰好沉入 10 mm 深度,这时杯内土样的含水量就是液限 w_L 值。为了避免放锥时的人为晃动影响,可用电磁放锥的方法,可以提高测试精度。

美国、日本等国家采用碟式液限仪来测定黏性土的液限。它是将调成浓糊状的土试样装在碟内,刮平表面,做成厚 8 mm 的土饼,用开槽器在土中成槽,槽底宽度为 2 mm,如图 1.12 所示,然后将碟抬高 10 mm,使碟自由下落,连续 25 次后,若土槽合拢长度为 13 mm,这时的含水量就是液限。

黏性土的塑限 w_P 采用"搓条法"测定。即用双手将一定湿度的土样搓成小圆球(球径小于 10 mm),放在毛玻璃上再用手慢慢搓成细土条,若土条搓到直径为 3 mm 时恰好开始断裂,

这时断裂土条的含水量就是塑限 w_P。搓条法受人为因素的影响较大,因而成果很不稳定。利用锥式液限仪联合测定液、塑限,实践证明可以取代搓条法。

联合测定法求液限、塑限,是采用锥式液限仪以电磁放锥法对黏性土试样以不同含水量进行若干试验(一般为 3 组),并按测定结果在双对数坐标纸上作出 76 g 圆锥体的入土深度与含水量的关系曲线(图 1.13)。大量试验资料表明,它接近于一根直线,则对应于圆锥体入土深度为 10 mm 和 2 mm 时土样的含水量分别为该土的液限和塑限。

20 世纪 50 年代以来,我国一直以 76 g 圆锥仪下沉深度 10 mm 作为液限标准,这与碟式仪测得的液限值不一致。国内外研究成果表明,取 76 g 圆锥仪下沉深度 17 mm 时的含水量与碟式仪测得的液限值相当。《公路土工试验规程》(JTJ051)规定,采用 100 g 圆锥仪下沉深度 20 mm 为液限值标准。

▶ 1.5.2 塑性指数和液性指数

1)塑性指数

可塑性是黏性土区别于砂土的重要特征。可塑性的大小用土处在塑性状态的含水量变化范围来衡量,从液限到塑限含水量的变化范围越大,土的可塑性越好。这个范围称为塑性指数 I_P(I_P 以省去% 符号而用百分点数表示),即:

$$I_P = w_L - w_P \tag{1.20}$$

很显然,塑性指数越大,土处于可塑状态的含水量范围也越大。换句话说,塑性指数的大小与土中结合水的含量有关。从土的颗粒来说,土粒越细,则其比表面积越大,结合水的含量越高,I_P 也越大。从矿物成分来说,黏土矿物(尤以蒙脱石类)含量越多,水化作用越剧烈,结合水含量越高,I_P 也越大。从土中水的离子成分和浓度来说,当水中高价阳离子的浓度增加时,土粒表面吸附的反离子层中阳离子数量减少,层厚变薄,结合水含量减少,I_P 变小,反之变大。在一定程度上,塑性指数综合反映了黏性土及其三相组成的基本特性,因此在工程上常按塑性指数对黏性土进行分类。

2)液性指数

土的天然含水量是反映土中水量多少的指标,在一定程度上说明土的软硬与干湿状况。但仅以含水量的绝对数值还不能确切地说明土处在何种状态。如果有几个含水量相同的土样,但它们的液限、塑限不同,那么这些土所处的状态可能不同。因此,需要提出一个能表示天然含水量与界限含水量相对关系的指标——液性指数 I_L 来描述土的状态,即:

$$I_L = \frac{w - w_P}{w_L - w_P} \tag{1.21}$$

可塑状态土的液性指数在 0 到 1 之间,液性指数越大,表示土越软;液性指数大于 1 的土处于流动状态;小于 0 的土则处于固态或半固体状态。

液性指数固然可以反映土所处的状态,但必须指出,液限和塑限都是用重塑土测定的,没有反映土的原状结构的影响。保持原状结构的土即使天然含水量大于液相,但仍可能有一定的强度,并不呈流动的性质,可称为潜流状态。这就是说,虽然原状土并不流动,但一旦天然结构破坏时,强度会立即丧失而出现流动的性质。

黏性土根据液性指数划分软硬状态的标准见表1.8。

表1.8 黏性土的软硬状态(GB 50021)

状 态	坚 硬	硬 塑	可 塑	软 塑	流 塑
液性指数	$I_L \leq 0$	$0 < I_L \leq 0.25$	$0.25 < I_L \leq 0.75$	$0.75 < I_L \leq 1$	$1 < I_L$

▶ 1.5.3 灵敏度和触变性

1)灵敏度

天然状态下的黏性土通常都具有一定的结构性。当受到外力扰动作用时,土粒间的胶结物质以及土粒、离子、水分子所组成的平衡体系受到破坏,即土的天然结构受到破坏,导致土的强度降低和压缩性增高。天然土的这种因结构受到扰动而使强度改变的特性称为土的结构性,一般用灵敏度来衡量。土的灵敏度是以原状土的强度与该土经重塑(土的结构完全破坏)后的强度之比来表示。重塑土试样应与原状土试样具有相同的几何尺寸、密度和含水量。对于饱和黏性土的灵敏度S_t可按式(1.21)计算:

$$S_t = \frac{q_u}{q_u'} \tag{1.22}$$

式中 q_u,q_u'——分别为原状土和重塑土的无侧限抗压强度,kPa。

根据灵敏度的大小可以将饱和黏性土分为:低灵敏($1 < S_t \leq 2$)、中灵敏($2 < S_t \leq 4$)和高灵敏($4 < S_t$)三类。土的灵敏度越高,其结构性越强,受扰动后土的强度降低越多。所以,在基础施工时应注意保护基坑或基槽,尽量减少对坑底土的结构扰动。

2)触变性

黏性土的结构受到扰动,导致结构强度降低,但当扰动停止后,土的强度又随时间推移而逐渐部分恢复,这种性质称为土的触变性。在黏性土中沉桩时,由于打桩使周围土体的结构扰动,导致土的强度降低,使得沉桩阻力减少。而打桩停止后,土的强度会部分恢复,桩的承载力随时间推移逐渐增加。因此,打桩时要"一气呵成",才能进展顺利,提高功效,这就是受土的触变性影响的结果。

对于具有絮状结构形式的饱和黏性土,含有大量结合水,其强度主要来源于土粒间的联结特征,即颗粒间电分子产生的"原始黏聚力"和粒间胶结物产生的"固化黏聚力"。当土体扰动后,这两类黏聚力被部分或全部破坏而强度降低。当扰动停止后,被破坏的粒间电分子力可随时间推移而逐渐恢复,导致强度有所恢复。然而,固化黏聚力的破坏是无法在短时间内恢复的。因此,易于触变的土体,被扰动而降低的强度仅有部分可以恢复。

1.6 土的压实性

土工构筑物,如土坝、土堤及道路填方是用土作为建筑材料的。为了保证填料有足够的强度、较小的压缩性和透水性,在施工时常常需要压实,以提高填土的密实度(工程上以干密

度表示)和均匀性。经常采用夯打、振动或辗压等方法,使土得到压实。压实性就是指土体在外部压实能量作用下,土颗粒克服粒间阻力,产生位移,使土中的孔隙减小、密度增加、强度提高的特性。

研究土的压实特性常用现场填筑试验和室内击实试验两种方法。前者是在现场选一试验地段,按设计要求和施工方法进行填土,并同时进行有关测试工作,以查明填筑条件(如土料、堆填方法、压实机械等)和填筑效果(如土的密实度)的关系。室内击实试验是近似地模拟现场填筑情况,是一种半经验性的试验,用锤击方法将土击实,以研究土在不同含水量下土的击实特性,以便取得有参考价值的设计数值。本节主要阐述室内击实试验。

▶ 1.6.1　土的击实性及其本质

土的击实是指用重复性的冲击动荷载将土压密。研究土的击实性的目的在于揭示击实作用下土的干密度、含水量和击实功三者之间的关系和基本规律,从而选定适合工程需要的最小击实功。

击实试验是把某一含水量的土料填入击实筒内,用击锤按规定落距对土打击一定的次数,即用一定的击实功击实土,测其含水量和干密度的关系曲线,即击实曲线。

在击实曲线上可找到某一峰值,称为最大干密度 ρ_{dmax},与之相对应的含水量,称为最优含水量 w_{op}。它表示在一定击实功作用下,达到最大干密度的含水量。当击实土料为最佳含水量时,压实效果最好。

1)黏性土的击实性

黏性土的最优含水量一般在塑限附近。在最优含水量时,土粒周围的结合水膜厚度适中,土粒连结较弱,不存在多余的水分,故易于击实,使土粒靠拢而排列最密。

实践证明,土被击实到最佳情况时,饱和度一般在80%左右。

2)无黏性土的击实性

无黏性土情况有些不同。无黏性土的压实性也与含水量有关,不过不存在一个最优含水量。一般在完全干燥或者充分洒水饱和的情况下容易压实到较大的干密度。

潮湿状态,由于具有微弱的毛细水连结,土粒间移动所受阻力增大,不易被挤紧压实,干密度较低。无黏性土的压实标准,一般采用相对密实度 D_r,通常要求砂土的相对密实度 $D_r > 0.67$。

▶ 1.6.2　细粒土的压实性

研究细粒土的压实性可以在实验室或现场进行。在实验室内进行击实试验是研究土压实的基本方法。击实试验分为轻型和重型两种。轻型击实试验适用于粒径小于 5 mm 的黏性土,重型击实试验适用于粒径不大于 20 mm 的土。实验时,将某一土样分成 6 ~ 7 份,每份加入不同的水量,得到各种不同含水量的土样。将每份土样装入击实仪(图 1.14)内,用完全相同的方法加以击实。击实后,测出压实土的含水量和干密度。以含水量为横坐标,干密度为纵坐标,绘制含水量-干密度曲线如图 1.15 所示。这种试验称为土的击实试验。

1)最优含水量和最大干密度

在图 1.15 的击实曲线上,峰值干密度对应的含水量,称为最优含水量 w_{op},它表示在这一

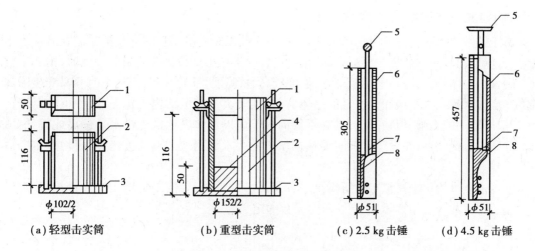

图 1. 14　轻型和重型两种击实仪

1—套筒;2—击实筒;3—底板;4—垫块;5—提手;6—导筒;7—硬橡皮垫;8—击锤

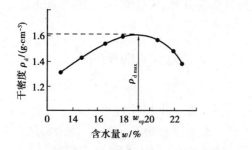

图 1.15　击实曲线

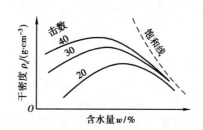

图 1.16　不同击数下的击实曲线

含水量下,以这种击实方法,能够得到最大干密度 $\rho_{d\max}$。同一种土,干密度越大,孔隙比越小,所以最大干密度相应于试验所达到的最小孔隙比。在某一含水量下,将土压到最密,理论上就是将土中所有的气体都从孔隙中赶走,使土达到饱和。理论上不同含水量所对应的土体达到饱和状态时的干密度可由下式计算:

$$\rho_d = \frac{\rho_w d_s}{1 + w d_s} \tag{1.23}$$

并得到理论上所能达到的最大压实曲线,即饱和度为 $S_r = 100\%$ 的压实曲线,也称饱和曲线,如图 1.16 所示。

　　按照饱和曲线,当含水量很大时,干密度很小,因为这时土体中很大的一部分体积都是水。若含水量很小,则饱和曲线上的干密度很大。当 $w = 0$ 时,饱和曲线上的干密度应等于土颗粒的比重 d_s 乘以水的密度。显然除了变成岩石外,碎散的土是无法达到的。

　　实际上,实验的击实曲线在峰值以右逐渐接近于饱和曲线,并且大体上与它平行,说明实际击实试验中难以将气体全部排出。在峰值以左,则两根曲线差别较大,而且随着含水量减小,差值迅速增加。土的最优含水量的大小随土的性质而异,试验表明,w_{op} 约在土的塑限 w_p 附近。

2)填土的含水量和辗压标准的控制

由于黏性填土存在着最优含水量,因此在填土施工时应将土料的含水量控制在最优含水量左右,以期用较小的能量获得最大的密度,当含水量在小于最优含水量的一侧时,击实土常具有凝聚结构的特征,这种土比较均匀、强度较高、较脆硬、不易压实,但浸水时容易产生附加沉降。当含水量在大于最优含水量的一侧时,击实土具有分散结构的特征,这种土的可塑性大,适应变形的能力强,但强度低,具有不等向性。所以含水量比最优含水量偏高或偏低,填土的性质各有优缺点,在设计土料时要根据填土的要求和当地土料的天然含水量,选定合适的含水量。

室内击实试验用来模拟工地压实是一种半经验的方法,为便于工地压实质量控制,工程上采用压实度或压实系数 λ_c 控制。压实系数的定义为:

$$\lambda_c = \frac{\rho_d}{\rho_{d\,max}} \tag{1.24}$$

压实系数 λ_c 越接近1,表明土体越趋于密实。在工地上对压实系数的检验,一般可用环刀法、灌砂(水)法、核子密度仪等方法来测定,具体选用哪种方法,可根据工地的实际情况而定。

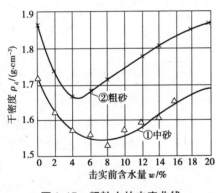

图 1.17 粗粒土的击实曲线

▶ 1.6.3 粗粒土的压实性

砂和砂砾等粗粒土的压实性也与含水量有关,不过不存在着一个最优含水量。一般在完全干燥或者充分洒水饱和的情况下,容易压实到较大的干密度。潮湿状态,由于毛细压力增加了粒间阻力,相同能量下的压实干密度显著降低。粗砂在含水量为4%~5%,中砂在含水量为7%左右时,压实干密度最小,如图1.17所示。因此,在无黏性土的实际填筑中,通常需要不断洒水使其在较高含水量下压实。

1.7 土的工程分类

▶ 1.7.1 土的分类原则

自然界中土的种类不同,其工程性质也必不相同。从直观上,可以粗略的把土分成两大类:一类是土体中肉眼可见松散颗粒,颗粒间黏结力弱,这就是前面提到的无黏性土(粗粒土);另一类是颗粒细微,颗粒间黏结力强,这就是前面提到的黏性土。实际工程中,这种粗略的分类远远不能满足工程的要求,还必须用更能反映土的工程特性的指标来系统分类。前面已介绍过,影响土的工程性质的主要因素是土的三相组成和土的物理状态,其中最主要的因素是三相组成中土的固体颗粒,如颗粒的粗细、颗粒的级配等。土的分类目的在于通过一种通用鉴别标准,以便于在不同土类间做相互有价值的比较、评价以及学术与经验的交流。目前,国际、国内土的工程分类法并不统一,即使同一国家的各个行业、各个部门,土的分类体系也都是结合本专业的特点而制定的,但一般都遵循下列基本原则:

①简明的原则。分类体系采用的指标,要既能综合反映土的主要工程性质,又能便于测定,且使用方便。

②工程特性差异原则。分类体系采用的指标在一定程度上能反映不同工程用土的不同特性。

本节主要介绍我国《土的工程分类标准》(GB/T 50145)和《建筑地基基础设计规范》(GB 50007)中关于土的分类,最后简单介绍一下塑性图分类法。

▶ 1.7.2 按土的工程分类标准分类

《土的工程分类标准》(GB/T 50145)是从土的基本特性出发,以土的颗粒尺寸、物理性质等为界定指标的分类体系,是土的基本分类。

土的分类依据土颗粒组成及其特征、土的塑性指标(液限、塑限和塑性指数)及土中有机质的含量三类指标。土的粒组按照表1.1划分。土按照不同粒组的相对含量可划分为巨粒类土、粗粒类土和细粒类土。根据土的分类标准,各粒组还可进一步细分。下面分别予以说明。

1)巨粒类土

巨粒类土的划分见表1.9。若试样中巨粒组含量不大于15%时,可扣除巨粒,按粗粒类土或细粒类土的相应规定分类;当巨粒对土的总体性状有影响时,可将巨粒记入砾粒组进行分类。

表1.9 巨粒类土的分类

土 类	粒组含量		土类代号	土类名称
巨粒土	巨粒含量 >75%	漂石含量大于卵石含量	B	漂石(块石)
		漂石含量不大于卵石含量	Cb	卵石(碎石)
混合巨粒土	50% <巨粒含量≤75%	漂石含量大于卵石含量	BSl	混合土漂石(块石)
		漂石含量不大于卵石含量	CbSl	混合土卵石(块石)
巨粒混合土	15% <巨粒含量≤50%	漂石含量大于卵石含量	SlB	漂石(块石)混合土
		漂石含量不大于卵石含量	SlCb	卵石(碎石)混合土

2)粗粒类土

粗粒含量在50%以上的土称为粗粒类土。粗粒土分为砾类土和砂类土两类。土中砾粒组含量大于砂粒组含量的土称为砾类土,土中砾粒组含量不大于砂粒组含量的土称为砂类土。砾类土和砂类土的分类见表1.10、表1.11。

表 1.10 砾类土的分类

土 类	粒组含量		土类代号	土类名称
砾	细粒含量 <5%	$C_u \geqslant 5, C_c = 1 \sim 3$	GW	级配良好砾
		级配:不同时满足上述要求	GP	级配不良砾
含细粒土砾	5% ≤细粒含量<15%		GF	含细粒土砾
细粒土质砾	15% ≤细粒 含量<50%	细粒中粉粒含量不大于50%	GC	黏土质砾
		细粒中粉粒含量大于50%	GM	粉土质砾

表 1.11 砂类土的分类

土 类	粒组含量		土类代号	土类名称
砂	细粒含量 <5%	$C_u \geqslant 5, C_c = 1 \sim 3$	SW	级配良好砂
		级配:不同时满足上述要求	SP	级配不良砂
含细粒土砂	5% ≤细粒含量<15%		SF	含细粒土砂
细粒土质砂	15% ≤细粒 含量<50%	细粒中粉粒含量不大于50%	SC	黏土质砂
		细粒中粉粒含量大于50%	SM	粉土质砂

3)细粒类土

细粒含量不小于50%的土为细粒类土。细粒类土可分为细粒土、含粗粒的细粒土及有机质土。细粒类土中粗粒含量不大于25%的土称为细粒土;粗粒含量大于25%且不大于50%的土称为含粗粒的细粒土;有机质含量小于10%且不小于5%的土称为有机质土。

细粒土的分类见表 1.12。含粗粒的细粒土应根据所含细粒土的塑性指标在塑性图中的位置及所含粗粒的类别,按下列规定划分:粗粒中砾粒含量大于砂粒含量,称为含砾细粒土,应在细粒土代号后加代号 G;粗粒中砾粒含量不大于砂粒含量,称为含砂细粒土,应在细粒土代号后加代号 S;有机质土应按表 1.12 划分,在各相应土类代号之后加代号 O。

表 1.12 细粒土的分类

土的塑性指数在塑性图 1.18 中的位置		土类代号	土类名称
$I_P \geqslant 0.73(w-20)$ 和 $I_P \geqslant 7$	$w_L \geqslant 50\%$	CH	高液限黏土
	$w_L < 50\%$	CL	低液限黏土
$I_P < 0.73(w-20)$ 或 $I_P < 4$	$w_L \geqslant 50\%$	MH	高液限粉土
	$w_L < 50\%$	ML	低液限粉土

▶ 1.7.3 按建筑地基基础设计规范分类

《建筑地基基础设计规范》(GB 50007)中关于土的分类注重土的天然结构特性和强度,并始终与土的主要工程特性——变形和强度特征紧密联系。这种分类方法比较简单,按照土颗粒的大小、粒组的土颗粒含量把作为建筑地基的土分成碎石土、砂土、粉土、黏性土和人工填土。

1)碎石土

粒径大于 2 mm 的颗粒含量大于 50% 的土属碎石土。根据颗粒含量及颗粒形状,可细分为漂石、块石、卵石、碎石、圆砾、角砾,具体见表 1.13。

表 1.13　碎石土的分类

名　称	颗粒形状	粒组的颗粒含量
漂　石	圆形及次圆形为主	粒径大于 200 mm 的颗粒超过 50%
块　石	棱角形为主	
卵　石	圆形及次圆形为主	粒径大于 20 mm 的颗粒含量超过 50%
碎　石	棱角形为主	
圆　砾	圆形及次圆形为主	粒径大于 2 mm 的颗粒含量超过 50%
角　砾	棱角形为主	

注:分类时应根据粒组的颗粒含量栏从上到下以最先符合者确定。

2)砂土

粒径大于 2 mm 的颗粒含量在 50% 以内,同时粒径大于 0.075 mm 的颗粒含量超过 50% 的土属砂土。砂土根据颗粒含量不同又分为砾砂、粗砂、中砂、细砂和粉砂 5 类,具体见表 1.14。

表 1.14　砂土的分类

名　称	粒组的颗粒含量
砾　砂	粒径大于 2 mm 的颗粒含量占 25% ~50%
粗　砂	粒径大于 0.5 mm 的颗粒含量超过 50%
中　砂	粒径大于 0.25 mm 的颗粒含量超过 50%
细　砂	粒径大于 0.075 mm 的颗粒含量超过 85%
粉　砂	粒径大于 0.075 mm 的颗粒含量 50%

注:分类时应根据粒组的颗粒含量栏从上到下以最先符合者确定。

3)粉土

粒径大于 0.075 mm 的颗粒含量小于 50%,且塑性指数小于等于 10 的土属粉土。该类土的工程性质较差,如抗剪强度低、防水性差、黏聚力小等。

4)黏性土

粒径大于 0.075 mm 的颗粒含量在 50% 以内,塑性指数大于 10 的土属黏性土。根据塑性指数的大小又可细分为黏土和粉质黏土,具体见表 1.15。

表 1.15　黏性土的分类

名　称	黏　土	粉质黏土
塑性指数(I_P)	$I_P > 17$	$17 \geqslant I_P > 10$

5)淤泥

淤泥为在静水或缓慢的流水环境中沉积,并经生物化学作用形成,其天然含水量大于液限,天然孔隙比大于或等于 1.5 的黏性土。当天然含水量大于液限,而天然孔隙比小于 1.5 但大于或等于 1.0 的黏性土或粉土为淤泥质土。

6)红黏土

红黏土为碳酸盐岩系的岩石经红土化作用形成的高塑性黏土。其液限一般大于 50。红黏土经再搬运后仍保留其基本特征,其液限大于 45 的为次生红黏土。

7)人工填土

人工填土根据其组成和成因,可分为素填土、压实填土、杂填土、冲填土。

素填土为由碎石土、砂土、粉土、黏性土等组成的填土。经过压实或夯实的素填土为压实填土。杂填土为含有建筑垃圾、工业废料、生活垃圾等杂物的填土。冲填土为由水力冲填泥砂形成的填土。

▶ 1.7.4 塑性图分类法

塑性图分类法首先由美国卡萨格兰德(Cassagrande,1974)提出,现为世界通用的一种细粒土分类方法。以塑性指数 I_P 划分细粒土,虽然 I_P 也具有能综合反映土的颗粒组成、矿物成分以及土粒表面吸附阳离子成分等方面特性的优点,但是不能不承认,不同的液限、塑限可能给出相同的塑性指数,而土性却可能根本不同。由此可见,细粒土的合理分类,应至少兼顾塑性指数 I_P 和液限 w_L 两个方面。

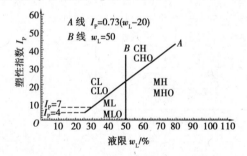

图 1.18 塑性图

在卡萨格兰德的塑性图中,以塑性指数 I_P 为纵轴、液限 w_L 为横轴,将大量的试验数据点在塑性图中,形成了具有良好分布规律的散点条带,其直线方程即为图 1.18 中的 A 线。为了区分高低液限,又给出了 B 线方程。因此,根据细粒土的坐标位置,就可以方便地进行土的分类。当然,卡萨格兰德塑性图难以适应世界各地的不同情况,还需要不断地完善和补充。图 1.18 为我国国家标准《土的工程分类标准》(GB/T 50145)对细粒土采用的塑性图。图中的液限 w_L 为用碟式液限仪测定的液限含水量,或用质量 76 g、锥角为 30° 的液限仪锥尖入土深度 17 mm 时对应的含水量。

用塑性图划分细粒土,是以扰动土的两个指标(塑性指数和液限)为依据,它能较好地反映土粒与水相互作用的一些性质,但却忽略了决定天然土工程性质的另一重要因素——土的结构性。因此,以天然细粒土作为建筑物地基时,采用塑性图进行划分也存在着不足。

复习思考题

1.1 土是如何生成和演变的？何谓风化作用？它包括哪几类？

1.2 在土的三相组成中，决定土的物理、力学性质的主要因素是什么？

1.3 级配曲线有何用途？评价粗颗粒土的工程性质优劣的标准是什么？

1.4 土中矿物有哪些类型？它们如何影响土的性质？

1.5 土中水有哪几种存在方式？结合水有何特点？毛细水有何特点？毛细水对哪些土的影响不容忽视？

1.6 黏土中的双电层是如何形成的？双电层对黏性土的性质有何影响？

1.7 何谓土的微观结构和土体的宏观结构？结构和组构的概念有何不同？土结构有哪些分类？如何命名？

1.8 土的 9 个物理性质指标是如何定义和表述的？哪几个指标是实测指标？哪几个是换算指标？如何利用三相图进行指标的换算？

1.9 密实程度是如何定义的？评价粗粒土密实性的标准有哪些？哪个更实用、更准确？

1.10 为什么说"稠度"的概念对评价黏性土的工程性质很重要？何谓稠度界限和稠度指标？何谓塑性指数？塑性指数大小和哪些因素有关？

1.11 工程上为什么要对土进行分类？

习　题

1.1 甲、乙两种土样的颗粒分析结果列于表 1.16，试绘制颗粒级配曲线，确定不均匀系数并评价级配均匀情况。（答案：甲，$C_u = 23$；乙，$C_u = 7$）

表 1.16　甲、乙土样的颗粒分析结果

粒径/mm		2 ~ 0.5	0.5 ~ 0.25	0.25 ~ 0.1	0.1 ~ 0.05	0.05 ~ 0.02	0.02 ~ 0.01	0.01 ~ 0.005	0.005 ~ 0.002	<0.002
相对含量/%	甲土	24.3	14.2	20.2	14.8	10.5	6.0	4.1	2.9	3.0
	乙土			5.0	5.0	17.1	32.9	18.6	12.4	9.0

1.2 某一原状土，经试验测得的基本指标值如下：密度 $\rho = 1.67 \text{ g/cm}^3$，含水量 $w = 12.9\%$，土粒相对密度 $d_s = 2.67$。试求该土的孔隙比 e，孔隙率 n，饱和度 S_r，干密度 ρ_d、饱和密度 ρ_{sat} 和有效密度 ρ'。（答案：$e = 0.805$，$n = 44.6\%$，$S_r = 43\%$，$\rho_d = 1.48 \text{ g/cm}^3$，$\rho_{sat} = 1.93 \text{ g/cm}^3$，$\rho' = 0.93 \text{ g/cm}^3$）

1.3 用环刀切取一土样，测得土样体积为 60 cm^3，质量为 114 g，把土样放入烘箱烘干，并在烘箱内冷却到室温，测得其质量为 100 g，若土粒比重 $d_s = 2.70$，试求土的密度 ρ，含水量 w 和孔隙比 e。（答案：$\rho = 1.9 \text{ g/cm}^3$，$w = 14\%$，$e = 0.62$）

1.4 某土样的孔隙体积和土粒体积均为 30 cm³,土粒相对密度为 2.70。试求该土的孔隙比和干重度,并求孔隙被水充满时的饱和重度和含水量。(答案:$e=1$,$\gamma_d=13.5$ kN/m³,$\gamma_{sat}=18.5$ kN/m³,$w=37\%$)

1.5 已知某砂土层的饱和重度为 20 kN/m³,土粒相对密度为 2.68,其最大和最小孔隙比分别为 0.72 和 0.57,求相对密实度。(答案:$D_r=0.267$)

1.6 已知黏性土的液限为 41%,塑限为 22%,饱和度为 0.98,孔隙比为 1.55,土粒相对密度为 2.76,试求塑性指数、液性指数及确定黏性土的状态。(答案:$I_P=19$,$I_L=1.74$,流塑)

1.7 将土以不同含水量配制成试样,用标准的夯击能使土样击实,测土体重度,得数据如表 1.17 所示。已知土粒重度 $\gamma_s=26.5$ kN/m³,试求最佳含水量。(答案:11.7%)

表 1.17 土体测试数据

$w/\%$	17.2	15.2	12.2	10.0	8.8	7.4
$\gamma/\%$	20.6	21.0	21.6	21.3	20.3	18.9

2

土的渗透性与渗流

〖**本章导读**〗

    本章将介绍达西定律、土的渗透系数测定方法、有效应力原理、二维渗流、流网以及渗透力与渗透稳定性等。学完本章后，应理解土的渗透特性，学会解决工程实际中的渗透问题；应掌握达西定律的基本概念、影响土的渗透性的主要因素、渗透系数的测定方法、渗透力的概念和计算方法、有效应力概念、流土和管涌现象的概念与发生的条件及判断方法；了解渗透破坏及其防治措施。

2.1 概 述

    土体由三相体组成，土体孔隙介质中的自由水始终由高势能处流向低势能处。水在土体孔隙中的流动过程称为渗流。土体具有渗透的性质称为土体的渗透性。图2.1(a)为基坑开挖时的渗流问题，图2.1(b)为土石坝的渗流问题，还有各种地下工程的渗流问题等。由于水的渗透引起土体边坡失稳、变形、土体渗透塌陷等，均属于土体的渗透稳定问题。孔隙介质中的渗流场理论，基本上描述了水在土体孔隙介质中的渗透特性，在解决实际工程问题方面能够较好地反映土在孔隙介质中渗流的规律。

    本章主要介绍土体的渗透性的基本概念、土体渗透变形破坏的类型及渗透变形破坏产生的条件。

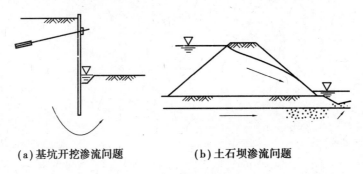

（a）基坑开挖渗流问题　　　（b）土石坝渗流问题

图 2.1　土木工程中的渗流问题

2.2　达西定律

▶ 2.2.1　水头和水力坡降

水在土中的渗流如图 2.2 所示。

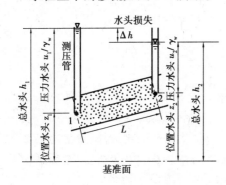

图 2.2　水在土中的渗流

图中　Δh——单位重量水体从 1 点向 2 点流动时，克服阻力而消耗的能量，叫水头差，m；

γ_w——水的重度，kN/m^3；

g——重力加速度，m/s^2；

L——渗流长度，m。

根据水力学知识，水在土中从 1 点渗透到 2 点应该满足连续定律和能量平衡方程（D. Bernouli 方程），水在土中任意一点的水头可以表示为：

$$h = z + \frac{u}{\gamma_w} + \frac{v^2}{2g} \tag{2.1}$$

式中　z——相对于基准面的高度，代表单位水体所具有的位能，叫位置水头，m；

u——孔隙水压力，代表单位质量水体所具有的压力势能，kPa；

$\dfrac{u}{\gamma_w}$——该点孔隙水压力的水柱高度，叫压力水头，m；

v——渗流速度，m/s；

$\dfrac{v^2}{2g}$——单位重量水体所具有的动能折算水柱高度，叫速度水头，m；

h——总水头，表示单位重量水体所具有的总机械能，m。

位置水头 z 的大小与基准面的选定有关。因此，水头的大小随着基准面的选取而不同。但实际渗流问题中关心的是水头差 Δh，基准面可以任取。由于水在土中渗流时所受土的阻力较大，因此一般情况下水在土中渗流的速度很小，产生的速度水头也很小，与位置水头和压力水头比较可忽略其影响。公式(2.1)可简化为：

$$h = z + \frac{u}{\gamma_w} \tag{2.2}$$

由图 2.2 可知,水从 1 点渗流到 2 点过程中的水头损失为 Δh,那么可用水在单位渗流过程中的水头损失来表征水在土中渗流的推动力的大小,即用水力坡降 i 来表示,表达式为:

$$i = \frac{\Delta h}{L} \tag{2.3}$$

▶ 2.2.2 达西定律

1856 年,法国学者达西(Darcy)根据砂土渗透试验,发表了水在饱和砂土中的流动方程式,即达西定律:

$$v = k\frac{\Delta h}{L} = ki \tag{2.4}$$

式中 v——断面平均渗透速度,即单位时间内通过与渗流方向成直角的单位截面积的水量,为方便起见,以后称之为渗透速度,m/s;

L——渗流长度,即渗径,m;

k——土的渗透系数,m/s 或 cm/s。

这个方程式起初基于达西对水在洁净砂中渗透流动的观察报告所提出。当 $i = 1$ 时,$v = k$。这表明渗透系数 k 是单位水力坡降的渗透速度,它是表示土的渗透强弱的指标,一般由渗透试验确定。

公式(2.4)适用于有效的层流条件,然而水通过土体孔隙介质的实际速度远大于渗透速度 v。

如果单位时间内水的渗流量为 q,那么:

$$q = vA = A_v v_s \tag{2.5}$$

式中 v_s——水实际流动速度,m/s;

A_v, A_s——分别为孔隙和土颗粒的面积,m^2。

然而

$$A = A_v + A_s \tag{2.6}$$

由式(2.5)和式(2.6)可得:

$$q = v(A_v + A_s) = A_v v_s \tag{2.7}$$

式中 V_v, V_s——分别为空隙和土颗粒体积,m^3。

利用孔隙比与孔隙率关系,式(2.7)可以改写成:

$$v_s = v\left(\frac{1+e}{e}\right) = \frac{v}{n} \tag{2.8}$$

式中 e——孔隙比;

n——孔隙率。

达西定律所定义的公式(2.4)意味着渗透速度 v 与水力坡降 i 具有线性关系,并且将通过原点,如图 2.3 中虚线所示。汉斯伯(Hansbo)1960 年在他的实验报告中提出了由 4 个天然原状黏土试样的测试结果,如图 2.3

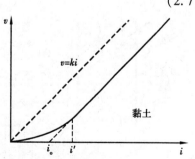

图 2.3 黏土中渗透速度与水力坡降的关系

粗实线所示。

根据汉斯伯的结论,黏土中的达西定律可表示为:

当 $i \geq i'$ 时

$$v = k(i - i_o) \tag{2.9}$$

当 $i < i'$ 时

$$v = ki^m \tag{2.10}$$

上述方程式意味着:对于黏土,当水力坡降非常低时,流速 v 与水力坡降 i 的关系为非线性。

2.3 土的渗透系数

▶ 2.3.1 土的渗透系数的测定

在国际单位制中,渗透系数的单位为 m/d 或 cm/s,总流量的单位为 m^3。土的渗透系数取决于多个因素:流体黏滞度、孔隙大小的分布、孔隙比、矿物颗粒的粗糙度及土的饱和度。对黏性土来说,其颗粒的结构对渗透系数起着非常重要作用。对黏性土的渗透系数起影响的因素还有离子浓度和被黏性土颗粒所吸附的结合水厚度。渗透系数的大小随土的类型变化较大,常用的渗透系数见表2.1。

表 2.1　土的渗透系数

土　类	$k/(\mathrm{cm} \cdot \mathrm{s}^{-1})$	土　类	$k/(\mathrm{cm} \cdot \mathrm{s}^{-1})$
黏　土	$< 1.2 \times 10^{-6}$	中　砂	$6.0 \times 10^{-3} \sim 2.4 \times 10^{-2}$
粉质黏土	$1.2 \times 10^{-6} \sim 6.0 \times 10^{-5}$	粗　砂	$2.4 \times 10^{-2} \sim 6.0 \times 10^{-2}$
粉　土	$6.0 \times 10^{-5} \sim 6.0 \times 10^{-4}$	砾砂、砾石	$6.0 \times 10^{-2} \sim 1.8 \times 10^{-1}$
粉　砂	$6.0 \times 10^{-4} \sim 1.2 \times 10^{-3}$	卵　石	$1.2 \times 10^{-1} \sim 6.0 \times 10^{-1}$
细　砂	$1.2 \times 10^{-3} \sim 6.0 \times 10^{-3}$	漂　石	$6.0 \times 10^{-1} \sim 1.2 \times 10^{-0}$

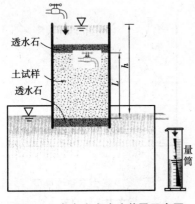

图 2.4　常水头法试验装置示意图

1)渗透系数的室内测定

(1)常水头渗透试验

常水头法试验装置如图2.4所示。在此试验中,可调节入口的供水系统,使试验过程中入口与出口的水位不变,保证常水头。渗流达到稳定状态后,用量筒收集一定时间内的流出水量。其总流量为:

$$Q = Avt = A(ki)t \tag{2.11}$$

式中　Q——总流量,m^3;

　　　A——土试样的截面积,m^2;

　　　t——收集时间,s。

对于图 2.4，水力坡降 $i = h/L$，总流量 $Q = A \cdot (k \cdot h/L) \cdot t$，则渗透系数为：

$$k = \frac{QL}{Aht} \qquad (2.12)$$

常水头法适用于具有较高渗透系数的粗粒土。

（2）变水头渗透试验

变水头法试验装置如图 2.5 所示。水通过面积为 a 的直立水管流入到面积为 A 的土试样。试验过程中，位于土样上部立管中的水位随时间的变化不断下降，而与土样下部相连的容器中的水位保持不变，从而使作用于试样两端的水头差随时间不断变化。试验时，将立管充水至需要高度后开始计时，测记起始时刻 $t_1 = 0$ 对应的水头差为 h_1，经过时间 t 后，再测记终了时刻 t_2 对应的水头差为 h_2。试验过程中的某一时刻 $t_1 + dt$ 对应的水头差为 h，作用于土试样上玻璃管中的水位下降 dh，则从时间 t_1 到 $t_1 + dt$ 时间间隔内流经土样的水量 dq 为：

$$dq = k \frac{h}{L} A dt = -a dh \qquad (2.13)$$

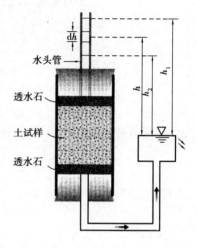

图 2.5　变水头法试验装置示意图

式中　dq——流量，cm^3/s；

　　　a——水管的截面积，m^2；

　　　A——土试样截面积，m^2。

整理式(2.13)有：

$$dt = -\frac{aL}{Ak} \frac{dh}{h} \qquad (2.14)$$

将式(2.14)的左边对时间 0 到 t 积分，右边对水头差 h_1 到 h_2 积分，得：

$$\int_0^t dt = -\frac{aL}{Ak} \int_{h_1}^{h_2} \frac{dh}{h}$$

积分整理则有：

$$k = 2.3 \frac{aL}{At} lg \frac{h_1}{h_2} \qquad (2.15)$$

变水头法适合于较低渗透系数的细粒土。

2）现场井点抽水试验确定渗透系数方法

实际工程中，土的平均渗透系数可通过井点抽水试验方法测得。井是在地层中凿孔洞或埋设管筒汲取地下水的构筑物，是开采地下水的主要设施。按井管（筒）是否穿透整个含水层分为完整井和非完整井。如图 2.6 所示透水层是一不透水层之上的一定厚度的半无限土体。先钻出一个抽水井和多个观测井（至少两个），当利用抽水井抽水时，观测井之间的水位将形成一漏斗形状。图 2.6 中，抽水井穿透整个含水层到达不透水层，为完整井；而观测井，按实际需要，可以做成完整井或非完整井。抽水初期观测井的水位持续发生变化，逐渐形成与抽水量对应稳定的水位，此时将形成抽水量与补水量相等的稳定渗流的态势，称此时得到的渗透系数为现场井点抽水方法测得的土层平渗透系数。若单位时间内的抽水流量为 q，由抽水

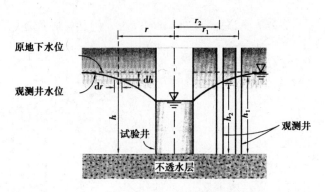

图 2.6　抽水试验确测定渗透系数

井周围土体补给量与抽水量相等可得：

$$q = k\left(\frac{\mathrm{d}h}{\mathrm{d}r}\right)2\pi rh \tag{2.16}$$

对式(2.16)分离变量积分得现场透水层平均渗透系数：

$$k = \frac{2.3q\lg(r_1/r_2)}{\pi(h_1^2 - h_2^2)} \tag{2.17}$$

通过现场测量可得 q,r_1,r_2,h_1 和 h_2，便可利用公式(2.17)计算出透水层土体的平均渗透系数。

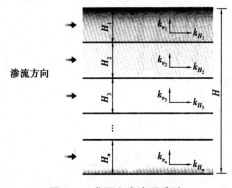

图 2.7　成层土中水平渗流

▶ 2.3.2　成层土的渗透系数

根据沉积土的性质，土的渗透系数随渗流的流动方向而变化，且多数地基是成层土，在成层土中，各层的渗透系数不同。因此，有必要计算成层土的等效渗透系数。本节仅讨论水平成层土中水平渗流(图2.7)和竖向渗流(图2.8)时的等效渗透系数。

水流方向与土层平行时，单位时间内通过单位宽度的流量为：

$$q = v \cdot 1 \cdot H = v_1 \cdot 1 \cdot H_1 + v_2 \cdot 1 \cdot H_2 + v_3 \cdot 1 \cdot H_3 + \cdots + v_n \cdot 1 \cdot H_n \tag{2.18}$$

式中　v——等效渗透流速,m/s；

　　　H——土层的总厚度,m；

　　　$v_1,v_2,\cdots,v_n$——各土层的渗透流速,m/s；

　　　$H_1,H_2,\cdots,H_n$——各土层的厚度,m。

$k_{H_1},k_{H_2},k_{H_3},\cdots,k_{H_n}$ 分别是水平方向各层土的渗透系数,用 k_H 表示水平方向的等效渗透系数,则由达西定律可得：

$$v = k_H i, v_1 = k_{H_1} i_1, v_2 = k_{H_2} i_2, \cdots, v_n = k_{H_n} i_n$$

由于 $i = i_1 = i_2 = \cdots = i_n$，则：

$$k_H = \frac{1}{H}(k_{H_1}H_1 + k_{H_2}H_2 + \cdots + k_{H_n}H_n) \tag{2.19}$$

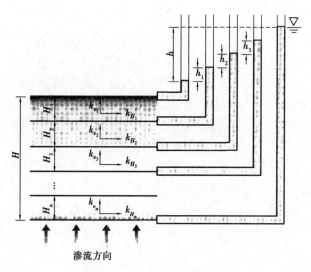

图2.8 成层土中垂直渗流

水流方向与土层垂直时,如图2.8所示,此时通过所有层的渗透量都相等,而且总水头损失 h 是由各层水头损失组成。由此可得:

$$v = v_1 = v_2 = v_3 = \cdots = v_n \tag{2.20}$$

$$h = h_1 + h_2 + h_3 + \cdots h_n \tag{2.21}$$

由达西定律,改写公式(2.20)得:

$$k_v i = k_{v_1} i_1 = k_{v_2} i_2 = \cdots = k_{v_n} i_n \tag{2.22}$$

式中　k_v——垂直方向的等效渗透系数。

$k_{v_1}, k_{v_2}, \cdots, k_{v_n}$——垂直方向各土层的渗透系数。

由式(2.21)得:

$$h = H_1 i_1 + H_2 i_2 + H_3 i_3 + \cdots + H_n i_n \tag{2.23}$$

解式(2.22)和式(2.23)有:

$$k_v = \cfrac{H}{\cfrac{H_1}{k_{v_1}} + \cfrac{H_2}{k_{v_2}} + \cfrac{H_3}{k_{v_3}} + \cdots + \cfrac{H_n}{k_{v_n}}} \tag{2.24}$$

2.4　有效应力原理

土体是一种多相体。在一定体积的土体中,固体颗粒分布在孔隙之中。孔隙是连续的,并且充满了水和气体。为了分析土的压缩性、地基的承载能力、土坡的稳定性以及支护结构的土压力等问题,需要知道土中的应力分布。下面分析饱和土中无渗流的情况。

▶ 2.4.1　土中两种应力试验

现有甲、乙两个直径和高度完全一样的量筒,量筒的底部放置一层同厚度的松散砂土,其质量与密度完全相同,如图2.9所示。

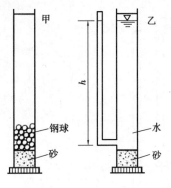

图2.9 土中两种应力试验

在甲量筒的松砂顶部轻轻地放置若干钢球,使松砂层顶面承受 σ 的压力,此时松砂顶部在压力 σ 作用下将发生下降,表明砂土发生了压缩,即砂土孔隙比 e 减小。

代之钢球,在乙量筒的松砂顶部小心缓慢地注入水,使砂土顶面形成的水柱的重量恰好与甲量筒中钢球的重量相等,观察结果表明,乙量筒内的砂土顶部没有发生下降,即此时砂土的孔隙比 e 不变。

上述试验说明:两个量筒底部的砂土顶面受到同样大小的作用力 σ ,但所产生的结果截然不同,这反映了土体所受应力不同:

①由钢球施加的应力,通过砂土的骨架传递,称为有效应力,用 σ' 表示。这种有效应力能使土层发生压缩变形,并使土的强度发生变化。

②注入水施加的应力是通过孔隙中的水来传递,称为孔隙水压力,用 u 表示。这种孔隙水压力不能使土层发生压缩变形。

▶ 2.4.2 有效应力原理

图2.10(a)是静止状态的饱和土体。A 点垂直向下的总应力为:

$$\sigma = H\gamma_w + (H_A - H)\gamma_{sat} \tag{2.25}$$

式中 σ——A 点垂直向下的总应力,kPa;

  H——土体顶面到水面的高度,m;

  H_A——A 点到水面的距离,m。

竖向总应力 σ 由水体之间的相互作用力及固体颗粒间的接触力的竖向分力来平衡,前者为水压力,后者称为有效应力。

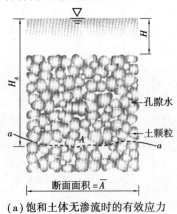

(a)饱和土体无渗流时的有效应力

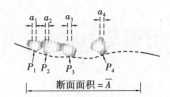

(b)A点处作用在土颗粒上的力

图2.10 有效应力原理示意图

将经过 A 点的土颗粒接触点连接起来形成波浪线 $a\text{-}a$,用 $P_1,P_2,P_3,\cdots,P_n$ 表示固体颗粒接触点上的作用力。此时,有效应力 σ' 等于单位横截面面积之上 $P_1,P_2,P_3,\cdots,P_n$ 的竖向分量的总和,即:

$$\sigma' = \frac{P_{1(v)} + P_{2(v)} + P_{3(v)} + \cdots + P_{n(v)}}{\bar{A}} \tag{2.26}$$

式中　$P_{1(v)}, P_{2(v)}, P_{3(v)}, \cdots, P_{n(v)}$——$P_1, P_2, P_3, \cdots, P_n$ 的竖向分量;

　　　$\bar{A}$——断面的水平投影面积。

若土颗粒接触点总面积的水平投影面积 $a_s = a_1 + a_2 + a_3 + \cdots + a_n$,则水所占的截面面积为$(\bar{A} - a_s)$。故有:

$$\sigma = \sigma' + \frac{u(\bar{A} - a_s)}{\bar{A}} = \sigma' + u(1 - a_s') \tag{2.27}$$

式中　u——孔隙水压力(即 A 点的静水压力),$u = H_A \gamma_w$;

　　　a_s'——土中连续固体占单位横截面面积的比例,$a_s' = \dfrac{a_s}{\bar{A}}$。

在实际工程问题中,a_s'值非常小,可忽略,可将式(2.27)表示为:

$$\sigma = \sigma' + u \tag{2.28}$$

有效应力原理由太沙基(Terzaghi,1925)提出,斯肯普顿(Skempton,1960)继承和发展了太沙基的理论,并且提出了如式(2.28)所示的总应力与有效应力的关系。

2.5　二维渗流和流网简介

▶ 2.5.1　二维渗流微分方程

前面研究了较简单的一维渗流问题,这些问题可以直接采用达西定律求得问题的解。工程中遇到的渗流问题往往较为复杂,土中各点的总水头、水力坡降及渗流速度都与其位置有关,属于二维或三维渗流问题,需用微分方程来描述。在实际工程中经常遇到三维渗流或者二维渗流问题,如江河堤防、渠道、土石坝等。闸坝地基和基坑有时也可简化为二维渗流问题。

图 2.11(a)所示板桩沿垂直纸面的方向非常长,基坑开挖降水时,板桩下土的渗流可视为二维渗流。其板桩前后的水头差 h 保持稳定时,即为二维稳定渗流。此时渗流场中的测压管水头 h 和流速 v 等渗流要素只是位置的函数,即:

$$h = f_h(x,z), v = f_v(x,z)$$

在二维渗流平面内取一微元体 A 如图 2.11(b)所示,其边长分别为 dx,dy 和 dz。图示箭头为单位时间内从微元体流进或流出的水量。从水平向流入微元体的流量为 $v_x dz dy$,垂直向流入微元体的流量为 $v_z dx dy$。由水平向和垂直向流出微元体的流量分别为:

$$\left(v_x + \frac{\partial v_x}{\partial x}dx\right)dzdy, \left(v_z + \frac{\partial v_z}{\partial z}dx\right)dxdy$$

设水和土颗粒为不可压缩,故土体微元体在稳定渗流时将不发生体积压缩。因此,流入微元体的渗流量和流出的渗流量应保持平衡,即:

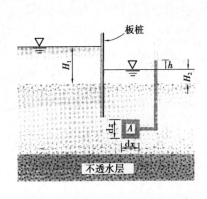

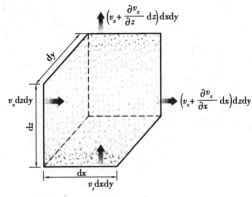

（a）板桩或连续墙下的渗流　　　（b）通过二维微元的渗流

图2.11　二维渗流

$$\left[\left(v_x + \frac{\partial v_x}{\partial x}dx\right)dzdy + \left(v_z + \frac{\partial v_z}{\partial z}dz\right)dxdy\right] - \left(v_x dzdy + v_z dxdy\right) = 0$$

整理上式，得：

$$\frac{\partial v_x}{\partial x} + \frac{\partial v_z}{\partial z} = 0 \tag{2.29}$$

由达西定律知，水平向与竖直向的流速分别为：

$$v_x = k_x i_x = k_x \frac{\partial h}{\partial x} \tag{2.30}$$

和

$$v_z = k_z i_z = k_z \frac{\partial h}{\partial z} \tag{2.31}$$

式中　k_x, k_z——分别为水平方向和垂直方向的渗透系数。

把式（2.30）和式（2.31）代入式（2.29），得：

$$k_x \frac{\partial^2 h}{\partial x^2} + k_z \frac{\partial^2 h}{\partial z^2} = 0 \tag{2.32}$$

如果土体的渗透性为各向同性，则 $k_x = k_z$，那么式（2.32）可简化成：

$$\frac{\partial^2 h}{\partial x^2} + \frac{\partial^2 h}{\partial z^2} = 0 \tag{2.33}$$

式（2.33）称为各向同性体中二维稳定渗流的连续性方程，亦即稳定渗流场的拉普拉斯（Laplace）方程。

▶ 2.5.2　流网

1）流网特征

构成流网的两簇曲线：一簇为流线，在稳定渗流场中，表示水质点的运动路线；另一簇为等势线，是稳定渗流场中势能或测管水头的等值线，即在同一等势线上不同点处的测管水头值都相等，如图2.12所示。

对于各向同性的均质土，应满足下列基本条件：

①流线与等势线相互正交；

②流线与等势线构成的流网单元为正方形或曲边正方形,如图 2.13 所示;

③必须满足流场的边界条件,以保证解的唯一性。

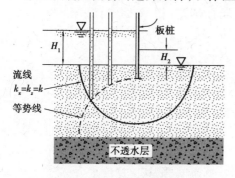

图 2.12　流线与等势线

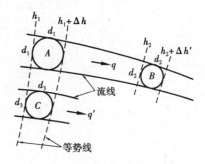

图 2.13　曲边正方形流网

2)流网绘制

绘制流网时,不可能一次完成,需要多次试画。绘制时应满足基本条件并遵守基本规则,同时还应注意边界条件。对于如图 2.14 的流网,其条件为:

①上游和下游渗透层表面(ab 和 de)为等势线;

②由于 ab 和 de 是等势线,所有的流线都与它们正交;

③不透水层边界(fg)为一流线,板桩表面也是流线(acd);

④等势线与 acd 和 fg 正交。

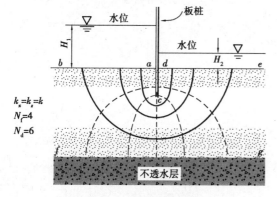

图 2.14　完成的流线网

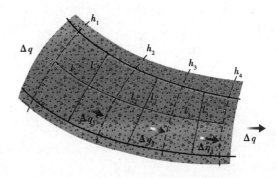

图 2.15　通过曲边正方形流路的渗透

3)利用流网计算渗流量

在流网中,把任意两条邻近的流线之间间隔叫做流槽。图 2.15 是由两条流线和多条等势线构成的多个曲边正方形而形成的流槽。用 h_1,h_2,h_3,h_4,…,h_n 表示与等势线相对应的总水头高度。通过一个流槽的渗透流量计算如下:

$$\Delta q_1 = \Delta q_2 = \Delta q_3 = \cdots = \Delta q \tag{2.34}$$

由达西定律可知,流量为 kiA。由式(2.34)可得:

$$\Delta q = k\left(\frac{h_1 - h_2}{l_1}\right)l_1 = k\left(\frac{h_2 - h_3}{l_2}\right)l_2$$

$$= k\left(\frac{h_3 - h_4}{l_3}\right) l_3 = \cdots \tag{2.35}$$

由于任意两条邻近的等势线之间的总水头损失(势能落差)相等,因此有:

$$h_1 - h_2 = h_2 - h_3 = h_3 - h_4 = \cdots = \frac{\Delta H}{N_d} \tag{2.36}$$

把式(2.36)代入式(2.35),得:

$$\Delta q = k\frac{\Delta H}{N_d} \tag{2.37}$$

式中　ΔH——上下游总水头差;

　　　N_d——等势线间隔数。

若计算断面内有 N_f 个流槽,则其单宽流量为:

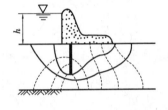

图 2.16　坝基的流网

$$q = k\Delta H\frac{N_f}{N_d} \tag{2.38}$$

【例2.1】　如图2.16所示,已知坝基的流网,上下游水头差 $h = 20$ m,地基土的渗透系数 $k = 0.001$ cm/min。试求大坝长度为10 m时的渗透流量 Q。

【解】　(1)求单位长度渗流量

$$q = k\Delta H\frac{N_f}{N_d}$$

$$k = 0.001 \text{ cm/min} = 0.001 \times 10^{-2} \times 24 \times 60 \text{m/d} = 0.014\ 4 \text{ m/d}$$

故
$$q = 0.014\ 4 \text{ m/d} \times 20 \text{ m} \times \frac{3}{9} = 0.096 \text{ m}^2/\text{d}$$

(2)求长度为10 m时的渗透流量 Q

$$Q = 0.096 \text{ m}^2/\text{d} \times 10 \text{ m} = 0.96 \text{ m}^3/\text{d}$$

2.6　渗透力与渗透稳定性

▶ 2.6.1　渗透力

水在土体中流动时将会引起水头的损失,而这种损失是由于水在土体孔隙中流动时,对土颗粒有推动、摩擦和拖曳作用,它们综合形成的作用于土骨架的力,称为渗透力。这一综合力是渗流时推动、摩擦和拖曳土颗粒消耗能量而产生的。渗透力也称为动水压力。在渗流的土体中,任一点的有效应力将与静水状态时的有效应力不同。有效应力将因渗流方向不同而增加或减小。

无渗透情况下随深度而变化的有效应力为 $z\gamma'$。面积 A 上的有效力为 $P_1' = z\gamma' A$,其方向如图2.17(a)所示。当这一土层有竖直向上的渗流时,面积 A 上的有效力为 $P_2' = (z\gamma' - iz\gamma_w)A$。

由此可知,因渗透而减小的有效力为:

$$P'_1 - P'_2 = iz\gamma_w A$$

有效力 $iz\gamma_w A$ 作用在体积 zA 上,则单位体积土体上的渗透力为:

$$\frac{P'_1 - P'_2}{土体体积} = \frac{iz\gamma_w A}{zA} = i\gamma_w$$

此时,单位体积的力 $i\gamma_w$ 与渗流的方向相同竖直向上,如图 2.17(b)所示。同理,当有竖直向下渗流时,因渗透而产生的单位土体的渗透力也为 $i\gamma_w$,但其方向竖直向下,如图 2.17(c)所示。由上知,单位土体体积的渗透力 $i\gamma_w$,对各向同性的土体其渗透力的方向与渗流方向同向。

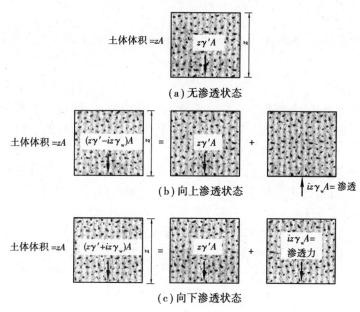

图 2.17　渗透力示意图

在此,将 $iz\gamma_w A$ 视为总渗透力 J,即:

$$J = iz\gamma_w A \tag{2.39}$$

则单位体积上的渗透力 j 为:

$$j = \frac{J}{zA} = \frac{iz\gamma_w A}{zA} = i\gamma_w \tag{2.40}$$

由上式可知,渗透力具有以下特征:

①渗透力是一种体积力,单位为 kN/m^3;
②渗透力与水力坡降成正比;
③渗透力方向与渗流方向一致。

▶ 2.6.2　渗透稳定性

土由于渗流作用而发生的破坏,称为土的渗透破坏,其表现形式有流土和管涌两种。工程中发生土的渗透破坏,往往会造成严重的甚至是灾难性的后果。如 1998 年长江流域洪水中,长江河堤产生各种险情 6 000 余处,其中管涌达 50%、滑坡 17%、漏洞 14% 等。因此,工程

中应力求避免发生土的渗透破坏。

1)流土

流土是指水向上渗流时,在渗流出口处一定范围内,土颗粒或集合体浮扬而向上移动或涌出的现象。各种土都可能发生流土现象,至于某一土层是否发生流土,可根据渗流的水力坡降 i 和土的临界水力坡降 i_{cr} 按下述原则来判断:若 $i < i_{cr}$,不会发生流土破坏;若 $i = i_{cr}$,处于临界状态;若 $i > i_{cr}$,会发生流土破坏。设计计算时不仅使 $i < i_{cr}$,还需要有一定的安全储备,即 i 应满足下列条件:

$$i \leqslant \frac{i_{cr}}{F_s} \tag{2.41}$$

式中 F_s——安全系数,其值尚不一致,但大多不小于1.5。对于深开挖工程,基坑工程不应小于2.5。

2)管涌

管涌是土在渗流作用下,细颗粒在粗颗粒间的孔隙中移动,以至被水流带出的现象。它可发生在渗流出口处,也可出现在上层内部,因而又称之为渗流引起的潜蚀。管涌破坏一般有一个发展过程,不像流土那样具有突发性。

发生管涌的土一般为无黏性土。其产生的必要条件之一是土中含有适量的粗颗粒和细颗粒,且粗颗粒间的孔隙通道足够大,可容粒径较小的颗粒在其中顺水流翻滚移动。研究结果表明,不均匀系数 $C_u < 10$ 的土,颗粒粒径相差还不够大,一般不具备上述条件,不会发生管涌;对于 $C_u > 10$ 的土,如果粗粒间的孔隙为细颗粒所充满,渗流遇到的阻力较小,就有可能发生管涌。发生管涌的另一个必要条件是水力坡降超过其临界水力坡降。发生管涌的水力坡降范围参看表2.2。

表2.2　发生管涌的水力坡降范围

水力坡降 i	连续级配土	不连续级配土
破坏临界坡降 i_{cr}	0.2 ~ 0.4	0.1 ~ 0.3
允许坡降 $[i]$	0.15 ~ 0.25	0.1 ~ 0.2

3)流土与管涌的区别

①流土发生时水力坡降 i 大于临界水力坡降 i_{cr},而管涌可以发生在 $i < i_{cr}$ 的情况下;

②流土发生的部位在渗流逸出处,而管涌发生的部位既可在渗流逸出处,也可在土体内部;

③流土破坏往往是突发性的,而管涌破坏一般有发展变化的时间过程,是一种渐进性的破坏;

④流土发生时水流方向向上,而管涌没有此现象;

⑤水力坡降达到一定数值,任何类型的土都会发生流土破坏,而管涌只发生在有一定级配的无黏性土中,且土中粗颗粒所构成的孔隙直径必须大于细颗粒的直径。

4)防治措施

减少可能发生渗透破坏的土体中水力坡降,对于防止任何形式的渗透破坏都是有效的。

具体方法是：一般在上游设置垂直防渗或水平防渗设施，垂直防渗有地下连续墙、板桩、齿槽、帷幕灌浆等。上游铺设渗透性小的黏土增加渗径可以达到水平防渗目的。这些方法在水利工程中经常采用，其原理是增加渗径，减小水力坡降。

在下游防止流土的措施有两种：一是设置减压沟、减压井，贯穿上部弱透水层，使局部较高水力坡降降下来；另一种方法是在弱透水层上加盖重，这种盖重可以是弱透水层，它可以增大渗径，减小水力坡降。

防止管涌的措施还可以是改变土粒的几何条件，亦即在渗流逸出部位设置反滤层。反滤层一般由 1~3 层级配均匀的砂砾组成，各层之间均保证不让上一层的细颗粒土从下一层粗粒土中被带出。用土工布、土工网垫等材料作反滤层，防止细粒土被带出也很有效，施工很简便，造价也低。

复习思考题

2.1 影响土的渗透系数主要因素有哪些？

2.2 什么是流网？它的主要用途是什么？

2.3 简述流网的特征。

2.4 什么是管涌？产生管涌的条件是什么？防止措施有哪些？

2.5 什么是流土？产生流土的条件是什么？防止措施有哪些？

2.6 流土与管涌有何区别？

2.7 拉普拉斯方程适用于什么条件下的渗流？

2.8 达西定律的适用范围是什么？

2.9 简述有效应力原理。

习 题

2.1 在变水头渗透试验中，初始水头由 1.00 m 降至 0.35 m 所需要的时间为 3 h。已知玻璃管内径为 5 mm，土样的直径为 100 mm，高度为 200 mm。试求土样的渗透系数。（答案：4.48×10^{-8} m/s）

2.2 如图所示流网，求：

(1)总水头 h_b、h_d 和静水头 h_{wb}、h_{wd}；（答案：25 m，20 m，10.5 m，11 m）

(2)阴影部分网格的平均水力坡降，$l = 5.2$；（答案：0.19）

(3)若土的渗透系数 $k = 2 \times 10^{-3}$ m/h，试求流网中单位时间的总流量。（答案：8×10^{-3} m³/h）

2.3 如图所示 9 m 厚的黏土层下为 6 m 厚的承压水砂层。现开挖深度为 6 m，砂层顶面的承压水高度为 7.5 m。试求防止基坑发生流土的水深 h。（答案：1.38 m）

2.4 如图所示，一地基地表至 4.5 m 深度为砂土层，4.5~9.0 m 为黏土层，其下为透水

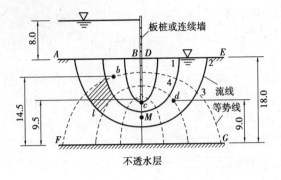

习题 2.2 附图

习题 2.3 附图

页岩,地下水位距地表为 2.0 m。已知水位以上砂土的孔隙比为 0.52,其饱和度为 0.37,黏土的含水量为 42%,砂土和黏土的相对密度均为 2.65。试计算地表至黏土层范围内的总应力、孔隙水压力、有效应力,并绘制相应的应力分布图。(答案:2 点:36.68,0,36.68;3 点:87.83,24.53,63.31;4 点:166.45,68.67,97.78)

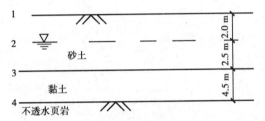

习题 2.4 附图

3

土中应力和地基沉降量计算

〖**本章导读**〗

本章学习后应了解土中应力的基本形式、基本定义,并掌握其分布规律,熟悉土中自重应力、附加应力和基底压力的计算方法;了解双层地基中附加应力的变化规律,从试验出发,充分了解土的压缩性,并重点掌握压缩性指标的确定及其应用;熟练掌握分层总和法及规范法计算地基最终沉降量的方法;熟悉饱和土的渗透固结过程,并掌握太沙基一维固结理论和固结度的计算方法。

3.1 概　述

▶ 3.1.1 土中应力计算的目的及方法

土中应力是指土体在自身重力、建筑物荷载以及其他因素(如土中水的渗透、地震等)作用下,在土体内部产生的应力。土中应力过大时,土体会因强度不足发生破坏,甚至使土体发生滑动失去稳定。此外,土中应力的增加会引起土体变形,使建筑物发生竖向沉降以及水平位移。不少建筑工程事故,包括建筑物倾斜、下沉、墙体开裂、基础断裂等都是由于土中的应力变化而引起的。因此,在研究土的强度、变形及稳定性问题时,必须首先掌握土中的应力状态。

目前计算土中应力的方法,主要是采用弹性理论公式,也就是把地基土视为均匀的、连续的、各向同性的半无限空间线形弹性体。这种假设虽与土体的实际情况有出入(因土是三相组成的分散体,具有明显的层理构造和各向异性,变形也有明显的非线性特征等),但因弹性理论方法计算简单,且实践证明,当基底压力在一定范围内时,用弹性理论的计算结果基本能满足实际工程的要求。因此,可以认为地基土符合半无限空间线形弹性体的假设而采用弹性理论计算公式。

▶ 3.1.2 土中一点的应力状态

常见的土中的应力状态有如下三种:

1)三维应力状态

荷载作用下,土中的应力状态均属三维应力状态。每一点的应力状态都有 9 个应力分量,分别是 $\sigma_x,\sigma_y,\sigma_z,\tau_{xy},\tau_{yx},\tau_{yz},\tau_{zy},\tau_{zx},\tau_{xz}$,采用直角坐标表示时,土中一点的应力状态如图 3.1 所示。

根据剪应力互等原理,有 $\tau_{xy}=\tau_{yx},\tau_{yz}=\tau_{zy},\tau_{zx}=\tau_{xz}$,因此,该单元体只有 6 个独立的应力分量,即 $\sigma_x,\sigma_y,\sigma_z,\tau_{xy},\tau_{yz},\tau_{zx}$。

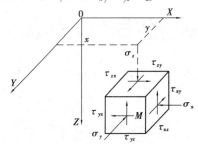

图 3.1　土中一点的应力状态

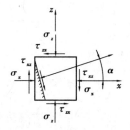

图 3.2　斜截面上的应力

2)二维应力状态(平面应力状态)

任何一个实际的土中应力问题都是三维应力问题,但是,如果所考察的土体具有某种特殊的形状,并且承受某种特殊的外力,三维应力问题就可简化为二维应力问题。二维应力状态是指地基中每一点的应力分量只是两个坐标(x,z)的函数,因为地面可看作一个平面,并且沿 y 方向的应变 $\varepsilon_y=0$,由于对称性,$\tau_{xy}=\tau_{zy}=0$,这时,每一点的应力状态有 5 个应力分量:$\sigma_x,\sigma_y,\sigma_z,\tau_{zx},\tau_{xz}$,如图 3.2 所示。

3)侧限应力状态

侧限应力状态是指侧向应变为零的一种特殊应力状态,在这一应力状态下土体只发生竖直方向的变形。由于任何竖直面都是对称面,故在任何竖直面和水平面上都不会有剪应力存在,即 $\tau_{xy}=\tau_{yz}=\tau_{zx}=0$,由 $\varepsilon_x=\varepsilon_y=0$ 可得 $\sigma_x=\sigma_y$,并与 σ_z 成一定比例。

土中应力按其产生的原因,可分为由土体本身自重在土体内部引起的自重应力,以及由外荷(包括建筑物荷载、交通荷载、土中水的渗流力、地震荷载等)在土体内部引起的附加应力。一般而言,土体在自重作用下,已在漫长的地质历史中压缩稳定。因此,自重应力不再引起土的变形。但是,新沉积土或近期人工充填土属于例外。附加应力是使土体产生变形和失去稳定的主要原因。

为了保证建筑物的安全和正常使用,在地基与基础设计中,要求地基土的变形量不超过允许值。

3.2 土中自重应力计算

▶ 3.2.1 均质土中无地下水条件下的自重应力

土中自重应力是指未修筑建筑物或构筑物之前,由土体本身自重引起的土颗粒之间接触点传递的应力,故又称为有效自重应力。

计算时,假设土体为均质连续的半无限空间线性弹性体。由对称性可知,土体在自重作用下水平面和竖直面都为主平面,如果地面下土质均匀,土层天然重度为 $\gamma(kN/m^3)$,则在天然地面下任意深度 $z(m)$ 处水平面上的竖向自重应力 $\sigma_{cz}(kPa)$,可取作用于该深度水平面上任一单位面积的土柱体自重 $\gamma z \times 1$ 计算,即:

$$\sigma_{cz} = \gamma z \tag{3.1}$$

σ_{cz} 沿水平面均匀分布,且与 z 成正比,即随深度按直线规律分布,如图 3.3(a) 所示。

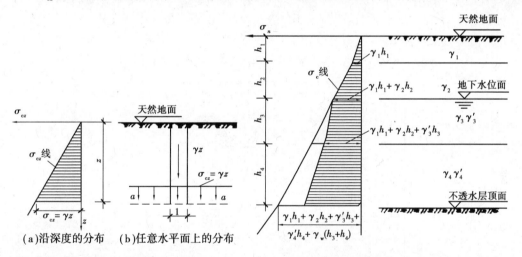

(a)沿深度的分布　(b)任意水平面上的分布

图 3.3　均质土中的竖向自重应力　　图 3.4　成层土中竖向自重应力沿深度的分布

▶ 3.2.2 成层土中自重应力

地基土往往是成层的,各层土具有不同的重度。计算自重应力时,各层的界面即为计算的分界面,当地下水位位于某一土层时,地下水位面也应作为计算分界面。如图 3.4 所示,当深度 z 由多层土组成,各层土的厚度和重度自上而下分别为 $h_1, h_2, \cdots, h_n$ 和 $\gamma_1, \gamma_2, \cdots, \gamma_n$,则深度 z 处的竖向自重应力为:

$$\sigma_{cz} = \gamma_1 h_1 + \gamma_2 h_2 + \cdots + \gamma_n h_n = \sum_{i=1}^{n} \gamma_i h_i \tag{3.2}$$

式中　σ_{cz}——天然地面下任意深度 z 处的竖向自重应力,kPa;

　　　　n——深度 z 范围内的土层总数;

　　　　h_i——第 i 层土的厚度,m;

γ_i——第 i 层土的天然重度,对地下水位以下的土层一般取浮重度 γ',kN/m^3。

按式(3.2)计算出各分层界面处的自重应力,分别用直线连接,得出的自重应力分布如图 3.4 所示。

▶ 3.2.3 水平向自重应力

土的水平向自重应力 σ_{cx},σ_{cy} 用下式计算:

$$\sigma_{cx} = \sigma_{cy} = K_0\sigma_{cz} \tag{3.3}$$

式中 K_0——静止侧压力系数,也称为静止土压力系数,K_0 值可通过室内试验测定。

【例 3.1】 试计算图 3.5 所示土层的自重应力及不透水岩顶面处的自重应力,绘制自重应力分布曲线。

【解】 透水层各分层界面处的自重应力:

$$\sigma_{cz1} = \gamma_1 h_1 = 19 \text{ kN/m}^3 \times 2.0 \text{ m} = 38 \text{ kPa}$$

$$\sigma_{cz2} = \gamma_1 h_1 + \gamma_1' h_2 = 38 \text{ kPa} + (19.4 - 10) \text{ kN/m}^3 \times 2.5 \text{ m} = 61.5 \text{ kPa}$$

$$\sigma_{cz3}^{\perp} = \gamma_1 h_1 + \gamma_1' h_2 + \gamma_2' h_3 = 61.5 \text{ kPa} + (17.4 - 10) \text{ kN/m}^3 \times 4.5 \text{ m} = 94.8 \text{ kPa}$$

$$\sigma_w = \gamma_w(h_2 + h_3) = 10 \text{ kN/m}^3 \times 7.0 \text{ m} = 70 \text{ kPa}$$

岩层顶面处,岩层内的自重应力:

$$\sigma_{cz3}^{\top} = \sigma_{cz3}^{\perp} + \sigma_w = (94.8 + 70) \text{ kPa} = 164.8 \text{ kPa}$$

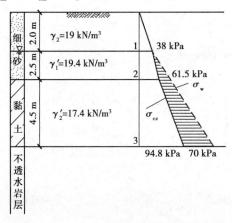

图 3.5 土的自重应力计算及其分布图

3.3 基底压力(接触应力)计算

▶ 3.3.1 基底压力的分布类型与简化计算

建筑物荷载通过基础传递给地基,在基础底面与地基的接触面处产生接触应力,又称基底压力。它既是基础作用于地基的基底压力,同时又是地基反作用于基础的基底反力。因此,在计算地基中的附加应力以及对基础进行结构计算时,应首先研究基底压力的大小和分布情况。

1)基底压力的分布

基底压力的分布规律主要取决于上部荷载的分布、上部结构、基础的刚度和地基的变形条件,是它们共同影响的结果。假设基础是绝对柔性基础(即基础的抗弯刚度趋于零),基础对上部荷载没有任何调整的能力,基底压力分布图形便与上面荷载的分布图形相同。如由土筑成的路堤,可以近似地认为路堤本身相当于一种柔性基础,路堤自重引起基底压力的分布就与路堤断面形状相同,如图3.6所示。

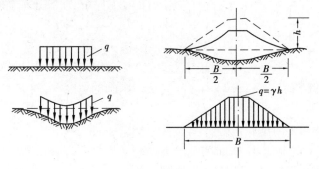

图 3.6　柔性基础-土路堤的接触应力

当基础为绝对刚性时,如箱形基础或高炉基础,在外荷载作用下,基础底面保持原来的平面,即基础各点的沉降是相同的,基底压力分布不同于上部结构荷载的分布情况,如图3.7所示。绝对刚性基础的压力分布情况与基础的刚度、地基土的性质、上部结构荷载的作用情况、相邻建筑的位置,以及基础的大小、形状、埋置深度等因素有关。刚性基础在较小中心荷载作用下,地基反力呈马鞍形分布,如图3.7(a)所示;荷载较大时,基础边缘的土体首先进入塑性状态,丧失继续承载的能力,使地基反力在基础底面上呈抛物线分布,如图3.7(b)所示。若外荷载继续增大,则地基反力会继续发展成钟形分布,如图3.7(c)所示。

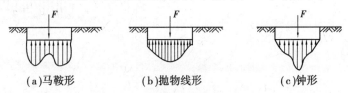

(a)马鞍形　　　　(b)抛物线形　　　　(c)钟形

图 3.7　刚性基础下地基反力分布

根据弹性理论中的圣维南原理,在总荷载保持定值的前提下,地表下一定深度处,基底压力分布对土中应力分布的影响并不显著,而只决定于荷载合力的大小和作用点位置。因此,除了在基础设计中,对于面积较大的筏板基础、箱形基础等需要考虑基底压力分布形状的影响外,对于具有一定刚度以及尺寸较小的柱下单独基础和墙下条形基础等,其基底压力可近似地按直线分布的图形计算,即可以采用材料力学短柱受压时计算截面应力的方法进行简化计算。

2)基底压力的简化计算

(1)中心荷载作用下的基底压力

中心荷载作用下的基础,其所受荷载的合力通过基底形心。基底压力假定为均匀分布

（图 3.8），此时基底压力 p 按下式计算：

$$p = \frac{F + G}{A} \tag{3.4}$$

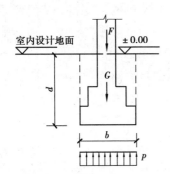

图 3.8 中心荷载下的基底压力分布

式中　F——作用在基础上的竖向力，kN。

　　　　G——基础自重及其上回填土自重的总重，kN，$G = \gamma_G A d$，其中 γ_G 为基础及其上回填土之平均重度，一般取 20 kN/m³，但在地下水位以下部分应扣去浮力的影响。d 为基础埋置深度，m，如图 3.8 所示。

　　　　A——基底面积，m²。

对于条形基础，则沿长度方向取 1 m 进行计算，此时式 (3.4) 中 A 改为条形基础的宽度 b，而 F、G 代表每延米上的相应值。

（2）偏心荷载作用下的基底压力

单向偏心荷载下的矩形基础如图 3.9 所示。设计时，为提高抵抗矩通常取基底长边方向与偏心方向一致，此时两短边边缘处的最大压力 p_{max} 与最小压力 p_{min} 为：

$$\left.\begin{array}{r}p_{max}\\p_{min}\end{array}\right\} = \frac{F + G}{lb} \pm \frac{M}{W} \tag{3.5}$$

式中　M——作用于矩形基底处的力矩，kN·m；

　　　　W——基础底面的抵抗矩，对于矩形基底

$$W = \frac{bl^2}{6}, \text{m}^3。$$

把偏心荷载（如图中虚线所示）的偏心距 $e = \dfrac{M}{F + G}$ 引入式 (3.5) 得：

$$\left.\begin{array}{r}p_{max}\\p_{min}\end{array}\right\} = \frac{F + G}{lb}\left(1 \pm \frac{6e}{l}\right) \tag{3.6}$$

由上式可见，当 $e < \dfrac{l}{6}$ 时，基底压力分布图呈梯形，如图 3.9（a）所示；当 $e = \dfrac{l}{6}$ 时，则呈三角形，如图 3.9（b）所示；当 $e > \dfrac{l}{6}$ 时，按式 (3.6) 计算结果，距偏心荷载较远的基底边缘反力为负值，即拉应力，如图 3.9（c）中虚线所示。由于基础底面与地基之间不能承受拉力，此时基础底面与地基局部脱开，而使基底压力重新分布。因此，根据偏心荷载

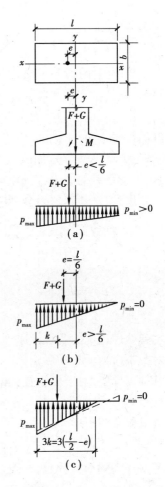

图 3.9　单向偏心荷载下的基底压力分布

应与基底反力相平衡的条件,荷载合力 $F + G$ 应通过三角形反力分布图的合力重心,如图 3.9(c)中实线所示,由此可得基底边缘的最大压力 p'_{max} 为:

$$p'_{max} = \frac{2(F + G)}{3b\left(\dfrac{l}{2} - e\right)} \tag{3.7}$$

▶ 3.3.2 基底附加压力

一般情况下,可认为建筑物建造前,天然土层在自重作用下的变形已经完成,只有新增的外部荷载即作用于地基表面的基底附加压力,才能引起地基土中的附加应力和变形。如果基础砌置在天然地面上,那么全部基底压力就是新增加于地基表面的基底附加压力。

实际上,一般浅基础总是埋置在天然地面下一定深度处,该处原有的自重应力如图 3.10(a)所示,由于开挖基坑而卸除,如图 3.10(b)所示。因此,建筑物建造后的基底压力中应扣除基底标高处原有的自重应力后,才是基底附加压力,基底附加压力 p_0 按下式计算:

$$p_0 = p - \sigma_{ch} \tag{3.8}$$

式中　p——基底平均压力,kPa;

σ_{ch}——土中自重应力,kPa,基底标高处 $\sigma_{ch} = \gamma_0 d$。

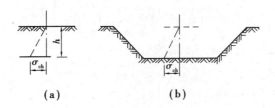

（a）　　　　　　　　　　（b）

图 3.10　基底平均附加压力的计算

有了基底附加压力,即可把它作为作用在弹性半空间上的局部荷载,根据弹性力学公式计算地基土中的附加应力。

3.4　土中附加应力计算

目前采用的土中附加应力计算方法仍是根据弹性理论推导出来的。假定土是连续、均质、各向同性的半无限空间线性弹性体,在深度和水平方向上都是无限延伸的,且把基底压力看成是荷载。

土中附加应力计算分为空间问题和平面问题两类。本节先介绍属于空间问题的集中力、矩形、圆形荷载作用下的计算,然后介绍属于平面问题的线荷载和条形荷载作用下的计算。

▶ 3.4.1 竖向集中力作用下的地基附加应力

法国的布辛奈斯克(J. Boussinesq,1885)运用弹性理论推导出了在弹性半空间表面上作用一个竖向集中力 P(图 3.11)时,半空间内任意一点 $M(x,y,z)$ 处所引起的应力和位移,其表

达式分别为：

$$\sigma_z = \frac{3P}{2\pi} \cdot \frac{z^3}{R^5} = \frac{3P}{2\pi R^2} \cdot \cos^3\theta \tag{3.9}$$

$$\sigma_x = \frac{3P}{2\pi}\left\{\frac{x^2 z}{R^5} + \frac{1-2\mu}{3}\left[\frac{R^2-Rz-z^2}{R^3(R+z)} - \frac{x^2(2R+z)}{R^3(R+z)^2}\right]\right\} \tag{3.10}$$

$$\sigma_y = \frac{3P}{2\pi}\left\{\frac{x^2 z}{R^5} + \frac{1-2\mu}{3}\left[\frac{R^2-Rz-z^2}{R^3(R+z)} - \frac{y^2(2R+z)}{R^3(R+z)^2}\right]\right\} \tag{3.11}$$

$$\tau_{xy} = \tau_{yx} = -\frac{3P}{2\pi}\left[\frac{xyz}{R^5} - \frac{1-2\mu}{3}\cdot\frac{xy(2R+z)}{R^3(R+z)^2}\right] \tag{3.12}$$

$$\tau_{yz} = \tau_{zy} = \frac{3P}{2\pi}\cdot\frac{yz^2}{R^5} = -\frac{3Py}{2\pi R^3}\cos^2\theta \tag{3.13}$$

$$\tau_{zx} = \tau_{xz} = \frac{3P}{2\pi}\cdot\frac{xz^2}{R^5} = -\frac{3Px}{2\pi R^3}\cos^2\theta \tag{3.14}$$

$$u = \frac{P(1+\mu)}{2\pi E}\left[\frac{xz}{R^3} - (1-2\mu)\frac{x}{R(R+z)}\right] \tag{3.15}$$

$$v = \frac{P(1+\mu)}{2\pi E}\left[\frac{yz}{R^3} - (1-2\mu)\frac{y}{R(R+z)}\right] \tag{3.16}$$

$$w = \frac{P(1+\mu)}{2\pi E}\left[\frac{z^2}{R^3} + 2(1-\mu)\frac{1}{R}\right] \tag{3.17}$$

式中　$\sigma_x, \sigma_y, \sigma_z$——$M$点平行于$x, y, z$轴的正应力；

　　　　$\tau_{xy}, \tau_{yx}, \tau_{yz}, \tau_{zy}, \tau_{zx}, \tau_{xz}$——剪应力；

　　　　u, v, w——M点沿x, y, z轴方向的位移；

　　　　R——集中力作用点至M点距离，$R = \sqrt{x^2+y^2+z^2} = \sqrt{r^2+z^2} = \dfrac{z}{\cos\theta}$；

　　　　θ——R线与z坐标轴的夹角；

　　　　r——集中力作用点与M点的水平距离；

　　　　E——土的弹性模量；

　　　　μ——土的泊松比。

利用图3.11中的几何关系$R^2 = r^2 + z^2$，代入式(3.9)，则：

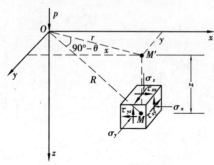

$$\sigma_z = \frac{3P}{2\pi}\cdot\frac{z^3}{R^5} = \frac{3}{2\pi}\cdot\frac{1}{\left[1+\left(\dfrac{r}{z}\right)^2\right]^{\frac{5}{2}}}\cdot\frac{P}{z^2} = \alpha\frac{P}{z^2} \tag{3.18}$$

式中　α——集中力作用下的地基竖向附加应力系

　　　　数，是$\dfrac{r}{z}$的函数，可查表3.1。

通过对式(3.18)的计算和分析，得到σ_z的分布特征如下：

图 3.11　单个竖向集中力作用下地基中
　　　　任意点$M(x, y, z)$处的应力

表 3.1　集中荷载作用下地基竖向附加应力系数 α

$\dfrac{r}{z}$	α	$\dfrac{r}{z}$	α	$\dfrac{r}{z}$	α	$\dfrac{r}{z}$	α	$\dfrac{r}{z}$	α
0.00	0.477 5	0.50	0.273 3	1.00	0.084 4	1.50	0.025 1	2.00	0.008 5
0.05	0.474 5	0.55	0.246 6	1.05	0.074 4	1.55	0.022 4	2.05	0.005 8
0.10	0.465 7	0.60	0.221 4	1.10	0.065 8	1.60	0.020 0	2.10	0.004 0
0.15	0.451 6	0.65	0.197 8	1.15	0.058 1	1.65	0.017 9	2.15	0.002 9
0.20	0.432 9	0.70	0.176 2	1.20	0.051 3	1.70	0.016 0	2.20	0.002 1
0.25	0.410 3	0.75	0.156 5	1.25	0.045 4	1.75	0.014 4	2.25	0.001 5
0.30	0.384 9	0.80	0.138 6	1.30	0.040 2	1.80	0.012 9	2.30	0.000 7
0.35	0.357 7	0.85	0.122 6	1.35	0.035 7	1.85	0.011 6	2.35	0.000 4
0.40	0.329 4	0.90	0.108 3	1.40	0.031 7	1.90	0.010 5	2.40	0.000 2
0.45	0.301 1	0.95	0.095 6	1.45	0.028 2	1.95	0.009 5	2.45	0.000 1

（1）在集中力 P 作用线上的 σ_z 沿深度 z 的分布

附加应力 σ_z 随深度 z 的增加而减小，如图 3.12 所示。值得注意的是，当 $z=0$ 时，$\sigma_z=\infty$。出现这一结果是由于将集中力作用面积趋于零所致。它一方面说明该解不适用于集中力作用点处及其附近区域，因此在选择应力计算点时，不应过于接近集中力作用点；另一方面也说明在靠近 P 作用线处应力 σ_z 很大。

（2）在 $r>0$ 的竖直线上的 σ_z 分布

当 $z=0$ 时，$\sigma_z=0$，随着深度 z 的增加，σ_z 从零逐渐增大，至一定深度后又随着 z 的增加逐渐变小，如图 3.12 所示。

（3）在 z 为常数的水平面上的 σ_z 分布

σ_z 值在集中力作用线上最大，并随着 r 的增加而逐渐减小。随着深度 z 增加，集中力作用线上的 σ_z 减小，而水平面上应力的分布趋于均匀。如图 3.12 所示。

若在空间将 σ_z 相同的点连接成曲面，可以得到如图 3.13 所示的 σ_z 等值线，其空间曲面的形状如泡状，所以也称为应力泡。通过上述对应力 σ_z 分布特征的讨论，应该建立起土中附加应力分布的正确概念，即集中力 P 在地基中引起的附加应力 σ_z 的分布是向下、向四周扩散的。

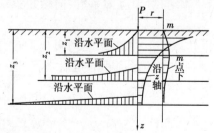

图 3.12　土中的应力 σ_z 分布

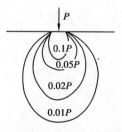

图 3.13　土中的应力 σ_z 的等值线

工程实际中的集中力是不存在的,荷载必然分布在一定的面积上。若基础面积大而且形状不规则,可将其分割成若干小块,把每一小块上的荷载近似看作一集中荷载计算,然后叠加或按面积积分求解。因此,布辛奈斯克公式是土中附加应力计算的基本公式。

当有若干个竖向集中力 P_i 作用在地表面时,按叠加原理计算即可。

当局部荷载的作用平面形状或分布的大小不规则时,可将荷载面(或基础底面)分成若干个形状规则的微元体,每个微元体上的分布荷载近似地以作用在微元面积形心上的集中力($dP_i = dA_i \times p_{0i}$)来代替,利用式(3.18)计算,叠加可得土中某 M 点的竖向附加应力。这种方法为等代荷载法。由于在集中力作用点处($R=0$),σ_z 为无限大,因此,计算点 M 不应过于接近荷载面。

▶ 3.4.2 矩形与圆形面积上作用荷载时的土中附加应力

1)矩形面积上作用荷载时的土中附加应力

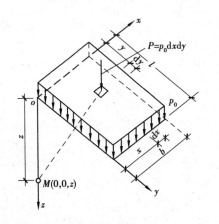

图 3.14 均布矩形荷载角点下的附加应力 σ_z

(1)均布的竖向荷载

轴心受压柱基础即属于矩形面积上作用均布竖向荷载这一情况。这类问题的求解方法一般是先以积分法求得矩形角点下的土中附加应力,然后运用下面介绍的角点法求得任意点的土中附加应力。如图 3.14 所示,矩形面积的长度和宽度分别为 l 和 b,竖向均布荷载为 p_0。从荷载面内取一微面积 $dxdy$,并将其上的分布荷载看作集中力 p_0dxdy,则由此集中力所产生的角点 O 下任意深度 z 处 M 点的竖向附加应力 σ_z,可通过式(3.9)积分得到:

$$\sigma_z = \iint\limits_A d\sigma_z = \int_0^l \int_0^b \frac{3p_0}{2\pi} \frac{z^3}{(x^2 + y^2 + z^2)^{\frac{5}{2}}} dxdy =$$

$$\frac{p_0}{2\pi}\left[\arctan \frac{m}{n\sqrt{1 + m^2 + n^2}} + \frac{mn}{\sqrt{1 + m^2 + n^2}}\left(\frac{1}{m^2 + n^2} + \frac{1}{1 + n^2}\right)\right].$$

式中 $m = l/b, n = z/b$。为计算方便,可将上式简写成:

$$\sigma_z = \alpha_c p_0 \qquad (3.19)$$

式中 α_c ——矩形面积上作用着均布荷载时角点下的竖向附加应力系数,简称角点应力系数,可按 l/b 及 z/b 值由表3.2查得。

实际计算中,常会遇到计算点不位于矩形荷载面角点之下的情况,这时可以通过作辅助线把荷载面分成若干个矩形面积,再设法把计算点画到这些矩形面积的角点之下,这样就可以应用式(3.19)及力的叠加原理来求解,这种方法即称为角点法。

表3.2 矩形面积上作用均布荷载时角点下的竖向附加应力系数 α_c

$\dfrac{z}{b}$	$\dfrac{l}{b}$											
	1.0	1.2	1.4	1.6	1.8	2.0	3.0	4.0	5.0	6.0	10.0	条形
0.0	0.250	0.250	0.250	0.250	0.250	0.250	0.250	0.250	0.250	0.250	0.250	0.250
0.2	0.249	0.249	0.249	0.249	0.249	0.249	0.249	0.249	0.249	0.249	0.249	0.249
0.4	0.240	0.242	0.243	0.243	0.244	0.244	0.244	0.244	0.244	0.244	0.244	0.244
0.6	0.223	0.228	0.230	0.232	0.232	0.233	0.234	0.234	0.234	0.234	0.234	0.234
0.8	0.200	0.207	0.212	0.215	0.216	0.218	0.220	0.220	0.220	0.220	0.220	0.220
1.0	0.175	0.185	0.191	0.195	0.198	0.200	0.203	0.204	0.204	0.204	0.205	0.205
1.2	0.152	0.163	0.171	0.176	0.179	0.182	0.187	0.188	0.189	0.189	0.189	0.189
1.4	0.131	0.142	0.151	0.157	0.161	0.164	0.171	0.173	0.174	0.174	0.174	0.174
1.6	0.112	0.124	0.133	0.140	0.145	0.148	0.157	0.159	0.160	0.160	0.160	0.160
1.8	0.097	1.108	0.117	0.124	0.129	0.133	0.143	0.146	0.147	0.148	0.148	0.148
2.0	0.084	0.095	0.103	0.110	0.116	0.120	0.131	0.135	0.136	0.137	0.137	0.137
2.2	0.073	0.083	0.092	0.098	0.104	0.108	0.121	0.125	0.126	0.127	0.128	0.128
2.4	0.064	0.073	0.081	0.088	0.093	0.098	0.111	0.116	0.118	0.118	0.119	0.119
2.6	0.057	0.065	0.072	0.079	0.084	0.089	0.102	0.107	0.110	0.111	0.112	0.112
2.8	0.050	0.058	0.065	0.071	0.076	0.080	0.094	0.100	0.102	0.104	0.105	0.105
3.0	0.045	0.052	0.058	0.064	0.069	0.073	0.087	0.093	0.096	0.097	0.099	0.099
3.2	0.040	0.047	0.053	0.058	0.063	0.067	0.081	0.087	0.090	0.092	0.093	0.094
3.4	0.036	0.042	0.048	0.053	0.057	0.061	0.075	0.081	0.085	0.086	0.088	0.089
3.6	0.033	0.038	0.043	0.048	0.052	0.056	0.069	0.076	0.080	0.082	0.084	0.084
3.8	0.030	0.035	0.040	0.044	0.048	0.052	0.065	0.072	0.075	0.077	0.080	0.080
4.0	0.027	0.032	0.036	0.040	0.044	0.048	0.060	0.067	0.071	0.073	0.076	0.076
4.2	0.025	0.029	0.033	0.037	0.041	0.044	0.056	0.063	0.067	0.070	0.072	0.073
4.4	0.023	0.027	0.031	0.034	0.038	0.041	0.053	0.060	0.064	0.066	0.069	0.070
4.6	0.021	0.025	0.028	0.032	0.035	0.038	0.049	0.056	0.061	0.063	0.066	0.067
4.8	0.019	0.023	0.026	0.029	0.032	0.035	0.046	0.053	0.058	0.060	0.064	0.064
5.0	0.018	0.021	0.024	0.027	0.030	0.033	0.043	0.050	0.055	0.057	0.061	0.062
6.0	0.013	0.015	0.017	0.020	0.022	0.024	0.033	0.039	0.043	0.046	0.051	0.052
7.0	0.009	0.011	0.013	0.015	0.016	0.018	0.025	0.031	0.035	0.038	0.043	0.045
8.0	0.007	0.009	0.010	0.011	0.013	0.014	0.020	0.025	0.028	0.031	0.037	0.039
9.0	0.006	0.007	0.008	0.009	0.010	0.011	0.016	0.020	0.024	0.026	0.032	0.035
10.0	0.005	0.006	0.007	0.007	0.008	0.009	0.013	0.017	0.020	0.022	0.028	0.032
12.0	0.003	0.004	0.005	0.005	0.006	0.006	0.009	0.012	0.014	0.017	0.022	0.026
14.0	0.002	0.003	0.004	0.004	0.004	0.005	0.007	0.009	0.011	0.013	0.018	0.023
16.0	0.002	0.002	0.003	0.003	0.003	0.004	0.005	0.007	0.009	0.010	0.014	0.020

续表

$\dfrac{z}{b}$	$\dfrac{l}{b}$											
	1.0	1.2	1.4	1.6	1.8	2.0	3.0	4.0	5.0	6.0	10.0	条形
18.0	0.001	0.002	0.002	0.002	0.003	0.003	0.004	0.006	0.007	0.008	0.012	0.018
20.0	0.001	0.001	0.002	0.002	0.001	0.002	0.004	0.005	0.006	0.007	0.010	0.016
25.0	0.001	0.001	0.001	0.001	0.001	0.002	0.002	0.003	0.004	0.004	0.007	0.013
30.0	0.001	0.001	0.001	0.001	0.001	0.001	0.002	0.002	0.003	0.003	0.005	0.011
35.0	0.000	0.000	0.001	0.001	0.001	0.001	0.001	0.002	0.002	0.002	0.004	0.009
40.0	0.000	0.000	0.000	0.000	0.001	0.001	0.001	0.001	0.001	0.002	0.003	0.008

下面分 4 种情况(图 3.15,荷载作用在面积 $abcd$ 上,计算点在图中 o 点以下任意深度处)说明角点法的具体应用。

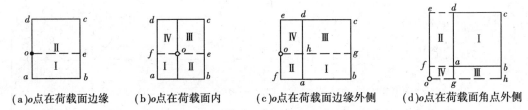

(a)o 点在荷载面边缘　　(b)o 点在荷载面内　　(c)o 点在荷载面边缘外侧　　(d)o 点在荷载面角点外侧

图 3.15　以角点法计算均布矩形荷载面 o 点下的地基附加应力

①o 点在荷载面边缘:

过 o 点作辅助线 oe,将荷载面分成 Ⅰ、Ⅱ 两块,由叠加原理,有:

$$\sigma_z = (\alpha_{cⅠ} + \alpha_{cⅡ})p_0$$

式中,$\alpha_{cⅠ}$ 和 $\alpha_{cⅡ}$ 是分别按 Ⅰ 和 Ⅱ 两块小矩形面积,由($l_Ⅰ/b_Ⅰ$,$z/b_Ⅰ$)、($l_Ⅱ/b_Ⅱ$,$z/b_Ⅱ$)查得的角点附加应力系数。注意:$b_Ⅰ$,$b_Ⅱ$ 分别是 Ⅰ,Ⅱ 小矩形的短边边长;$l_Ⅰ$,$l_Ⅱ$ 分别是 Ⅰ,Ⅱ 小矩形的长边边长。

②o 点在荷载面内:

作两条辅助线将荷载面分成 Ⅰ,Ⅱ,Ⅲ 和 Ⅳ 共 4 块面积,于是有:

$$\sigma_z = (\alpha_{cⅠ} + \alpha_{cⅡ} + \alpha_{cⅢ} + \alpha_{cⅣ})p_0$$

如果 o 点位于荷载面形心,则有 $\alpha_{cⅠ} = \alpha_{cⅡ} = \alpha_{cⅢ} = \alpha_{cⅣ}$,可得 $\sigma_z = 4\alpha_{cⅠ}p_0$,此即为利用角点法求基底中心点下 σ_z 的解。

③o 点在荷载面边缘外侧:

此时荷载面 $abcd$ 可看成是由 Ⅰ($ofbg$)与 Ⅱ($ofah$)之差和 Ⅲ($oecg$)与 Ⅳ($ohde$)之差合成的,所以有:

$$\sigma_z = (\alpha_{cⅠ} - \alpha_{cⅡ} + \alpha_{cⅢ} - \alpha_{cⅣ})p_0$$

④o 点在荷载面角点外侧:

把荷载面看成由 Ⅰ($ohce$) - Ⅱ($ogde$) - Ⅲ($ohbf$) + Ⅳ($ogaf$)合成的,则有:

$$\sigma_z = (\alpha_{cⅠ} - \alpha_{cⅡ} - \alpha_{cⅢ} + \alpha_{cⅣ})p_0$$

【**例 3.2**】　以角点法计算如图 3.16 所示矩形基础甲的基底中心点垂线下不同深度处的

地基附加应力 σ_z 的分布,并考虑两相邻基础乙的影响(两相邻柱距为 6 m,荷载同基础甲)。

【解】 (1)计算基础甲的基底平均附加压力

基础及其上回填土的总重　$G = \gamma_G A d = 20 \text{ kN/m}^3 \times 5 \text{ m} \times 4 \text{ m} \times 1.5 \text{ m} = 600 \text{ kN}$

基底压力　$p = \dfrac{F + G}{A} = \dfrac{1\,940 \text{ kN} + 600 \text{ kN}}{5 \text{ m} \times 4 \text{ m}} = 127 \text{ kPa}$

基底处的土中自重压力　$\sigma_{cz} = \gamma_0 d = 18 \text{ kN/m}^3 \times 1.5 \text{ m} = 27 \text{ kPa}$

基底附加压力　$p_0 = p - \sigma_{cd} = 127 \text{ kPa} - 27 \text{ kPa} = 100 \text{ kPa}$

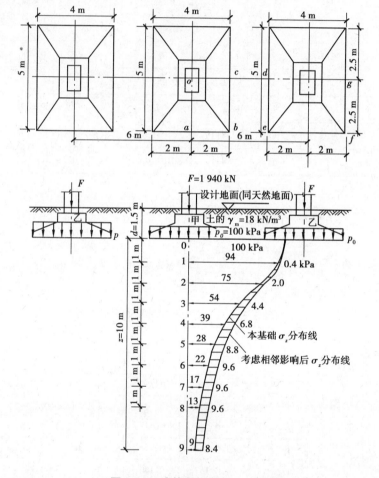

图 3.16　地基附加应力 σ_z 分布图

(2)计算基础甲中心点 o 下由基础甲的荷载引起的 σ_z

基底中心点 o 可看成是 4 个相等小矩形荷载 Ⅰ($oabc$)的公共角点,其长宽比 $l/b = 2.5/2 = 1.25$,取深度 $z = 0,1,2,3,4,5,6,7,8,10$ m 各计算点,相应的 $\dfrac{z}{b} = 0.0,0.5,1.0,1.5,2.0,2.5,$ $3.0,3.5,4.0,5.0$,利用表 3.2 即可查得地基附加应力系数即 $\alpha_{cⅠ}$。σ_z 的计算列于表 3.3(a)。根据计算资料绘出 σ_z 分布图,如图 3.16 所示。

表 3.3(a)　基础甲中心点 o 下由本基础荷载引起的 σ_z

计算点	$\dfrac{l}{b}$	z/m	$\dfrac{z}{b}$	α_{cI}	$\sigma_z = 4\alpha_{cI}p_0/\mathrm{kPa}$
0	1.25	0	0.0	0.250	$4 \times 0.250 \times 100 = 100$
1	1.25	1	0.5	0.235	$4 \times 0.235 \times 100 = 94$
2	1.25	2	1.0	0.187	$4 \times 0.187 \times 100 = 75$
3	1.25	3	1.5	0.135	$4 \times 0.135 \times 100 = 54$
4	1.25	4	2.0	0.097	$4 \times 0.097 \times 100 = 39$
5	1.25	5	2.5	0.071	$4 \times 0.071 \times 100 = 28$
6	1.25	6	3.0	0.054	$4 \times 0.054 \times 100 = 22$
7	1.25	7	3.5	0.042	$4 \times 0.042 \times 100 = 17$
8	1.25	8	4.0	0.032	$4 \times 0.032 \times 100 = 13$
9	1.25	10	5.0	0.022	$4 \times 0.022 \times 100 = 9$

(3)计算基础甲中心点 o 下由相邻两基础乙的荷载引起的 σ_z

此时中心点 o 可看成是 4 个与 Ⅰ($oafg$)相同的矩形和另 4 个与 Ⅱ($oaed$)相同的矩形的角点,其长宽比 $\dfrac{l}{b}$ 分别为 $\dfrac{8}{2.5}=3.2$ 和 $\dfrac{4}{2.5}=1.6$。同样,由表 3.2 可查得 α_{cI} 和 α_{cII},σ_z 的计算结果和分布图分别见表 3.3(b)和图 3.16。

表 3.3(b)　基础甲中心点 o 下由两相邻基础荷载引起的 σ_z

计算点	$\dfrac{l}{b}$		z/m	$\dfrac{z}{b}$	α_c		$\sigma_z = 4(\alpha_{cI} - \alpha_{cII})p_0/\mathrm{kPa}$
	Ⅰ($oafg$)	Ⅱ($oaed$)			α_{cI}	α_{cII}	
0			0	0.0	0.250	0.250	$4 \times (0.250 - 0.250) \times 100 = 0.0$
1			1	0.4	0.244	0.243	$4 \times (0.244 - 0.243) \times 100 = 0.4$
2			2	0.8	0.220	0.215	$4 \times (0.220 - 0.215) \times 100 = 2.0$
3			3	1.2	0.187	0.176	$4 \times (0.187 - 0.176) \times 100 = 4.4$
4	$\dfrac{8}{2.5}=3.2$	$\dfrac{4}{2.5}=1.6$	4	1.6	0.157	0.140	$4 \times (0.157 - 0.140) \times 100 = 6.8$
5			5	2.0	0.132	0.110	$4 \times (0.132 - 0.110) \times 100 = 8.8$
6			6	2.4	0.112	0.088	$4 \times (0.112 - 0.088) \times 100 = 9.6$
7			7	2.8	0.095	0.071	$4 \times (0.095 - 0.071) \times 100 = 9.6$
8			8	3.2	0.082	0.058	$4 \times (0.082 - 0.058) \times 100 = 9.6$
9			10	4.0	0.061	0.040	$4 \times (0.061 - 0.040) \times 100 = 8.4$

(2)三角形分布的竖向荷载

设竖向荷载沿矩形面积一边 b 方向上呈三角形分布,沿另一边 l 的荷载分布不变,荷载的

最大值为 p_0，取荷载零值边的角点 1 为坐标原点(图 3.17)，将荷载面内某点 (x,y) 处所取微面积 $dxdy$ 上分布荷载看作集中力 $\frac{x}{b}p_0dxdy$。运用式(3.9)以积分法可求得角点 1 下任意深度 z 处 M 点的竖向附加应力 σ_z 为：

$$\sigma_z = \iint_A d\sigma_z = \iint \frac{3}{2\pi} \frac{p_0 x z^3}{b(x^2 + y^2 + z^2)^{\frac{5}{2}}} dxdy$$

积分后得：

$$\sigma_z = \alpha_{t1} p_0 \tag{3.20a}$$

式中　$\alpha_{t1} = \dfrac{mn}{2\pi}\left[\dfrac{1}{\sqrt{m^2 + n^2}} - \dfrac{n^2}{(1 + n^2)\sqrt{m^2 + n^2 + 1}}\right]$。

同理，还可求得荷载最大值边的角点 2 下任意深度 z 处的竖向附加应力 σ_z 为：

$$\sigma_z = \alpha_{t2} p_0 \tag{3.20b}$$

α_{t1} 和 α_{t2} 分别是角点 1 和角点 2 下的竖向附加应力系数，均为 $m = \dfrac{l}{b}$ 和 $n = \dfrac{z}{b}$ 的函数，其值可由表 3.4 查得。必须注意，b 是沿三角形分布荷载方向的边长。

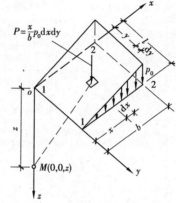

图 3.17　矩形面积上的三角形分布荷载作用

表 3.4　矩形面积上三角形荷载作用时角点下的竖向附加应力系数 α_{t1}，α_{t2}

$\dfrac{z}{b}$ ＼ $\dfrac{l}{b}$ 点	0.2		0.4		0.6		0.8		1.0	
	角点 1	角点 2	角点 1	角点 2	角点 1	角点 2	角点 1	角点 2	角点 1	角点 2
0	0.000 0	0.250 0	0.000 0	0.250 0	0.000 0	0.250 0	0.000 0	0.250 0	0.000 0	0.250 0
0.2	0.022 3	0.182 1	0.028 0	0.211 5	0.029 6	0.216 5	0.030 1	0.217 8	0.030 4	0.218 2
0.4	0.023 9	0.109 4	0.042 0	0.160 4	0.048 7	0.178 1	0.051 7	0.184 4	0.053 1	0.187 0
0.6	0.025 9	0.070 0	0.044 8	0.116 5	0.056 0	0.140 5	0.062 1	0.152 0	0.065 4	0.157 5
0.8	0.023 2	0.048 0	0.042 1	0.085 3	0.053 3	0.109 3	0.063 7	0.123 2	0.068 8	0.131 1
1.0	0.020 1	0.034 6	0.037 5	0.063 8	0.050 8	0.085 2	0.060 2	0.099 6	0.066 6	0.108 6
1.2	0.017 1	0.026 0	0.032 4	0.049 1	0.045 0	0.067 3	0.054 6	0.080 7	0.061 5	0.090 1
1.4	0.014 5	0.020 2	0.027 8	0.038 6	0.039 2	0.054 0	0.048 3	0.066 1	0.055 4	0.075 1
1.6	0.012 3	0.016 0	0.023 8	0.031 0	0.033 9	0.044 0	0.042 4	0.054 7	0.049 2	0.062 8
1.8	0.010 5	0.013 0	0.020 4	0.025 4	0.029 4	0.036 3	0.037 1	0.045 7	0.043 5	0.053 4
2.0	0.009 0	0.010 8	0.017 6	0.021 1	0.025 5	0.030 4	0.032 4	0.038 7	0.038 4	0.045 6

续表

$\frac{z}{b}$ \ 点	0.2		0.4		0.6		0.8		1.0	
	角点1	角点2	角点1	角点2	角点1	角点2	角点1	角点2	角点1	角点2
2.5	0.006 3	0.007 2	0.012 5	0.014 0	0.018 3	0.020 5	0.023 6	0.026 5	0.028 4	0.031 8
3.0	0.004 6	0.005 1	0.009 2	0.010 0	0.013 5	0.014 8	0.017 6	0.019 2	0.021 4	0.023 3
5.0	0.001 8	0.001 9	0.003 6	0.003 8	0.005 4	0.005 6	0.007 1	0.007 4	0.008 8	0.009 1
7.0	0.000 9	0.001 0	0.001 9	0.001 9	0.002 8	0.002 9	0.003 8	0.003 8	0.004 7	0.004 7
10.0	0.000 5	0.000 4	0.000 9	0.001 0	0.001 4	0.001 4	0.001 9	0.001 9	0.002 3	0.002 4

$\frac{z}{b}$ \ 点	1.2		1.4		1.6		1.8		2.0	
	角点1	角点2	角点1	角点2	角点1	角点2	角点1	角点2	角点1	角点2
0	0.000 0	0.250 0	0.000 0	0.250 0	0.000 0	0.250 0	0.000 0	0.250 0	0.000 0	0.250 0
0.2	0.030 5	0.218 4	0.030 5	0.218 5	0.030 6	0.218 5	0.030 6	0.218 5	0.030 6	0.218 5
0.4	0.053 9	0.188 1	0.054 3	0.188 6	0.054 5	0.188 9	0.054 6	0.189 1	0.054 7	0.189 2
0.6	0.067 3	0.160 2	0.068 4	0.161 6	0.069 0	0.162 5	0.069 4	0.163 0	0.069 6	0.163 3
0.8	0.072 0	0.135 5	0.073 9	0.138 1	0.075 1	0.139 6	0.075 9	0.140 5	0.076 4	0.141 4
1.0	0.070 8	0.114 3	0.073 5	0.117 6	0.075 3	0.120 2	0.076 6	0.121 5	0.077 4	0.122 5
1.2	0.066 4	0.096 2	0.069 8	0.100 7	0.072 1	0.103 7	0.073 8	0.105 5	0.047 9	0.106 9
1.4	0.060 6	0.081 7	0.064 4	0.086 4	0.067 2	0.089 7	0.069 2	0.092 1	0.070 7	0.093 7
1.6	0.054 5	0.069 6	0.058 6	0.074 3	0.061 6	0.078 0	0.063 9	0.082 6	0.065 6	0.082 6
1.8	0.048 7	0.059 6	0.052 8	0.064 4	0.056 0	0.068 1	0.058 5	0.070 9	0.060 4	0.073 0
2.0	0.043 4	0.051 3	0.047 4	0.056 0	0.050 7	0.059 6	0.053 3	0.062 5	0.055 3	0.064 9
2.5	0.032 6	0.036 5	0.036 2	0.040 5	0.039 3	0.044 0	0.041 9	0.046 9	0.044 0	0.049 1
3.0	0.024 9	0.027 0	0.028 0	0.030 3	0.030 7	0.033 3	0.033 1	0.035 9	0.035 2	0.038 0
5.0	0.010 4	0.010 8	0.012 0	0.012 3	0.013 5	0.013 9	0.014 8	0.015 4	0.016 1	0.016 7
7.0	0.005 6	0.005 6	0.006 4	0.006 6	0.007 3	0.007 4	0.008 1	0.008 3	0.008 9	0.009 1
10.0	0.0028	0.002 8	0.003 3	0.003 2	0.003 7	0.003 7	0.004 1	0.004 2	0.004 6	0.004 6

$\frac{z}{b}$ \ 点	3.0		4.0		6.0		8.0		10.0	
	角点1	角点2	角点1	角点2	角点1	角点2	角点1	角点2	角点1	角点2
0	0.000 0	0.250 0	0.000 0	0.250 0	0.000 0	0.250 0	0.000 0	0.250 0	0.000 0	0.250 0
0.2	0.030 6	0.218 6	0.030 6	0.218 6	0.030 6	0.218 6	0.030 6	0.218 6	0.030 6	0.218 6

续表

$\dfrac{l}{b}$ 点 $\dfrac{z}{b}$	3.0		4.0		6.0		8.0		10.0	
	角点 1	角点 2	角点 1	角点 2	角点 1	角点 2	角点 1	角点 2	角点 1	角点 2
0.4	0.054 8	0.189 4	0.054 9	0.189 4	0.054 9	0.189 4	0.054 9	0.189 6	0.054 9	0.189 4
0.6	0.070 1	0.163 8	0.070 2	0.163 9	0.070 2	0.164 0	0.070 2	0.164 0	0.070 2	0.164 0
0.8	0.077 3	0.142 3	0.077 6	0.142 4	0.077 6	0.142 6	0.077 6	0.142 6	0.077 6	0.142 6
1.0	0.079 0	0.124 4	0.079 4	0.124 8	0.079 5	0.125 0	0.079 6	0.125 0	0.079 6	0.125 0
1.2	0.077 4	0.109 6	0.077 9	0.110 3	0.078 2	0.110 5	0.078 3	0.110 5	0.078 3	0.110 5
1.4	0.073 9	0.097 3	0.074 8	0.098 2	0.075 2	0.098 6	0.075 2	0.098 7	0.075 3	0.098 7
1.6	0.069 7	0.087 0	0.070 8	0.088 2	0.071 4	0.088 7	0.071 5	0.088 8	0.071 5	0.088 9
1.8	0.065 2	0.078 2	0.066 6	0.079 7	0.067 3	0.080 5	0.067 5	0.080 6	0.067 5	0.080 8
2.0	0.060 7	0.070 7	0.062 4	0.072 6	0.063 4	0.073 4	0.063 6	0.073 6	0.063 6	0.073 8
2.5	0.050 4	0.055 9	0.052 9	0.058 5	0.054 3	0.060 1	0.054 7	0.060 4	0.054 8	0.060 5
3.0	0.041 9	0.045 1	0.044 9	0.048 2	0.046 9	0.050 4	0.047 4	0.050 9	0.047 6	0.051 1
5.0	0.021 4	0.022 1	0.024 8	0.025 6	0.028 3	0.029 0	0.029 6	0.030 3	0.030 1	0.030 9
7.0	0.012 4	0.012 6	0.015 2	0.015 4	0.018 6	0.019 0	0.020 4	0.020 7	0.021 2	0.021 6
10.0	0.006 6	0.006 6	0.008 4	0.008 3	0.011 1	0.011 1	0.012 8	0.013 0	0.013 9	0.014 1

应用上述矩形面积上均布和三角形分布荷载作用时,角点下的附加应力系数 α_c, α_{t1}, α_{t2} 亦可用角点法求算按梯形分布的荷载作用时土中任意点的竖向附加应力 σ_z 值,亦可求算在条形面积上作用荷载时(取 $m \geqslant 10$)的土中附加应力。若计算点正好位于荷载面 b 边方向的中点(l 边方向可任意)之下,则不论是梯形分布还是三角形分布的荷载,均可用中心点处的荷载值按均布情况计算。

2)圆形面积上作用均布荷载时土中的附加应力

如图 3.18 所示,半径为 r_0 的圆形面积上作用着竖向均布荷载 p_0。为求荷载面中心点下任意深度处 M 点的 σ_z,可在荷载面积上取微面积 $dA = rd\theta dr$,并视微面积上的荷载为集中力 $p_0 dA$,运用式(3.9)以积分法可求得 σ_z 为:

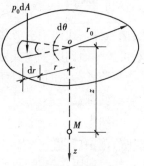

$$\sigma_z = \iint_A d\sigma_z = \frac{3p_0 z^3}{2\pi} \int_0^{2\pi} \int_0^{r_0} \frac{rd\theta dr}{(r^2 + z^2)^{\frac{5}{2}}} = p_0 \left[1 - \frac{z^3}{(r_0^2 + z^2)^{\frac{3}{2}}} \right]$$

$$= p_0 \left[1 - \frac{1}{\left(\dfrac{r_0^2}{z^2} + 1 \right)^{\frac{3}{2}}} \right] = \alpha_0 p_0 \qquad (3.21)$$

图 3.18 均布圆形荷载
中心点下的 σ_z

式中 α_0——均布圆形荷载中心点下的竖向附加应力系数,由 z/r_0 查表 3.5。

同理可得均布圆形荷载周边下的附加应力为：

$$\sigma_z = \alpha_r p_0 \tag{3.22}$$

式中　α_r——均布圆形荷载周边下的附加应力系数，由 z/r_0 查表 3.5。

表 3.5　圆形面积上均布荷载中心点及圆周边下的附加应力系数 α_0, α_r

$\dfrac{z}{r_0}$ 系数	α_0	α_r	$\dfrac{z}{r_0}$ 系数	α_0	α_r	$\dfrac{z}{r_0}$ 系数	α_0	α_r
0.0	1.000	0.500	1.6	0.390	0.243	3.2	0.130	0.108
0.1	0.999	0.494	1.7	0.360	0.230	3.3	0.124	0.103
0.2	0.993	0.467	1.8	0.332	0.218	3.4	0.117	0.098
0.3	0.976	0.451	1.9	0.307	0.207	3.5	0.111	0.094
0.4	0.949	0.435	2.0	0.285	0.196	3.6	0.106	0.090
0.5	0.911	0.417	2.1	0.264	0.186	3.7	0.101	0.086
0.6	0.964	0.400	2.2	0.246	0.176	3.8	0.096	0.083
0.7	0.811	0.383	2.3	0.229	0.167	3.9	0.091	0.079
0.8	0.756	0.366	2.4	0.213	0.159	4.0	0.087	0.076
0.9	0.701	0.349	2.5	0.200	0.151	4.2	0.079	0.070
1.0	0.646	0.332	2.6	0.187	0.144	4.4	0.073	0.065
1.1	0.595	0.316	2.7	0.175	0.137	4.6	0.067	0.060
1.2	0.547	0.300	2.8	0.165	0.130	4.8	0.062	0.056
1.3	0.502	0.285	2.9	0.155	0.124	5.0	0.057	0.052
1.4	0.461	0.270	3.0	0.146	0.118	6.0	0.040	0.038
1.5	0.424	0.256	3.1	0.138	0.113	10.0	0.015	0.014

▶ 3.4.3　作用在一条直线上和一条形面积上的均布荷载引起的土中附加应力

在建筑工程中，分布为无限长的荷载是没有的，但在使用表 3.2 的过程中可以发现，当矩形面积的长宽比 $\dfrac{l}{b} \geqslant 10$ 时，矩形面积角点下的土中附加应力值与 $\dfrac{l}{b} = \infty$ 时的相差不大。因此，诸如柱下或墙下条形基础、挡土墙基础、路基、坝基等，常常可视为分布在条形面积上的荷载，可按平面问题求解。为了求得这种荷载下的土中附加应力，下面先介绍作用在一条线上的均布荷载产生的土中竖向附加应力的解法。

1)线荷载

如图 3.19(a)所示，线荷载是作用在地基表面上的一条无限长直线上的均布荷载。设竖向线荷载 $\bar{p}$ 作用在 y 坐标轴上，沿 y 轴截取一微分段 dy，将其上作用的荷载视为集中力 $dP = \bar{p}dy$，从而利用式(3.9)可求得土中任意点 M 处由 dP 引起的附加应力 $d\sigma_z$，再通过积分，即可求得 M 点的 σ_z：

$$\sigma_z = \int_{-\infty}^{+\infty} d\sigma_z = \frac{2\bar{p}}{\pi R_1} \cos^3\beta = \frac{2\bar{p}z^3}{\pi(x^2 + z^2)^2} \tag{3.23}$$

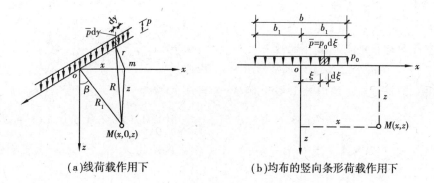

(a)线荷载作用下　　　　　　　　(b)均布的竖向条形荷载作用下

图 3.19　地基附加应力的平面问题

2)条形面积上作用均布荷载

荷载在条形面积的宽度(图 3.19 中 x 轴方向)和长度方向上均匀分布,条形长度为无限长。沿 x 轴取一宽为 $\mathrm{d}x$,长为无限长的微分段,作用于其上的荷载以线荷载 $\bar{p}=p_0\mathrm{d}\xi$ 代替,运用式(3.23)并作积分,可求得地基中任意点 M 处的竖向附加应力为:

$$\sigma_z = \int_0^b \frac{2p_0 z^3 \mathrm{d}\xi}{\pi[(x-\xi)^2+z^2]^2} = \alpha_{sz} p_0 \tag{3.24}$$

式中　α_{sz}——竖向附加应力系数,其值可按 $m=\dfrac{x}{b}$ 和 $n=\dfrac{z}{b}$ 的数值由表 3.6 查得。表 3.6 中 α_{sx}、α_{sxz} 分别为水平、剪切应力附加应力系数。

表 3.6　条形面积上均布荷载作用下的附加应力系数

$\dfrac{z}{b}$	$\dfrac{x}{b}$																	
	0.00			0.25			0.50			1.00			1.50			2.00		
	α_{sz}	α_{sx}	α_{sxz}	α_{sz}	α_{sx}	α_{sxz}	α_{sz}	α_{sx}	α_{sxz}	α_{sz}	α_{sx}	α_{sxz}	α_{sz}	α_{sx}	α_{sxz}	α_{sz}	α_{sx}	α_{sxz}
0.00	1.00	1.00	0	1.00	1.00	0	0.50	0.50	0.32	0	0	0	0	0	0	0	0	0
0.25	0.96	0.45	0	0.90	0.39	0.13	0.50	0.35	0.30	0.02	0.17	0.05	0.00	0.07	0.01	0	0.04	0.00
0.50	0.82	0.18	0	0.74	0.19	0.16	0.48	0.23	0.26	0.08	0.21	0.13	0.02	0.12	0.04	0	0.07	0.02
0.75	0.67	0.08	0	0.61	0.10	0.13	0.45	0.14	0.20	0.15	0.22	0.16	0.04	0.14	0.07	0.02	0.10	0.04
1.00	0.55	0.04	0	0.51	0.05	0.10	0.41	0.09	0.16	0.19	0.15	0.16	0.07	0.14	0.10	0.03	0.13	0.05
1.25	0.46	0.02	0	0.44	0.03	0.07	0.37	0.06	0.12	0.20	0.11	0.14	0.10	0.12	0.10	0.04	0.11	0.07
1.50	0.40	0.01	0	0.38	0.02	0.06	0.33	0.04	0.10	0.21	0.08	0.13	0.11	0.10	0.10	0.06	0.10	0.07
1.75	0.35	—	0	0.34	0.01	0.04	0.30	0.03	0.08	0.21	0.06	0.11	0.13	0.09	0.10	0.07	0.09	0.08
2.00	0.31	—	0	0.31	—	0.03	0.28	0.02	0.06	0.20	0.05	0.10	0.14	0.07	0.10	0.08	0.08	0.08
3.00	0.21	—	0	0.21	—	0.02	0.20	0.01	0.03	0.17	—	0.06	0.13	0.03	0.07	0.10	0.04	0.07
4.00	0.16	—	0	0.16	—	0.01	0.15	—	0.02	0.14	0.01	0.03	0.12	0.02	0.05	0.10	0.03	0.05
5.00	0.13	—	0	0.13	—	—	0.12	—	—	0.12	—	—	0.11	—	—	0.09	—	—
6.00	0.11	—	0	0.10	—	—	0.10	—	—	0.10	—	—	0.10	—	—	0.10	—	—

【例3.3】 某条形基础底面宽度 $b=1.4$ m,作用于基底的平均附加压力 $p_0=200$ kPa,要求确定:

①均布条形荷载中点 O 点下的地基附加应力 σ_z 分布;

②深度 $z=1.4$ m 和 2.8 m 处水平面上的 σ_z 分布;

③在均布条形荷载边缘以外 1.4 m 处 O_1 点下的 σ_z 分布。

【解】 ①计算 σ_z 时,选用表3.6中列出的 $\frac{z}{b}=0.5,1.0,1.5,2.0,3.0,4.0$ 等,反算出深度 $z=0.7,1.4,2.1,2.8,4.2,5.6$ m 等后,再计算各深度处的 σ_z 值,σ_z 计算结果及分布图分别见表3.7(a)及图3.20。

②、③的 σ_z 计算结果及分布图分别见表3.7(b)、表3.7(c)及图3.20。此外,在图3.20中还以虚线绘出了 $\sigma_z=0.2,p_0=40$ kPa 的等值线。

表 3.7(a) 点 O 下的土中附加应力 σ_z

$\frac{x}{b}$	$\frac{z}{b}$	z/m	α_{sz}	$\sigma_z = \alpha_{sz}p_0/\text{kPa}$
0	0.0	0	1.00	$1.00 \times 200 = 200$
0	0.5	0.7	0.82	$0.82 \times 200 = 164$
0	1.0	1.4	0.55	$0.55 \times 200 = 110$
0	1.5	2.1	0.40	$0.40 \times 200 = 80$
0	2.0	2.8	0.31	$0.31 \times 200 = 62$
0	3.0	4.2	0.21	$0.21 \times 200 = 42$
0	4.0	5.6	0.16	$0.16 \times 200 = 32$

表 3.7(b) $z=1.4$ m 和 2.8 m 处水平面上的土中附加应力 σ_z

z/m	$\frac{z}{b}$	$\frac{x}{b}$	α_{sz}	σ_z/kPa
1.4	1	0.0	0.55	110
1.4	1	0.5	0.41	82
1.4	1	1.0	0.19	38
1.4	1	1.5	0.07	14
1.4	1	2.0	0.03	6
2.8	2	0.0	0.31	62
2.8	2	0.5	0.28	56
2.8	2	1.0	0.20	40
2.8	2	1.5	0.13	26
2.8	2	2.0	0.08	16

表 3.7(c)　点 O_1 下的土中附加应力 σ_z

z/m	$\dfrac{z}{b}$	$\dfrac{x}{b}$	α_{sz}	σ_z/kPa
0	0.0	1.5	0	0
0.7	0.5	1.5	0.02	4
1.4	1.0	1.5	0.07	14
2.1	1.5	1.5	0.11	22
2.8	2.0	1.5	0.13	26
4.2	3.0	1.5	0.14	28
5.6	4.0	1.5	0.12	24

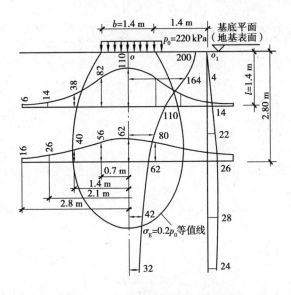

图 3.20　土中附加应力 σ_z 分布图

　　土中附加应力的分布规律还可以用等值线的方式完整地表示出来。例如图 3.21 所示，附加应力等值线的绘制方法是在地基剖面中划分许多方形网络，使网络结点的坐标恰好是均布条形荷载半宽(0.5b)的整倍数，查表 3.6 可得各结点的附加应力 σ_z(σ_x 和 τ_{xz} 可用同样的方法求得)，然后以插入法绘成均布条形荷载下三种附加应力的等值线图，如图 3.21(a)、(c)、(d)所示。此外，还可绘出如图 3.21(b)所示的均布方形荷载下 σ_z 等值线图以资比较。由图 3.21(a)、(b)可见，在宽度均为 b 的条形和方形竖向均布荷载 p_0 作用下，后者所引起 σ_z 的影响深度要比前者小得多，例如方形荷载中心下 $z=2b$ 处 $\sigma_z\approx0.1p_0$，而在条形荷载下 $\sigma_z=0.1p_0$ 的等值线则约在中心下 $z\approx6b$ 处通过。

　　由条形荷载下的 σ_x 和 τ_{xz} 的等值线图可见，σ_x 的影响范围较浅，所以土中的侧向变形主要发生于浅层；而 τ_{xz} 的最大值出现于荷载边缘，所以位于荷载边缘下的土容易发生剪切滑动而出现塑性变形区。

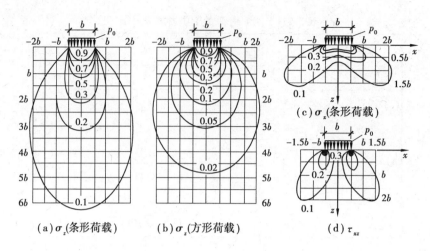

图 3.21　土中附加应力等值线

▶ 3.4.4　非均质与各向异性土体中的附加应力

以上介绍的土中附加应力计算都是把土体看成是均质的、各向同性的线性弹性变形体，而实际情况往往并非如此，如有的土体是由不同压缩性土层组成的成层土体，有的土层中土的变形模量随深度增加而变化。由于土体的非均质性或各向异性，土中的竖向附加应力 σ_z 的分布会产生应力集中现象或应力扩散现象，如图 3.22 所示。

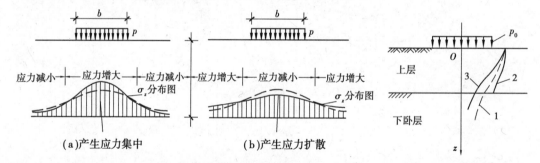

图 3.22　非均质和各向异性对土中附加应力的影响
（虚线表示按均质土计算的水平面上的附加应力分布）

图 3.23　双层地基竖向附加
应力分布的比较

双层地基是工程中常见的一种情况。双层地基指的是在地基荷载的影响深度（$\sigma_z = 0.1p_0$ 深度）范围内，地基由两层变形性质显著不同的土层所组成。如果上层软弱、下层坚硬（如岩层），则将产生应力集中现象；反之，若上硬下软，则产生应力扩散现象。

图 3.23 给出了三种地基条件下，均布荷载中心点下附加应力 σ_z 的分布图。图中曲线 1 为均质地基中的 σ_z 分布图，曲线 2 为岩层上可压缩土层中的 σ_z 分布图，而曲线 3 则表示上层坚硬、下层软弱的双层地基中的 σ_z 分布图。

由于岩层的存在，可压缩土层中的应力集中程度与岩层的埋藏深度有关，岩层埋深愈浅，应力集中愈显著。当可压缩土层的厚度小于或等于荷载面宽度的一半时，荷载面下的 σ_z 几乎不扩散，此时可认为荷载面中心点下的 σ_z 不随深度变化。

3.5 土的压缩性

地基土在受到竖向附加应力作用后,会产生压缩变形,引起地基沉降。

土在压力作用下体积缩小的特性称为土的压缩性。理论上说,土的压缩由三部分组成:固体土颗粒被压缩;土中水及封闭气体被压缩;土中水和气体从孔隙中被排出,孔隙体积被压缩。试验研究表明:在土体变形中,固体土颗粒和土中水的压缩量是微不足道的,在一般压力(土常受到的压力为 100 ~ 600 kPa)作用下,固体土颗粒和土中水的压缩量与土的总压缩量之比非常微小(小于 1/400),完全可忽略不计。所以土的压缩可只看作是土中水和土中气从孔隙中被挤出,与此同时,土颗粒相应发生移动,重新排列,靠拢挤紧,从而土孔隙体积减小。对于只有两相的饱和土来说,则主要是孔隙水的排出。

饱和土的压缩变形快慢与土的渗透性有关。在荷载作用下,透水性大的饱和无黏性土,其压缩过程短,建筑物施工完毕时,可认为其压缩变形已基本完成;而透水性小的饱和黏性土,其压缩过程所需时间长,经历十几年甚至几十年变形才稳定。如意大利的比萨斜塔,至今仍为世界瞩目的地基难题。土体在外力作用下,压缩随时间增长的过程,称为土的固结,对于饱和黏性土来说,土的固结问题非常重要。

研究土的压缩性大小及其特征的室内试验方法,称为侧限压缩试验和三轴压缩试验。室内试验简单方便,费用较低。地基土变形状况的现场测试,称为载荷试验。土的压缩性指标是可以通过室内外试验得到的,这些指标是计算地基沉降量的重要参数。

▶ 3.5.1 室内侧限压缩试验

该试验是在压缩仪(或固结仪)中完成的,如图 3.24 所示。室内侧限压缩试验的主要目的是了解土的孔隙比随压力变化的规律,并测定土的压缩性指标,评定土的压缩性大小。

试验时,用金属环刀切取原状土样,放入上下有透水石和滤纸的压缩仪内,分级加载。在每级荷载作用下,压至变形稳定,测出土样的变形量,然后再加下一级荷载。根据每级荷载下的稳定变形量,即可算出相应压力下的孔隙比。在压缩过程中,因为土样在金属环内,所以不会有侧向膨胀,而只有竖向变形,故此称为侧限压缩试验。

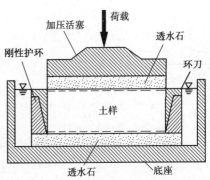

图 3.24 压缩仪的压缩器简图

如图 3.25,设土样原始高度为 h_0,土样的横截面面积为 A(即压缩仪容器的底面积),此时土样的初始孔隙比 e_0 和土颗粒体积 V_s 可用下式表示:

$$e_0 = \frac{V_v}{V_s} = \frac{Ah_0 - V_s}{V_s}$$

$$V_s = \frac{Ah_0}{1 + e_0}$$

当压力达到某级荷载 p_i 时,测出土样的稳定变形量为 s_i,此时土样高度为 $h_0 - s_i$。因土粒体积 V_s 不变,对应的孔隙比为 e_i,则土颗粒体积为:

$$V_s = \frac{A(h_0 - s_i)}{1 + e_i}$$

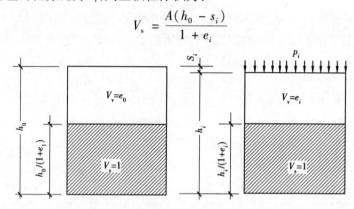

图3.25 压缩试验中土样高度与孔隙比的变化

因此有:

$$\frac{Ah_0}{1 + e_0} = \frac{A(h_0 - s_i)}{1 + e_i}$$

则

$$s_i = \frac{e_0 - e_i}{1 + e_0} h_0$$

或

$$e_i = e_0 - \frac{s_i}{h_0}(1 + e_0) \tag{3.25}$$

式中　$e_0 = \dfrac{d_s(1 + w)\gamma_w}{\gamma} - 1$,称为土的初始孔隙比;

　　d_s——土粒相对密度;

　　w——土的初始含水量,%;

　　γ_w——水的重度,kN/m^3;

　　γ——土的天然重度,kN/m^3。

▶ 3.5.2 压缩曲线与压缩性指标

由侧限压缩试验,测得各级荷载下的变形量 s_i,按式(3.25)求得相应的孔隙比 e_i,然后以压力 p 为横坐标,孔隙比 e 为纵坐标,可绘出 $e\text{-}p$ 关系曲线,此曲线称为压缩曲线,如图3.26所示。

评价土的压缩性通常有如下指标:

1)压缩系数

由 $e\text{-}p$ 曲线可知,土在侧限条件下,孔隙比 e 随压力 p 的增加而减小。并且不同的土,其压缩曲线形状不同。有的曲线陡,表示压力变化时孔隙比变化大,即土的压缩性大;反之,则土的压缩性小。因此,可用曲线的斜率表示土的压缩性,并称之为压缩系数。当压力由 p_1 至 p_2 的变化范围不大时,可将压缩曲线上相应的曲线段近似地用直线来代替。若 p_1 压力相应

的孔隙比为 e_1，p_2 压力相应的孔隙比为 e_2，则该范围内土的压缩系数可用下式表示：

$$a = -\frac{\Delta e}{\Delta p} = \frac{e_1 - e_2}{p_2 - p_1} \qquad (3.26)$$

式中　a——土的压缩系数，MPa^{-1}；

　　　p_1，p_2——分别是某一应力变化范围内压缩系数的起始压力和终止压力，kPa；

　　　e_1，e_2——对应于 p_1，p_2 作用下压缩变形稳定后土的孔隙比。

此式表明：在压力变化范围不大时，孔隙比的变化（减小值）与压力的变化（增加值）成正比。

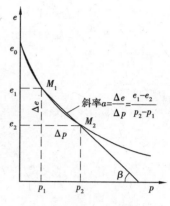

图 3.26　压缩曲线

压缩系数是表示土的压缩性大小的主要指标，广泛应用于土力学计算中。压缩系数越大，表明在某压力变化范围内孔隙比减少得越多，压缩性就越高。但是，由图 3.26 可见，同一种土的压缩系数并不是常数，而是随所取压力变化范围的不同而改变的。评价不同种类和状态土的压缩系数大小，必须以同一压力变化范围来比较。在工程实际中，常以 $p_1 = 100$ kPa 至 $p_2 = 200$ kPa 的压缩系数 $a_{1\text{-}2}$ 作为判别土的压缩性高低的标准。当 $a_{1\text{-}2} < 0.1$ MPa^{-1} 时，属低压缩性土；当 0.1 $MPa^{-1} \leqslant a_{1\text{-}2} < 0.5$ MPa^{-1} 时，属中等压缩性土；当 $a_{1\text{-}2} \geqslant 0.5$ MPa^{-1} 时，属高压缩性土。

2）压缩指数

目前，国内外还广泛采用压缩指数进行压缩性评价，以及分析土的应力历史对地基压缩变形量的影响。压缩指数 C_c 是把侧限压缩试验的 e，p 关系用 $e\text{-}\lg p$ 曲线画出求得的。它以孔隙比 e 为纵坐标，以压力的常用对数 $\lg p$ 为横坐标，绘制出 $e\text{-}\lg p$ 曲线，如图 3.27 所示。该曲线后半段在很大范围内是一条直线，将直线段的斜率定义为土的压缩指数 C_c，表达式为：

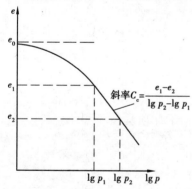

图 3.27　$e\text{-}\lg p$ 曲线

$$C_c = -\frac{\Delta e}{\Delta \lg p} = \frac{e_1 - e_2}{\lg p_2 - \lg p_1} \qquad (3.27)$$

压缩指数在较大的压力变化范围内是比较稳定的常数，一般黏性土 C_c 值多为 $0.1 \sim 1.0$。C_c 值越大，土的压缩性越高。一般 $C_c > 0.4$ 时属高压缩性土，$C_c < 0.2$ 属低压缩性土，$0.2 \leqslant C_c \leqslant 0.4$ 属中等压缩性土。

3）压缩模量

压缩模量 E_s 是指土体在完全侧限条件下受压时，某压力段的竖向压力增量 $\Delta\sigma_z$ 与对应的压应变增量 $\Delta\varepsilon_z$ 之比，其表达式为：

$$E_s = \frac{\Delta\sigma_z}{\Delta\varepsilon_z} = \frac{p_2 - p_1}{\Delta\varepsilon_z} \qquad (3.28)$$

式中　E_s——土的压缩模量，MPa。

土的压缩模量 E_s 与压缩系数 a 的关系，可以通过下面推导得到：

压缩试验中：

$$\Delta\varepsilon_z = \frac{\Delta e}{1 + e_0} \qquad\qquad (a)$$

由式(3.26)得：

$$p_2 - p_1 = \frac{\Delta e}{a} \qquad\qquad (b)$$

将(a)和(b)代入式(3.28)得：

$$E_s = \frac{1 + e_0}{a} \qquad\qquad (3.29)$$

由上式可知，E_s 与 a 成反比，即 a 越大，E_s 越小，土的压缩性越高。土的压缩模量随所取的压力范围不同而变化，工程上常用 $100 \sim 200$ kPa 范围内的压缩模量 E_{s1-2} 来判断土的压缩性。当 $E_{s1-2} < 4$ MPa 时，属高压缩性土；4 MPa $\leqslant E_{s1-2} \leqslant 15$ MPa 时，属于中等压缩性土；当 $E_{s1-2} > 15$ MPa 时，属低压缩性土。

▶ 3.5.3　土的变形模量

土的压缩性指标，除从室内试验测定外，还可以通过现场原位测试取得，特别是对于重要的建筑物和对沉降有严格要求的工程，都要求做现场原位试验，如静载荷试验、旁压试验和触探试验等。

静载荷试验中通过承压板对地基土分级施加压力，分别量测承压板的相应沉降量，得出压力和沉降的关系曲线。然后，根据弹性力学公式反求土的变形模量。

试验前先在现场试坑中竖立载荷架，使施加的荷载通过承压板传给要测试的地层，以便测试承压板下应力主要影响范围内的土的力学性质，包括土的变形模量、地基承载力以及研究土的湿陷性质等。

如图 3.28 所示两种千斤顶形式的载荷架，其构造一般由加荷稳压装置、反力装置及沉降观测装置三部分组成。加荷稳压装置包括承压板、立柱、加荷千斤顶及稳压器；反力装置包括地锚系统或堆重系统等；沉降观测装置包括百分表及固定支架等。

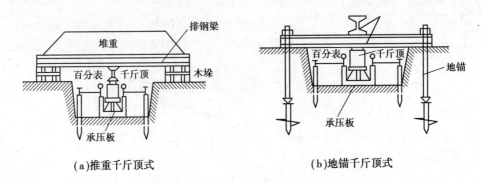

(a)推重千斤顶式　　　　　　　　　(b)地锚千斤顶式

图 3.28　地基静载荷试验载荷架示例

静载荷试验的测试点通常布置在取试样的技术钻孔附近,当地质构造简单时,距离不应超过 10 m,在其他情况下则不应超过 5 m,但也不宜小于 2 m。必须注意保持试验土层的原状结构和天然湿度,宜在拟试压表面用粗砂或中砂找平,其厚度不超过 20 mm。

静载荷试验所施加的最大荷载不应小于设计值要求的 2 倍,应尽量接近预估地基极限荷载 p_u。第一级荷载(包括设备重)宜接近开挖浅试坑所卸除的土重,与其相应的沉降量不计;其后每级荷载的增量,对较松软的土可采用 10 ~ 25 kPa,对较坚硬的土则用 50 ~ 100 kPa;加荷等级不应少于 8 级,最后一级荷载是判定承载力的关键,应细分二级加荷,以提高结果的精度。

根据各级荷载及其相应的相对稳定沉降的观测数值,即可采用适当的比例尺绘制荷载 p 与稳定沉降 s 的关系曲线,即 p-s 曲线,必要时还可绘制各级荷载下的沉降与时间的关系曲线,即 s-t 曲线。图 3.29 为一些有代表性土的 p-s 曲线。其中曲线的开始部分往往接近于直线,与直线段终点 1 对应的荷载 p_1 或 p_{cr} 称为地基的比例界限荷载。一般情况下,若地基容许承载力或地基承载力特征值取接近于此比例界限荷载时,地基的变形处于直线变形阶段。因而,可以利用地基沉降的弹性力学公式来反求地基土的变形模量,其计算公式如下:

$$E_0 = \omega(1 - \mu^2) b \frac{p_1}{s_1} \tag{3.30}$$

式中　E_0——土的变形模量,MPa;

　　　ω——沉降影响系数,方形承压板取 0.88,圆形承压板取 0.79;

　　　b——承压板的边长或直径,mm;

　　　μ——地基土的泊松比;

　　　p_1——直线段上所取定的压力(任意点横坐标),kPa;

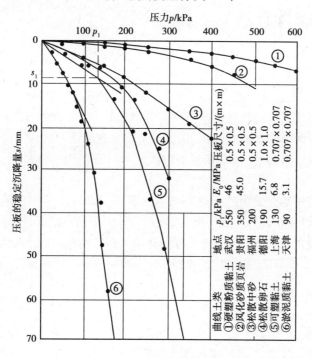

图 3.29　不同土的 p-s 曲线

s_1——与所取定的压力 p_1 对应的沉降量。有时 p-s 曲线不出现起始的直线段,在地基承载力的确定时,建议对中高压缩性土取 $s_1 = 0.02b$;对低压缩性粉土、黏性土、碎石土及砂土,可取 $s_1 = (0.01 \sim 0.015)b$。

静载荷试验一般适合于在浅层土中进行。其优点是压力的影响深度可达 $(1.5 \sim 2)b$ (b 为承压板边长或直径),因而试验成果能反映这一部分土体的压缩性,比钻孔取样在室内测试所受到的扰动要小得多;土中应力状态在承压板较大时,与实际地基情况比较接近。其缺点是试验工作量大,费时,所规定的沉降稳定标准也带有较大的近似性,据有些地区的经验,它所反映的土的压缩程度仅相当于实际建筑施工完毕时的早期沉降量;对于成层土,尚须进行深层土的载荷试验。

变形模量 E_0 与压缩模量 E_s 是两个不同的概念。E_0 是在现场条件下测得的,而 E_s 是在侧限条件下测得的,但理论上两者完全可以换算。换算公式如下:

$$E_0 = \beta E_s \tag{3.31}$$

式中 β——与土的泊松比 μ 有关的系数。

$$\beta = 1 - \frac{2\mu^2}{1 - \mu} \tag{3.32}$$

由于土的泊松比变化范围一般为 $0 \sim 0.5$,所以 $\beta \leqslant 1.0$。即由式(3.31)的理论关系,应有 $E_s \geqslant E_0$。然而,由于土的变形性质是非线性的,再加上室内试验对土样的扰动影响,因此所测得的 E_s 与 E_0 的关系往往不一定符合式(3.31),甚至还会出现 $E_s < E_0$ 的情况,对硬土,其 E_0 可能较 βE_s 大数倍,而对软土 E_0 与 βE_s 则较接近。

3.6   地基最终沉降量计算

地基最终沉降量是指地基土在建筑物荷载作用下,达到压缩稳定时地基表面的沉降量。通常认为,除新近沉积土以外,一般地基土层在自重作用下的压缩变形已稳定,因此,引起地基沉降的外因主要是建筑物荷载在地基中产生的附加应力。

地基沉降会造成两个方面的问题:一是沉降量过大造成建筑物标高降低,影响正常使用;二是不均匀沉降造成建筑物倾斜、开裂甚至倒塌。如前面提到的意大利比萨斜塔、苏州名胜虎丘塔等工程实例。

在建筑设计中需预知建筑物建成后将产生的最终沉降量、沉降差等,判断地基变形值是否超过允许的范围,以便在设计和施工时,采取相应的工程措施来保证建筑物的安全。

地基最终沉降量的计算方法很多,本节仅介绍建筑工程中常用的分层总和法和《建筑地基基础设计规范》(GB 50007)推荐的方法。

▶ 3.6.1   分层总和法

1)一维压缩问题

在厚度为 H 的均匀土层上面施加连续均匀荷载 p_0(见图 3.30(a)),由于对称土层只能在竖直方向发生压缩变形,这同侧限压缩试验中的情况基本一样,属一维压缩问题。

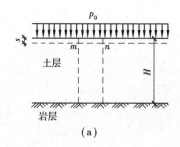 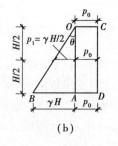 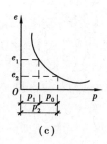

(a)   (b)   (c)

图 3.30 土层一维压缩

施加外荷载之前,土层中的自重应力分布如图 3.30(b)中 OBA;施加 p_0 之后,在土层中引起的附加应力分布为 $OCDA$。对整个土层来说,施加外荷载前后存在于土层中的平均竖向应力分别为 $p_1 = \dfrac{\gamma H}{2}$ 和 $p_2 = p_1 + p_0$。从图 3.30(c)土的压缩试验曲线所示可以看出,竖向应力从 p_1 增加到 p_2,将引起土的孔隙比从 e_1 减小为 e_2。由一维条件下土层的压缩变形 s 与相应的孔隙比 e 的变化之间的关系得:

$$s = \frac{e_1 - e_2}{1 + e_1} H \tag{3.33}$$

这就是土层一维压缩变形量的基本计算公式。式(3.33)也可以写成:

$$s = \frac{a}{1 + e_1}(p_2 - p_1)H = \frac{a}{1 + e_1} p_0 H \tag{3.34}$$

或

$$s = \frac{p_0 H}{E_s} \tag{3.35}$$

式中　a——压缩系数,MPa^{-1};

　　　E_s——压缩模量,MPa;

　　　H——土层厚度,m。

2)分层总和法

(1)基本原理

分别计算基础中心点下各分层土的压缩变形量 Δs_i,然后叠加可得地基最终沉降量 s 为:

$$s = \sum_{i=1}^{n} \Delta s_i \tag{3.36}$$

式中　n——计算深度范围内土的分层数。

假设土层在压缩变形时不发生侧向膨胀,只发生竖向压缩变形,所以可采用侧限条件下的压缩性指标,而附加应力可采用基底中心点下的竖向附加应力。

这样 Δs_i 可按式(3.33)、式(3.34)、式(3.35)的任何一个公式进行计算。即地基最终沉降量公式为:

$$s = \sum_{i=1}^{n} \Delta s_i = \sum_{i=1}^{n} \frac{e_{1i} - e_{2i}}{1 + e_{1i}} h_i = \sum_{i=1}^{n} \frac{a_i}{1 + e_{1i}}(p_{2i} - p_{1i})h_i = \sum_{i=1}^{n} \frac{\overline{\sigma}_{zi}}{E_{si}} h_i \tag{3.37}$$

式中　p_{1i}——作用在第 i 层土上的平均自重应力 $\overline{\sigma}_{czi}$,kPa;

　　　p_{2i}——作用在第 i 层土上的平均自重应力 $\overline{\sigma}_{czi}$ 与平均附加应力 $\overline{\sigma}_{zi}$ 之和,kPa;

a_i——第 i 层土的压缩系数,MPa^{-1};

E_{si}——第 i 层土的压缩模量,MPa;

h_i——第 i 层土的厚度,m;

n——地基沉降计算深度范围内的土层数。

地基沉降量计算深度 z_n 是指由于附加应力引起地基的变形不可忽略的最大深度。随着深度的增加,土中附加应力减小,因此,计算到一定深度后,变形量就可忽略不计。一般先试取基底下某一深度 z_n,如图 3.31(a)所示,计算该深度处土的自重应力 σ_{czn} 和附加应力 σ_{zn},如果 $\dfrac{\sigma_{zn}}{\sigma_{czn}} \leqslant 0.2$(对高压缩性土要求 $\dfrac{\sigma_{zn}}{\sigma_{czn}} \leqslant 0.1$),则 z_n 即为所取的地基沉降计算深度。

(2)计算步骤

①将基底以下地基土分为若干薄层,一般分层厚度 $h_i \leqslant 0.4b$(b 为基底面宽度),靠近计算深度 z_n 的分层厚度可适当加大,天然土层交界面及地下水位处必须作为薄层的分界面;

②计算基底中心点下各分层面上土的自重应力 σ_{czi} 和附加应力 σ_{zi},并绘制自重应力和附加应力分布曲线(图 3.31);

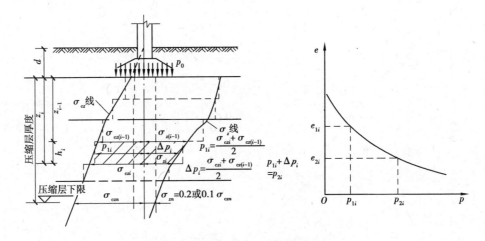

图 3.31　地基最终沉降量计算的分层总和法

③按 $\dfrac{\sigma_{zn}}{\sigma_{czn}} \leqslant 0.2$(对高压缩性土 $\leqslant 0.1$)确定地基沉降计算深度 z_n;

④计算各分层土的平均自重应力 $\bar{\sigma}_{czi} = (\sigma_{cz(i-1)} + \sigma_{czi})/2$ 和平均附加应力 $\bar{\sigma}_{zi} = (\sigma_{z(i-1)} + \sigma_{zi})/2$;

⑤令 $p_{1i} = \bar{\sigma}_{czi}$,$p_{2i} = \bar{\sigma}_{czi} + \bar{\sigma}_{zi}$,从该土层的压缩曲线中由 p_{1i} 及 p_{2i} 查出相应的 e_{1i} 和 e_{2i};

⑥按式(3.33)计算每一分层的土变形量 Δs_i;

⑦按式(3.36)计算深度 z_n 范围内地基的总变形量即为地基的最终沉降量。

【例 3.4】　柱荷载 $F = 851.2$ kN,基础埋深 $d = 0.8$ m,基础底面尺寸 $l \times b = 8$ m $\times 2$ m $= 16$ m^2,地基土层如图 3.32 所示,物理力学性质指标见表 3.8 所示,试用分层总和法计算基础最终沉降量。

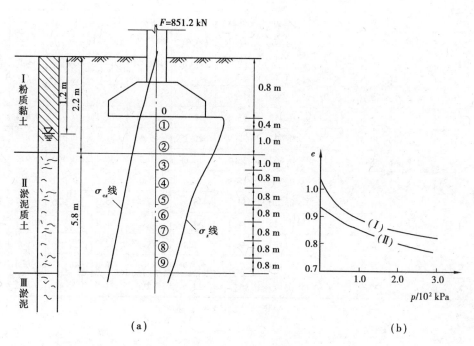

图 3.32　例 3.4 图

表 3.8　土的物理力学指标表

土层 \ 指标	土层厚 /m	重度 γ /$(kN \cdot m^{-3})$	土粒相对密度 /d_s	含水量 $w/\%$	初始孔隙比 e_0	塑性指数 I_p	压缩系数 a_{1-2} $(\approx 10^{-2}/kPa)$	不同压力下的孔隙比 压力 $p(\approx 10^2\ kPa)$			
								0.5	1.0	2.0	3.0
褐黄色粉质黏土	2.20	18.3	2.73	33.0	0.942	16.2	0.048	0.889	0.855	0.807	0.773
灰色淤泥质土	5.80	17.9	2.72	37.6	1.045	10.5	0.043	0.925	0.891	0.848	0.823
灰色淤泥	未钻穿	17.6	2.74	42.1	1.575	19.3	0.082	0.932	0.901	0.889	0.857

【解】　(1)地基分层

每层厚度按 $h_i \leqslant 0.4b = 0.8$ m 计,但地下水位处、土层分界面处单独划分,分层进入到第 Ⅱ 土层时,若第③分层取 $h_3 = 1$ m,则此层底面距基底的距离恰好等于 2.4 m,为基础宽度 b 的 1.2 倍,这样可以在计算附加应力时减少做查表内插的工作。从第④分层开始便可按 $h_i = 0.4b = 0.8$ m 继续划分下去至第 Ⅱ 土层(淤泥质土)之底面为止,如图 3.32 所示。

(2)地基竖向自重应力 σ_{czi} 的计算

0 点(基底处)　　　　$\sigma_{cz0} = 18.3 \times 0.8 = 14.6$ kPa

①点　　　　　　　　$\sigma_{cz1} = 14.6 + 18.3 \times 0.4 = 22.0$ kPa

②点　　　　　　　　$\sigma_{cz2} = 22.0 + 8.5 \times 1 = 30.5$ kPa

其他各点见表 3.9。

表3.9　用分层总和法计算地基最终沉降量表

分层点编号	深度 z /m	分层厚度 h_i/m	自重应力 σ_{czi}/kPa	深宽比 $\dfrac{z}{b}$	应力系数 α_i	附加应力 σ_{zi}/kPa	平均自重应力 $\overline{\sigma}_{czi}$ /kPa	平均附加应力 $\overline{\sigma}_{zi}$ /kPa	$(\overline{\sigma}_{czi}+\overline{\sigma}_{zi})$/kPa	孔隙比 e_{1i}	孔隙比 e_{2i}	分层沉降量 Δs_i /cm
0	0		14.6	0	1.000	54.6						
①	0.4	0.4	22.0	0.2	0.977	53.3	18.3	53.8	72.1	0.923	0.873	1.15
②	1.4	1.0	30.5	0.7	0.695	37.9	26.3	45.6	71.9	0.913	0.874	2.04
③	2.4	1.0	38.7	1.2	0.462	25.1	34.6	31.5	66.1	0.960	0.913	2.40
④	3.2	0.8	45.2	1.6	0.348	18.9	42.0	22.0	64.0	0.942	0.915	1.12
⑤	4.0	0.8	51.7	2.0	0.270	14.7	48.5	16.8	65.3	0.926	0.914	0.54
⑥	4.8	0.8	58.2	2.4	0.216	11.7	54.9	13.2	68.1	0.921	0.912	0.38
⑦	5.6	0.8	64.6	2.8	0.173	9.4	61.4	10.6	72.0	0.916	0.909	0.29
⑧	6.4	0.8	71.1	3.2	0.142	7.7	67.9	8.6	76.5	0.912	0.906	0.25
⑨	7.2		77.9	3.6	0.117	6.4	74.5	7.05	81.5	0.907	0.902	0.21

(3)地基竖向附加应力 σ_{zi} 的计算

基底平均压力

$$p = \frac{F+G}{A} = \frac{851.2\ \text{kN} + (2 \times 8 \times 0.8 \times 20)\ \text{kN}}{2\ \text{m} \times 8\ \text{m}} = 69.2\ \text{kPa}$$

基底附加压力

$$p_0 = p - \sigma_{cd} = p - \gamma_0 d = (69.2 - 18.3 \times 0.8)\text{kPa} = 54.6\ \text{kPa}$$

根据 l/b 和 z/b 查表3.2求取 α 值，则角点下的附加应力 $\sigma_z = \alpha p_0$。

①点：$z = 0.4$ m，$z/b = 0.4$，$4\alpha_1 = 0.977$

$$\sigma_{z1} = 0.977 \times 54.6\ \text{kPa} = 53.3\ \text{kPa}$$

②点：$z = 1.4$ m，$z/b = 1.4$，$4\alpha_2 = 0.695$

$$\sigma_{z2} = 0.695 \times 54.6\ \text{kPa} = 37.9\ \text{kPa}$$

其余分层的计算结果见表3.9。

(4)地基分层处的自重应力平均值和附加应力平均值计算

例如第②分层的平均附加应力

$$\overline{\sigma}_{z2} = (\sigma_{z1} + \sigma_{z2})/2 = (53.3 + 37.9)\ \text{kPa}/2 = 45.6\ \text{kPa}$$

其余分层处的计算结果列于表3.9。

(5)地基沉降计算深度 z_n 的确定

若按 $\sigma_{zn} \approx 0.1\sigma_{czn}$ 考虑，可以估计出压缩层下限深度将在第9分层中，即 $z_n = 7.2$ m 则在第Ⅱ土层即淤泥质土层的底面处，此时有不等式：

$$6.4\ \text{kPa} < 0.1 \times 77.9\ \text{kPa} = 7.79\ \text{kPa}$$

满足规定，取 $z_n = 7.2$ m。

(6)地基各分层沉降量的计算

先从对应于土层的压缩曲线上查出相应于某一分层 i 的平均自重应力($\overline{\sigma}_{czi} = p_{1i}$),以及平均附加应力与平均自重应力之和($\overline{\sigma}_{czi} + \overline{\sigma}_{zi} = p_{2i}$)的孔隙比 e_{1i} 和 e_{2i},代入公式(3.30)计算该分层 i 层土的变形量 Δs_i 为:

$$\Delta s_i = \frac{e_{1i} - e_{2i}}{1 + e_{1i}} h_i$$

例如第②分层(即 $i = 2$),$h_2 = 100$ cm。

$\overline{\sigma}_{cz2} = 26.3$ kPa 从压缩(I)曲线上查得 $e_{12} = 0.913$。

$\overline{\sigma}_{cz2} + \overline{\sigma}_{z2} = 71.9$ kPa,从同一压缩曲线上查得 $e_{22} = 0.874$,则:

$$\Delta s_2 = \frac{0.913 - 0.874}{1 + 0.913} \times 100 \text{ cm} = 2.04 \text{ cm}$$

其余计算结果见表3.9。

(7)计算基础中点总沉降量 s

将压缩层范围内各分层土的变形量 Δs_i 加起来,便得基础的总的最终沉降量 s,即:

$$s = \sum_{i=1}^{n} \Delta s_i$$

在本例中,以 $z_n = 7.2$ m 考虑,分层数 $n = 9$,所以由表3.9数据可求得:

$$s = \sum_{i=1}^{9} \Delta s_i$$

$$= 1.15 + 2.04 + 2.40 + 1.12 + 0.54 + 0.38 + 0.29 + 0.25 + 0.21 = 8.38 \text{ cm}$$

▶ 3.6.2 规范推荐的方法

《建筑地基基础设计规范》(GB 50007)(以下简称《规范》)所推荐的地基最终沉降量计算方法是一种简化了的分层总和法。该方法采用了"应力面积"的概念,因而又称应力面积法。

1)压缩变形量的计算及应力面积的概念

如图3.33所示,假设地基是均匀的,即土在侧限条件下的压缩模量 E_s 不随深度而变,则从基底至地基任意深度 z 范围的压缩量为:

$$s' = \int_0^z \varepsilon_z \mathrm{d}z = \frac{1}{E_s} \int_0^z \sigma_z \mathrm{d}z = \frac{A}{E_s} \qquad (3.38)$$

式中 ε_z——土的侧限压缩应变,$\varepsilon_z = \dfrac{\sigma_z}{E_s}$;

A——深度 z 范围内的附加应力面积。

$$A = \int_0^z \sigma_z \mathrm{d}z$$

因为 $\sigma_z = \alpha p_0$,α 为基底下任意深度 z 处的竖向附加应力系数,因此附加应力面积 A 为:

$$A = \int_0^z \sigma_z \mathrm{d}z = p_0 \int_0^z \alpha \mathrm{d}z$$

为便于计算,引入一个竖向平均附加应力系数 $\overline{\alpha} = \dfrac{A}{p_0 z}$,则式(3.38)可改写为:

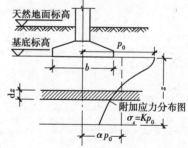

图3.33 均质土"应力面积"法计算
最终沉降量示意图

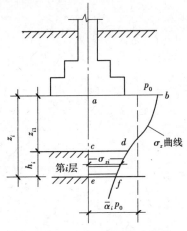

图 3.34　成层土规范法计算最
终沉降量示意图

$$s' = \frac{p_0 \overline{\alpha} z}{E_s} \tag{3.39}$$

式(3.39)就是以附加应力面积等代值，引出一个平均附加应力系数表达的，从基底至任意深度 z 范围内地基沉降量的计算公式。

由此可得成层地基(图 3.34)沉降量的计算公式：

$$s' = \sum_{i=1}^{n} \Delta s_i' = \sum_{i=1}^{n} \frac{A_i - A_{i-1}}{E_{si}}$$

$$= \sum_{i=1}^{n} \frac{p_0}{E_{si}} (\overline{\alpha}_i z_i - \overline{\alpha}_{i-1} z_{i-1}) \tag{3.40}$$

式中　$p_0 \overline{\alpha}_i z_i , p_0 \overline{\alpha}_{i-1} z_{i-1}$——分别是 z_i 和 z_{i-1} 深度范围内竖向附加应力面积 $A_i (A_{abef})$ 和 $A_{i-1} (A_{abcd})$ 的等代值。

因此，用式(3.40)计算成层地基的沉降量，关键是确定竖向附加平均应力系数 $\overline{\alpha}$。且为了提高计算准确度，地基沉降计算深度范围内的计算沉降量 s'，尚需乘以一个沉降计算经验系数 ψ_s。综上所述，《规范》推荐的地基最终沉降量 s 的计算公式如下：

$$s = \psi_s s' = \psi_s \sum_{i=1}^{n} \frac{p_0}{E_{si}} (\overline{\alpha}_i z_i - \overline{\alpha}_{i-1} z_{i-1}) \tag{3.41}$$

式中　p_0——基底附加压力，kPa；

　　　E_{si}——基底下第 i 层土的压缩模量，MPa；

　　　n——地基沉降计算深度范围内所划分的土层数。

　　　z_i, z_{i-1}——基础底面至第 i 层和第 $i-1$ 层土底面的距离，m；

　　　$\overline{\alpha}_i, \overline{\alpha}_{i-1}$——基础底面计算点至第 $i-1$ 层土底面范围内的平均附加应力系数，按 $\frac{l}{b}$ 和 $\frac{z}{b}$ 查表 3.10。

　　　ψ_s——沉降计算经验系数，根据地区沉降观测资料及经验确定，无地区经验时也可采用表 3.11 的数值。

表 3.10　矩形基础均布荷载角点下的平均竖向附加应力系数 $\overline{\alpha}$

$\dfrac{z}{b}$ ＼ $\dfrac{l}{b}$	1.0	1.2	1.4	1.6	1.8	2.0	2.4	2.8	3.2	3.6	4.0	5.0	10.0
0.0	0.250 0	0.250 0	0.250 0	0.250 0	0.250 0	0.250 0	0.250 0	0.250 0	0.250 0	0.250 0	0.250 0	0.250 0	0.250 0
0.2	0.249 6	0.249 7	0.249 7	0.249 8	0.249 8	0.249 8	0.249 8	0.249 8	0.249 8	0.249 8	0.249 8	0.249 8	0.249 8
0.4	0.247 4	0.247 9	0.248 1	0.248 3	0.248 3	0.248 4	0.248 5	0.248 5	0.248 5	0.248 5	0.248 5	0.248 5	0.248 5
0.6	0.242 3	0.243 7	0.244 4	0.244 8	0.245 1	0.245 2	0.245 4	0.245 5	0.245 5	0.245 5	0.245 5	0.245 5	0.245 6
0.8	0.234 6	0.237 2	0.238 7	0.239 5	0.240 0	0.240 3	0.240 7	0.240 8	0.240 9	0.240 9	0.241 0	0.241 0	0.241 0

$\frac{z}{b}$ $\frac{l}{b}$	1.0	1.2	1.4	1.6	1.8	2.0	2.4	2.8	3.2	3.6	4.0	5.0	10.0
1.0	0.225 2	0.229 1	0.231 3	0.232 6	0.233 5	0.234 0	0.234 6	0.234 9	0.235 1	0.235 2	0.235 2	0.235 3	0.235 3
1.2	0.214 9	0.219 9	0.222 9	0.224 8	0.226 0	0.226 8	0.227 8	0.228 2	0.228 5	0.228 6	0.228 7	0.228 8	0.228 9
1.4	0.204 3	0.210 2	0.214 0	0.214 6	0.219 0	0.219 1	0.220 4	0.221 1	0.221 5	0.221 7	0.221 8	0.222 0	0.222 1
1.6	0.193 9	0.200 6	0.204 9	0.207 9	0.209 9	0.211 3	0.213 0	0.213 8	0.214 3	0.214 6	0.214 8	0.215 0	0.215 2
1.8	0.184 0	0.191 2	0.196 0	0.199 4	0.201 8	0.203 4	0.205 5	0.206 6	0.207 3	0.207 7	0.207 9	0.208 2	0.208 4
2.0	0.174 6	0.182 2	0.187 5	0.191 2	0.193 8	0.198 5	0.198 2	0.199 6	0.200 4	0.200 9	0.201 2	0.201 5	0.201 8
2.2	0.165 9	0.173 7	0.179 3	0.183 3	0.186 2	0.188 3	0.191 1	0.192 7	0.193 7	0.194 3	0.194 7	0.195 2	0.195 5
2.4	0.157 8	0.165 7	0.171 5	0.175 7	0.178 9	0.181 2	0.184 3	0.186 2	0.187 3	0.188 0	0.188 5	0.189 0	0.189 5
2.6	0.150 3	0.158 3	0.164 2	0.168 6	0.171 9	0.174 5	0.177 9	0.179 9	0.181 2	0.182 0	0.182 5	0.183 2	0.183 8
2.8	0.143 3	0.151 4	0.157 4	0.161 9	0.165 4	0.168 0	0.171 7	0.173 9	0.175 3	0.176 3	0.176 9	0.177 8	0.178 4
3.0	0.136 9	0.144 9	0.151 0	0.155 6	0.159 2	0.161 9	0.165 8	0.168 2	0.169 8	0.170 8	0.171 5	0.175 2	0.173 3
3.2	0.131 0	0.139 0	0.145 0	0.149 7	0.153 3	0.156 2	0.160 2	0.162 8	0.164 5	0.165 7	0.164 4	0.167 5	0.168 5
3.4	0.125 6	0.133 4	0.139 4	0.144 1	0.147 8	0.150 8	0.155 0	0.157 7	0.159 5	0.160 7	0.161 6	0.162 8	0.163 9
3.6	0.120 5	0.128 2	0.134 2	0.138 9	0.142 7	0.145 6	0.150 0	0.152 8	0.154 8	0.156 1	0.157 0	0.158 3	0.159 5
3.8	0.115 8	0.123 4	0.129 3	0.134 0	0.137 8	0.140 8	0.145 2	0.148 2	0.150 2	0.151 6	0.152 6	0.154 1	0.155 4
4.0	0.111 4	0.118 9	0.124 8	0.139 4	0.133 2	0.136 2	0.140 8	0.143 8	0.145 9	0.147 4	0.148 5	0.150 0	0.151 6
4.2	0.103 7	0.114 7	0.120 5	0.125 1	0.128 9	0.131 9	0.136 5	0.139 6	0.141 8	0.143 4	0.144 5	0.146 2	0.147 9
4.4	0.103 5	0.110 7	0.116 4	0.121 0	0.124 8	0.127 9	0.132 5	0.135 7	0.137 9	0.139 6	0.140 7	0.142 5	0.144 4
4.6	0.100 0	0.107 0	0.112 7	0.117 2	0.120 9	0.124 0	0.128 7	0.131 9	0.134 2	0.135 9	0.137 1	0.139 0	0.141 0
4.8	0.096 7	0.103 6	0.109 1	0.113 6	0.117 3	0.120 4	0.125 0	0.123 8	0.130 7	0.132 4	0.133 7	0.135 7	0.137 9
5.0	0.093 5	0.100 3	0.105 7	0.110 2	0.113 9	0.116 9	0.121 6	0.124 9	0.127 3	0.129 1	0.130 4	0.132 5	0.134 8
5.2	0.090 6	0.097 2	0.102 6	0.107 0	0.110 6	0.113 6	0.118 3	0.121 7	0.124 1	0.125 9	0.127 3	0.129 5	0.132 0
5.4	0.087 8	0.094 3	0.099 6	0.103 9	0.107 5	0.110 5	0.115 2	0.118 6	0.121 1	0.122 9	0.124 3	0.126 5	0.129 2
5.6	0.085 2	0.091 6	0.096 8	0.101 0	0.104 6	0.107 6	0.112 2	0.115 6	0.118 1	0.120 0	0.121 5	0.123 8	0.126 6
5.8	0.082 8	0.089 0	0.094 1	0.098 3	0.101 8	0.104 7	0.109 4	0.112 8	0.115 3	0.117 2	0.118 7	0.121 1	0.124 0
6.0	0.080 5	0.086 6	0.091 6	0.095 7	0.099 1	0.102 1	0.106 7	0.110 1	0.112 6	0.114 6	0.116 1	0.118 5	0.121 6
6.2	0.078 3	0.084 2	0.089 1	0.093 2	0.096 6	0.099 5	0.104 1	0.107 5	0.110 1	0.112 0	0.113 6	0.116 1	0.119 3
6.4	0.076 2	0.082 0	0.086 9	0.090 9	0.094 2	0.097 1	0.101 6	0.105 0	0.107 6	0.109 6	0.111 1	0.113 7	0.117 1
6.6	0.074 2	0.079 9	0.084 7	0.088 6	0.091 9	0.094 8	0.099 3	0.102 7	0.105 3	0.107 3	0.108 8	0.111 4	0.114 9

续表

$\dfrac{z}{b}$ \ $\dfrac{l}{b}$	1.0	1.2	1.4	1.6	1.8	2.0	2.4	2.8	3.2	3.6	4.0	5.0	10.0
6.8	0.072 3	0.077 9	0.082 6	0.086 5	0.089 8	0.092 6	0.097 0	0.100 4	0.103 0	0.105 0	0.106 6	0.109 2	0.112 9
7.0	0.070 5	0.076 1	0.080 6	0.084 4	0.087 7	0.090 4	0.094 9	0.098 2	0.100 8	0.102 8	0.104 4	0.107 1	0.1109
7.2	0.068 8	0.074 2	0.078 7	0.082 5	0.085 7	0.088 4	0.092 8	0.096 2	0.098 7	0.100 8	0.102 3	0.105 1	0.109 0
7.4	0.067 2	0.072 5	0.076 9	0.080 6	0.083 8	0.086 5	0.090 8	0.094 2	0.096 7	0.098 8	0.100 4	0.103 1	0.107 1
7.6	0.656 0	0.070 9	0.075 2	0.078 9	0.082 0	0.084 6	0.088 9	0.092 2	0.094 8	0.096 8	0.098 4	0.101 2	0.105 4
7.8	0.064 2	0.069 3	0.073 6	0.077 1	0.080 2	0.082 8	0.087 1	0.090 4	0.092 9	0.095 0	0.096 6	0.099 4	0.103 6
8.0	0.062 7	0.067 8	0.072 0	0.075 5	0.078 5	0.081 1	0.085 3	0.088 6	0.091 2	0.093 2	0.094 8	0.097 6	0.102 0
8.2	0.061 4	0.066 3	0.070 5	0.073 9	0.076 9	0.079 5	0.083 7	0.086 9	0.089 4	0.091 4	0.093 1	0.095 9	0.100 4
8.4	0.060 1	0.064 9	0.069 0	0.072 4	0.075 4	0.077 9	0.082 0	0.085 2	0.087 8	0.089 8	0.091 4	0.094 3	0.098 8
8.6	0.058 8	0.063 6	0.067 6	0.071 0	0.073 9	0.076 4	0.080 5	0.083 6	0.086 2	0.088 2	0.089 8	0.092 7	0.097 3
8.8	0.057 6	0.062 3	0.066 3	0.069 6	0.072 4	0.074 9	0.079 0	0.082 1	0.084 6	0.086 6	0.088 2	0.091 2	0.095 9
9.2	0.055 4	0.059 9	0.063 7	0.067 0	0.069 7	0.072 1	0.076 1	0.079 2	0.081 7	0.083 7	0.085 3	0.088 2	0.093 1
9.6	0.053 3	0.057 7	0.061 4	0.064 5	0.067 2	0.069 6	0.073 4	0.076 5	0.078 9	0.080 9	0.082 5	0.085 5	0.090 5
10.0	0.051 4	0.055 6	0.059 2	0.062 2	0.064 9	0.067 2	0.071 0	0.073 9	0.076 3	0.078 3	0.079 9	0.082 9	0.088 0
10.4	0.049 6	0.053 7	0.057 2	0.060 1	0.062 7	0.064 9	0.068 6	0.071 6	0.073 9	0.075 9	0.077 5	0.080 4	0.085 7
10.8	0.047 9	0.051 9	0.055 3	0.058 1	0.060 6	0.062 8	0.066 4	0.069 3	0.071 7	0.073 6	0.075 1	0.078 1	0.083 4
11.2	0.046 3	0.050 2	0.053 5	0.056 3	0.058 7	0.060 9	0.064 4	0.067 2	0.069 5	0.071 4	0.073 0	0.075 9	0.081 3
11.6	0.044 8	0.048 6	0.051 8	0.054 5	0.056 9	0.059 0	0.062 5	0.065 2	0.067 5	0.069 4	0.070 9	0.073 8	0.079 3
12.0	0.043 5	0.047 1	0.050 2	0.052 9	0.055 2	0.057 3	0.060 6	0.063 4	0.065 6	0.067 4	0.069 0	0.071 9	0.077 4
12.8	0.040 9	0.044 4	0.047 4	0.049 9	0.052 1	0.054 1	0.057 3	0.059 9	0.062 1	0.063 9	0.065 4	0.068 2	0.073 9
13.6	0.038 7	0.042 0	0.044 6	0.047 2	0.049 3	0.051 2	0.054 3	0.056 8	0.058 9	0.060 7	0.062 1	0.064 9	0.070 7
14.4	0.036 7	0.039 8	0.042 5	0.044 8	0.046 8	0.048 6	0.051 6	0.054 0	0.056 1	0.057 7	0.059 2	0.061 9	0.067 7
15.2	0.034 9	0.037 9	0.040 4	0.042 6	0.044 6	0.046 3	0.049 2	0.051 5	0.053 6	0.055 1	0.056 5	0.059 2	0.065 0
16.0	0.033 2	0.036 1	0.038 5	0.040 7	0.042 5	0.044 2	0.046 9	0.049 2	0.051 1	0.052 7	0.054 0	0.056 7	0.062 5
18.0	0.029 7	0.032 3	0.034 5	0.036 4	0.038 1	0.039 6	0.042 2	0.044 2	0.046 0	0.047 5	0.048 7	0.051 2	0.057 0
20.0	0.026 9	0.029 2	0.031 2	0.033 0	0.034 5	0.035 9	0.038 3	0.040 2	0.041 8	0.043 2	0.044 4	0.046 8	0.052 4

表 3.11　沉降计算经验系数 ψ_s

$\overline{E}_s$/MPa 基底附加压力	2.5	4.0	7.0	15.0	20
$p_0 \geq f_{ak}$	1.4	1.3	1.0	0.4	0.2
$p_0 \leq 0.75 f_{ak}$	1.1	1.0	0.7	0.4	0.2

注：① $\overline{E}_s$ 为沉降计算深度范围内压缩模量的当量值，应按下式计算：

$$\overline{E}_s = \frac{\sum \Delta A_i}{\sum \Delta A_i / E_{si}}$$

式中　ΔA_i——第 i 层土附加应力系数沿土层厚度的积分值。
② f_{ak} 为地基承载力特征值。

2)确定地基沉降计算深度

地基沉降计算深度 z_n 可通过试算确定，要求满足下式条件：

$$\Delta s_n' \leq 0.025 \sum_{i=1}^{n} \Delta s_i' \tag{3.42}$$

式中　$\Delta s_i'$——在计算深度 z_n 范围内第 i 层土的计算沉降量，mm；
　　　$\Delta s_n'$——在计算深度 z_n 处向上取厚度为 Δz 土层的计算沉降量，mm，Δz 按表3.12确定。

表 3.12　Δz 值表

基底宽度 b/m	$b \leq 2$	$2 < b \leq 4$	$4 < b \leq 8$	$b > 8$
Δz/m	0.3	0.6	0.8	1.0

如确定的沉降计算深度下仍有较软土层时，尚应向下计算。

当计算深度范围内存在基岩时，z_n 可取至基岩表面；当存在较厚的坚硬黏性土层（孔隙比小于0.5、压缩模量大于50 MPa）或存在较厚的密实砂卵石层（压缩模量大于80 MPa）时，z_n 可取至该土层表面。

当无相邻荷载影响，基础宽度在 1～30 m 范围内时，基础中点的地基沉降计算深度 z_n 也可按下列简化公式计算：

$$z_n = b(2.5 - 0.4 \ln b) \tag{3.43}$$

式中　b——基础宽度，m。

【例3.5】　柱荷载 $F = 1\,190$ kN，基础埋深 $d = 1.5$ m，基础底面尺寸4 m×2 m，地基土层如图3.35所示，试用规范法求该基础的最终沉降量。

【解】　(1)求基底压力和基底附加压力

$$p = \frac{F + G}{A} = \frac{F + \gamma_G bld}{bl}$$

$$= \frac{1\,190 \text{ kN} + (20 \times 4 \times 2 \times 1.5) \text{ kN}}{4 \text{ m} \times 2 \text{ m}} = 178.75 \text{ kPa} \approx 179 \text{ kPa}$$

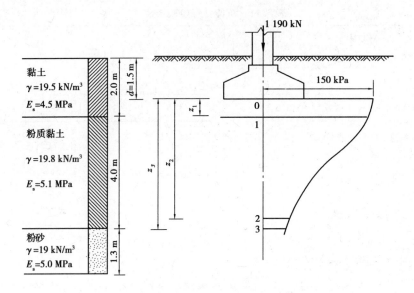

图 3.35 例 3.5 示意图

基础地面处土的自重应力

$$\sigma_{cd} = \gamma_0 d = 19.5 \text{ kN/m}^3 \times 1.5 \text{ m} = 29.25 \approx 29 \text{ kPa}$$

则基底附加压力

$$p_0 = p - \sigma_{cd} = (179 - 29) \text{ kPa} = 150 \text{ kPa} = 0.15 \text{ MPa}$$

(2)确定沉降计算深度 z_n

因为不存在相邻荷载的影响,且基础宽度满足 $1 \text{ m} \leq b \leq 30 \text{ m}$,故可按式(3.43)估算:

$$z_n = b(2.5 - 0.4 \ln b) = 2 \text{ m} \times (2.5 - 0.4 \ln 2) \approx 4.5 \text{ m}$$

按该深度,沉降量计算至粉质黏土层底面。

(3)沉降计算(见表 3.13)

表 3.13 用规范法计算基础最终沉降量

点号	z_i/m	$\dfrac{l}{b}$	$\dfrac{z}{b}$ $\left(b=\dfrac{2.0}{2}\right)$	$\bar{\alpha}_i$	$\bar{\alpha}_i z_i$ /mm	$\bar{\alpha}_i z_i - \bar{\alpha}_{i-1} z_{i-1}$ /mm	$\dfrac{p_0}{E_{si}}$	$\Delta s_i'/\text{mm}$	$\sum \Delta s_i'$ /mm	$\dfrac{\Delta s_n'}{\sum \Delta s_i'}$ ≤ 0.025
0	0		0	$4 \times 0.250\,0$ $= 1.000$	0					
1	0.5	$\dfrac{4.0}{2}$ $\dfrac{2.0}{2} = 2.0$	0.5	$4 \times 0.246\,8$ $= 0.987\,2$	493.6	493.6	0.033	16.3		
2	4.2		4.2	$4 \times 0.131\,9$ $= 0.527\,6$	2 215.9	1 722.3	0.029	50.0		
3	4.5		4.5	$4 \times 0.126\,0$ $= 0.505\,4$	2 268.0	52.1	0.029	1.5	67.8	0.023

①求 $\bar{\alpha}$。

所需计算的为基础中点下的沉降量,因此查表 3.10 时要应用"角点法",即将基础分成 4

块相同的小面积，由 $\dfrac{\frac{l}{2}}{\frac{b}{2}} = \dfrac{l}{b}$、$\dfrac{z}{\frac{b}{2}}$ 查表，查得的平均附加应力系数乘以 4。

②z_n 校核。

根据规范规定，先由表 3.13 定下 $\Delta z = 0.3$ m，计算出 $\Delta s'_n = 1.51$ mm，并除以 $\sum\limits_{i=1}^{n} \Delta s'_i$ （67.8 mm），得 $0.022\,6 \leqslant 0.025$，表明所取 $Z_n = 4.5$ m 符合要求。

（4）确定沉降经验系数 ψ_s

①计算 $\overline{E}_s$ 值。

$$\overline{E}_s = \frac{\sum \Delta A_i}{\sum \left(\dfrac{\Delta A_i}{E_{si}}\right)} = \frac{p_0 \sum (\overline{\alpha}_i z_i - \overline{\alpha}_{i-1} z_{i-1})}{p_0 \sum \left[\dfrac{(\overline{\alpha}_i z_i - \overline{\alpha}_{i-1} z_{i-1})}{E_{si}}\right]} = \frac{493.6 + 1\,722.3 + 52.1}{\dfrac{493.6}{4.5} + \dfrac{1\,722.3}{5.1} + \dfrac{52.1}{5.1}} \text{ MPa} = 5 \text{ MPa}$$

②ψ_s 值确定。

假设 $p_0 = f_{ak}$，按表 3.11 用内插法求得 $\psi_s = 1.2$。

③基础最终沉降量。

$$s = \psi_s \sum \Delta s'_i = 1.2 \times 67.8 \text{ mm} = 81.4 \text{ mm}$$

3）相邻荷载对地基沉降的影响

由于土中附加应力的扩散现象，荷载将对附近地基产生附加沉降。许多建筑物因没有充分估计相邻荷载的影响，而导致沉降和不均匀沉降，严重时还可能引起建筑物墙面开裂和结构破坏。相邻荷载的影响在软土地区中尤为严重。影响因素包括两基础之间的距离、荷载的大小、地基土的性质以及施工的先后等。一般距离越近，荷载越大，地基土越软弱，其影响越大。根据经验，在相邻荷载的影响时，以下几点可供参考：

①单独基础：当基础间净距大于相邻基础宽度时，其荷载可按集中荷载考虑。

②条形基础：当基础间的净距大于 4 倍相邻基础宽度时，其荷载可按线荷载考虑。

③一般情况下，相邻基础间净距大于 10 m 时，可以忽略相邻荷载的影响。

④大面积地面荷载（如填土，生产堆料等）引起仓库或厂房的柱子倾斜，影响厂房和吊车正常使用的工程事例很多，必须引起足够的注意。

考虑相邻荷载影响的地基变形计算，可按应力叠加原理，采用角点法计算。

3.7 应力历史对地基沉降的影响

应力历史是指土体在形成的地质年代中经受应力变化的情况。在计算地基的固结沉降时，必须首先弄清土层所经历的应力历史，而室内压缩曲线因土样受扰动及应力释放，已不能完全反映现场土层的实际情况，因此需要将室内压缩试验所得曲线进行修正，以恢复比较符合现场原始土体孔隙比与有效应力的关系。

► 3.7.1　土的回弹曲线和再压缩曲线

在进行室内试验过程中,当压力加到某一数值 p_i,如图 3.36(a)中曲线的 b 点后,逐级卸压,土样将发生回弹,土体膨胀,孔隙比增大,若测得回弹稳定后的回弹量,则可绘制相应的孔隙比与压力的关系曲线,如图 3.36(a)中虚线 bc,称为回弹曲线。

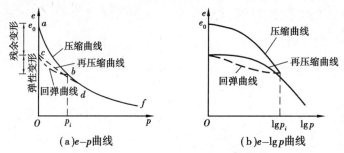

图 3.36　土的回弹和再压缩曲线

由图 3.36 可见,卸压后的回弹曲线 bc 并不沿压缩曲线 ab 回升,而要平缓得多,这说明土受压缩发生变形后,卸压回弹时,变形不能全部恢复,其中可恢复的部分称为弹性变形,不能恢复的部分称为残余变形。

若再重新逐级加压,则可测得土的再压缩曲线如图中 cdf 段所示,其中 df 段就像是 ab 段的延续,犹如没有经过卸压和再加压过程一样,在图 3.36(b)的半对数曲线上也同样可看到这种现象。

高层建筑基础往往埋置深度较大,开挖深基坑后,地基受到较大的减压(应力解除)作用,因而发生土的膨胀,造成坑底回弹。因此,在预估基础沉降时,应适当考虑这种影响。《建筑地基基础设计规范》(GB 50007)给定了相应回弹变形量的公式:

$$s_c = \psi_c \sum_{i=1}^{n} \frac{p_c}{E_{ci}} (\bar{\alpha}_i z_i - \bar{\alpha}_{i-1} z_{i-1}) \qquad (3.44)$$

式中　s_c——地基的回弹变形量,mm;

　　　ψ_c——考虑回弹影响的沉降计算经验系数,无地区经验时 ψ_c 可取 1.0;

　　　p_c——基坑底面以上土的自重应力,kPa,地下水位以下应扣除浮力;

　　　E_{ci}——土的回弹模量,MPa,按《土工试验方法标准》(GB/T 50123)确定。

► 3.7.2　超固结、正常固结和欠固结的概念

黏性土在形成及存在过程中所经受的地质作用和应力变化不同,所产生的压密过程及固结状态亦不同。根据土的先(前)期最大固结压力 p_c(天然土层在历史上所承受过的最大固结压力)与现有土层的竖向自重应力 $\sigma_{cz} = \gamma z$ 之比,称为"超固结比"(OCR),按超固结比可把天然土层划分为超固结、正常固结和欠固结三种类型。

1)超固结土层

天然土层在地质历史上受到过的固结压力 p_c 大于目前的上覆自重应力 σ_{cz},即 $OCR > 1$ 的土层属于超固结土层,如图 3.37(a)所示。它可能是由于河流冲刷将其上部的一部分土体

剥蚀掉,或古冰川的土层曾经受过冰荷载(荷载强度为 p_c)的压缩而形成。

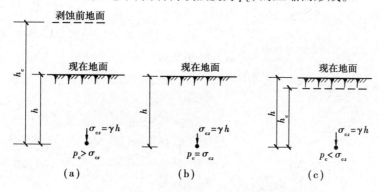

图 3.37 沉积土按先期固结压力 p_c 分类示意图

2)正常固结土层

正常固结土层指的是土层在历史上最大固结压力等于目前的自重应力,它可能是沉积后土层厚度无大变化,以后也没有受到过其他荷载的继续作用的土层。即 $p_c = \sigma_{cz} = \gamma z$, $OCR = 1$,如图 3.37(b)所示。

3)欠固结土层

如图 3.37(c)所示,土层逐渐沉积到现在地面,但没达到自重应力作用下的稳定状态。如新近沉积黏性土,人工填土等。由于沉积后经历年代时间不久,其自重固结作用尚未完成,将来固结完成后的地表如图中虚线。因此 p_c(这里 $p_c = \gamma h_c$,h_c 代表固结完成后地面下的计算深度)还小于现在土的自重应力 σ_{cz},故称为欠固结土层。

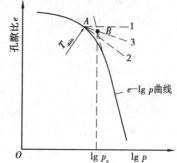

图 3.38 先期固结压力 p_c 的确定

4)先期固结压力 p_c 的确定

确定 p_c 的方法很多,应用最广的是卡萨格兰德(Cassngrande,1936)建议的经验作图法,作图步骤如下(图 3.38):

①从 e-$\lg p$ 曲线上找出曲率半径最小的一点 A,过 A 做水平线 $A1$ 和切线 $A2$;

②做 $\angle 1A2$ 的平分线 $A3$,与 e-$\lg p$ 曲线中直线段的延长线相交于 B 点;

③B 点所对应的有效应力就是先期固结压力 p_c 的对数值。

显而易见,该法仅适用于 e-$\lg p$ 曲线曲率变化明显的土层,否则 $r_{\min}$ 这一点难以确定。此外 e-$\lg p$ 曲线的曲率随 e 轴坐标比例的变化而改变,而目前尚无统一的坐标比例,人为因素影响大,所得 p_c 值不一定可靠。因此确定 p_c 时,一般还应结合场地的地形、地貌等形成历史的调查资料加以判断。

▶ 3.7.3 正常固结土样的原始压缩曲线

对于正常固结土样($p_c = \sigma_{cz}$),假定取样过程中不发生体积变化,即土样的初始孔隙比 e_0 就是它的原位孔隙比。由 $e = e_0$ 与 $p = \sigma_{cz}$ 两条直线的交点定出 b 点,该点即为原始压缩曲线上的起始点。大量室内压缩试验表明,若将土样加以不同程度的扰动,得出的室内压缩曲线的直线段都大致交于 $e = 0.42e_0$ 的点 c。由此可推想,原始压缩曲线也应交于该点。作 bc 直线段,即为推求的原始压缩曲线段,依据该直线段的斜率可定出正常固结土样的压缩指数 C_c。以上即为经验作图法,其做法总结如下(如图 3.39 所示):

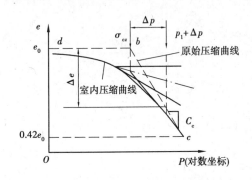

①作室内 e-$\lg p$ 曲线并确定 p_c;

②作 $e = e_0$ 线,与 $p_c = \sigma_{cz}$ 相交于点 b;

③作 $e = 0.42e_0$ 线得 c 点,连接 bc 即为原始压缩曲线;

④由 bc 线斜率得压缩指数 C_c。

图 3.39　正常固结土的原始压缩曲线

▶ 3.7.4　超固结土样与欠固结土样的原始压缩曲线

对于超固结土,在现场由先期固结应力 p_c 减至目前的自重应力 σ_{cz},经历了回弹的过程,它后来再受到增加的外荷载作用引起的附加应力 Δp 时,只有 Δp 超过 $p_c - \sigma_{cz}$,才会再沿着原始压缩曲线压缩。因此,超固结土的原始压缩曲线应依据室内压缩—回弹—再压缩曲线进行修正。先作 b_1 点,其横、纵坐标分别为试样在目前承受的自重应力 σ_{cz} 和孔隙比 e_0;过 b_1 点作一直线,其斜率等于室内回弹曲线与再压缩曲线所构成滞回环的平均斜率,该直线与 $p = p_c$ 的垂线交于 b 点,b_1b 即为原始再压缩曲线,其斜率为回弹指数 C_e(根据经验得知,因试样受到扰动,初次室内压缩曲线斜率比原始再压缩曲线斜率大得多,而室内回弹、再压缩曲线的平均斜率则比较接近原始再压缩曲线的斜率);由室内压缩曲线上孔隙比 $e = 0.42e_0$ 处确定 c 点,连接 bc 直线,即得原始压缩曲线的正常压缩部分,其斜率为压缩指数 C_c。以上即为经验作图法,其做法总结如下(图 3.40):

①作室内试验的 e-$\lg p$ 曲线及 $p = p_c$ 直线;

②作回弹-再压缩曲线(从 p_i 卸荷至 σ_{cz}),在滞回环的两端点得平均回弹-再压缩曲线 fg;

③作 $e = e_0$ 与 $p = \sigma_{cz}$ 两条线交于 b_1 点;

④作 $b_1b /\!/ fg$,由 fg 线斜率得回弹指数 C_e;

⑤作 $e = 0.42e_0$ 线交室内压缩曲线于 c 点;

⑥连 bc 线即为原始压缩曲线,其直线段斜率为压缩指数 C_c。

对于欠固结土,与正常固结土的区别就在于自重作用下压缩尚未稳定,可类似于正常固结土样的方法求得原始压缩曲线,从而定出压缩指数 C_c,如图 3.41 所示。

▶ 3.7.5　正常固结土层、超固结土层与欠固结土层的最终沉降量计算

土层的最终沉降量计算仍采用分层总和法,只是土的压缩性指标从原始压缩曲线中确定,从而考虑应力历史对地基沉降的影响。

1)正常固结土层的沉降量计算

由正常固结土原始压缩曲线确定第 i 层土的压缩指数 C_{ci} 后,按下列公式计算最终沉降:

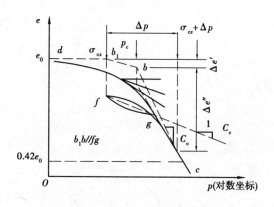

图3.40 超固结土的原始压缩曲线

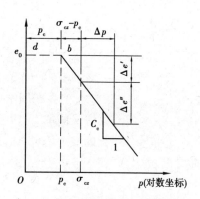

图3.41 欠固结土的原始压缩曲线

$$s = \sum_{i=1}^{n} \frac{\Delta e_i}{1 + e_{0i}} h_i = \sum_{i=1}^{n} \frac{h_i}{1 + e_{0i}} \Big[C_{ci} \lg \Big(\frac{\overline{\sigma}_{czi} + \Delta p_i}{\sigma_{czi}} \Big) \Big] \tag{3.45}$$

式中 Δe_i——由原始压缩曲线确定的第 i 层土的孔隙比变化；

    Δp_i——第 i 层土附加应力的平均值(有效应力增量)；

    $\overline{\sigma}_{czi}$——第 i 层土自重应力的平均值；

    e_{0i}——第 i 层土的初始孔隙比；

    C_{ci}——从原始压缩曲线确定的第 i 层土的压缩指数；

    h_i——第 i 层土的厚度。

由此看来,该地基沉降计算公式是在通常采用的分层总和法中,将土的压缩性指标改成原始压缩曲线确定的指标就可以了。

2)超固结土的沉降量计算

计算超固结土的沉降量时,由原始压缩曲线和原始再压缩曲线分别确定土的压缩指数 C_c 和回弹指数 C_e。根据超固结的程度,按下列两种情况分别进行沉降量计算。

①如果某分层土的应力增量 $\Delta p > (p_c - \sigma_{cz})$ 时(图3.40),则分层土的孔隙比将先沿着原始再压缩曲线 b_1b 段减少 $\Delta e'$,然后沿着原始压缩曲线 bc 段减少 $\Delta e''$,即相应于应力增量的 Δp 的孔隙比变化 Δe 应等于这两部分之和。

第一部分孔隙比变化 $\Delta e'$ 为:

$$\Delta e' = C_e \lg \Big(\frac{p_c}{\sigma_{cz}} \Big) \tag{3.46}$$

式中 C_e——回弹指数,其值等于原始再压缩曲线的斜率。

第二部分应力由 p_c 增大到 $(\sigma_{cz} + \Delta p)$ 时,该分层土的孔隙比变化 $\Delta e''$ 为:

$$\Delta e'' = C_c \lg \Big(\frac{\sigma_{cz} + \Delta p}{p_c} \Big) \tag{3.47}$$

式中 C_c——压缩指数,其值等于原始再压缩曲线的斜率。

总孔隙比变化 Δe 为:

$$\Delta e = \Delta e' + \Delta e'' = C_e \lg \Big(\frac{p_c}{\sigma_{cz}} \Big) + C_c \lg \Big(\frac{\sigma_{cz} + \Delta p}{p_c} \Big)$$

因此,对于 $\Delta p > (p_c - \sigma_{cz})$ 的各分层总沉降量 s_n 为:

$$s_n = \sum_{i=1}^{n} \frac{h_i}{1 + e_{0i}} \left[C_{ei} \lg\left(\frac{p_{ci}}{\sigma_{czi}}\right) + C_{ci} \lg\left(\frac{\sigma_{czi} + \Delta p_i}{p_{ci}}\right) \right] \tag{3.48}$$

式中　n——分层计算沉降量时,压缩土层中的有效应力增量 $\Delta p > (p_c - \sigma_{cz})$ 的分层数;

　　　　C_{ei}, C_{ci}——第 i 层土的回弹指数和压缩指数;

　　　　p_{ci}——第 i 层土的先期固结压力;

　　　　其余符号的意义同前。

②如果分层土的应力增量 Δp 不大于 $(p_c - \sigma_{cz})$,则分层土的孔隙比 Δe 只有沿着再压缩曲线 bb_1 发生的那一部分变化(图 3.40),其大小为:

$$\Delta e = C_e \lg\left(\frac{\sigma_{cz} + \Delta p}{\sigma_{cz}}\right) \tag{3.49}$$

因此,对于 $\Delta p \leqslant (p_c - \sigma_{cz})$ 的各分层总沉降量 s_m 为:

$$s_m = \sum_{i=1}^{m} \frac{h_i}{1 + e_{0i}} \left[C_{ei} \lg\left(\frac{\sigma_{czi} + \Delta p_i}{\sigma_{czi}}\right) \right] \tag{3.50}$$

式中　m——分层计算沉降时,压缩土层中具有 $\Delta p \leqslant (p_c - \sigma_{cz})$ 的分层数。

如果超固结土层中既有 $\Delta p > (p_c - \sigma_{cz})$,又有 $\Delta p \leqslant (p_c - \sigma_{cz})$ 分层时,则总沉降 s 为上述两部分之和,即:

$$s = s_n + s_m \tag{3.51}$$

3)欠固结土样的沉降量计算

欠固结土样的固结沉降量包括两部分:由地基附加应力所引起的沉降量;土在目前的自重应力作用还没有完成的那一部分的沉降。故 Δe_i 计算公式为:

$$\Delta e_i = \Delta e'_i + \Delta e''_i = C_{ci}(\lg \sigma_{czi} - \lg p_{ci}) + C_{ci}\left[\lg(\sigma_{czi} + \Delta p_i) - \lg \sigma_{czi}\right]$$

$$= -C_{ci} \lg\left(\frac{\sigma_{czi} + \Delta p_i}{p_{ci}}\right) \tag{3.52}$$

则总沉降量 s 为:

$$s = \sum_{i=1}^{n} \frac{h_i}{1 + e_{0i}} \left[C_{ci} \lg\left(\frac{\sigma_{czi} + \Delta p_i}{p_{ci}}\right) \right] \tag{3.53}$$

式中　p_{ci}——第 i 层土的前期固结压力,小于土的自重压力 σ_{czi}。

可见,若按正常固结土层计算欠固结土的沉降量,所得结果可能远小于实际观测的沉降量。

3.8　地基变形与时间的关系

在工程实践中,往往需要了解建筑物在施工期间或以后某一段时间的地基沉降量,以便控制施工速度或考虑建筑物正常使用的安全措施(如考虑建筑物各有关部分之间的预留净空或连接方式、连接时间等)。此外,有时地基各点的计算最终沉降量虽然差异不大,但如沉降速率大不相同,也就需要考虑地基沉降过程中某一时间段的沉降差异。

碎石土和砂土的透水性好,其变形所经历的时间很短,可以认为在外荷载施加完毕(如建筑物竣工)时,其变形已稳定。但对于黏性土,完成固结所需时间就比较长,在较厚的饱和软黏土层中,其固结变形需要经过几年甚至几十年时间才能完成。所以,下面只讨论饱和黏性土的变形与时间关系。

▶ 3.8.1 饱和土的渗透固结

前已指出,饱和黏性土在压力的作用下,孔隙水将随时间的推移而逐渐被排出,同时孔隙体积也随之缩小,这一过程称为饱和土的渗透固结。渗透固结所需时间的长短与土的渗透性、土层厚度及排水条件有关,土的渗透性越小,土层越厚,排水条件越差,孔隙水被排出所需的时间就越长。

饱和土的渗透固结,可借助图 3.42 所示的弹簧活塞模型来说明。在一个盛满水的圆筒中,装一个带有弹簧的活塞,弹簧代表土的颗粒骨架,圆筒内的水表示土中的自由水,带孔的活塞则表征土的透水性。由于模型只有固、液两相介质,因此对于外力 σ_z 的作用只能是水与弹簧两者来共同承担。设其中的弹簧承担的压力为有效应力 σ',圆筒中水承担的压力为孔隙水压力 u,按照静力平衡条件,应有:

$$\sigma_z = \sigma' + u \tag{3.54}$$

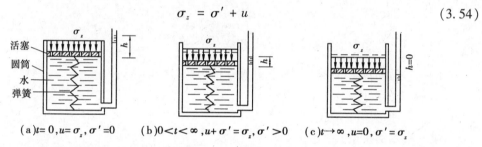

$$(a)t=0,u=\sigma_z,\sigma'=0 \qquad (b)0<t<\infty,u+\sigma'=\sigma_z,\sigma'>0 \qquad (c)t\to\infty,u=0,\sigma'=\sigma_z$$

图 3.42 饱和土的渗透固结模型

上式即为饱和土的有效应力原理表达式。很明显,该式所表示土的孔隙水压力 u 与有效应力 σ' 对外力 σ_z 的分担作用与时间有关。

①当 $t=0$ 时,即活塞顶面骤然受到压力 σ_z 作用的瞬间,水来不及排出,弹簧没有变形和受力,附加应力 σ_z 全部由水来承担,即 $u=\sigma_z$,$\sigma'=0$,如图 3.42(a)所示。

②当 $t>0$ 时,随着荷载作用时间的推移,一部分水从活塞排水孔中排出,活塞下降,弹簧开始承受压力 σ',并逐渐增长,而相应地 u 则逐渐减小。此时,$\sigma'+u=\sigma_z$,而 $u<\sigma_z$,$\sigma'>0$,如图 3.42(b)所示。

③当 $t\to\infty$ 时(代表"最终"时间),水从排水孔中充分排出,孔隙水压力完全消散($h=0$),活塞最终下降到 σ_z 全部由弹簧承担,饱和土的渗透固结完成。即:$\sigma_z=\sigma'$,$u=0$,如图 3.42(c)所示。

可见,饱和土的渗透固结也就是孔隙水压力逐渐消散和有效应力相应增长的过程。

▶ 3.8.2 一维固结理论

一维固结是指饱和黏性土层在渗透固结过程中孔隙水只沿一个方向渗流,同时土颗粒也只朝一个方向移动。例如当荷载面积远大于压缩土层的厚度(薄压缩层),且土层均质时,地基中孔隙水主要沿竖向渗流,此即为一维固结。

1）一维固结微分方程及其解答

饱和土层在一维固结过程中任意时间的变形,通常采用太沙基(Terzaghi,1925)提出的一维固结理论进行计算。一维固结理论的基本假设如下:

①土是均质的、各向同性的和完全饱和的;

②土粒和孔隙水都是不可压缩的;

③外荷载是一次瞬间施加的,加载期间,饱和土层还来不及变形,而在加载完成以后,附加应力 σ_z 始终沿深度均匀分布;

④土中附加应力沿水平面是无限均匀分布的,因此土层的压缩和土中水的渗流都是一维的;

⑤土中水的渗流服从于达西定律;

⑥在渗透固结中,土的渗透系数 k 和压缩系数 a 都是不变的常数。

饱和土的一维固结微分方程为:

$$C_v \frac{\partial^2 u}{\partial z^2} = \frac{\partial u}{\partial t} \tag{3.55}$$

式中 C_v——土的竖向固结系数,$\mathrm{cm^2/a}$,$C_v = \dfrac{k(1+e)}{\gamma_w a}$;

     u——经过时间 t 时深度 z 处的孔隙水压力值(图3.43);

     k——土的渗透系数;

     e——土的天然孔隙比;

     γ_w——水的重度;

     a——土的压缩系数。

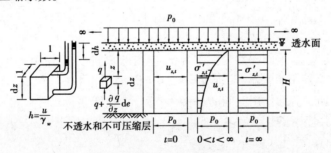

图3.43 饱和土层中孔隙水压力(或有效应力)分布随时间的变化

根据图3.43所示的初始条件(开始固结时的附加应力分布情况)和边界条件(饱和土层底面的排水条件),可求得式(3.55)的特解。这些条件为:

- 当 $t=0$ 和 $0 \leqslant z \leqslant h$ 时,$u = \sigma_z = p_0$;

- 当 $0 < t < \infty$ 和 $z=0$ 时,$u = 0$;

- 当 $0 < t < \infty$ 和 $z=h$ 时,$\dfrac{\partial u}{\partial z} = 0$(不透水层处没有渗流产生);

- 当 $t \to \infty$ 和 $0 \leqslant z \leqslant h$ 时,$u = 0$。

根据以上这些条件,采用分离变量法解得式(3.55)的特解为:

$$u_{z,t} = \frac{4}{\pi}\sigma_z \sum_{m=1}^{\infty} \frac{1}{m}\sin\frac{m\pi z}{2h}\exp\left(-\frac{m^2\pi^2}{4}T_v\right) \qquad (3.56)$$

式中　m——正奇整数$(1,3,5,\cdots)$。

T_v——时间因数，$T_v = \dfrac{C_v t}{h^2}$（其中 C_v 为竖向固结系数；t 为时间，年；h 为压缩土层最远的

排水距离，当土层为单面（上面或下面）排水时 h 取土层厚度，双面排水时，水由
土层中心分别向上下两方向排出，此时 h 应取土层厚度的一半）。

2）固结度

有了孔隙水压力 u 随时间 t 和深度 z 变化的函数解，只需了解固结度的概念，即可求得地
基在任一时间的固结沉降。固结度 U_t 是指土层在固结过程成中任一时间 t 的固结沉降量 s_t
与其最终沉降量 s 之比。

$$U_t = \frac{s_t}{s} \qquad (3.57)$$

式中，s 可参照分层总和法计算。

地基中不同点的固结度是不相同的，地基的平均固结度 U_t 可按式(3.58)计算：

$$U_t = 1 - \frac{8}{\pi^2}\left\{\exp\left(-\frac{\pi^2}{4}T_v\right) + \frac{1}{9}\exp\left(-\frac{9\pi^2}{4}T_v\right) + \cdots\right\} \qquad (3.58)$$

上式中括号内的级数收敛很快，当 $U_t > 30\%$ 时可近似地只取其中第一项，即：

$$U_t = 1 - \frac{8}{\pi^2}\exp\left(-\frac{\pi^2}{4}T_v\right) \qquad (3.59)$$

为了便于应用，将式(3.58)绘制成如图 3.44 的 U_t-T_v 关系曲线。该曲线既适用于单面排
水情况，也适用于双面排水情况。对于地基为单面排水且上下面竖向有效应力（引起地基沉
降的自重应力和附加应力）不相等的情况（如 σ_z 为梯形分布或三角形等）可由 $a =$

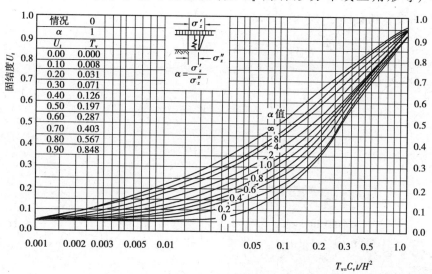

图 3.44　时间因数 T_v 与固结度 U_t 的关系曲线

$\dfrac{排水面竖向有效应力}{不排水面竖向有效应力} = \dfrac{\sigma'_z}{\sigma''_z}$ 查图中相应的曲线。根据 U_t-T_v 关系曲线，可以求出某一时间 t 所对应的固结度，从而计算相应的沉降 s_t。也可以按照某一固结度（相应的沉降为 s_t）推算出所需的时间 t。

【例 3.6】 某饱和黏土层的厚度为 10 m，在大面积荷载 $p_0 = 120$ kPa 作用下，设该土层的初始孔隙比 $e = 1$，压缩系数 $a = 0.3$ MPa^{-1}，渗透系数 $k = 1.8$ cm/a。按黏性土层在单面排水和双面排水条件下分别求：(1)加荷后一年时的沉降量；(2)沉降量达 144 mm 所需的时间。

【解】 (1)求 $t = 1$ 年时的沉降量：

黏土层中附加应力沿深度均匀分布，故 $\sigma_z = p_0 = 120$ kPa。

黏土层的最终（固结）沉降量：

$$s = \frac{a\sigma_z}{1+e}h = \frac{0.3 \times 0.12}{1+1} \times 10\,000 \text{ mm} = 180 \text{ mm}$$

由 $k = 1.8$ cm/a，$a = 0.3$ MPa$^{-1} = 3 \times 10^{-4}$ kPa^{-1}，$\gamma_w = 10$ kN/m^3 及 $e = 1$，计算土的竖向固结系数：

$$C_v = \frac{k(1+e)}{a\gamma_w} = \frac{1.8 \times 10^{-2} \times (1+1)}{3 \times 10^{-4} \times 10} \text{ m}^2/\text{a} = 12 \text{ m}^2/\text{a}$$

在单面排水条件下：$T_v = \dfrac{C_v t}{h^2} = \dfrac{12 \times 1}{10^2} = 0.12$，查图 3.44 中曲线 $\alpha = 1$，得到相应的固结度 $U_t = 39\%$，因此 $t = 1$ 年时的沉降量：

$$s_t = U_t s = 0.39 \times 180 \text{ mm} = 70.2 \text{ mm}$$

在双排水条件下：$T_v = \dfrac{12 \times 1}{5^2} = 0.48$，查图 3.44 中曲线 $\alpha = 1$，得 $U_t = 75\%$，$t = 1$ 时的沉降量为：

$$s_t = U_t s = 0.75 \times 180 \text{ mm} = 135 \text{ mm}$$

(2)求沉降达 144 mm 时所需的时间

固结度 $U_t = \dfrac{s_t}{s} = \dfrac{144 \text{ mm}}{180 \text{ mm}} \times 100\% = 80\%$

由图 3.44 查曲线 $\alpha = 1$，得 $T_v = 0.57$

在单面排水条件下：$t = \dfrac{T_v h^2}{C_v} = \dfrac{0.57 \times 10^2}{12}$ a $= 4.75$ a

在双面排水条件下：$t = \dfrac{T_v h^2}{C_v} = \dfrac{0.57 \times 5^2}{12}$ a $= 1.19$ a

▶ 3.8.3 地基瞬时沉降量的计算

瞬时沉降量是指加荷瞬间土体孔隙中水来不及排出，孔隙体积尚未发生变化，地基土在荷载作用下仅发生剪切变形时的地基沉降量。黏性土地基的瞬时沉降量 s 可用弹性力学公式计算，即：

$$s = \omega \frac{1-\mu^2}{E_0} b p_0 \tag{3.60}$$

式中 b——矩形荷载(基础)的宽度或圆形荷载(基础)的直径;

ω——沉降影响系数,按基础的刚度、底面形状及计算点位置而定,由表3.14查得。

实际工程中常遇到的矩形面积上作用着均布荷载时,其角点下的沉降量按下式计算:

$$s = \omega_c \frac{1 - \mu^2}{E_0} b p_0 \tag{3.61}$$

式中 ω_c——角点沉降影响系数,由表3.14查得。

利用上式,以角点法容易求得矩形面积上作用着均布荷载时地基表面任意点的沉降量。其中,中心点的沉降量为:

$$s = 4 \cdot \omega_c \frac{1 - \mu^2}{E_0} \left(\frac{b}{2} \right) p_0 = 2\omega_c \frac{1 - \mu^2}{E_0} b p_0 \tag{3.62}$$

即矩形面积上作用着均布荷载时,中心点沉降量为角点沉降的2倍,如令 $\omega_0 = 2\omega_c$ 为中心沉降影响系数,则:

$$s = \omega_0 \frac{1 - \mu^2}{E_0} b p_0 \tag{3.63}$$

式中 ω_0——中心点沉降影响系数,由表3.14查得。

以上角点法的计算结果和实践经验都表明,柔性荷载下地面的沉降不仅产生于荷载面范围之内,而且还影响到荷载面以外,沉降后的地面呈碟形。但一般基础都具有一定的抗弯刚度,因而基底沉降依基础刚度的大小而趋于均匀,所以中心荷载作用下的基础沉降量,可以近似地按柔性荷载下基底平均沉降量计算。

对于矩形面积上作用均布荷载时:

$$s = \omega_m \frac{1 - \mu^2}{E_0} b p_0 \tag{3.64}$$

式中 ω_m——平均沉降影响系数,由表3.14查得。

对于中心荷载下的刚性基础,由于它具有无限大的抗弯刚度,受荷载作用后基础不发生挠曲,因而基底的沉降量处处相等,ω 则取刚性基础的沉降影响系数 ω_r,按表3.14查得,其值与柔性基础的 ω_m 接近。

表3.14 沉降影响系数 ω 值

荷载面形状 计算点位置		圆形	方形	矩形($\frac{l}{b}$)										
		—	1.0	1.5	2.0	3.0	4.0	5.0	6.0	7.0	8.0	9.0	10.0	100.0
柔性基础	ω_c	0.64	0.56	0.68	0.77	0.89	0.98	1.05	1.11	1.16	1.20	1.24	1.27	2.00
	ω_0	1.00	1.12	1.36	1.53	1.78	1.96	2.10	2.22	2.23	2.40	2.48	2.54	4.01
	ω_m	0.85	0.95	1.15	1.30	1.52	1.70	1.83	1.96	2.04	2.12	2.19	2.25	2.70
刚性基础	ω_r	0.79	0.88	1.08	1.22	1.44	1.61	1.72	—	—	—	—	2.12	3.40

▶ **3.8.4 地基次固结沉降量的计算**

次固结沉降是指超静孔隙水压力全部消散之后,在有效应力基本不变的情况下,随时间

增加而继续发生的沉降量。一般认为这是在恒定应力状态下,土中的结合水以黏滞流动的形态缓慢移动,造成水膜厚度相应地发生变化,使土骨架产生徐变的结果。

许多室内试验和现场量测的结果都表明,在主固结(分层总和法计算的部分)完成之后,发生的次固结的大小与时间关系在半对数坐标图上接近于一条直线,次固结引起的孔隙比变化可表示为:

$$\Delta e = C_\alpha \lg \frac{t}{t_1} \tag{3.65}$$

式中　C_α——半对数坐标系下直线的斜率,称为次固结系数;

　　　t_1——相当于主固结达100%的时间,根据次固结与主固结曲线切线交点求得;

　　　t——计算次固结的时间,$t > t_1$。

这样,地基在时间 t 时发生的次固结沉降量可由下式计算:

$$s = \sum_{i=1}^{n} \frac{H_i}{1 + e_{0i}} C_{ai} \lg \frac{t}{t_1} \tag{3.66}$$

式中　C_{ai}——第 i 分层土的次固结系数(半对数图上直线段的斜率),由试验确定。

根据许多室内和现场试验结果,C_a 值主要取决于土的天然含水量 w,近似计算时可取 $C_a = 0.018w$。

上述计算沉降的方法,对黏性土地基是合适的,特别是饱和软黏土,根据国外一些实测资料表明,应同时考虑瞬时变形。对含有较多有机质的黏土,次固结沉降历时较长,实践中只能进行近似计算。

复习思考题

3.1　何谓土的自重应力和附加应力?两者沿深度的分布有何特点?

3.2　计算自重应力时,为什么地下水位以下要用浮重度?

3.3　当地下水位从地表下降至基底平面处时,自重应力有何变化?

3.4　在地面上修建一座梯形土坝,则坝基的反力分布形状应为何种形式?为什么?

3.5　当地基中附加应力曲线为矩形时,则地面荷载的分布形式是什么?

3.6　土的压缩系数、压缩指数、压缩模量和变形模量各具有什么意义?相互之间有何关系?工程上为何用 a_{1-2} 进行土层压缩性能的划分?

3.7　计算地基沉降的分层总和法与"规范法"有何异同?

3.8　何谓超固结比?根据超固结比如何划分土层的状态?土的应力历史对土的压缩性有何影响?

3.9　何谓固结度?试述平均固结度的意义。

习　题

3.1　某建筑场地的地质剖面如习题3.1附图所示,试计算各层界面及地下水位面处的自重应力,并绘制自重应力分布曲线。

(答案:$\sigma_{cz1} = 34.0$ kPa,$\sigma_{cz2} = 106.2$ kPa,$\sigma_{cz3} = 140.6$ kPa,$\sigma_{cz4} = 159.8$ kPa)

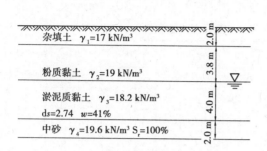
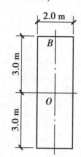

习题 3.1 附图   习题 3.5 附图

3.2 若上题中,中砂层以下为坚硬的整体岩石,试绘制其自重应力分布曲线。

(答案:σ_{cz1},σ_{cz2},σ_{cz3} 同上题,$\sigma_{cz4}^{\text{上}} = 159.8$ kPa,$\sigma_{cz4}^{\text{下}} = 221.8$ kPa)

3.3 某墙下条形基础底面宽度 $b = 1.2$ m,埋深 $d = 1.2$ m,作用在基础顶面的竖向荷载 $F = 180$ kN/m,试求基底压力 p。(答案:174 kPa)

3.4 已知矩形基础底面尺寸 $b = 4$ m,$l = 10$ m,埋深 $d = 2$ m,作用在基础底面中心的荷载 $F = 400$ kN,$M = 2\,800$ kN·m,计算基础底面的压力分布。(答案:$p_{\max} = 606$ kPa)

3.5 有一矩形均布荷载 $p_0 = 250$ kPa,荷载作用面积为 2 m $\times 6$ m,试求 O,B 下方,深度分别为 $0,2,4,6,8,10$ m 处的竖向附加应力,并绘出附加应力分布图。

(答案:σ_{z0} 分别为 $250,131.4,60.3,32.5,19.8,13.2$ kPa;σ_{zB} 分别为 $125,68.4,36.7,23$,$15.6,11.1$ kPa)

3.6 考虑两个条形相邻基础的相互影响,求习题 3.6 图中各 z 轴 $0,1,2,3$ 各点的竖向附加应力。(答案:甲基础及受乙基础影响后各点应力分别为 $100,58,44,45.5$ kPa;甲基础对乙基础的影响可忽略不计,乙基础中点下各点应力分别为 $200,192,164,134$ kPa)

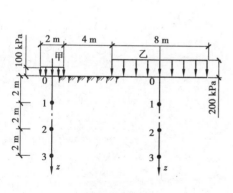
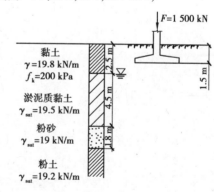

习题 3.6 附图   习题 3.7 附图

3.7 某矩形基础底面尺寸为 2.5 m $\times 4.0$ m,上部结构传给基础的竖向荷载设计值 $F = 1\,500$ kN。土层厚度,地下水位等如习题 3.7 附图所示,各土层的压缩试验数据见附表。要求:

(1)计算粉土的压缩系数 $a_{1\text{-}2}$ 及相应的压缩模量 $E_{a1\text{-}2}$ 并评定其压缩性;

（2）绘制黏土、粉质黏土和粉砂的压缩曲线；

（3）用分层总和法计算基础的最终沉降量；

（4）用规范方法计算基础的最终沉降量。

习题3.7 附表　土的压缩试验资料

e \\ p/kPa	0	50	100	200	300
①黏土	0.827	0.779	0.750	0.722	0.708
②粉质黏土	0.744	0.704	0.679	0.653	0.641
③粉砂	0.889	0.850	0.826	0.803	0.794
④粉土	0.875	0.813	0.780	0.740	0.726

3.8　某基础底面尺寸为长4.8 m、宽3 m，基底平均压力的标准值 $p=170$ kPa，基础底面标高处的土自重应力 $\sigma_{cd}=20$ kPa。地基为均质黏土层，厚度1.2 m，孔隙比 $e_1=0.8$，压缩系数 $a=0.25$ MPa^{-1}，黏性土层下为不可压缩的岩层。试计算基础最终沉降量。

（答案：按薄压缩层地基计算，$s=25$ mm）

3.9　某地基中一饱和黏土层厚度4 m，顶底面均为粗砂层，黏土层的平均竖向固结系数 $C_v=9.64\times10^3$ cm^2/a，压缩模量 $E_s=4.82$ MPa。若在地面上作用大面积均布荷载 $p_0=200$ kPa，试求：①黏土层的最终沉降量；②达到最终沉降量之半所需的时间；③若该黏土层下为不透水层，则达到最终沉降量之半所需的时间又是多少？

（答案：①166 mm；②0.81 a；③3.25 a ）

4

土的抗剪强度与浅基础的地基承载力

〖**本章导读**〗

本章将介绍土的抗剪强度理论、抗剪强度指标的测定方法、饱和黏性土与无黏性土的抗剪强度特征、孔隙压力系数、应力路径、地基破坏形式、浅基础的地基临塑荷载、地基临界荷载以及地基承载力的确定等内容。学完本章后,要了解土的抗剪强度的意义及其在工程上的应用;理解土的抗剪强度的概念及其机理;了解影响土的抗剪强度因素;掌握库仑公式和莫尔-库仑强度理论、土的极限平衡条件;掌握土的抗剪强度指标的测定方法;熟悉直剪试验、三轴压缩试验、无侧限抗压强度试验及十字板剪切试验原理和成果的整理;掌握土的总应力强度指标和有效应力强度指标的概念;掌握不同固结和排水条件下,土的抗剪强度指标的意义及应用;熟悉地基各种破坏模式以及浅基础地基承载力理论;熟练运用太沙基公式和汉森公式计算地基承载力。本章重点是库仑定律和莫尔-库仑强度理论、土的极限平衡条件、土的抗剪强度指标的测定方法和地基承载力的确定方法。

4.1 概 述

土体在外荷载和自重的作用下,除了会发生变形外,还存在着强度问题。土的强度问题是土力学中最重要的基本内容之一。土的强度破坏通常都是剪切破坏,所以土的强度问题实质上就是土的抗剪强度问题。

当地基受到外荷载作用时,地基内部将产生由外力引起的剪应力和剪切变形,而土本身具有抵抗这种变形的能力——剪阻力。土体保持稳定状态时,剪应力和剪阻力处于平衡状

态。随着荷载的增加,剪应力和剪阻力同时增大,但是土的剪阻力是有限的,当剪阻力达到某一限值时就不再增大,土体就处于剪切破坏的极限状态,这个极限值就是土的抗剪强度。如果土体内某一点的剪应力达到土的抗剪强度,该点就会发生剪切破坏。随着剪应力达到土的抗剪强度的区域越来越大,土体内最终会形成一个连续的滑动面,一部分土体相对另一部分土体相对滑动,导致整体破坏,土体失去稳定。

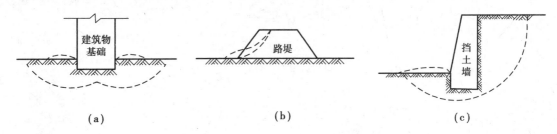

图4.1 与土的强度有关的工程问题

在土木工程中,与土的强度有关的问题主要有三类:一是,土作为建筑物地基的承载力问题,如图4.1(a)所示;二是,土作为材料构成的土工构筑物的稳定问题,如土坝、路堤等填方边坡以及天然土坡(包括挖方边坡等)的稳定问题,如图4.1(b)所示;三是,土作为荷载施加在工程构筑物上的土压力问题,如挡土墙、地下结构等的周围土体对这些工程构筑物的侧压力问题,如图4.1(c)所示。所以土的强度问题的研究就是要为这些构筑物的设计和验算提供理论依据和抗剪强度指标。而影响土的抗剪强度因素有很多,主要是土体本身的性质、土的组成、状态和结构,而这些性质又与土的形成环境、应力历史等因素有关,此外还决定于土当前所受的应力状态。

地基承载力是指地基土单位面积上所能承受荷载的能力。地基承载力问题是土力学中的一个重要的研究课题,研究地基承载力的目的是为了掌握地基的承载规律,发挥地基的承载能力,合理确定地基承载力,确保地基不致因荷载过大而发生剪切破坏,同时也保证不因基础过大的沉降或差异沉降而影响建筑物的安全和正常使用。为了达到上述目的,地基基础设计一般都限制建筑物基础底面的压力超过地基的容许承载力或地基承载力特征值。

4.2 土的抗剪强度理论

▶ 4.2.1 库仑定律

1773 年,法国学者库仑(Coulomb)根据砂土的室内剪切试验,提出了土的抗剪强度的表达式,即:

$$\tau_f = \sigma \tan \varphi \tag{4.1}$$

1776 年,库仑又提出了适合黏性土的抗剪强度表达式:

$$\tau_f = c + \sigma \tan \varphi \tag{4.2}$$

式中 τ_f——土的抗剪强度,kPa;

σ——剪切面上的法向应力,kPa;

φ——土的内摩擦角,(°);

c ——土的黏聚力,kPa。

式(4.1)和(4.2)就是抗剪强度的库仑定律。它表明:

①不论是砂土还是黏性土,其抗剪强度与剪切面上的法向应力总是成正比例的,其关系可以用直线来表示,如图4.2所示。

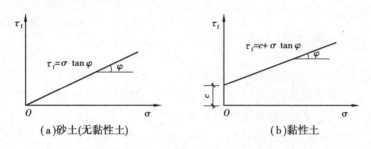

（a）砂土(无黏性土) （b）黏性土

图 4.2 土的抗剪强度与法向应力之间的关系

②土的抗剪强度由两部分组成。一部分是土的内摩擦力,其本质是由于土颗粒之间的表面摩擦以及咬合作用产生的,大小决定于土颗粒表面的粗糙程度、土的密实度以及颗粒级配等因素;另一部分是土颗粒之间的黏聚力,它主要取决于颗粒之间的原始分子引力以及土中化合物的胶结作用,通常认为砂土(无黏性土)的黏聚力为零。

我们把土的内摩擦角 φ 和黏聚力 c 称为土的抗剪强度指标。

在第 2 章的有效应力原理中指出,饱和土的总应力(剪切面上的总法向应力)是由有效应力(剪切面上的有效应力)和孔隙水压力(剪切面上的孔隙水压力)两部分构成。饱和土的固结过程实际上就是孔隙水压力逐渐消散、有效应力逐渐增加的过程,也就是土的抗剪强度逐渐增大的过程。因此,土的抗剪强度 τ_f 用剪切面上的有效应力来表示更合适,即:

$$\tau_f = c' + \sigma'\tan\varphi' \tag{4.3}$$

式中 σ'——剪切面上的法向有效应力,kPa;

φ'——土的有效内摩擦角,(°);

c'——土的有效黏聚力,kPa。

通常将总应力法得出的强度指标 φ,c 称为总应力抗剪强度指标。式(4.3)被称为有效应力表示法,它考虑了孔隙压力的影响,φ',c' 则称为有效应力抗剪强度指标。这两种土的抗剪强度表示方法各有其优缺点,因为孔隙水压力比较难以准确测定,总应力抗剪强度指标的测定相比有效应力抗剪强度指标就要快速、直观、简单得多。总应力法虽然操作简单、运用方便,然而有效应力反映了土体抗剪强度的本质,土的抗剪强度主要取决于有效应力的大小,因此有效应力表示法理论严谨、概念明确,能更好地反映抗剪强度的实质。

▶ 4.2.2 莫尔-库仑强度理论

1910 年莫尔(Mohr)提出材料的剪切破坏理论:当任一平面上的剪应力等于材料的抗剪强度时,该点就发生破坏。并提出在破坏面上的剪应力,即抗剪强度 τ_f,是该面上法向应力 σ 的函数,即:

$$\tau_f = f(\sigma) \qquad (4.4)$$

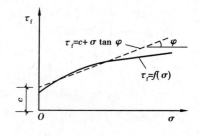

图 4.3　莫尔抗剪强度包线

式(4.4)一般情况下是一条曲线,如图 4.3 所示,称为莫尔抗剪强度包线。大多数情况下,土的莫尔包线可以用一条直线来代替,这条直线的表达式实际上就是库仑定律中的直线方程。通常把剪应力是否达到抗剪强度作为破坏标准之一,由库仑直线方程表示莫尔包线的抗剪强度理论称为莫尔-库仑强度理论。

▶ 4.2.3　土的极限平衡条件

土的强度破坏通常是指剪切破坏。当土中某点在某一平面上的剪应力达到土的抗剪强度时,该点就将发生剪切破坏,并处于极限平衡状态。极限平衡状态时该点各种应力的相互关系,即该点的剪切破坏条件,称为土的极限平衡条件。

根据材料力学中的莫尔应力圆与莫尔-库仑强度理论中的抗剪强度包线之间的几何关系(如图 4.4 所示),可建立土的极限平衡条件。

设在土中取一微单元体,其应力状态如图 4.4(a)所示,mn 为剪切破坏面,它与大主应力的作用面成 α 角。该点处于极限平衡状态时的莫尔圆如图 4.4(b)所示。根据图中的几何关系,可以推导出以下公式,推导过程省略,可参见其他教材。

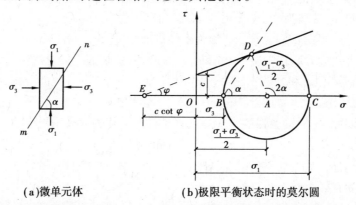

（a)微单元体　　　　（b)极限平衡状态时的莫尔圆

图 4.4　土体中一点达到极限平衡状态时的莫尔圆

黏性土的极限平衡条件为:

$$\sigma_1 = \sigma_3 \tan^2\left(45° + \frac{\varphi}{2}\right) + 2c\tan\left(45° + \frac{\varphi}{2}\right) \qquad (4.5)$$

或

$$\sigma_3 = \sigma_1 \tan^2\left(45° - \frac{\varphi}{2}\right) - 2c\tan\left(45° - \frac{\varphi}{2}\right) \qquad (4.6)$$

无黏性土($c = 0$)的极限平衡条件为:

$$\sigma_1 = \sigma_3 \tan^2\left(45° + \frac{\varphi}{2}\right) \qquad (4.7)$$

或

$$\sigma_3 = \sigma_1 \tan^2\left(45° - \frac{\varphi}{2}\right) \qquad (4.8)$$

且该点的剪切破坏面 mn 与大主应力 σ_1 的作用面的夹角 α 为($45° + \varphi/2$)。

【例4.1】 设黏性土地基中某点的主应力 $\sigma_1 = 300 \text{ kPa}$，$\sigma_3 = 100 \text{ kPa}$，土的抗剪强度指标 $c = 20 \text{ kPa}$，$\varphi = 26°$，试问该点处于什么状态？

【解】 当该点处于极限平衡状态时

$$\sigma_{3f} = \sigma_1 \tan^2\left(45° - \frac{\varphi}{2}\right) - 2c \tan\left(45° - \frac{\varphi}{2}\right) = 90 \text{ kPa} < \sigma_3 = 100 \text{ kPa}$$

故可判定该点处于稳定状态。

或由
$$\sigma_{1f} = \sigma_3 \tan^2\left(45° + \frac{\varphi}{2}\right) + 2c \tan\left(45° + \frac{\varphi}{2}\right)$$

得
$$\sigma_{1f} = 320 \text{ kPa} > \sigma_1 = 300 \text{ kPa}$$

故亦可判定该点处于稳定状态。

4.3 土的抗剪强度试验

土的抗剪强度指标是通过土的抗剪强度试验测定的，不同的抗剪强度指标可以用不同的抗剪强度试验来获得。土的抗剪强度试验按照试验进行场所，可分为室内试验和现场试验两大类。室内试验常用的有直接剪切试验、三轴压缩试验和无侧限抗压强度试验；现场试验仅介绍十字板剪切试验。

▶ 4.3.1 直接剪切试验

直接剪切试验是最基本的室内抗剪强度试验方法，它所使用的仪器称为直剪仪。按加荷方式分为应变式和应力式两类。前者是以等速推动剪切盒使土样受剪，后者则是分级施加水平剪力于剪力盒使土样受剪。目前我国普遍应用的是应变式直剪仪，如图 4.5 所示。试验开始前将上下金属盒的内圆腔对正，把试样置于上下盒之间。通过传压板和滚珠对土样先施加垂直法向应力 σ，然后再施加水平剪力 T，使土样沿上下盒水平接触面发生剪切位移直至破坏。在剪切过程中，每间隔一定时间，测读相应的剪切变形一次，直至破坏。然后求出施加于试样截面的剪应力值。用同样的土样，改变法向应力，重复做多个这样的试验，即可得出土样剪切变形 λ 与剪应力 τ 的对应关系，以及 σ 与 τ_f 的关系，如图 4.6 所示。

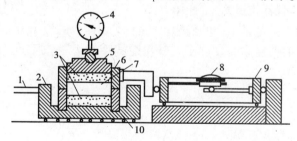

图 4.5 应变式直剪仪
1—轮轴；2—底座；3—透水石；4—量表；5—活塞；
6—上盒；7—土样；8—量表；9—量力环；10—下盒

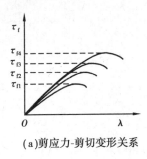
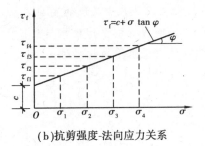

(a)剪应力-剪切变形关系　　　　(b)抗剪强度-法向应力关系

图4.6　直剪试验曲线

对于饱和土样,在直接剪切试验中,不能量测孔隙水压力,也不能控制排水,所以只能用总应力法来表示土的抗剪强度。但是为了考虑固结程度和排水条件对抗剪强度的影响,可根据加荷速率的快慢将直剪试验划分为快剪、固结快剪和慢剪三种试验类型。

(1)快剪

竖向压力施加后立即施加水平剪力进行剪切,使土样在3~5 min内剪坏。由于剪切速度快,可认为土样在这样短暂时间内没有排水固结,或者说模拟了不排水剪切情况,得到的强度指标用 c_q,φ_q 表示。

(2)固结快剪

竖向压力施加后,给以充分时间使土样排水固结。固结终了后施加水平剪力,快速地(在3~5 min内)把土样剪坏,即剪切时模拟不排水条件,得到的指标用 c_{cq},φ_{cq} 表示。

(3)慢剪

竖向压力施加后,让土样充分排水固结,固结后以慢速施加水平剪力,使土样在受剪过程中一直有充分时间排水固结,直到土被剪破,得到的指标用 c_s,φ_s 表示。

由上述三种试验方法可知,即使在同一垂直压力作用下,由于试验时的排水条件不同,作用在受剪面积上的有效应力也不同,所以测得的抗剪强度指标也不同。在一般情况下,$\varphi_s >$ $\varphi_{cq} > \varphi_q$。

上述三种试验方法对饱和黏性土是有意义的,但效果要视土的渗透性大小而定。对于非黏性土,由于土的渗透性很大,即使快剪也会产生排水固结,所以采用同一种剪切速率进行排水剪切试验。

直剪试验的优点是仪器构造简单,操作方便。它的主要缺点是:不能控制排水条件;剪切面是人为固定的,该面不一定是土样的最薄弱的面;剪切面上的应力分布不均匀。因此,为了克服直剪试验存在的问题,后来又发展了三轴压缩试验方法,三轴仪是目前测定土抗剪强度较为完善的仪器。

【例4.2】 对某土样进行应变式直剪试验,在垂直荷载 P 为 0.15,0.30,0.60,0.90,1.20 kN 时,读出应力环百分表读数分别为 120,160,280,380,480 格。试整理分析得出该土样的抗剪强度指标。已知剪力盒面积 $A = 30$ cm^2,应力环系数 $K = 0.2$ kPa/0.01 mm,百分表每格为 0.01 mm。

【解】 垂直荷载为 0.15 kN 时土样受到的法向应力和土的抗剪强度分别为:

$$\sigma_1 = p/A = \frac{0.15 \text{ kN}}{30 \times 10^{-4} \text{ m}^2} = 50 \text{ kPa}$$

$$\tau_{f1} = K \cdot \text{格数} = 0.2 \times 120 = 24 \text{ kPa}$$

依次算出：$\sigma_2 = 100 \text{ kPa}, \tau_{f2} = 32 \text{ kPa}$

$$\sigma_3 = 200 \text{ kPa}, \tau_{f3} = 56 \text{ kPa}$$

$$\sigma_4 = 300 \text{ kPa}, \tau_{f4} = 76 \text{ kPa}$$

$$\sigma_5 = 400 \text{ kPa}, \tau_{f5} = 96 \text{ kPa}$$

将 σ, τ_f 分别代入 $\tau_f = c + \sigma \tan \varphi$ 可算出相应的 5 组 c, φ 值,如图 4.7 所示。

从图中量得：$c = 13 \text{ kPa}, \varphi = 15°$。

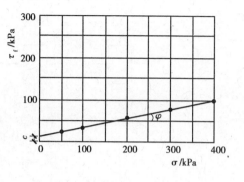

图 4.7 $\sigma\text{-}\tau_f$ 关系曲线

▶ 4.3.2 三轴压缩试验

三轴压缩试验使用的仪器为三轴仪,其核心部分是三轴压力室,构造如图 4.8 所示。此外,还配备有:

①轴压系统,即三轴仪的主机台,用以对试样施加轴向压力,并可控制轴向应变的速率;

②侧压系统,通过液体(通常是水)对土样施加周围压力;

③孔隙水压力测读系统,用以测量土样在试验过程中的孔隙水压力的变化。

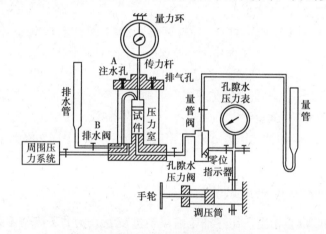

图 4.8 三轴压缩仪

试验用的土样为正圆柱形,常用的高度与直径之比为 2~2.5。土样用薄橡皮膜包裹,以免压力室的水进入。试样上、下两端可根据试样要求放置透水石或不透水板。试验中试样的排水情况由排水阀 B 控制(图 4.8)。试样底部与孔隙水压力量测系统相接,必要时用来测定试验过程中试样的孔隙水压力变化。

试验时,先打开阀门 A,向压力室压入液体,使土样在三个方向受到相同的周围压力 σ_3,此时土样中无剪力。然后再由轴压系统通过活塞对土样施加竖向应力 $\Delta\sigma_1$,使试样中产生剪应力。在周围压力 σ_3 不变情况下,不断增大 $\Delta\sigma_1$,直到土样剪坏。这时作用于土样的竖向应力 $\sigma_1 = \sigma_3 + \Delta\sigma_1$ 为最大主应力,周围压力 σ_3 为最小主应力。用 σ_1 和 σ_3 可绘制出土样破坏时的一个极限莫尔圆。若取同一种土的 3~4 个试样,在不同周围压力 σ_3 下进行剪切直至破坏得到相应的 σ_1,便可绘出几个极限莫尔圆。这些圆的公切线,即为土的抗剪强度包线。它一般呈直线形状,从而可求得指标 c, φ 值(图 4.9)。

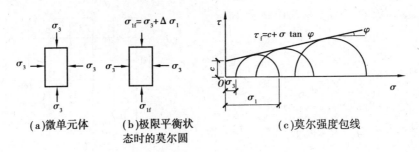

(a)微单元体　　　(b)极限平衡状　　　(c)莫尔强度包线
态时的莫尔圆

图4.9　三轴压缩试验原理

根据土样固结排水条件的不同,相应于直剪试验的快剪、固结快剪和慢剪试验,三轴试验也可分为下列三种基本方法:

(1)不固结不排水剪(UU)试验

在向土样施加周围压力 σ_3 以前即关闭排水阀,随后施加轴向应力 $\Delta\sigma_1$ 直至剪坏。在施加 $\Delta\sigma_1$ 过程中,始终关闭排水阀门 B,不允许土中水排出,土样从开始加围压直到剪坏全过程中含水量保持不变。这种试验方法所对应的实际工程条件,相当于饱和黏性土中快速加荷时的剪切条件。

(2)固结不排水剪(CU)试验

试验时先对土样周围施加压力 σ_3,并打开排水阀门 B,使土样在 σ_3 作用下充分排水固结。然后关上排水阀门 B,施加轴向应力 $\Delta\sigma_1$,使土样在不排水条件下受剪直至破坏。

CU 试验是经常要做的土工试验,它适用的实际工程条件常常是,一般正常固结土层在工程竣工时或以后受到大量、快速的活荷载或新增加的荷载的作用时所对应的受力情况。

(3)固结排水剪(CD)试验

在施加周围压力 σ_3 和轴向压力 $\Delta\sigma_1$ 直至破坏全过程中,土样始终处于排水状态,土中孔隙水压力始终为零。

▶ 4.3.3　无侧限抗压强度试验

无侧限抗压强度试验相当于在三轴压缩仪中进行 $\sigma_3=0$ 的不固结不排水剪切试验。试验时,将圆柱形试样放在如图 4.10(a)所示的应变式无侧限压缩仪中,在不加任何侧向压力的情况下施加垂直压力,直到使试样破坏为止,剪切破坏时试样所能承受的最大轴向压力 q_u 称为无侧限抗压强度。

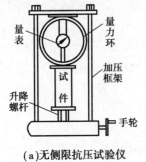
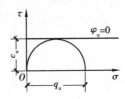

(a)无侧限抗压试验仪　　　(b)无侧限抗压强度试验结果

图4.10　无侧限抗压强度试验

根据试验结果,只能作一个极限应力圆,如图4.10(b)所示。因此对于一般黏性土就难以作出破坏包线。而对于饱和黏性土,根据三轴不固结不排水试验的结果,其破坏包线近似于一条水平线。这样,如仅为了测定饱和黏性土的不排水抗剪强度,就可以利用构造比较简单的无侧限压缩仪代替三轴压缩仪。此时,由无侧限抗压强度试验所得的极限应力圆的水平切线就是破坏包线,即:

$$\tau_f = c_u = \frac{q_u}{2} \tag{4.9}$$

式中　c_u——土的不排水抗剪强度,kPa;

　　　q_u——无侧限抗压强度,kPa。

无侧限抗压强度还可以用来测定土的灵敏度S_t。

无侧限抗压强度试验的缺点是试样的中间部分完全不受约束,因此,当试样接近破坏时,往往被压成鼓形,这时试样中的应力显然不是均匀的(三轴压缩仪中的试样也有此问题)。

▶ 4.3.4　十字板剪切试验

室内的抗剪强度测试要求取得原状土样,由于试样在采取、运送、保存和制备等方面不可避免地受到扰动,特别是高灵敏度的软黏土,室内试验结果的精度就受到影响。因此,发展原位测试土性的仪器具有重要意义。原位测试时的排水条件、受力状态与土所处的天然状态比较接近。在抗剪强度的原位测试方法中,国内广泛应用一种十字板剪切试验,其原理如下。

十字板剪切仪的构造如图4.11所示。试验时先将套管打到预定的深度,并将套管内的土清除。将十字板装在钻杆的下端,通过套管压入土中,压入深度约为750 mm。然后将地面上的扭力设备仪对钻杆施加扭矩,使埋在土中的十字板旋转,直至土剪切破坏。破坏面为十字板旋转所形成的圆柱面。设剪切破坏时所施加的扭矩为M,则它与剪切破坏圆柱面(包括侧面和上下面)上土的抗

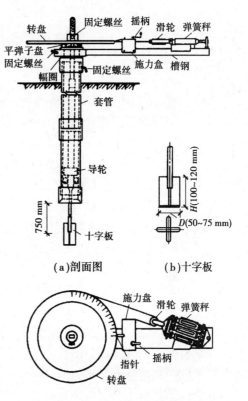

(a)剖面图　　　　(b)十字板

(c)扭力设备

图4.11　十字板剪力仪

剪强度所产生的抵抗扭矩相等,即可得土的抗剪强度:

$$M = \pi DH \cdot \frac{D}{2}\tau_V + 2 \cdot \frac{\pi D^2}{4} \cdot \frac{D}{3} \cdot \tau_H = \frac{1}{2}\pi D^2 H \tau_V + \frac{1}{6}\pi D^3 \tau_H \tag{4.10}$$

式中　M——剪切破坏时的扭力矩,kN·m;

　　　τ_V, τ_H——剪切破坏时的圆柱体侧面和上下面土的抗剪强度,kPa;

　　　H, D——十字板的高度和直径,m。

在实际土层中，τ_V 和 τ_H 是不同的。但在实用上为了简化计算，常假设 $\tau_V = \tau_H = \tau_f$，将这一假设代入式（4.10）中，得：

$$\tau_f = \frac{2M}{\pi D^2\left(H + \dfrac{D}{3}\right)} \tag{4.11}$$

式中 τ_f——在现场由十字板测定的土的抗剪强度，kPa；其余符号含义同前。

十字板剪切仪适用于饱和软黏土（$\varphi = 0$），它的优点是构造简单，操作方便，原位测试时对土的扰动也较小，故在实际中广泛得到应用。但在软土层中夹砂薄层时，测试结果可能失真或偏高。十字板剪切试验原位测试详见 6.3 节。

4.4   孔隙压力系数

如前所述，土的抗剪强度主要与土的有效应力有关，而要获得土的有效应力，就必须给出孔隙压力。英国学者斯肯普顿（Skempton）等人，在三轴压缩试验的结果上给出了孔隙压力的计算公式，即：

$$\Delta u = B\left[\Delta\sigma_3 + A(\Delta\sigma_1 - \Delta\sigma_3)\right] \tag{4.12}$$

式中 A, B——孔隙压力系数。

孔隙压力系数 B 为在各向应力增量相等条件下的孔隙压力系数，它反映试样在初始状态下，由周围压力增量 $\Delta\sigma_3$ 所引起的孔隙水应力增加。它的计算公式为：

$$B = \frac{\Delta u_0}{\Delta\sigma_3} \tag{4.13}$$

式中 Δu_0——试样在周围压力增量 $\Delta\sigma_3$ 下产生的孔隙压力增量，kPa；

对于饱和土，孔隙中充满水，由于水的压缩性比土骨架的压缩性小，因此在周围压力 $\Delta\sigma_3$ 施加的瞬间，可认为 $\Delta\sigma_3$ 均由孔隙水来承担，即 $\Delta u_0 = \Delta\sigma_3$，则孔隙压力系数 $B = 1$；对于干土，孔隙中只有气体，加压瞬间 $\Delta\sigma_3$ 应完全由土骨架来承担，即 $\Delta u_0 = 0$，则 $B = 0$；非饱和土，$0 < B < 1$，土的饱和度越小，B 值也越小。

孔隙压力系数 A 为偏应力增量作用下的孔隙压力系数，它反映了试样在轴向应力 $\Delta\sigma_1 - \Delta\sigma_3$ 作用下的孔隙水应力变化。它的计算公式为

$$A = \frac{\Delta u_1}{B(\Delta\sigma_1 - \Delta\sigma_3)} \tag{4.14}$$

式中 Δu_1——试样在主应力差（$\Delta\sigma_1 - \Delta\sigma_3$）下即剪坏时产生的孔隙压力，kPa。

A 值的大小受很多因素的影响，如高压缩性土的 A 值比较大；超固结土在偏应力作用下体积发生膨胀，产生负的孔隙水压力，故 A 为负值。即使同一种土，A 值也不是常数，它还受应变大小、初始应力状态和应力历史等因素影响。表 4.1 给出了一些土的孔隙压力系数 A 值。工程应用中，应根据实际的应力和应变条件，进行三轴压缩试验，直接测定 A 值。

在三轴不固结不排水剪切试验中，$\Delta\sigma_3$ 保持不变，则 Δu_0 也不变，可利用式（4.13）算出 B，且 B 为定值；在三轴固结不排水剪切试验中，尽管允许试样在 $\Delta\sigma_3$ 下固结稳定，使试样在

受剪前的孔隙水应力 Δu_0 逐渐消散为零,但在允许消散之前仍能测出 Δu_0,算出 B 值。另一方面,在 CU 和 UU 试验中,量出试样在剪破时的孔隙水应力 Δu_1,即可利用式(4.14)算出 A 值。

表 4.1　孔隙压力系数 A

土样(饱和)	A(验算土体破坏的数值)	土样(饱和)	A(计算地基沉降的数值)
很松的细砂	2 ~ 3	很灵敏的软黏土	>1
灵敏黏土	1.5 ~ 2.5	正常固结黏土	0.5 ~ 1
正常固结黏土	0.7 ~ 1.3	超固结黏土	0.25 ~ 0.5
轻度超固结黏土	0.3 ~ 0.7	严重超固结黏土	0 ~ 0.25
严重超固结黏土	−0.5 ~ 0		

4.5　饱和黏性土的抗剪强度

试验表明,饱和黏性土的抗剪强度要受到固结程度、排水条件的影响。下面分别在三种不同排水条件下分析饱和黏性土的抗剪强度。

▶ 4.5.1　不固结不排水抗剪强度

饱和黏性土的不固结不排水抗剪强度指标通常用 c_u, φ_u 来表示。对一组相同的饱和黏性土试样进行三轴不固结不排水剪切(UU)试验,根据试验结果绘出极限莫尔圆如图 4.12 所示,其中实线为三个试样在不同围压作用下破坏时的总应力圆,虚线为三个试样的有效应力圆。从图中的曲线特点可以得到以下结论:

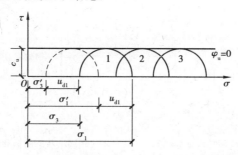

图 4.12　饱和黏性土的不固结不排水试验结果

①饱和黏性土的抗剪强度包线是一条近似水平的直线,因此 c_u, φ_u 可以表示为:

$$\varphi_u = 0 \tag{4.15}$$

$$c_u = (\sigma_1 - \sigma_3)/2 \tag{4.16}$$

将式(4.15)和式(4.16)代入式(4.2),可以得到 $\tau_f = c_u = (\sigma_1 - \sigma_3)/2$,因此,可以把 c_u 称为饱和黏性土的不固结不排水抗剪强度。

②三个试样的有效应力圆为同一个应力圆,这样就不能绘出有效应力圆的抗剪强度包线,也就不能得到有效应力指标 c' 和 φ',因此 UU 试验不能测出饱和黏性土的有效应力抗剪强度指标,一般只用于测定饱和土的不固结不排水抗剪强度 c_u。

【例 4.3】 某饱和黏性土,由无侧限抗压强度试验测得不排水抗剪强度 $c_u = 70$ kPa,如果对同一土样进行三轴不固结不排水试验,施加围压 $\sigma_3 = 150$ kPa。求当轴向压力为 300 kPa 时,试样会不会发生破坏?

【解】 已知由无侧限抗压强度试验测出饱和黏性土的不排水抗剪强度 $c_u = 70$ kPa,根据 $c_u = (\sigma_1 - \sigma_3)/2$,求出试样破坏时的大主应力为:

$$\sigma_1 = \sigma_3 + 2c_u = 150 \text{ kPa} + 2 \times 70 \text{ kPa} = 290 \text{ kPa}$$

因轴向压力 300 kPa > 290 kPa,因此试样会破坏。

▶ 4.5.2 固结不排水抗剪强度

饱和黏性土的固结不排水抗剪强度指标通常用 c_{cu},φ_{cu} 来表示。饱和黏性土的固结不排水抗剪强度在一定程度上受应力历史的影响,因此需要对正常固结状态的土样和超固结状态的土样,分别进行三轴固结不排水抗剪强度(CU)试验。试验时用试样所受到的周围压力 σ_3 与它曾受到的最大固结压力 p_c 之间的关系,来区分是正常固结状态的试样还是超固结状态的试样。若 $\sigma_3 \geq p_c$,为正常固结状态的试样;若 $\sigma_3 < p_c$,为超固结状态的试样。如图 4.13 所示为饱和黏性土的 CU 试验结果。

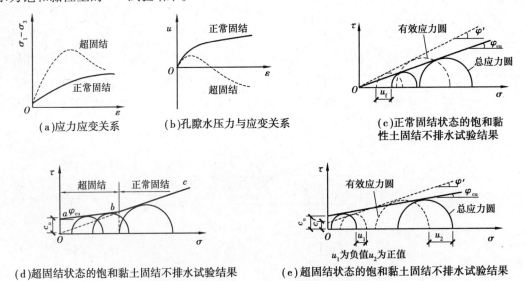

(a)应力应变关系　　(b)孔隙水压力与应变关系　　(c)正常固结状态的饱和黏性土固结不排水试验结果

(d)超固结状态的饱和黏土固结不排水试验结果　　(e)超固结状态的饱和黏土固结不排水试验结果

图 4.13　饱和黏性土的固结不排水试验结果

试验结果表明:

①对正常固结状态的试样剪切时,体积有减少的趋势(剪缩),但由于不允许排水,故产生正的孔隙水压力,孔隙压力系数都大于零;超固结状态的试样在剪切时,体积有增加的趋势(剪胀);强固结状态的试样在剪切过程中,开始产生正的孔隙水压力,以后转为负值。

②正常固结状态的饱和黏性土试样的固结不排水试验结果如图 4.13(c)所示,实线表示

总应力圆和总应力强度包线,虚线表示有效应力圆和有效应力强度包线。有效应力圆与总应力圆直径相等,位置不同,两者之间的距离为剪切破坏时的孔隙水压力 u_f。由于正常固结试样在剪切破坏时产生正的孔隙水压力,故有效应力圆始终在总应力圆的左方。总应力强度包线和有效应力强度包线均通过原点,说明未受任何固结压力的土不会具有抗剪强度。有效应力强度包线的倾角大于总应力强度包线的倾角,说明有效内摩擦角 φ' 大于内摩擦角 φ_{cu}。正常固结饱和黏性土的固结不排水抗剪强度可表示为:

$$\tau_f = \sigma \tan \varphi_{cu} \tag{4.17a}$$

或

$$\tau_f = \sigma' \tan \varphi' \tag{4.17b}$$

③超固结状态的饱和黏性土试样的固结不排水试验结果如图 4.13(d)所示,总应力强度包线近似用一条直线 ab,与正常固结状态时的总应力强度包线 bc(其延长线仍通过原点)相交,实用上常将 abc 折线取为一条直线,如图 4.13(e)所示。由于土样处于超固结状态下剪切破坏时,产生负的孔隙水压力,所以有效应力圆在总应力圆的右方。其固结不排水抗剪强度可表示为:

$$\tau_f = c_{cu} + \sigma \tan \varphi_{cu} \tag{4.18a}$$

或

$$\tau_f = c' + \sigma' \tan \varphi' \tag{4.18b}$$

通常情况下,$c' < c_{cu}$,$\varphi' > \varphi_{cu}$。

④从图 4.13 中可以看出,通过 CU 试验可以绘制出饱和黏性土的总应力强度包线和有效应力强度包线,因此 CU 试验既可以用于测定饱和黏性土的固结不排水总应力强度指标 c_{cu} 和 φ_{cu},又可测定饱和黏性土的固结不排水有效应力强度指标 c' 和 φ'。

【例4.4】 对某土样进行三轴固结不排水剪切试验,在周围压力 $\sigma_3 = 1.0, 2.0, 3.0 \text{ kg/cm}^2$ 时施加轴向压力,至破坏时,最大应力差分别为 $0.571, 1.101, 1.938 \text{ kg/cm}^2$,并测得破坏时的孔隙水压力分别为 $0.490, 0.945, 1.282 \text{ kg/cm}^2$。求该土样的有效黏聚力 c' 和有效内摩擦角 φ'。

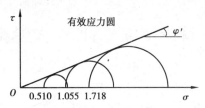

图 4.14 例 4.4 的莫尔有效应力圆

【解】 ①侧压力 $\sigma_3 = 1.0 \text{ kg/cm}^2$ 时

$$\sigma'_{1f} = \sigma_1 - u_1 = (0.571 + 1.0 - 0.490)\text{kg/cm}^2 = 1.081 \text{ kg/cm}^2$$

$$\sigma'_{3f} = \sigma_3 - u_1 = (1.0 - 0.490)\text{kg/cm}^2 = 0.510 \text{ kg/cm}^2$$

②侧压力 $\sigma_3 = 2.0 \text{ kg/cm}^2$ 时

$$\sigma'_{1f} = \sigma_1 - u_2 = (1.101 + 2.0 - 0.945)\text{kg/cm}^2 = 2.156 \text{ kg/cm}^2$$

$$\sigma'_{3f} = \sigma_3 - u_2 = (2.0 - 0.945)\text{kg/cm}^2 = 1.055 \text{ kg/cm}^2$$

③侧压力 $\sigma_3 = 3.0 \text{ kg/cm}^2$ 时

$$\sigma'_{1f} = \sigma_1 - u_3 = (1.938 + 3.0 - 1.282)\text{kg/cm}^2 = 3.656 \text{ kg/cm}^2$$

$$\sigma'_{3f} = \sigma_3 - u_3 = (3.0 - 1.282)\text{kg/cm}^2 = 1.718 \text{ kg/cm}^2$$

④绘制莫尔有效应力圆如图 4.14 所示,可求得:$c' = 0$,$\varphi' = 21°$。

▶ 4.5.3 固结排水抗剪强度

对饱和黏性土试样进行三轴固结排水(CD)试验,试验结果如图 4.15 所示。由于试样一

直处于固结排水状态,孔隙水压力始终为零,因此总应力等于有效应力,总应力圆就是有效应力圆,总应力强度指标即为有效应力强度指标。饱和黏性土的固结排水抗剪强度指标通常用 c_d,φ_d 来表示。正常固结状态土样的抗剪强度包线是一条通过原点的直线,超固结土的抗剪强度包线略微弯曲,可近似用一条直线代替。因此饱和黏性土的固结排水抗剪强度可以表示为:

$$\tau_f = c_d + \sigma \tan \varphi_d \tag{4.19}$$

对于正常固结状态土样,$c_d = 0$。

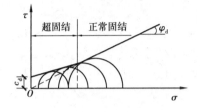

图 4.15　饱和黏性土的固结排水试验结果

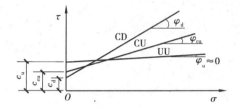

图 4.16　三种三轴试验的抗剪
强度包线与强度指标

　　在固结排水试验中,为了保证孔隙水压力始终为零,试验往往需要花费很长时间。同时试验也证明,c_d,φ_d 与固结不排水试验得到的 c',φ' 很接近,因此一般情况下,饱和黏性土的固结排水强度指标通常用固结不排水试验来测定。

　　同一种土的试样在三种不同排水条件下,得到的抗剪强度包线和抗剪强度指标都不相同,其大致形态与关系如图 4.16 所示。

▶ 4.5.4　抗剪强度指标的选择

　　三轴试验和直剪试验的三种排水条件下的试验方法,在工程实践中如何选用是个比较复杂的问题,应根据工程情况、加荷速度快慢、土层厚薄、排水条件、荷载大小等综合确定。一般来说,对不易透水的饱和黏性土,当土层较厚、排水条件较差、施工速度较快时,验算土体的稳定性可采用不固结不排水剪。反之,当土层较薄、透水性较强、排水条件好,施工速度不快的短期稳定验算时,可采用固结不排水剪。击实填土地基或路基,以及挡土墙船闸等结构物的地基,一般认为采用固结不排水剪较合适。此外,如果施工速度相当慢,土层透水性及排水条件都很好,可考虑用排水剪。当然,这些只是一般性的原则,实际情况往往要复杂得多,能严格满足试验条件的很少,因此还要针对具体问题作具体分析。

4.6　应力路径对土的抗剪强度的影响

　　在材料力学中,杆件中某点的应力状态可以用应力坐标图(σ-τ 图)上的一个点来表示。同样,土体中某点的应力状态也可用应力坐标图上的应力点来表示,随着该点应力状态的变化,应力点的位置也发生改变,把应力点的移动轨迹称为应力路径。既然土的强度有总应力表示和有效应力表示之分,那么应力路径也就有总应力路径和有效应力路径两类。它们分别表示试样在试验过程中某点的总应力的变化和有效应力的变化。以三轴固结不排水试验为例，如果保持 σ_3 不变，逐渐增加 σ_1，这个应力变化过程可以用一系列总应力圆来表示。在总应力圆上选择一个特征应力点代替整个应力圆，该点通常为应力圆的顶点（剪应力最大），其坐标为 $p = (\sigma_1 + \sigma_3)/2$ 和 $q = (\sigma_1 - \sigma_3)/2$，如图 4.17(a) 所示的 A, B, C, D 4 点。按照应力变化过程顺序将这些点连接起来就是总应力路径，并以箭头指明应力状态的发展方向，如图 4.17(b) 所示。

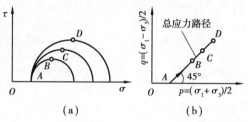

图 4.17　应力路径　　　　图 4.18　不同加荷方法的应力路径

　　同一种土，采用不同的试验手段和不同的加荷方法使之剪切破坏，即按照不同的应力路径进行试验，那么得到的土体的抗剪强度大小也是不一样的。例如在三轴压缩试验中：如果保持 σ_3 不变，逐渐增加 σ_1，则最大剪应力的总应力路径为如图 4.18 所示的 AB 线；如果保持 σ_3 不变，逐渐减少 σ_1，则总应力路径为 AC 线。最终土体在剪破时与 B, C 点相应的抗剪强度大小是不同的。这就表明，不同的应力变化过程对土的力学性质会产生影响。因此土的应力路径对进一步探讨土的应力-应变关系和强度，都具有十分重要的意义。

　　将一组试样的极限应力圆的顶点连接起来，仍应是一条直线，该线称为 K_f 线和 K'_f 线。K_f 线是以总应力表示的极限应力圆顶点的连线，而 K'_f 线是以有效应力表示的极限应力圆顶点的连线。将 K_f 线与土的总应力强度包线绘在同一张图上，如图 4.19 所示，设 K_f 线的倾角为 θ，与纵坐标的截距为 a，从图中可以看出，θ, a 与总应力抗剪强度指标 c, φ 之间的关系为：

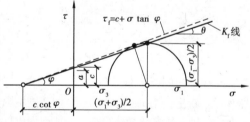

图 4.19　K_f 线的 θ, a 与 c, φ 之间的关系

$$\sin \varphi = \tan \theta \tag{4.20}$$

$$\cos \varphi = a/c \tag{4.21}$$

同样也可得出 K'_f 线的倾角 θ'、截距 a' 与有效应力抗剪强度指标 c', φ' 之间的关系为：

$$\sin \varphi' = \tan \theta' \tag{4.22}$$

$$\cos \varphi' = a'/c' \tag{4.23}$$

这样，利用三轴压缩试验的应力路径确定 K_f 线或 K'_f 线后，就可以根据它的倾角和它与纵坐标的截距按式(4.20)、式(4.21)或式(4.22)、式(4.23)反算 c, φ 或 c', φ'，这种方法称为应力路径法。

　　在三轴压缩固结不排水试验中，正常固结土的应力路径如图 4.20(a) 所示，设试样首先在某一周围压力 σ_3 下固结，在图中以 A 点表示。随着附加轴向压力的增加，试样将从总应力路径 A 点开始，沿着与横坐标轴逆时针成 45°的直线至 B 点剪破。由于正常固结土在受剪过

程中产生正的孔隙水压力,故有效应力路径始终在总应力路径的左边,试样则从 A 点开始,沿着曲线至 B' 剪破。直线 AB 与曲线 AB' 之间的水平距离表示试验过程中孔隙水压力的变化。图中 u_f 表示剪破时的孔隙水压力。图 4.20(b)为超固结土的应力路径,AB 和 AB' 为弱超固结试样的总应力路径和有效应力路径,由于弱超固结土在受剪过程中产生正的孔隙水压力,故有效应力路径在总应力路径的左边。CD 和 CD' 为某一强超固结试样的总应力路径和有效应力路径,由于强超固结土开始出现正的孔隙水压力,以后逐渐转为负值,故有效应力路径开始在总应力路径左边,后来逐渐转移到右边,试样则至 D' 点剪切破坏。

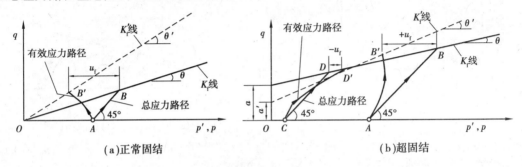

(a)正常固结　　　　　　　　　　(b)超固结

图 4.20　三轴压缩固结不排水试验中的应力路径

4.7　无黏性土的抗剪强度

由于无黏性土的透水性强,在通常的加荷速率下,土体中的孔隙水压力常等于零,因此其抗剪强度指标 $\varphi_d(\varphi')$ 常用三轴固结排水剪切(CD)或慢剪试验来测定。

试验表明,无黏性土的抗剪强度与初始孔隙比密切相关。图 4.21 为不同初始孔隙比的同一种砂土,在相同周围压力 σ_3 作用下受剪时的应力—轴向应变—体积应变的全过程。从图中可以看出随着轴向应变的增加,土颗粒滚落到平衡位置排列得更紧密,松砂的体积逐渐减小(剪缩),其强度逐渐增大,应力—轴向应变关系呈应变硬化型;但是,密砂的强度达到一定值后,随着轴向应变的继续增加强度反而减小,应力—轴向应变关系最后呈应变软化型,它的体积开始时稍有减小,以后由于土颗粒必须升高以离开它们原来的位置,彼此才能相互滑过导致体积增加(剪胀),超过了它的初始体积。然而,在高围压下,不论砂土的松紧如何,受剪都将发生剪缩。

既然砂土在低围压下由于初始孔隙比的不同,剪破时的体积可能小于初始体积,也可能大于初始体积,那么,可以想象,砂土在某一初始孔隙比下受剪时,它在剪切过程中的体积始终不变,这一初始孔隙比称为临界孔隙比 e_{cr}。图 4.22 为不同围压下砂土的初始孔隙比与剪破时体变的关系曲线。由图可见,砂土的临界孔隙比将随周围压力的增加而减小。

无黏性土的抗剪强度除了与初始孔隙比有关外,还受到其颗粒形状、表面粗糙度和级配等因素的影响。初始孔隙比小、土粒表面粗糙、级配良好的密实砂土,其内摩擦角大。松砂的内摩擦角大致与干砂的天然休止角相等。天然休止角是指干燥砂土自然堆积起来所形成的坡角,可以在实验室用简单的方法测定。

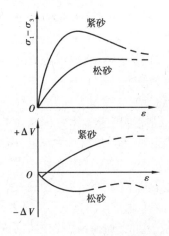

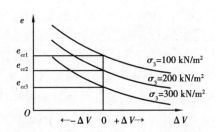

图 4.21　砂土的固结排水试验中
应力—应变—体变关系

图 4.22　砂土的临界孔隙比

4.8　竖向荷载作用下地基破坏形式和地基承载力

根据试验研究,地基因竖向承载力不足引起的破坏有三种形式:整体剪切破坏、局部剪切破坏和冲剪破坏。

整体剪切破坏的特征是:当建筑物荷载较小时,建筑物的基础下会形成一个如图 4.23(a)的三角形压密区 I,随同基础压入土中,这时基底压力 p 与沉降 s 基本上呈直线关系,属于线性变形阶段,如图 4.23(d)中的 oa 段。随着荷载增加,压密区 I 向两侧挤压,土中产生塑性区,塑性区先在基础边缘产生,然后逐步扩大形成图 4.23(a)中所示的 II,III 塑性区。这时基础的沉降增长率较前一阶段增大,故 p-s 曲线呈曲线关系,属于弹塑性变形阶段,如图 4.23(d)中的 ab 段。当荷载达到一定值后,土中形成连续滑动面,并延伸到地面,土从基础两侧挤出并隆起,基础沉降急剧增加,整个地基失稳破坏。这时 p-s 曲线上出现明显的转折点 b,其相应的荷载称为极限荷载 p_u。整体剪切破坏常发生在浅埋基础下的密砂或硬黏土等坚实地基中。

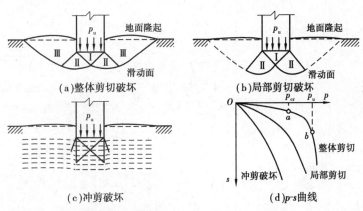

图 4.23　地基破坏形式及相应的 p-s 曲线

局部剪切破坏的特征是:随着荷载的增加,基础下也产生压密区Ⅰ及塑性区Ⅱ,但塑性区仅仅发展到地基某一范围内,土中滑动面并不延伸到地面,如图4.23(b)所示。基础两侧地面微微隆起,没有出现明显的裂缝。其 p-s 曲线如图4.23(d)中所示,曲线也有一个转折点,但不像整体剪切破坏那么明显。局部剪切破坏常发生于中等密实砂土中。

冲剪破坏(刺入剪切破坏)的特征是:在基础下没有明显的连续滑动面,随着荷载的增加,基础随着土层发生压缩变形而下沉,当荷载继续增加,基础周围附近土体发生竖向剪切破坏,使基础刺入土中,如图4.23(c)所示。冲剪破坏的 p-s 曲线如图4.23(d)中所示,没有明显的转折点,没有明显的比例界限及极限荷载,这种破坏形式发生在松砂及软土中。

地基的剪切破坏形式,除了与地基土的性质有关外,还同基础埋置深度、加荷速率等因素有关。如:在密砂地基中,一般常发生整体剪切破坏,但当基础埋置较深时,在很大荷载作用下密砂就会产生压缩变形,也可能产生冲剪破坏;在软黏土中,当加荷速度较慢时会产生压缩变形而产生冲剪破坏,但当加荷很快时,由于土体来不及产生压缩变形,就可能发生整体剪切破坏。

地基承载力是指地基土单位面积上所能承受荷载的能力。土作为建筑物地基使用时,在建筑物荷载的作用下,内部应力发生变化,表现在两方面:一方面是由于土在外荷载作用下产生压缩变形,引起基础过大的沉降量或沉降差,使上部结构倾斜、开裂以致毁坏而失去使用价值;另一方面是由于建筑物的荷载过大,超过了地基的承载能力而使地基产生滑动破坏。当地基处于因承载力不足而即将失去稳定的临界状态时,地基就达到了自己的极限承载力。关于土的压缩变形在第3章已经作了介绍,下面主要针对地基因承载力不足而引起的破坏问题进行讨论。

确定地基承载力的方法一般有原位试验法、理论计算法、经验公式法等。原位试验法是一种通过现场试验确定承载力的方法,包括静载荷试验、静力触探试验、标准贯入试验、旁压试验等。理论计算法是根据土的抗剪强度指标以理论公式计算确定承载力的方法。经验公式法是一种基于地区的使用经验,进行类比判断确定承载力的方法。

4.9 地基临塑荷载和临界荷载

▶ 4.9.1 地基的临塑荷载

在图4.23(d)所示的基底压力与沉降的关系曲线中,整体剪切破坏的曲线有两个转折点 a 和 b,这两个转折点将地基变形分成三个阶段:压密阶段、局部剪切阶段和破坏阶段。地基从压密变形阶段过渡到局部剪切阶段的分界荷载,称为地基的临塑荷载 p_{cr}。

根据弹性力学的原理,条形基础受均布荷载作用,如图4.24所示,则基础下塑性变形区最大深度 z_{max} 为:

$$z_{max} = \frac{p - \gamma_0 d}{\pi \gamma}\left(\cot \varphi - \frac{\pi}{2} + \varphi\right) - \frac{1}{\gamma}c \cot \varphi - \frac{\gamma_0}{\gamma}d \qquad (4.24)$$

式中　p——基底压力,kPa;

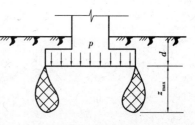

d——基础的埋置深度，m；

γ——地基持力层土的重度，地下水位以下取浮重度，kN/m^2；

γ_0——基底平面以上土层的加权平均重度，kN/m^2；

c——土的黏聚力，kPa；

φ——土的内摩擦角，（°），计算时化为 rad，$1° = 0.017\ 45$ rad。

图 4.24 条形基础下的塑性区

根据定义，临塑荷载为地基中刚开始出现塑性变形区时相应的基底压力，即 $z_{max} = 0$ 时的基底压力，则令式(4.24)右侧为零，可得临塑荷载 p_{cr} 的计算公式为：

$$p_{cr} = \frac{\pi(\gamma_0 d + c \cot\varphi)}{\cot\varphi - \frac{\pi}{2} + \varphi} + \gamma_0 d \qquad (4.25a)$$

或

$$p_{cr} = N_q \gamma_0 d + N_c c \qquad (4.25b)$$

式中 N_q，N_c——承载力系数，均为 φ 的函数。

$$N_q = \frac{\left(\cot\varphi + \varphi + \frac{\pi}{2}\right)}{\left(\cot\varphi + \varphi - \frac{\pi}{2}\right)} \qquad N_c = \frac{\pi \cot\varphi}{\left(\cot\varphi + \varphi - \frac{\pi}{2}\right)}$$

从式(4.25a)、式(4.25b)可以看出，临塑荷载 p_{cr} 由两部分组成，第一部分为基础埋深 d 的影响，第二部分为地基土黏聚力 c 的作用，这两部分都是内摩擦角 φ 的函数，p_{cr} 随 φ，d，c 的增大而增大。

▶ 4.9.2 地基的临界荷载

大量工程实践表明，用 p_{cr} 作为地基承载力是比较保守和不经济的。多数情况下，即使地基中出现一定范围的塑性区，也不致危及建筑物的安全和正常使用。工程中可以允许塑性区发展到一定范围，这个范围的大小是与建筑物的重要性、荷载性质以及土的特征等因素有关的。允许地基产生一定范围塑性区所对应的基底压力称为临界荷载。一般情况下，可分别取塑性区最大开展深度为 $b/4$，$b/3$，它们所对应的两个临界荷载可分别用 $p_{1/3}$，$p_{1/4}$ 表示。

根据定义，分别将 $z_{max} = b/4$ 和 $z_{max} = b/3$ 代入式(4.24)得：

$$p_{1/4} = \frac{\pi\left(\gamma_0 d + c \cot\varphi + \frac{1}{4}\gamma b\right)}{\cot\varphi - \frac{\pi}{2} + \varphi} + \gamma_0 d \qquad (4.26a)$$

或

$$p_{1/4} = N_q \gamma_0 d + N_c c + N_{1/4} \gamma b \qquad (4.26b)$$

$$p_{1/3} = \frac{\pi\left(\gamma_0 d + c \cot\varphi + \frac{1}{3}\gamma b\right)}{\cot\varphi - \frac{\pi}{2} + \varphi} + \gamma_0 d \qquad (4.27a)$$

或

$$p_{1/3} = N_q \gamma_0 d + N_c c + N_{1/3} \gamma b \qquad (4.27b)$$

式中 $N_{1/4}$，$N_{1/3}$——承载力系数，均为 φ 的函数。

$$N_{1/4} = \frac{\pi}{4\left(\cot\varphi + \varphi - \dfrac{\pi}{2}\right)}$$

$$N_{1/3} = \frac{\pi}{3\left(\cot\varphi + \varphi - \dfrac{\pi}{2}\right)}$$

从式(4.26b)、式(4.27b)可以看出,临界荷载由三部分组成:第一、二部分构成了临塑荷载,分别与基础埋深 d、该深度内土的重度 γ_0 及地基土的黏聚力 c 有关;第三部分与基础宽度和基底以下土的重度有关,实际上受塑性区开展深度的影响。这三部分都是内摩擦角 φ 的函数,并随着 φ 的增大而增大。

值得注意的有两点:

①上述临塑荷载与临界荷载计算公式,均由条形基础上作用均布荷载推导得来,对于其他问题(如矩形、圆形基础),采用以上两公式进行计算时结果偏于安全;

②推导临界荷载 $p_{1/3}$,$p_{1/4}$ 的计算公式时,土中已出现塑性区,但仍然近似按弹性理论来求解,这在理论上是相互矛盾的,所引起的误差将随着塑性区的扩大而加大。

【例4.5】 某条形基础置于一均质地基上,宽为 3 m,埋深为 1 m,地基土天然重度为 18.0 kN/m³,饱和重度为 19.0 kN/m³,抗剪强度指标 $c = 15$ kPa,$\varphi = 12°$。问该基础的临塑荷载 p_{cr}、临界荷载 $p_{1/3}$,$p_{1/4}$ 各为多少?若地下水位上升至基础底面,假定土的抗剪强度指标不变,其 p_{cr},$p_{1/3}$,$p_{1/4}$ 有何变化?

【解】 根据 $\varphi = 12°$,由承载力系数的公式计算得:

$$N_c = 4.42, N_q = 1.94, N_{1/4} = 0.23, N_{1/3} = 0.31$$

将承载力系数分别代入式(4.20b)、式(4.21b)、式(4.22b),可得:

$p_{cr} = N_q\gamma_0 d + N_c c = 1.94 \times 18.0 \text{ kN/m}^3 \times 1.0 \text{ m} + 4.42 \times 15 \text{ kPa} = 101 \text{ kPa}$

$p_{1/4} = N_q\gamma_0 d + N_c c + N_{1/4}\gamma b$

$\qquad = 1.94 \times 18.0 \text{ kN/m}^3 \times 1.0 \text{ m} + 4.42 \times 15 \text{ kPa} + 0.23 \times 18.0 \text{ kN/m}^3 \times 3.0 \text{ m}$

$\qquad = 114 \text{ kPa}$

$p_{1/3} = N_q\gamma_0 d + N_c c + N_{1/3}\gamma b$

$\qquad = 1.94 \times 18.0 \text{ kN/m}^3 \times 1.0 \text{ m} + 4.42 \times 15 \text{ kPa} + 0.31 \times 18.0 \text{ kN/m}^3 \times 3.0 \text{ m}$

$\qquad = 118 \text{ kPa}$

地下水位上升至基础底面,此时 γ 需取浮重度 γ':

$\gamma' = \gamma_{sat} - \gamma_w = 19.0 \text{ kN/m}^3 - 10 \text{ kN/m}^3 = 9.0 \text{ kN/m}^3$

$p_{cr} = 1.94 \times 18.0 \text{ kN/m}^3 \times 1.0 \text{ m} + 4.42 \times 15 \text{ kPa} = 101 \text{ kPa}$

$p_{1/4} = 1.94 \times 18.0 \text{ kN/m}^3 \times 1.0 \text{ m} + 4.42 \times 15 \text{ kPa} + 0.23 \times 9.0 \text{ kPa} \times 3.0 \text{ m} = 107 \text{ kPa}$

$p_{1/3} = 1.94 \times 18.0 \text{ kN/m}^3 \times 1.0 \text{ m} + 4.42 \times 15 \text{ kPa} + 0.31 \times 9.0 \text{ kPa} \times 3.0 \text{ m} = 110 \text{ kPa}$

比较可知,当地下水位上升至基底时,地基的临塑荷载没有变化,地基的临界荷载降低,其减小率分别为 6.1% 和 6.8%。通过此例不难看出,当地下水位上升到基底以上时,临塑荷载也将降低。由此可知,对工程而言,作好排水工作,防止地表水渗入地基,对保证地基稳定和足够的承载能力具有重要意义。

4.10 浅基础的地基极限承载力

▶ 4.10.1 地基极限荷载的概念

地基极限荷载即地基从局部剪切阶段过渡到破坏阶段的分界荷载,是地基达到完全剪切破坏时的最小压力,又叫地基极限承载力。地基极限荷载除以安全系数可作为地基承载力特征值。

极限承载力的理论推导目前只能针对整体剪切破坏模式进行。确定极限承载力的计算公式可归纳为两大类:一类是假定滑动面法,即先假定在极限荷载作用时土中滑动面的形状,然后根据滑动土体的静力平衡条件求解;另一类是按照极限平衡理论求解,即根据极限平衡时的基本微分方程组和具体的边界条件求解后,得出地基的极限承载力。

▶ 4.10.2 普朗德尔公式

普朗德尔极限承载力是一种按照极限平衡理论求解的承载力。德国学者普朗德尔(Prandtl,1920)给出:宽度为 B 的条形基础(基底光滑),置于地基表面(地基土是均匀、各向同性的无重量介质,即 $\gamma = 0$),在中心荷载 P 作用下,当 P 足够大时,地基土达到极限平衡状态,其滑裂线网如图 4.25 所示,此时作用在基底的极限荷载 p_u 为:

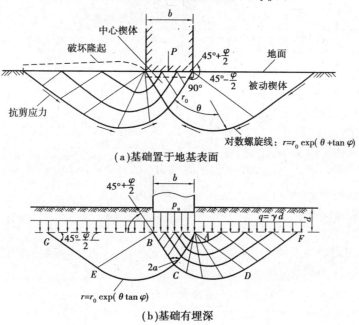

(a)基础置于地基表面

(b)基础有埋深

图 4.25 普朗德尔地基整体剪切破坏模式

$$p_u = N_c c \tag{4.28}$$

式中 N_c——承载力系数，$N_c = \cot\varphi\left[e^{\pi\tan\varphi}\tan^2\left(45° + \dfrac{\varphi}{2}\right) - 1\right]$，也可查表 4.2;

　　　c,φ——土的抗剪强度指标。

当基础埋置深度为 D 时，将基础底面以上的两侧土体视同作用在基底水平面上的均布超载 $q = \gamma_0 D$。则此时的地基极限承载力为:

$$p_u = N_q q + N_c c \tag{4.29}$$

式中 N_q——承载力系数，$N_q = e^{\pi\tan\varphi}\tan^2\left(45° + \dfrac{\varphi}{2}\right)$，也可查表 4.2;

　　　其余符号含义与式(4.28)相同。

表 4.2　承载力系数 N_γ,N_q,N_c

φ	N_γ	N_q	N_c	φ	N_γ	N_q	N_c
0	0	1.00	5.14	24	6.90	9.61	19.3
2	0.01	1.20	5.69	26	9.53	11.9	22.3
4	0.05	1.43	6.17	28	13.1	14.7	25.8
6	0.14	1.72	6.82	30	18.1	18.4	30.2
8	0.27	2.06	7.52	32	25.0	23.2	35.5
10	0.47	2.47	8.35	34	34.5	29.5	42.2
12	0.76	2.97	9.29	36	48.1	37.8	50.6
14	1.16	3.58	10.4	38	67.4	48.9	61.4
16	1.72	4.33	11.6	40	95.5	64.2	75.4
18	2.49	5.25	13.1	42	137	85.4	93.7
20	3.54	6.40	14.8	44	199	115	118
22	4.96	7.82	16.9	45	241	134	133

▶ 4.10.3　太沙基公式

太沙基承载力是按假定滑动面法求解的承载力。太沙基(Terzaghi)对普朗德尔理论进行了修正，假定:

①地基土有重量，即 $\gamma \neq 0$;

②基底粗糙;

③不考虑基底以上填土的抗剪强度，把它仅看成作用在基底水平面上的超载;

④在极限荷载作用下基础发生整体剪切破坏;

⑤假定地基中滑动面的形状如图 4.26 所示。

然后利用塑性理论推导了条形浅基础(基础埋深 $d <$ 基础宽度 b)，在铅直中心荷载作用下，地基极限荷载的理论公式。即:

$$p_u = \frac{1}{2}N_\gamma \gamma b + N_q q + N_c c \tag{4.30}$$

式中 N_γ,N_q,N_c——粗糙基底的承载力系数，是 φ,ψ 的函数。

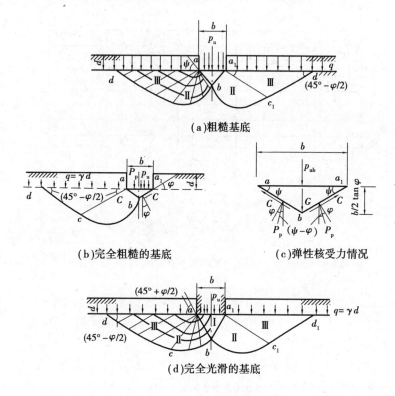

图 4.26　太沙基地基承载力

式(4.30)即为基底不完全粗糙情况太沙基承载力理论公式。其中弹性核两侧对称边界面与水平面的夹角 ψ 为未定值。

太沙基给出了基底完全粗糙情况的解答。此时,$\psi = \varphi$,承载力系数由下式确定:

$$N_q = \frac{e^{\left(\frac{3\pi}{2-\varphi}\right)\tan\varphi}}{2\cos^2\left(45° + \dfrac{\varphi}{2}\right)} \tag{4.31a}$$

$$N_c = (N_q - 1)\cot\varphi \tag{4.31b}$$

$$N_\gamma = \frac{1}{2}\left(\frac{K_p}{2\cos^2\varphi} - 1\right)\tan\varphi \tag{4.31c}$$

从式(4.31)可知,承载力系数为土的内摩擦角 φ 的函数。另外,表示土重影响的承载力系数 N_γ 包含相应被动土压力系数 K_p(见教材 5.3 节)。

对完全粗糙情况,太沙基给出了承载力系数曲线图,如图 4.27 所示。由内摩擦角 φ 直接从图中查出 N_γ, N_q, N_c 值。式(4.30)为在假定条形基础下地基发生整体剪切破坏时得到的,对于实际工程中存在的方形、圆形和矩形基础,或地基发生局部剪切破坏情况,太沙基给出了相应的经验公式。

对于地基发生局部剪切破坏的情况,太沙基建议对土的抗剪强度指标进行折减,即取:$c^* = 2c/3$,$\varphi^* = \arctan[(2\tan\varphi)/3]$。根据调整后的 φ^* 由图 4.27 查出 N_γ, N_q, N_c,按式(4.30)计算局部剪切破坏极限承载力。或者,直接按 φ 由图 4.27 中 N'_γ, N'_q, N'_c 曲线(虚线)查出,再按下式计算极限承载力:

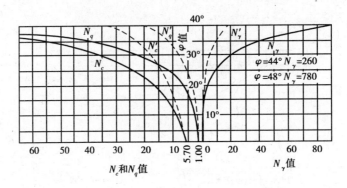

图 4.27　太沙基公式承载力系数(基底完全粗糙)

$$p_u = \frac{1}{2}N'_\gamma \gamma b + N'_q q + \frac{2}{3}N'_c c \tag{4.32}$$

对于圆形或方形基础,太沙基建议按下列半经验公式计算地基极限承载力。

• 宽度为 b 的方形基础:

整体剪切破坏时　　　　　　$p_u = 0.4N_\gamma \gamma b + N_q q + 1.2N_c c \tag{4.33}$

局部剪切破坏时　　　　　　$p_u = 0.4N'_\gamma \gamma b + N'_q q + 0.8N'_c c \tag{4.34}$

• 半径为 b 的圆形基础:

整体剪切破坏时　　　　　　$p_u = 0.6N_\gamma \gamma b + N_q q + 1.2N_c c \tag{4.35}$

局部剪切破坏时　　　　　　$p_u = 0.6N'_\gamma \gamma b + N'_q q + 0.8N'_c c \tag{4.36}$

• 对宽度为 b、长度为 l 的矩形基础,可按 b/l 值,在条形基础($b/l = 0$)和方形基础($b/l = 1$)的极限承载力之间用插值法求得。

▶ 4.10.4　汉森和魏锡克公式

汉森和魏锡克公式也是一种按假定滑动面求解的承载力,适用于倾斜荷载作用下,不同基础形状和埋置深度的极限荷载的计算。汉森(Hansen)和魏锡克(Vesic)在太沙基理论的基础上,假定基底光滑,考虑荷载倾斜、偏心、基础形状、地面倾斜、基底倾斜等因素的影响,对承载力计算公式进行了修正。即:

$$p_u = \frac{1}{2}N_\gamma S_\gamma i_\gamma d_\gamma g_\gamma b_\gamma \gamma b + N_q S_q i_q d_q g_q b_q q + N_c S_c i_c d_c g_c b_c c \tag{4.37}$$

式中　N_γ, N_q, N_c——承载力系数,见表4.2;

　　　S_γ, S_q, S_c——基础形状修正系数,见表4.3;

表 4.3　基础形状修正系数 S_γ, S_q, S_c

系数　公式来源	S_γ	S_q	S_c
汉　森	$1 + 0.4 i_\gamma, \geq 0.6$	$1 + i_q \dfrac{b}{l}\sin \varphi$	$1 + 0.2 i_c \dfrac{b}{l}$
魏锡克	$1 - 0.4 \dfrac{b}{l}$	$1 + \dfrac{b}{l}\tan \varphi$	$1 + \dfrac{b}{l}\dfrac{N_q}{N_c}$

注:1. b, l 分别为基础的宽度和长度。

　　2. i 为荷载倾斜系数,见表4.4。

i_γ, i_q, i_c——荷载倾斜修正系数,见表 4.4;

表 4.4　荷载倾斜修正系数 i_γ, i_q, i_c

系数 公式来源	i_γ		i_q	i_c
汉森	水平基底: $\left(1 - \dfrac{0.7H}{Q + cA\cot\varphi}\right)^5 > 0$	倾斜基底: $\left(1 - \dfrac{\left(0.7 - \dfrac{\eta}{45°}\right)H}{Q + cA\cot\varphi}\right)^5 > 0$	$\left(1 - \dfrac{0.5H}{Q + cA\cot\varphi}\right)^5 > 0$	$\varphi = 0°: 0.5 + 0.5\sqrt{1 - \dfrac{H}{cA}}$ $\varphi > 0°: i_q - \dfrac{1 - i_q}{N_c\tan\varphi}$
魏锡克	$\left(1 - \dfrac{H}{Q + cA\cot\varphi}\right)^{m+1}$		$\left(1 - \dfrac{H}{Q + cA\cot\varphi}\right)^m$	$\varphi = 0°: 1 - \dfrac{mH}{cAN_c}$ $\varphi > 0°: i_q - \dfrac{1 - i_q}{N_c\tan\varphi}$

注:①基底面积 $A = bl$,当荷载偏心时,则用有效面积 $A_e = b_e l_e$;
　②H 和 Q 分别为倾斜荷载在基底上的水平分力和竖直分力;
　③η 为基础底面与水平面的倾斜角;
　④当荷载在短边倾斜时,$m = 2 + (b/l)/[1 + (b/l)]$,当荷载在长边倾斜时,$m = 2 + (l/b)/[1 + (l/b)]$,对于条形基础 $m = 2$;
　⑤当进行荷载倾斜修正时,必须满足 $H \leqslant c_a A + Q\tan\delta$ 的条件,c_a 为基底与土之间的黏着力,可取用土的不排水剪切强度 c_u,δ 为基底与土之间的摩擦角。

d_γ, d_q, d_c——基础埋深修正系数,见表 4.5;

表 4.5　深度修正系数 d_γ, d_q, d_c

系数 公式来源	d_γ	d_q	d_c
汉森	1.0	$1 + 2\tan\varphi(1 - \sin\varphi)^2\left(\dfrac{d}{b}\right)$	$1 + 0.4\dfrac{d}{b}$
魏锡克	1.0	$d \leqslant b: 1 + 2\tan\varphi(1 - \sin\varphi)^2\left(\dfrac{d}{b}\right)$ $d > b: 1 + 2\tan\varphi(1 - \sin\varphi)\arctan\left(\dfrac{d}{b}\right)$	$\varphi = 0°, d \leqslant b: 1 + 0.4\dfrac{d}{b}$ $\varphi = 0°, d > b: 1 + 0.4\arctan\dfrac{d}{b}$ $\varphi > 0°: d_q - \dfrac{1 - d_q}{N_c\tan\varphi}$

g_γ, g_q, g_c——地面倾斜修正系数,见表 4.6;

表 4.6　地面倾斜修正系数 g_γ, g_q, g_c

系数 公式来源	$g_\gamma = g_q$	g_c
汉森	$(1 - 0.5\tan\beta)^5$	$1 - \beta/147°$
魏锡克	$(1 - \tan\beta)^2$	$\varphi = 0°: 1 - \left(\dfrac{2\beta}{2 + \pi}\right)$ $\varphi > 0°: g_q - \dfrac{1 - g_q}{N_c\tan\varphi}$

注:①β 为倾斜地面与水平面之间的夹角;
　②魏锡克公式规定,当基础放在 $\varphi = 0°$ 的倾斜地面上时,承载力公式中的 N_γ 项应为负值,其值为 $N_\gamma = -2\sin\beta$,并且应满足 $\beta < 45°$ 和 $\beta < \varphi$ 的条件。

b_γ, b_q, b_c——基底倾斜修正系数,见表 4.7。

表 4.7　基底倾斜修正系数 b_γ, b_q, b_c

系数 公式来源	b_γ	b_q	b_c
汉森	$e^{-2.7\eta \tan \varphi}$	$e^{-2\eta \tan \varphi}$	$1 - \eta/147°$
魏锡克	$(1 - \eta \tan \varphi)^2$	$(1 - \eta \tan \varphi)^2$	$\varphi = 0°: 1 - \left(\dfrac{2\eta}{5.14}\right)$ $\varphi > 0°: b_q - \dfrac{1 - b_q}{N_c \tan \varphi}$

注:η 为倾斜基底与水平面之间的夹角,应满足 $\eta < 45°$ 的条件。

表 4.8　汉森公式安全系数表

土或荷载条件	K	土或荷载条件	K
无黏性土	2.0	瞬时荷载(如风、地震和相当的 活荷载)	2.0
黏性土	3.0	静荷载或者长时期的活荷载	2 或 3(视土样而定)

表 4.9　魏锡克公式安全系数表

种类	典型建筑物	所属的特征	土的查勘	
			完全、彻底的	有限的
A	铁路桥 仓库 高炉 水工建筑 土工建筑	最大设计荷载极可能经常出 现;破坏的结果是灾难性的	3.0	4.0
B	公路桥 轻工业和公共建筑	最大设计荷载可能偶然出现; 破坏的结果是严重的	2.5	3.5
C	房屋和办公室建筑	最大设计荷载不可能出现	2.0	3.0

注:①对于临时性建筑物,可以将表中数值降低 25%,但不得使安全系数低于 2.0 来使用;

　　②对于非常高的建筑物,例如烟囱和塔,或者随时可能发展成为承载力破坏危险的建筑物,表中数值将增
　　　加 20%~50%;

　　③如果基础设计是由沉降控制,必须采用高的安全系数。

　　在实际工程中,为了确保地基不致因荷载过大而发生剪切破坏,同时也保证不因基础过大的沉降或差异沉降而影响建筑物的安全和正常使用,地基基础设计一般都限制建筑物基础底面的压力最大不超过地基的容许承载力。通常情况下,将地基极限承载力 p_u 与安全系数 K 的比值称为地基容许承载力,记为 f_{ak},则:

$$f_{ak} = \frac{p_u}{K} \tag{4.38}$$

式中 K——安全系数,太沙基公式适用 $K = 2 \sim 3$,汉森和魏锡克公式适用 K 值分别见表 4.8、表 4.9。

▶ 4.10.5 影响极限荷载的因素

从普朗德尔、太沙基、魏锡克的确定极限荷载公式可以看出,影响极限承载力的因素主要有:土的抗剪强度指标 φ 和 c、土的重度 γ、基础埋深 d 和基础宽度 b。土的极限承载力随着 γ、φ,c,d,b 的增大而增大,但对于饱和软土($\varphi = 0$),增大基础宽度 b 对 p_u 几乎没有影响。

①在这 5 个影响因素中,对极限承载力影响大的是 c,φ,正确采用 c,φ 值是合理确定极限承载力的关键。

②土的容重除了与土的种类有关以外,还将受到地下水位的影响。地下水位以下的土要采用有效重度进行计算。

③地基的承载力还与基础的尺寸和形状有关。由承载力的公式可知,基础的宽度 b 越大,承载力越高。但当基础的宽度达到某一数值以后,承载力不再随着宽度的增加而增加。另外,对于黏性土地基,由于 b 增大,虽然基底压力可减小,但应力影响深度增加,有可能使基础的沉降量加大,这要通过计算来决定是否加大基础宽度。

④在均质土层中,增加基础埋深 d 同样可以提高地基的承载力。由于 d 增加,起止土压力不同,压缩系数增大,沉降减小。

【例 4.6】 某办公楼采用砖混结构条形基础。设计基础宽度 $b = 1.50$ m,基础埋深 $d = 1.4$ m,地基为粉土,$\gamma = 18.0$ kN/m³,$\varphi = 20°$,$c = 10$ kPa,地下水位深 7.8 m。试用太沙基公式计算此地基的极限荷载 p_u 和容许地基承载力 f_{ak}。若地基的内摩擦角 φ 为 15°,其余条件不变,则 p_u 和 f_{ak} 各为多少?

【解】 (1)条形基础,按太沙基公式(4.30)计算:

由 $\varphi = 20°$,查图 4.25 中曲线,得:$N_\gamma = 5$,$N_c = 7.5$,$N_q = 18$

代入公式 $p_u = \dfrac{1}{2}N_\gamma \gamma b + N_q q + N_c c$

$$= 5 \times 18.0 \text{ kN/m}^3 \times 1.5 \text{ m} \div 2 + 18 \times 18.0 \text{ kN/m}^3 \times 1.4 \text{ m} + 7.5 \times 10 \text{ kPa}$$
$$= 596.1 \text{ kPa}$$

取安全系数 $K = 3.0$,则容许地基承载力为:

$$f_{ak} = p_u/K = 596.1/3.0 = 198.7 \text{ kPa}$$

(2)当 $\varphi = 15°$,查图 4.25 中曲线,得:$N_\gamma = 2$,$N_c = 13$,$N_q = 4$

代入公式 $p_u = \dfrac{1}{2}N_\gamma \gamma b + N_q q + N_c c$

$$= 2 \times 18.0 \text{ kN/m}^3 \times 1.5 \text{ m} \div 2 + 4 \times 18.0 \text{ kN/m}^3 \times 1.4 \text{ m} + 13 \times 10 \text{ kPa}$$
$$= 257.8 \text{ kPa}$$

取安全系数 $K = 3.0$,则地基承载力特征值为:

$$f_{ak} = p_u/K = 257.8 \text{ kPa}/3.0 = 85.9 \text{ kPa}$$

从以上结果可以看出:基础的形式、尺寸与埋深相同,地基土的 γ,c 不变,只是将 φ 由 20° 减小为 15°,极限荷载与地基承载力特征值均降低为原来的 33%。由此可知,φ 的大小,对 p_u

和 f_{ak} 的影响很大。

复习思考题

4.1　什么是土的抗剪强度？研究土体的抗剪强度有何意义？

4.2　什么是莫尔强度包线？什么是莫尔-库仑强度理论？试用库仑公式说明土的抗剪强度与哪些因素有关？

4.3　什么是土的极限平衡状态？什么是极限平衡条件？它们有何实际意义？

4.4　试比较直剪试验与三轴试验的优缺点。

4.5　什么是土的抗剪强度指标？测定抗剪强度指标有何工程意义？

4.6　无黏性土和黏性土的抗剪强度规律有何不同？同一种土的抗剪强度是不是一个定值？为什么？

4.7　什么是地基承载力？地基破坏的形式有哪几种？

4.8　地基临塑荷载和临界荷载的物理概念分别是什么？

4.9　什么是地基极限荷载？极限荷载的大小取决于哪些因素？

习　题

4.1　设地基内某点的小主应力 $\sigma_3 = 100 \ kN/m^2$，该地基土的抗剪强度指标为内摩擦角 $\varphi = 30°$，黏聚力 $c = 50 \ kN/m^2$，试问剪破时该点的大主应力 σ_1 为多少？（答案：473.2 kPa）

4.2　对某土样进行直剪试验，在法向应力为 100，200，300，400 kPa 时，测得抗剪强度 τ_f 为 52，83，115，145 kPa，求：（1）用图解法确定该土样的抗剪强度指标 c 和 φ；（2）如果在土中的某一平面上作用的法向应力为 260 kPa，剪应力为 92 kPa，该平面是否会剪切破坏？为什么？（答案：$c = 20 \ kPa$；$\varphi = 180°$；不会破坏）

4.3　某黏性土有效抗剪强度指标：$c' = 0$，$\varphi' = 30°$，分别作不固结排水和固结不排水三轴试验。在每一种试验中，三轴周围压力保持不变为 200 kN/m²。试计算：（1）在不固结不排水试验中，破坏时孔隙水压力为 120 kN/m²，求试样破坏时的有效竖向应力；（2）由固结不排水试验测得在破坏时的有效竖向应力为 150 kN/m²，求破坏时的孔隙水压力。（答案：240 kPa；150 kPa）

4.4　饱和黏性土试样在三轴压缩仪中进行固结不排水试验，破坏时，$\sigma_1 = 400 \ kPa$，$\sigma_3 = 200 \ kPa$，孔隙水压力 $u_f = 150 \ kPa$，$c' = 60 \ kPa$，$\varphi' = 30°$。求破坏面上的法向有效应力、剪应力及剪切破坏时的孔隙水压力系数 A。（答案：100 kPa；86.6 kPa；0.75）

4.5　某饱和黏性土在三轴压缩仪中进行固结不排水试验，得 $c' = 24 \ kPa$，$\varphi' = 22°$，如果这个试样受到 $\sigma_1 = 200 \ kPa$ 和 $\sigma_3 = 150 \ kPa$ 的作用，测得孔隙水压力 $u = 100 \ kPa$，问该试样是否会破坏？（答案：不会破坏）

4.6　某黏性土试样由固结不排水试验测得有效抗剪强度指标 $c' = 10 \ kPa$，$\varphi' = 30°$，如果

该试样在周围压力 $\sigma_3 = 100$ kN/m² 下进行固结排水试验至破坏,试求破坏时的大主应力 σ_1。(答案:334.6 kPa)

4.7 一条形基础,宽 1.5 m,埋深 1.0 m。地基土层分布为:第一层素填土,厚 0.8 m,密度 1.80 g/cm³,含水量 35%;第二层黏性土,厚 6 m,密度 1.82 g/cm³,含水量 38%,土粒比重 2.72,土黏聚力 10 kPa,内摩擦角 13°。求:(1)该基础的临塑荷载 p_{cr},临界荷载 $p_{1/4}$ 和 $p_{1/3}$。(2)若地下水位上升到基础底面,假定土的抗剪强度指标不变,其相应 p_{cr},$p_{1/4}$,$p_{1/3}$ 为多少? 据此可得到何种规律? (答案:$p_{cr} = 82$ kPa,$p_{1/4} = 90$ kPa,$p_{1/3} = 92$ kPa;$p_{cr} = 82$ kPa,$p_{1/4} = 86$ kPa,$p_{1/3} = 87$ kPa)

4.8 某条形基础,基础宽度 $b = 2.4$ m,基础埋置深度 $d = 2.0$ m,地基土重度 $\gamma = 17$ kN/m³,黏聚力 $c = 10$ kPa,内摩擦角 $\varphi = 15°$。试按太沙基公式理论计算,回答:(1)整体破坏时地基极限承载力为多少? 若取安全系数为 2.5,地基容许承载力为多少?(2)分别加大基础埋深至 2.4 m,2.8 m,承载力有何变化? (3)分别加大基础宽度至 2.7 m,3.0 m,承载力有何变化?(4)若地基土内摩擦角为 20°,黏聚力为 12 kPa,承载力有何变化? (5)根据以上的计算比较,可得出哪些规律?

4.9 某方形基础受垂直中心荷载作用,基础宽度 3 m,基础埋置深度 2.5 m,地基土的重度 18.5 kN/m³,黏聚力 $c = 30$ kPa,内摩擦角 $\varphi = 0°$,试按汉森公式计算地基极限承载力。(答案:251 kPa)

5

土压力与土坡稳定性

〖**本章导读**〗

    本章重点介绍各种土压力的形成条件、概念及各种土压力理论。学习后应熟悉工程中的土压力种类,掌握朗肯土压力理论、库仑土压力理论和规范公式。在边坡稳定性分析方面主要介绍了土质边坡稳定分析中常用的几种方法,包括原理及计算过程。学习后应了解边坡安全系数的定义,掌握费伦纽斯条分法、毕肖普条分法的基本原理和计算方法。

5.1 概　述

    在房屋建筑、铁道、公路、桥梁以及水利工程中,经常要修筑一些如挡土墙、隧道和基坑围护结构等挡土结构物,它起着支撑土体,保持土体稳定,使之不致坍塌的作用如图 5.1 中(a)、(b)、(c)所示。另一些构筑物如桥台等则受到土体的支撑,土体起着提供反力的作用,如图 5.1(d)所示,在这些构筑物与土体的接触面处均存在侧向压力的作用,这种侧向压力就是土压力。

    土压力是设计挡土结构物断面和验算其稳定性的主要对象。在挡土结构的设计中首先应该确定土压力的大小、方向和合力作用点的位置。当挡土结构物是条形,其断面形状在相当长的范围内保持不变,且其延长长度远大于高度和宽度时,其有关力学问题可视为平面问题,土压力的计算一般是取 1 延长米进行分析。土压力的影响因素很多,如挡土结构物的形式、刚度、表面粗糙度、位移方向、墙后土体的地表形态、土的物理及力学性质、地基的刚度以及墙后填土的施工方法等。在这些因素中,以墙身的位移、墙高和填土的物理及力学性质最

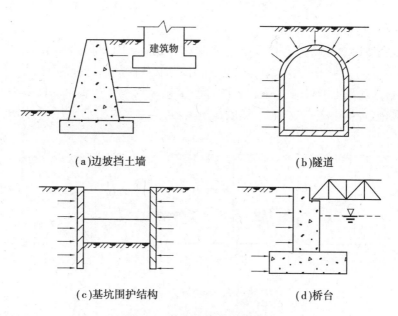

(a)边坡挡土墙　　　　　　　　(b)隧道

(c)基坑围护结构　　　　　　　　(d)桥台

图5.1　挡土结构物应用举例

为重要。墙体位移的方向和位移量决定土压力的性质和大小。

土坡可分为天然土坡和人工土坡,由于某些外界不利因素,土坡可能发生局部土体滑动而失去稳定。土坡的坍塌常造成严重的工程事故,并危及人身安全。因此,应验算土坡的稳定性并对可能失稳的土坡采取适当的工程措施。

本章将分别讨论土压力、挡土墙设计及土坡稳定分析等问题。

5.2　挡土墙的土压力

▶ 5.2.1　土压力的类型

太沙基为研究作用于挡土墙背上的土压力,曾作过模型试验。模型墙高 2.18 m,墙后填满中砂。试验时使墙向前后移动,以观测墙在移动过程中土压力值的变化。图5.2是太沙基试验结果示意图。从图中可以看出根据挡土墙发生位移的方向,土压力可以分为以下三种:

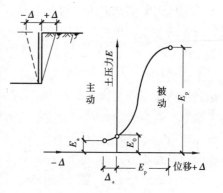

图5.2　墙位移与土压力

1)静止土压力

如果挡土墙在土压力作用下,墙体没有发生任何方向位移和转动,墙后土体处于弹性平衡状态,此时作用在墙背上的土压力称为静止土压力,以 E_0 表示,如图5.3(a)所示,一般地下室的外墙可视为这种情况。

2)主动土压力

当挡土墙在墙后土体的推力作用下向前移动时,墙后土体随墙的移动而产生下滑的趋势,为阻止其下滑,土体内潜在滑动面上的剪应力增加,从而使墙背上的土压力减小。当位移达到一定量时,滑动面上的剪应力等于土的抗剪强度,墙后土体达到主动极限平衡状态,填土中出现滑动面,这时作用在挡土墙上的土压力减至最小,称为主动土压力,用 E_a 表示,如图5.3(b)所示。

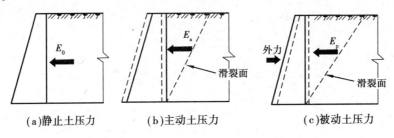

(a)静止土压力   (b)主动土压力   (c)被动土压力

图5.3 土压力的种类

3)被动土压力

若挡土墙在外力作用下(如拱桥的桥台)向后移动而挤压墙后填土,墙后土体有向上滑动的趋势,土压力逐渐增大。当位移达到一定值时,潜在滑动面上的剪应力等于土的抗剪强度,墙后土体达到被动极限平衡状态,填土内也出现滑动面。这时作用在挡土墙上的土压力增加至最大,称为被动土压力,用 E_p 表示,如图5.3(c)所示。

显然,在相同条件下,三种土压力之间存在如下关系:

$$E_a < E_0 < E_p$$

试验表明:

①挡土墙所受到的土压力类型,首先取决于墙体是否发生位移以及位移的方向,可分为 E_0,E_a 和 E_p;

②挡土墙所受土压力的大小随位移量而变化,并不是一个常数。

主动土压力和被动土压力是墙后填土处于两种不同极限平衡状态时,作用在墙背上的两个土压力。

主动和被动土压力是特定条件下的土压力,只有位移量足够大时才能达到。相比之下,达到主动极限平衡状态所需的位移量要比达到被动极限平衡状态小得多。对砂土而言,达到主动极限平衡状态所需的位移量约为 $0.001H$(H 为墙高),对黏性土约为 $0.004H$。对砂土而言,达到被动极限平衡状态的位移量约为 $0.05H$,对黏性土约为 $0.1H$,而这样大的位移量在工程上往往是不容许的。

在计算土压力时,需要先根据位移产生的条件,然后确定可能出现的土压力类型,再选用相应的理论和公式进行计算。计算土压力的方法有多种,本章主要介绍广泛采用的朗肯理论(Rankine,1857)和库仑理论(Coulomb,1776)。

▶ 5.2.2 静止土压力计算

建筑物地下室的外墙面,由于楼面和墙体的支撑作用,外墙几乎不会发生位移,这时作用在外墙面上的填土侧压力可按静止土压力计算。如图 5.4 所示,在墙后填土中任意深度 z 处取一微小单元体,其水平面和垂直面都是主应力面,作用于该土体单元上的竖直方向应力就是自重应力 γz,该处水平向应力即为静止土压力 p_0,按式(5.1)计算:

$$p_0 = K_0 \gamma z \qquad (5.1)$$

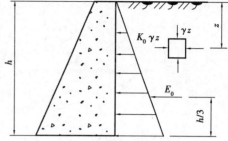

图 5.4　静止土压力计算

式中　p_0——静止土压力强度,kPa;

　　　K_0——静止土压力系数;

　　　γ——墙后填土的重度, kN/m³;

　　　z——土压力计算点的深度,m。

静止土压力系数 K_0 与土的性质、密实程度等因素有关,确定的方法有以下几种:

①通过侧限条件下的试验测定。

②采用经验公式计算,即 $K_0 = 1 - \sin \varphi'$,式中的 φ' 为土的有效内摩擦角。该公式适用于正常固结土。

③根据经验值酌定,见表 5.1。

表 5.1　静止土压力系数 K_0 的经验值

土　类	坚硬土	硬塑～可塑黏性土、粉质黏土、砂土	可塑～软塑黏性土	软塑黏性土	流塑黏性土
K_0	0.2～0.4	0.4～0.5	0.5～0.6	0.6～0.75	0.75～0.8

由式(5.1)可以看出,静止土压力与深度 z 成正比,且当 γ,k_0 均为常数时,静止土压力沿墙高呈三角形分布。即静止土压力的合力 E_0 为:

$$E_0 = \frac{1}{2} \gamma H^2 K_0 \qquad (5.2)$$

式中　H——挡土墙的高度。E_0 的作用点位于墙底面以上 $H/3$ 处。

5.3　朗肯土压力理论

朗肯(Rankine,1857)土压力理论属于古典土压力理论之一,它是根据半无限土体在自重作用下的应力状态和极限平衡条件建立的。朗肯理论分析挡土墙的土压力时,假设:

①墙后填土表面水平;

②挡土墙背垂直;

③挡墙背面光滑,即不考虑墙与土之间的摩擦力。

▶ 5.3.1　主动土压力

在重度为 γ、表面水平的半无限空间弹性体中,于深度 z 处取一微小单元体,如图 5.5(a)所示。从上面的假设出发,墙背竖直光滑,这样土体的竖直面内即为一个主应力面。水平面为另

一主应力面,其上的主应力分别为 σ_1 和 σ_3,竖直方向的主应力即为自重应力 $\sigma_1 = \sigma_z = \gamma z$。如果挡土墙在施工和使用阶段没有发生任何的侧移和转动,水平方向的应力就是静止土压力 $\sigma_3 = p_0 = K_0 \gamma z$。此时土体处于弹性平衡状态,作用在墙背上的应力状态与半空间中土体应力状态一致,由 σ_1 和 σ_3 所作的莫尔应力圆与土的抗剪强度包线相离,如图 5.5(b) 中圆 I。

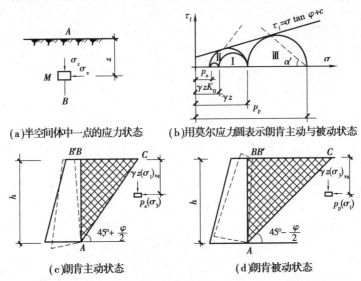

(a)半空间体中一点的应力状态   (b)用莫尔应力圆表示朗肯主动与被动状态

(c)朗肯主动状态   (d)朗肯被动状态

图 5.5 半空间体的极限平衡状态

挡土墙在土压力作用下产生离开土体的位移,则土体向水平方向伸展,因而作用在微元体水平方向的主应力 σ_3 减小,而作用在顶面处的大主应力 $\sigma_1 = \sigma_z = \gamma z$ 不变。当挡土墙的位移使墙后某一点的小主应力减小,并使其达到极限平衡状态时,该点的应力圆与抗剪强度包线相切,如图 5.5(b) 中圆 Ⅱ。当挡土墙的位移使墙高度范围内的土体每一点都处于极限平衡状态,形成一系列平行的破裂面(滑动面),则称为朗肯主动状态,此时作用在墙背上的小主应力就是主动土压力。利用极限平衡条件,剪切破坏面与大主应力方向的夹角为 $45° - \dfrac{\varphi}{2}$。

根据土体的极限平衡条件,黏性土中任一点大、小主应力的关系应该满足:

$$\sigma_3 = \sigma_1 \tan^2\left(45° - \frac{\varphi}{2}\right) - 2c \tan\left(45° - \frac{\varphi}{2}\right)$$

计算主动土压力时,$p_a = \sigma_3$,$\sigma_1 = \gamma z$,并令 $K_a = \tan^2\left(45° - \dfrac{\varphi}{2}\right)$,则有:

$$p_a = \gamma z K_a - 2c \sqrt{K_a} \tag{5.3}$$

对于无黏性土,由于 $c = 0$,则有:

$$p_a = \gamma z K_a \tag{5.4}$$

式中　p_a——主动土压力强度,kPa;

　　　K_a——朗肯主动土压力系数,$K_a = \tan^2\left(45° - \dfrac{\varphi}{2}\right)$;

　　　γ——填土的重度,kN/m^3;

　　　c——填土的黏聚力,kPa;

φ——填土的内摩擦角,($^\circ$);

z——计算点离填土表面的距离,m。

对于无黏性土来说,p_a 的作用方向垂直于墙背,土压力与深度成正比,呈三角形分布,如图 5.6(b)所示。当墙高为 $H(z = H)$ 时,则作用于单位长度上的总主动土压力为:

$$E_a = \frac{1}{2}\gamma H^2\tan^2\left(45^\circ - \frac{\varphi}{2}\right) \tag{5.5}$$

或

$$E_a = \frac{1}{2}\gamma H^2 K_a \tag{5.6}$$

其作用点位置距墙底 $\frac{1}{3}H$。

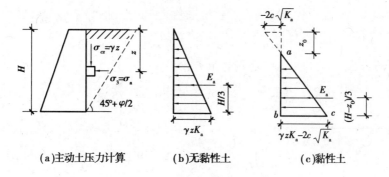

(a)主动土压力计算   (b)无黏性土   (c)黏性土

图 5.6　主动土压力强度分布图

由式(5.3)可以看出,黏性土的土压力强度由两部分组成:

①土的自重引起的对墙的压力 $\gamma z K_a$,随深度 z 呈三角形变化,如图 5.6(b)所示;

②黏聚力 c 引起负的压力 $2c\sqrt{K_a}$,起减少土压力的作用,其值不随深度变化,如图5.6(c)中虚线部分。

由于挡土墙与土体之间不能承受拉力,土压力的分布为图5.6(c)中实线三角形部分($\triangle abc$)。

a 点至填土表面的高度 z_0 称为临界深度,可由 $p_a = 0$ 求得。

$$p_a = \gamma z_0 K_a - 2c\sqrt{K_a} = 0$$

故临界深度为:

$$z_0 = \frac{2c}{\gamma\sqrt{K_a}} \tag{5.7}$$

总主动土压力 E_a 应为三角形 abc 之面积,即:

$$E_a = \frac{1}{2}(H - z_0)(\gamma H K_a - 2c\sqrt{K_a})$$

$$= \frac{1}{2}\gamma H^2 K_a - 2cH\sqrt{K_a} + \frac{2c^2}{\gamma} \tag{5.8}$$

E_a 作用点位于距墙底以上 $\frac{1}{3}(H - z_0)$ 处。

【**例** 5.1】　有一高 7 m 的挡土墙,墙背直立光滑,填土表面水平。填土的物理力学性质指标为:$c = 12$ kPa,$\varphi = 15^\circ$,$\gamma = 18$ kN/m^3。试求总主动土压力及作用点位置,并绘出主动土

压力分布图。

【解】 （1）总主动土压力为：

$$E_a = \frac{1}{2}\gamma H^2 K_a - 2cH\sqrt{K_a} + \frac{2c^2}{\gamma}$$

$$= \frac{1}{2} \times 18 \text{ kN/m}^3 \times 7^2 \text{ m}^2 \times \tan^2\left(45° - \frac{15°}{2}\right) -$$

$$2 \times 12 \text{ kN/m}^2 \times 7 \text{ m} \times \tan\left(45° - \frac{15°}{2}\right) + \frac{2 \times 12^2 \text{ kN}^2/\text{m}^4}{18 \text{ kN/m}^3}$$

$$= 146.8 \text{ kN/m}$$

（2）临界深度 z_0 为：

$$z_0 = \frac{2c}{\gamma\sqrt{K_a}} = \frac{2 \times 12 \text{ kN/m}^2}{18 \text{ kN/m}^3 \times \tan\left(45° - \frac{15°}{2}\right)} = 1.74 \text{ m}$$

（3）总主动土压力 p_a 作用点距墙底的距离为：

$$\frac{H - z_0}{3} = \frac{(7 - 1.74)\text{m}}{3} = 1.75 \text{ m}$$

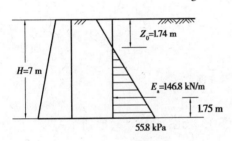

图 5.7 例题 5.1 图

（4）在墙底处的主动土压力强度为：

$$p_a = \gamma z \tan^2\left(45° - \frac{\varphi}{2}\right) - 2c\tan\left(45° - \frac{\varphi}{2}\right)$$

$$= 18 \text{ kN/m}^3 \times 7 \text{ m} \times \tan^2\left(45° - \frac{15°}{2}\right) -$$

$$2 \times 12 \text{ kPa} \times \tan\left(45° - \frac{15°}{2}\right)$$

$$= 55.8 \text{ kPa}$$

（5）主动土压力分布曲线如图 5.7 所示。

▶ 5.3.2 被动土压力

与推导主动土压力计算公式的思路相似,根据极限平衡理论,当挡土墙向土体方向的位移达到朗肯被动土压力状态时,最大主应力 $\sigma_1 = p_p$,最小主应力 $\sigma_3 = \gamma z$,如图 5.8 所示。根据极限平衡条件有:

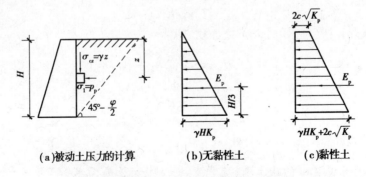

（a）被动土压力的计算 （b）无黏性土 （c）黏性土

图 5.8 被动土压力计算

$$\sigma_1 = \sigma_3 \tan^2\left(45° + \frac{\varphi}{2}\right) + 2c \tan\left(45° + \frac{\varphi}{2}\right)$$

将最大主应力 $\sigma_1 = p_p$、最小主应力 $\sigma_3 = \gamma z$ 代入,可以得到任意深度 z 处任意一点的被动土压力强度 p_p 的表达式为:

$$p_p = \gamma z \tan^2\left(45° + \frac{\varphi}{2}\right) + 2c \tan\left(45° + \frac{\varphi}{2}\right) \tag{5.9}$$

或

$$p_p = \gamma z K_p + 2c\sqrt{K_p} \tag{5.10}$$

对于无黏性土,由于 $c = 0$,所以得:

$$p_p = \gamma z \tan^2\left(45° + \frac{\varphi}{2}\right) \tag{5.11}$$

或

$$p_p = \gamma z K_p \tag{5.12}$$

式中,$K_p = \tan^2\left(45° + \frac{\varphi}{2}\right)$,称为朗肯被动土压力系数。

由式(5.10)和式(5.12)可知,无黏性土的被动土压力强度呈三角形分布,如图 5.8(b)所示,黏性土的被动土压力强度呈梯形分布,如图 5.8(c)所示。单位长度墙体的总被动土压力为:

无黏性土
$$E_p = \frac{1}{2}\gamma H^2 K_p \tag{5.13}$$

合力作用点位置在墙底以上 $\frac{1}{3}H$ 处。

黏性土
$$E_p = \frac{1}{2}\gamma H^2 K_p + 2cH\sqrt{K_p} \tag{5.14}$$

合力作用位置通过梯形面积重心。

【例 5.2】 已知某混凝土挡土墙,墙高为 $H = 6.0$ m,墙背竖直,墙后填土表面水平,填土的重度 $\gamma = 18.5$ kN/m³,$\varphi = 20°$,$c = 19$ kPa。试分别计算作用在此挡土墙上的静止土压力,主动土压力和被动土压力,并绘出土压力分布图(静止土压力系数 $K_0 = 0.5$)。

【解】 (1)静止土压力

$$p_0 = \gamma z K_0 = 18.5 \text{ kN/m}^3 \times 6 \text{ m} \times 0.5 = 55.5 \text{ kPa}$$

$$E_0 = \frac{1}{2}\gamma H^2 K_0 = \frac{1}{2} \times 18.5 \text{ kN/m}^3 \times 6^2 \text{m}^2 \times 0.5 = 166.5 \text{ kN/m}$$

E_0 作用点距墙底:$\frac{H}{3} = 2.0$ m,如图 5.9(a)所示。

(2)主动土压力

根据朗肯主动土压力公式,$K_a = \tan^2\left(45° - \frac{\varphi}{2}\right) = 0.49$,则

$$p_a = \gamma z K_a - 2c\sqrt{K_a} = 18.5 \text{ kN/m}^3 \times 6 \text{ m} \times \tan^2\left(45° - \frac{20°}{2}\right) -$$

$$2 \times 19 \text{ kPa} \times \tan\left(45° - \frac{20°}{2}\right) = 27.79 \text{ kPa}$$

$$E_a = \frac{1}{2}\gamma H^2 K_a - 2cH\sqrt{K_a} + \frac{2c^2}{\gamma} = 0.5 \times 18.5 \text{ kN/m}^3 \times 6^2 \text{ m}^2 \times$$

$$\tan^2\left(45° - \frac{20°}{2}\right) - 2 \times 19 \text{ kPa} \times 6 \text{ m} \times \tan\left(45° - \frac{20°}{2}\right) +$$

$$2 \times \frac{19^2 \text{ kPa}^2}{18.5 \text{ kN/m}^3} = 42.6 \text{ kN/m}$$

临界深度:$z_0 = \dfrac{2c}{\gamma\sqrt{K_a}} = \dfrac{2 \times 19 \text{ kPa}}{18.5 \text{ kN/m}^3 \times \tan\left(45° - \dfrac{20°}{2}\right)} = 2.93 \text{ m}$

E_a 作用点距墙底距离 $= \dfrac{1}{3}(H - z_0) = \dfrac{1}{3}(6.0 - 2.93) \text{m} = 1.02 \text{ m}$,如图 5.9(b)所示。

(3)被动土压力

根据朗肯被动土压力公式,$K_p = \tan^2\left(45° + \dfrac{\varphi}{2}\right) = 2.040$,则

$$E_p = \frac{1}{2}\gamma H^2 K_p + 2cH\sqrt{K_p} = 0.5 \times 18.5 \text{ kN/m}^3 \times 6^2\text{m}^2 \times \tan^2\left(45° + \frac{20°}{2}\right) +$$

$$2 \times 19 \text{ kPa} \times 6 \text{ m} \times \tan\left(45° + \frac{20°}{2}\right) = 1\,005 \text{ kPa}$$

墙顶处土压力:$p_{p1} = 2c\sqrt{K_p} = 54.34 \text{ kPa}$;

墙底处土压力:$p_{p2} = \gamma H K_p + 2c\sqrt{K_p} = 280.78 \text{ kPa}$。

总被动土压力作用点位于梯形的形心,可以根据材料力学中求组合图形的形心坐标公式求得:

$$h_c = \left\{\left[54.34 \times 6 \times \frac{6}{2} + (280.78 - 54.34) \times 6 \times \frac{1}{2} \times \frac{6}{3}\right]/1\,005\right\} \text{m} = 2.32 \text{ m}$$

可见,总被动土压力作用点距墙底2.32 m,如图5.9(c)所示。

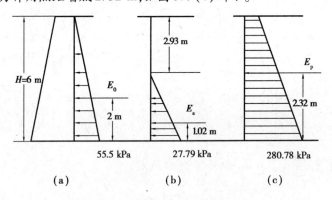

图5.9 例题5.2 土压力强度分布

以上介绍的朗肯土压力理论应用弹性半空间土体的应力状态,并根据土的极限平衡理论计算土压力,其概念明确,计算公式简便。但由于假定墙背垂直、光滑、填土表面水平,使其适用范围受到限制。应用朗肯理论计算的土压力与实际情况相比其主动土压力值偏大,被动土压力值偏小。

▶ 5.3.3 几种常见情况下土压力的计算

在实际工程中经常遇到一些特殊情况,例如墙后填土表面有连续的均布荷载,填土中存在地下水以及填土为成层土等,利用朗肯理论的基本公式也可以计算这些情况下的土压力。

1)填土面有连续均布荷载(超载)

当填土面有连续均布荷载 q 时,墙后距离填土面为 z 深度处一点的大主应力(竖向)$\sigma_1 = q + \gamma z$、小主应力(水平向)$\sigma_3 = p_a$,于是根据土的极限平衡条件,有:

黏性土 $$p_a = (q + \gamma z)K_a - 2c\sqrt{K_a} \qquad (5.15)$$

如果令 $z = z_0$,$p_a = 0$,即可求得临界深度,其计算公式为:

$$z_0 = \frac{2c}{\gamma\sqrt{K_a}} - \frac{q}{\gamma} \qquad (5.16)$$

如果超载 q 过大,则按照上式计算的 z_0 值可能会出现负值,此时说明在墙顶处存在有土压力,其值可以通过式(5.15)直接计算:

$$p_a = qK_a - 2c\sqrt{K_a} \qquad (5.17)$$

对于无黏性土,由于由于 $c = 0$,其土压力计算公式为:

$$p_a = (q + \gamma z)K_a \qquad (5.18)$$

被动土压力计算也可同样处理。

2)分层填土

符合朗肯条件的挡土墙,但墙后填土由几层不同物理及力学性质的水平土层组成,采用朗肯理论计算土压力强度时,则应分别确定每一层土作用于墙背上的土压力。上层土按照其指标 γ_1,φ_1,c_1 计算土压力;第二层的土压力可将第一层土视作第二层土上的均布荷载,用第二层土的指标 γ_2,φ_2,c_2 进行计算;其余土层可以按照同样的方法以此类推。

3)填土中有地下水

填土中有地下水存在,则墙背同时受到土压力和静水压力的作用。地下水位以上的土压力可按照前述的方法计算;地下水位以下的土层土压力采用土的有效重度 γ',有效内摩擦角 φ' 和有效黏聚力 c' 计算。总侧压力等于土压力和水压力之和。

5.4 库仑土压力理论

库仑(Coulomb,1776)根据挡土墙后形成的滑动楔体极限平衡条件,并假定滑动面为一平面来求算出挡土墙上的土压力,称为著名的库仑土压力理论。

库仑土压力理论的基本假定为:

①墙后填土为均匀的无黏性土($c = 0$),填土表面可以是倾斜的($\beta > 0$);

②挡土墙是刚性的,墙背可以是倾斜的,倾角为 α;

③墙面粗糙,墙背与土体之间存在摩擦力,摩擦角 $\delta > 0$;

④滑动破裂面为通过墙踵的平面。

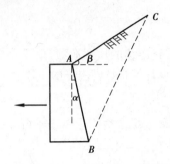

如图 5.10 所示挡土墙,已知墙背倾斜角为 α,填土面倾斜角为 β,若挡土墙在填土压力作用下背离填土向外移动,当墙后土体达到极限平衡状态时,土体中将产生滑动面 AB 及 BC。取此滑动体 ABC 作为脱离体,求出不同的滑动面 BC 所对应的滑动体对墙背的作用力的极值,即为要求的主动土压力 E_a。同样地,也可用此方法求出被动土压力 E_p。

▶ 5.4.1 主动土压力

图 5.10 库仑土压力理论示意图

沿挡土墙长度方向取一单位长度进行分析,假设在土压力作用下,迫使墙体向前位移或绕墙前趾转动,当位移或转角达到一定数值,墙后土体达到了极限平衡状态,产生滑动面 BC,滑动土体 ABC 有下滑的趋势。取土体 ABC 作为脱离体,它受到重力 W、滑动面上的作用力 R 及挡土墙对它的作用力 E_a 的作用,如图 5.11 所示。图 5.11 中,δ 为墙背与土的摩擦角,称为外摩擦角;φ 为土的内摩擦角。在极限平衡状态时,三个力组成封闭三角形。

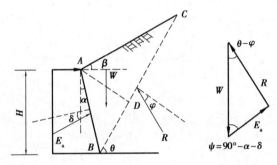

图 5.11 库仑主动土压力理论

滑动土体 ABC 的重力 W 为:

$$W = \frac{1}{2}BC \times AD\gamma \tag{a}$$

在 △ABC 中,由正弦定律知:

$$\frac{BC}{\sin(90° - \alpha + \beta)} = \frac{AB}{\sin(\theta - \beta)}$$

即:

$$BC = \frac{H}{\cos\alpha}\frac{\sin(90° - \alpha + \beta)}{\sin(\theta - \beta)} = \frac{H\cos(\alpha - \beta)}{\cos\alpha\sin(\theta - \beta)} \tag{b}$$

在直角 △ADB 中:

$$AD = AB\cos(\theta - \alpha) = H\frac{\cos(\theta - \alpha)}{\cos\alpha} \tag{c}$$

将式(b)、式(c)代入式(a),整理可得:

$$W = \frac{1}{2}\gamma H^2\frac{\cos(\alpha - \beta)\cos(\theta - \alpha)}{\cos^2\alpha\sin(\theta - \beta)}$$

在力的封闭三角形中,E_a 与 W 的关系由正弦定律给出:

$$E_a = W \frac{\sin(\theta - \varphi)}{\sin[180° - (\theta - \varphi + \psi)]} = W \frac{\sin(\theta - \varphi)}{\sin(\theta - \varphi + \psi)}$$

将 W 的表达式代入上式,得:

$$E_a = \frac{\gamma H^2}{2} \frac{\cos(\alpha - \beta)\cos(\theta - \alpha)\sin(\theta - \varphi)}{\cos^2\alpha \sin(\theta - \beta)\sin(\theta - \varphi + \psi)}$$

显然,上式中对不同的 θ 角有不同的土压力表达式,令 $\dfrac{dE_a}{d\theta} = 0$,求出 θ,它所对应的 E_a 极大值即为所求,从而可导出求总主动土压力的计算公式:

$$E_a = \frac{1}{2}\gamma H^2 \frac{\cos^2(\varphi - \alpha)}{\cos^2\alpha \cos(\alpha + \delta)\left[1 + \sqrt{\dfrac{\sin(\varphi + \delta)\sin(\varphi - \beta)}{\cos(\alpha + \delta)\cos(\alpha - \beta)}}\right]^2} \tag{5.19}$$

令

$$K_a = \frac{\cos^2(\varphi - \alpha)}{\cos^2\alpha \cos(\alpha + \delta)\left[1 + \sqrt{\dfrac{\sin(\varphi + \delta)\sin(\varphi - \beta)}{\cos(\alpha + \delta)\cos(\alpha - \beta)}}\right]^2} \tag{5.20}$$

可将式(5.19)写成:

$$E_a = \frac{1}{2}\gamma H^2 K_a \tag{5.21}$$

式中　γ——墙后填土的容重,kN/m^3;

H——墙的高度;

K_a——库仑主动土压力系数,是 $\varphi,\alpha,\beta,\delta$ 的函数,按照式(5.20)计算;

α——墙背倾角(墙背与铅直线的夹角),以铅垂线为准,顺时针为负,称仰斜,逆时针为正,称俯斜;

δ——墙背与填土之间的摩擦角,由试验确定,无试验资料时,一般取 $\delta = \left(\dfrac{1}{3} \sim \dfrac{2}{3}\right)\varphi$,

也可参考表5.2中的数值;

φ——墙后填土的内摩擦角;

β——填土表面的倾角。

表 5.2　土与挡土墙墙背的摩擦角

挡土墙情况	摩擦角 δ
墙背平滑、排水不良	$(0 \sim 0.33)\varphi$
墙背粗糙、排水良好	$(0.33 \sim 0.5)\varphi$
墙背很粗糙、排水良好	$(0.5 \sim 0.67)\varphi$
墙背与填土间不可能滑动	$(0.67 \sim 1.0)\varphi$

当墙背直立($\alpha = 0$),墙面光滑($\delta = 0$),填土表面水平($\beta = 0$)时,主动土压力系数为 $K_a = \tan^2\left(45° - \dfrac{\varphi}{2}\right)$,与朗肯主动土压力系数相同,则式(5.19)变为:

$$E_a = \frac{1}{2}\gamma H^2 K_a = \frac{1}{2}\gamma H^2 \tan^2\left(45° - \frac{\varphi}{2}\right)$$

该式即为墙后填土为无黏性土时的朗肯主动土压力公式。可见,朗肯主动土压力公式是库仑公式的特殊情况。

沿墙高度分布的总主动土压力 p_a 可通过对式(5.21)微分求得:

$$p_a = \frac{dE_a}{dz} = \gamma z K_a \qquad (5.22)$$

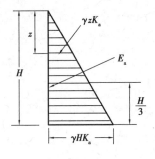

图 5.12　主动土压力强度分布图

由此可知,主动土压力强度沿墙高呈三角形分布,主动土压力沿墙高和墙背的分布图形如图 5.12 所示。主动土压力合力作用点距墙底 $H/3$ 高度,作用方向与墙面的法线成 δ 角。

【例 5.3】　有一重力式挡土墙高 4.0 m, $\alpha = 10°$, $\beta = 5°$,墙后填砂土, $c = 0$, $\varphi = 30°$, $\gamma = 18$ kN/m³。试分别求出:当 $\delta = \varphi/2$ 和 $\delta = 0$ 时,作用于墙背上的总主动土压力 P_a 的大小、方向及作用点。

【解】　(1)求 $\delta = \frac{1}{2}\varphi$ 时的 E_{a1}

根据 $\alpha = 10°$, $\beta = 5°$, $\delta = \frac{1}{2}\varphi = 15°$ 和 $\varphi = 30°$,按式(5.20)计算 $K_{a1} = 0.405$,则

$$E_{a1} = \frac{1}{2}\gamma H^2 K_{a1} = \frac{1}{2} \times 18 \text{ kN/m}^3 \times 4^2 \text{ m}^2 \times 0.405 = 58.3 \text{ kN/m}$$

E_{a1} 作用点位置在距墙底 $H/3$ 处,即 $y = \dfrac{4 \text{ m}}{3} = 1.33$ m。

E_{a1} 作用方向与墙背法线的夹角成 $\delta = 15°$,如图 5.13 所示。

(2)求 $\delta = 0$ 时的 E_{a2}

根据 $\alpha = 10°$, $\beta = 5°$, $\delta = 0$ 和 $\varphi = 30°$,按式(5.20)计算 $K_{a2} = 0.431$,则

$$E_{a2} = \frac{1}{2}\gamma H^2 K_{a2} = \frac{1}{2} \times 18 \text{ kN/m}^3 \times 4^2 \text{ m}^2 \times 0.431$$
$$= 62.06 \text{ kN/m}$$

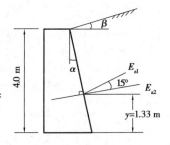

图 5.13　例题 5.3 图

E_{a2} 的作用点与 E_{a1} 相同,作用方向与墙背垂直。

比较上述计算结果可知,当墙背与土之间的摩擦角 δ 减小时,作用于墙背上的总主动土压力将增大。

▶　5.4.2　被动土压力

挡土结构物前面受到推力,迫使挡土结构挤压墙后填土,当其位移或转角达到一定数值时,墙后土体将产生滑动面 BC,土体 ABC 在墙推力作用下将沿 BC 面向上滑动。此时,运用类似求主动土压力的方法,也可求出墙背倾斜、粗糙、墙后填土为无黏性土、填土表面倾斜的挡土结构上的被动土压力 E_p 值。

库仑被动土压力状态如图 5.14 所示,在力封闭三角形中运用正弦定律,并令 $\dfrac{dE_p}{d\theta} = 0$,可

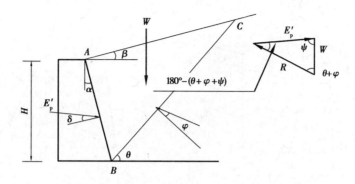

图 5.14　库仑被动土压力理论

以求得被动土压力的极小值,即为所要求的土压力:

$$E_p = \frac{1}{2}\gamma H^2 \frac{\cos^2(\varphi + \alpha)}{\cos^2\alpha \cos(\alpha - \delta)\left[1 - \sqrt{\dfrac{\sin(\varphi + \delta)\sin(\varphi + \beta)}{\cos(\alpha - \delta)\cos(\alpha - \beta)}}\right]^2} = \frac{1}{2}\gamma H^2 K_p \quad (5.23)$$

式中　K_p——库仑被动土压力系数。其土压力分布如图 5.15 所示。

沿墙高度分布的被动土压力强度 p_p 可通过对 E_p 微分求得:

$$p_p = \frac{\mathrm{d}E_p}{\mathrm{d}z} = \gamma z K_p \qquad (5.24)$$

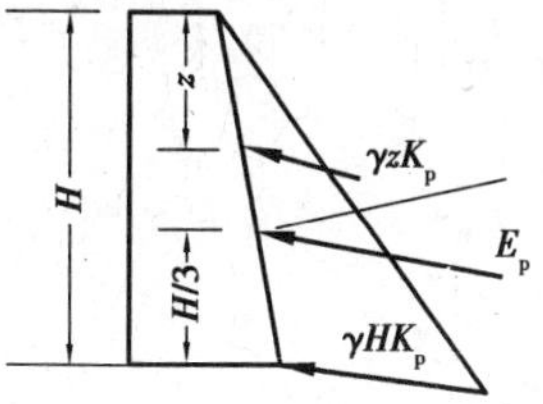

可见,库仑被动土压力强度呈三角形分布,其合力与墙背法线成 δ 夹角,与水平面成 $\alpha - \delta$ 角。合力作用点距墙底 $H/3$ 处。

图 5.15　库仑被动土压力分布

▶ 5.4.3　黏性土的土压力

从理论上说,库仑土压力计算公式只适用于无黏性土情况。对于墙后填土为黏性土的情况,库仑公式不能适用,这种情况下可用规范法或者等值内摩擦角的方法求土压力。

1)规范法计算土压力

我国《建筑地基基础设计规范》(GB 50007)提出一种各种土质、直线形边界等条件下都能适用的土压力计算公式。该公式的一般形式适用于库仑条件下的黏性填土、填土面上有均布荷载的情况。主要计算公式和相应的计算简图如图 5.16 所示。各类土的主动土压力系数 K_a 可查《建筑地基基础设计规范》的附录 L 确定。

$$E_a = \psi_c \frac{1}{2}\gamma h^2 K_a \qquad (5.25)$$

式中　ψ_c——主动土压力增大系数。

2)等值内摩擦角法计算土压力

如果挡土墙背倾斜、粗糙,填土表面倾斜,且为黏性土的情况下,工程中常用等值内摩擦角的方法计算其土压力。具体可分为两种方法。

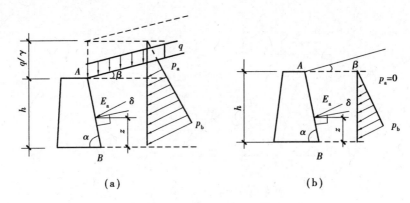

图 5.16　主动土压力分布

（1）根据抗剪强度相等原理

黏性土的抗剪强度：

$$\tau_f = \sigma \tan \varphi + c \tag{5.26}$$

等值抗剪强度：

$$\tau_f = \sigma \tan \varphi_D \tag{5.27}$$

式中　φ_D——等值内摩擦角，（°），将黏性土的黏聚力 c 折算在内。由式（5.26）和式（5.27）相等可得：

$$\sigma \tan \varphi + c = \sigma \tan \varphi_D$$

所以有：

$$\varphi_D = \arctan\left(\tan \varphi + \frac{c}{\sigma}\right) \tag{5.28}$$

上式中的 σ 为滑动面上的平均法向应力，实际上常用土压力合力作用点处的自重应力来代替，即为 $\sigma = \frac{2}{3}\gamma h$，因此具有一定的误差。

（2）根据土压力相等原理

为简化计算，不论任何墙形与填土情况，均采用墙背竖直、光滑，填土面水平的情况的土压力计算公式来折算等值内摩擦角 φ_D。

填土为黏性土的土压力：

$$E_{a1} = \frac{1}{2}\gamma H^2 \tan^2\left(45° - \frac{\varphi}{2}\right) - 2cH \tan\left(45° - \frac{\varphi}{2}\right) + \frac{2c^2}{\gamma}$$

按等值内摩擦角计算的土压力：

$$E_{a2} = \frac{1}{2}\gamma H^2 \tan^2\left(45° - \frac{\varphi}{2}\right)$$

令 $E_{a1} = E_{a2}$ 可得：

$$\tan^2\left(45° - \frac{\varphi_D}{2}\right) = \tan^2\left(45° - \frac{\varphi}{2}\right) - \frac{4c}{\gamma H}\tan\left(45° - \frac{\varphi}{2}\right) + \frac{4c^2}{\gamma^2 H^2}$$

所以有：

$$\tan\left(45° - \frac{\varphi_D}{2}\right) = \tan\left(45° - \frac{\varphi}{2}\right) - \frac{2c}{\gamma H} \tag{5.29}$$

▶ 5.4.4 朗肯理论与库仑土压力理论的比较

挡土墙土压力的计算理论是土力学的主要课题之一,也是较复杂的问题之一,还有许多问题尚待进一步解决。朗肯和库仑土压力理论都是研究土压力问题的简化方法。它们各有其不同的基本假定、分析方法和适用条件。在应用时必须注意针对实际情况合理选择,否则将会造成不同程度的误差。本节将从分析方法、适用条件以及误差范围等方面对土压力计算中的一些问题作简单的讨论。

1)分析方法的异同

朗肯与库仑土压力理论均属于极限状态,计算出的土压力都是墙后土体处于极限平衡状态时墙体所承受的压力,这是二者相同之处。但朗肯理论是从研究土中一点的极限平衡状态出发的,首先求出作用在土中竖直面上的土压力强度 p_a 或 p_p 的分布形式,然后再计算作用在墙背上的总土压力 E_a 或 E_p,因而朗肯理论属于极限应力法。库仑理论则是根据墙背和滑裂面之间的土楔整体处于极限平衡状态,用静力平衡条件计算 E_a 或 E_p。需要时再求出土压力强度 p_a 或 p_p 的分布形式,因而库仑理论属于滑动楔体法。朗肯理论理论上比较严密,但只能在理想的简单条件下求解,应用上受到了一定限制。库仑理论显然是一种简化理论,但由于其能适用于较为复杂的各种实际边界条件,且在一定范围内能得出比较满意的结果,因而应用更广。

2)适用条件

(1)朗肯理论的适用条件

根据朗肯理论推导的公式,作了必要的假设,因此有一定的适用条件:

①填土表面水平($\beta = 0$),墙背垂直($\alpha = 0$),墙面光滑($\delta = 0$);

②墙背垂直,填土表面倾斜,但倾角 $\beta > \varphi$;

③地面倾斜,墙背倾角 $\alpha > \left(45° - \dfrac{\varphi}{2}\right)$;

④L 形钢筋混凝土挡土墙;

⑤墙后填土为黏性土或无黏性土。

(2)库仑理论的适用条件

下述情况宜采用库仑理论计算土压力:

①需考虑墙背摩擦角时;

②当墙背形状复杂,墙后填土与荷载条件复杂时;

③墙背倾角 $\alpha < \left(45° - \dfrac{\varphi}{2}\right)$ 时;

④数解法一般只用于填土为无黏性土的情况,图解法则对于无黏性土或黏性土均可方便使用。

3)计算误差

由于朗肯理论和库仑理论都是建立在某些假定的基础上,因此计算结果都有一定误差。

朗肯理论假定墙背与土之间无摩擦作用($\delta = 0$),由此求出的主动土压力系数 K_a 偏大,而被动土压力系数 K_p 偏小。当 δ 和 φ 都比较大时,忽略墙背与填土的摩擦作用,将会给被动土

压力的计算带来相当大的误差。

库仑理论考虑了墙背与填土的摩擦作用,边界条件是正确的。但却假定土中的滑裂面是通过墙踵的平面,这与实际情况和理论解不符。这种平面滑裂面的假定使得破坏楔体平衡时所必须满足的力系对任一点的力矩之和等于零($\sum M = 0$)的条件得不到满足,这是用库仑理论计算土压力,特别是被动土压力存在较大误差的重要原因。库仑理论算得的主动土压力稍偏小,而被动土压力则偏大。当 δ 和 φ 都比较大时,库仑理论算得的被动土压力系数较之严格的理论解相差更多。

4)填土指标的选择

在利用朗肯理论和库仑理论进行土压力计算过程中,墙后填土指标的选用对计算结果影响很大,故必须给以足够的重视。

(1)黏性土

对于黏性土填料,若能得到较准确的填土中的孔隙水压力数据,则采用有效抗剪强度指标进行计算较为合理。但在工程中,要测得准确的孔隙水压力值往往比较困难。因此,对于填土质量较好的情况,常用固结快剪的 c,φ 值;而对于填土质量很差的情况,一般采用快剪指标,但需将 c 值作适当的折减。

(2)无黏性土

砂土或某些粗粒料的 φ 值一般比较容易测定,其结果也比较稳定,故使用时多采用直剪或三轴试验实测其指标。

5.5 挡土墙的设计

挡土墙是一种防止土体下滑或截断土坡延伸的构筑物,在土木工程中应用很广,结构形式也很多。如图 5.17 所示为挡土墙的几种常见类型。挡土墙的结构形式可分为重力式、悬臂式和锚定式。可由块石、砖、混凝土和钢筋混凝土等材料建成。按其刚度及位移方式可分为刚性挡土墙、柔性挡土墙和临时支撑三类。

▶ 5.5.1 挡土墙的类型、断面尺寸与构造措施

1)挡土墙类型

(1)重力式挡土墙

重力式挡土墙通常由块石或混凝土砌筑而成,如图 5.17(a)所示。这种挡土墙依靠自身的重力维持墙体的稳定,墙体的抗拉、抗剪强度都比较低。墙身截面尺寸较大,宜用于高度小于 6 m、地层比较稳定、开挖土石方时不会危及相邻建筑物安全的地段。重力式挡土墙结构简单,施工方便,易于就地取材,在工程中应用广泛。

(2)锚定式挡土墙

锚定式挡土墙包括锚杆式和锚定板式两种。锚杆式挡土墙主要由预制的钢筋混凝土立柱、挡土板构成墙面,与水平或倾斜的锚杆联合组成。锚杆的一端与立柱联接,另一端被锚固

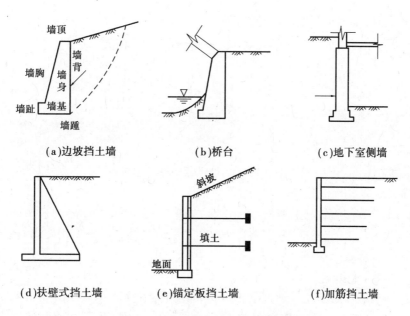

图 5.17　常见的几种挡土结构实例

在稳定岩层或土层中。特点是墙后侧压力由挡土板传给立柱,由锚杆与岩体之间的锚固力,即锚杆的抗拔力,使墙获得稳定。适用于墙体较高、石料缺乏或挖填困难地区。锚定板式挡土墙结构形式与锚杆式基本相同,如图 5.17(e)所示。只是将锚杆的锚固端改用锚定板,埋入墙后填料内部的稳定层中,依靠锚定板产生的抗拔力抵抗侧压力,保持墙的稳定。主要特点是构件断面小,工程量小,不受地基承载力的限制,构件可预制等。

(3)薄壁式挡土墙

薄壁式挡土墙包括悬臂式和扶壁式两种主要形式。悬臂式挡土墙由立壁和底板组成,具有三个悬臂,即立壁、趾板和踵板。当墙身较高时,沿墙长每隔一定距离设置扶壁联结墙面板及踵板,称为扶壁式挡土墙,如图 5.17(d)所示。这类挡土墙特点是墙身断面较小,结构的稳定性不是依靠本身的重量,而主要依靠踵板上的填土重量来保证。主要适用于墙身较高的情况,但需使用一定数量的钢材,经济效果较好。

(4)加筋土挡土墙

加筋土挡土墙是由填土、填土中布置的拉筋条以及墙面板三部分组成,如图 5.17(f)所示。拉筋材料通常为镀锌薄钢带、铝合金、高强塑料及合成纤维等。墙面板一般用混凝土预制,也可采用半圆形铝板。这种挡土墙的特点是在垂直墙面的方向,按一定间隔和高度水平地放置拉筋材料,然后填土压实,通过填土与拉筋间的摩擦作用,把土的侧压力传给拉筋,从而稳定土体。加筋土挡土墙属柔性结构,对地基变形适应性大,建筑高度大,适用于填土路基。这种结构简单,圬工量少,与其他类型的挡土墙相比,可节省投资 30% ~70%,经济效益好。

2)重力式挡土墙的构造

挡土墙设计,除了必要的计算外,还要合理选择墙型和采取必要的构造措施,以保证其安全、经济和合理。常用的重力式挡土墙由墙身、基础、排水设施和伸缩缝等部分组成,根据墙背倾角的不同,重力式挡土墙可分为仰斜式、竖直式和俯斜式三种,如图 5.18 所示。仰斜式

的墙后填土较困难,常用于开挖边坡时设置的挡土墙。

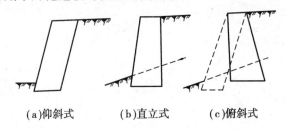

$$(a)仰斜式 \qquad (b)直立式 \qquad (c)俯斜式$$

图5.18　重力式挡土墙的墙背倾斜形式

(1)墙背倾斜形式的选用

重力式挡土墙有仰斜、垂直、俯斜三种形式,如果采用相同的计算方法和计算指标,其主动土压力以仰斜为最小,直立居中,俯斜最大。实际中应当综合考虑使用要求、地形和施工条件决定采用哪一种形式。

(2)挡土墙剖面的拟定

重力式挡土墙墙顶最小宽度不宜小于500 mm。通常底宽为墙高的$1/3 \sim 1/2$。墙身较矮且填土质量好时,初算时底宽可取墙高的$1/3$。为了施工方便,仰斜式墙背的坡度不宜缓于$1:0.25$,墙面与墙背平行。竖直式的墙面坡度不宜缓于$1:0.4$,以减少墙身材料。墙体在地面以下部分可做成台阶形,以增强墙体抗倾覆的稳定性。墙体埋深应不小于500 mm。为了增强墙体的抗滑能力,基底可做成逆坡。土质地基时,逆坡度不小于$0.1:1$(即基底与水面的夹角α_0不宜小于$6°$),岩质地基则不小于$0.2:1$。

(3)排水设施

在挡土墙身设置泄水孔对保证挡土墙稳定性至关重要。因为地表水流入厚填土中,会使填土的抗剪强度降低,并产生水压力的作用。泄水孔孔径不宜小于100 mm,外斜坡度为5%,间距为$2 \sim 3$ m。浸水挡土墙孔眼间距一般为$1.0 \sim 1.5$ m,孔眼上下错开布置。一般常在墙后做宽约500 mm的碎石滤水层,以利排水和防止填土中细粒土流失。墙身高度大的,还应在中部设置盲沟。

墙后填土宜选择透水性较强的填料。当采用黏性土作为填料时,宜掺入块石,以增大土的透水性。在季节性冻土区,宜选用炉渣、粗砂等非冻胀性材料。墙后填土均应分层夯实。

在墙顶和墙底标高处宜铺设黏土防水层。墙顶处的防水层,可阻止或减少地表水渗入填土中;设置在墙底标高处的防水层,可避免水流进墙底地基土而造成地基承载力和挡土墙抗滑移能力降低。

对不能采用有效排水措施的挡土墙,进行墙体稳定性验算时,应考虑水的影响。如墙顶地面没有设置防水层,则在暴雨期间,即使挡土墙的排水措施生效,也可能由于大量雨水渗入墙后填土中形成连续渗流,引起墙后土体产生水压力,同时使主动土压力增加。

(4)沉降缝与伸缩缝

为避免因地基不均匀沉陷而引起墙身开裂,需根据地质条件的变异和墙高、墙身断面的变化情况设置沉降缝。为了防止挡土墙因收缩和温度变化而产生裂缝,应设置伸缩缝。一般沉降缝与伸缩缝可合并设置,每隔$10 \sim 20$ m设置一道,缝宽$2 \sim 3$ cm,缝内用胶泥填塞,沥青麻筋或涂以沥青的木板等具有弹性的材料,填深不宜小于0.15 m。当地基有变化时宜加设沉降缝(自墙顶至墙底全部分离)。挡土墙拐角和端部处应适当加强。

▶ 5.5.2 挡土墙的计算

挡土墙的计算一般包括稳定性验算、基底压力计算和墙身强度验算等。

1)挡土墙的稳定验算

挡土墙的稳定验算包括抗倾覆验算、抗滑移验算和整体稳定验算,其中整体稳定验算方法与土坡稳定验算的方法相同,本节不再讲述。

作用在挡土墙上的荷载有:墙体所受的重力 G、主动土压力 E_a 以及墙底反力。

（1)抗倾覆稳定验算

挡土墙在主动土压力作用下产生倾覆时,一般绕墙趾 O 点转动,如图 5.19 所示。

先将主动土压力 E_a 分解成竖直分力 E_{az} 和水平分力 E_{ax}:

$$E_{az} = E_a \cos(\alpha' - \delta)$$
$$E_{ax} = E_a \sin(\alpha' - \delta)$$

式中　δ——土对墙背的摩擦角;

　　　α'——挡土墙墙背对水平面的倾角。

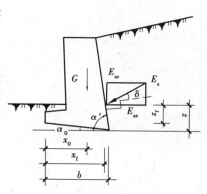

图 5.19　挡土墙的抗倾覆验算

要求抗倾覆的安全系数为:

$$K_t = \frac{\text{抗倾覆力矩}}{\text{倾覆力矩}} = \frac{G x_0 + E_{az} x_f}{E_{ax} z_f} \geq 1.6 \tag{5.30}$$

式中　G——挡土墙的重力,kN/m;

　　　x_0——挡土墙重心离墙趾的水平距离,m;

　　　$z_f = z - b \tan \alpha_0$——土压力作用点至墙趾的水平距离,m;

　　　$x_f = b - z \tan \alpha_0$——土压力作用点至墙趾的水平距离,m;

　　　α_0——挡土墙基底对水平面的倾角,(°);

　　　b——基底的水平投影宽度,m;

　　　z——土压力作用点至墙踵的高度,m。

（2)抗滑移稳定性验算

将重力 G 和主动土压力 E_a 分解为垂直和平行基底方向的分力,如图 5.20 所示。

垂直基底分力:

$$G_n = G \cos \alpha_0$$
$$E_{an} = E_a \cos(\alpha' - \alpha_0 - \delta)$$

平行基底分力为:

$$G_t = G \sin \alpha_0$$
$$E_{at} = \sin(\alpha' - \alpha_0 - \delta)$$

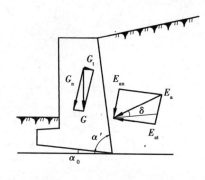

图 5.20　挡土墙的抗滑移验算

要求抗滑移的稳定安全系数为：

$$K_s = \frac{抗滑移力}{滑移力} = \frac{(G_n + E_{an})\mu}{E_{at} - G_t} \geq 1.3 \qquad (5.31)$$

式中 μ——对墙底的摩擦系数，见表5.3。

表5.3 土与挡土墙基底的摩擦系数 μ

土的类别		摩擦系数 μ
黏土性	可塑	0.25 ~ 0.30
	硬塑	0.30 ~ 0.35
	坚硬	0.35 ~ 0.45
粉 土	$S_r \leq 0.5$	0.30 ~ 0.40
中砂、粗砂、砾石		0.40 ~ 0.50
碎石土		0.40 ~ 0.60
软质岩石		0.40 ~ 0.60
表面粗糙的硬质岩石		0.65 ~ 0.75

注：①对易于风化的软质岩石和塑性指数 I_p 大于22
　　的黏性土，基底摩擦系数应通过试验确定；
　　②对碎石土，基底摩擦系数应根据其密实度、填充物
　　状况和风化程度等确定。

若验算不能满足要求，可采取以下处理措施：修改挡土墙断面尺寸，增大 G 值；将挡土墙底做成逆坡；在挡土墙底做砂、石垫层，增大 μ 值；对软土地基可以在墙踵后加拖板等。

2）挡土墙的基底压力验算

挡土墙的基底压力应小于地基承载力，否则，地基将丧失稳定性而产生整体滑动。挡土墙基底常属偏心受压情况，其验算方法与天然地基浅基础的验算方法完全相同。当墙体高度不太大而地基并非软弱时，或者挡土墙顶面没有直接承受竖向荷载时，基底压力的验算一般均能满足要求。

3）挡土墙的墙身强度验算

挡土墙墙身强度的验算，按照《砌体结构设计规范》(GB 50003)和《混凝土设计规范》(GB 50010)中有关内容要求进行。

【例5.4】 某地修筑一仰斜式挡土墙。墙高4 m，墙后用中砂回填，中砂的重度 $\gamma = 18.6$ kN/m³，内摩擦角 $\varphi = 32.5°$，黏聚力 $c = 0$。墙背倾角 $\alpha = -10°$，填土面倾斜角 $\beta = 10°$。墙身砌体重度 $\gamma_1 = 22$ kN/m³，墙底与坡积粗砂之间的摩擦系数 $\mu = 0.5$，粗砂的地基承载力设计值 $f_a = 250$ kPa，试设计此挡土墙。

【解】 （1）按库仑公式计算主动土压力

考虑中砂排水良好，取墙背外摩擦角 $\delta = 20° \left(\approx \frac{2}{3}\varphi\right)$。由 $\delta, \alpha, \beta, \varphi$ 按照式(5.20)计算得 $K_a = 0.232$，则主动土压力合力为：

$$E_a = \frac{1}{2}\gamma h^2 K_a = \frac{1}{2} \times 18.6 \text{ kN/m}^3 \times 4^2 \text{m}^2 \times 0.232 = 34.5 \text{ kN/m}$$

E_a 作用点距离墙底为 h_1：

$$h_1 = \frac{1}{3}h = \frac{1}{3} \times 4 \text{ m} = 1.33 \text{ m}$$

方向与墙背法线上成 $\delta = 20°$ 处，E_a 与平面夹角为 $\delta + \alpha = 20° - 10° = 10°$。如图5.21(a)所示。

（2）选择墙身截面尺寸

取墙身等宽度，墙背和墙面倾角 $\alpha = -10°$，其坡度符合缓于1:0.25的构造要求。现取墙厚 $b = 1.0$ m。

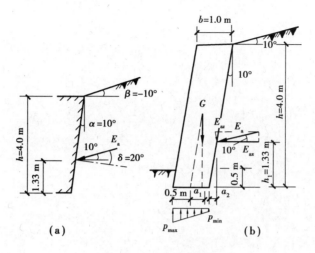

图 5.21 例 5.4 题图

(3)抗滑移验算

墙体的重力：$G = bh\gamma_1 = 1.0\ \text{m} \times 4\ \text{m} \times 22\ \text{kN/m}^3 = 88\ \text{kN/m}$

将 E_a 分解为水平方向和竖直方向的分力：

$$E_{ax} = E_a\cos 10° = 34.5\ \text{kN/m} \times \cos 10° = 34.0\ \text{kN/m}$$

$$E_{az} = E_a\sin 10° = 34.5\ \text{kN/m} \times \sin 10° = 6.0\ \text{kN/m}$$

抗滑移安全系数：

$$K_s = \frac{(G + E_{az})\mu}{E_{ax}} = \frac{(88\ \text{kN/m} + 6\ \text{kN/m}) \times 0.5}{34\ \text{kN/m}} = 1.38 > 1.3$$

满足要求。

(4)抗倾覆验算

先确定各力的作用位置，如图 5.21(b)所示：

$$a_1 = 0.5h\tan 10° = 0.5 \times 4\ \text{m} \times \tan 10° = 0.35\ \text{m}$$

$$a_2 = h_1\tan 10° = 1.33\ \text{m} \times \tan 10° = 0.24\ \text{m}$$

于是可计算抗倾覆安全系数：

$$K_t = \frac{G\left(a_1 + \dfrac{b}{2}\right) + E_{az}(a_3 + b)}{E_{ax}h_1}$$

$$= \frac{88\ \text{kN/m} \times (0.35\ \text{m} + 0.5\ \text{m}) + 6\ \text{kN/m} \times (0.24\ \text{m} + 1\ \text{m})}{34\ \text{kN/m} \times 1.33\ \text{m}} = 1.82 > 1.6$$

满足要求。

(5)墙底地基承载力验算

将各力向墙底中心简化，求出墙底中心处的竖向荷载 V 和力矩 M：

$$V = G + E_{az} = (88 + 6)\text{kN/m} = 94\ \text{kN/m}$$

$$M = G_{a1} + E_{az}(a_2 + 0.5b) - E_{ax}h_1$$

$$= 88\ \text{kN/m} \times 0.35\ \text{m} + 6\ \text{kN/m} \times (0.24 + 0.5)\text{m} - 34\ \text{kN/m} \times 1.33\ \text{m}$$

$$= -10.0\ (\text{kN} \cdot \text{m})/\text{m}$$

负号表示力矩逆时针方向。

偏心矩：
$$e = \frac{M}{N} = \frac{10 \text{ kN}}{94 \text{ kN/m}} = 0.11 \text{ m} < \frac{1}{6}b = 0.17 \text{ m}$$

按偏心受压公式计算墙底压力，在墙趾处：
$$p_{k\max} = \frac{V}{b}\left(1 + \frac{6e}{b}\right) = \frac{94 \text{ kPa}}{1}\left(1 + \frac{6 \times 0.11}{1}\right)$$
$$= 156.0 \text{ kPa} < 1.2f_a = 1.2 \times 250 = 300 \text{ kPa}$$

墙体平均压力：$p_k = \dfrac{V}{b} = \dfrac{94 \text{ kPa}}{1} = 94 \text{ kPa} < f = 250 \text{ kPa}$

符合要求。

(6)墙身强度验算

本例墙身内力以墙底处为最大，该处竖向力 $V = 94$ kN/m，力矩 $M = 10$ (kN·m)/m，剪力 $E_{ax} = 34$ kN/m，可以按《砌体结构设计规范》进行截面强度验算。

5.6 土坡的稳定性分析

土坡就是由土体构成，具有倾斜坡面的土体，简单土坡的外形如图 5.22 所示。土坡有两种类型：由自然地质作用所形成的土坡称为天然土坡，如山坡、江河岸坡等；由人工开挖或回填而形成的土坡称为人工土(边)坡，如基坑、土坝、路堤等的边坡。土坡在各种内力和外力的共同作用下，有可能产生剪切破坏和土体移动。如果靠坡面处剪切破坏的面积很大，则将产生一部分土体相对于另一部分土体滑动的现象，称为滑坡。除设计或施工不当可能导致土坡的失稳外，外界因素的影响也能触发和加剧土坡的失稳，一般有以下几种原因：

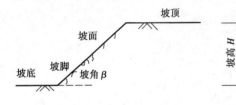

图 5.22 边坡组成要素

①土坡所受的作用力发生变化。例如：由于在土坡顶部堆放材料或建造建筑物而使坡顶受荷增加，打桩、车辆行驶、爆破、地震等引起的振动改变了原来的平衡状态；

②土体抗剪强度的降低，例如土体中含水量或超静水压力的增加；

③静水压力的作用，例如雨水或地面水流入土坡中的竖向裂缝，对土坡产生侧向压力，从而促使土坡产生滑动。

通常情况下，把土坡视为匀质、等截面、无限长的坡体，因此可作为二维问题进行研究，只有在土坡特别短时，才考虑其空间作用。

▶ 5.6.1 无黏性土坡的稳定性分析

1)无渗透力作用的无黏性土坡

对于均质的无渗透力作用的无黏性土坡，如图 5.23(a)所示，无论干坡或者是完全浸水条件下，由于无黏性土无黏聚力，只有摩擦力，因此只要位于坡面上的土体单元能够保持稳定,则整个土坡就是稳定的。

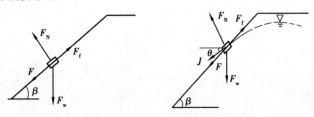

(a)无渗透力作用的无黏性土坡　(b)有顺坡渗透力作用的无黏性土坡

图 5.23　无黏性土坡

在坡角为 β 的土坡表面取一小块土体单元进行分析,在不考虑土块侧面上各种应力和摩擦力对单元体影响的情况下,设该小块土体的重力为 F_w,无黏性土坡的内摩擦角为 φ,则使单元体下滑的滑动力就是 F_w 沿坡面的分力 F,即:

$$F = F_w \sin \beta$$

阻止单元体下滑的力是该单元体与它下面土体之间的摩擦力,也称抗滑力,它的大小与法向分力 F_N 有关,抗滑力的极限值即最大静摩擦力值,即:

$$F_f = F_N \tan \varphi = F_w \cos \beta \tan \varphi$$

抗滑力与滑动力之比称为土坡稳定安全系数,用 K_s 表示,即:

$$K_s = \frac{F_f}{F} = \frac{F_w \cos \beta \tan \varphi}{F_w \sin \beta} = \frac{\tan \varphi}{\tan \beta} \tag{5.32}$$

由式(5.32)可知:当 $\beta = \varphi$ 时,$K_s = 1.0$,抗滑力等于滑动力,土坡处于极限平衡状态;当 $\beta < \varphi$ 时,$K_s > 1.0$,土坡处于安全稳定状态。因此,土坡稳定的极限坡角等于无黏性土的内擦角 φ,此坡角也称为自然休止角。可见,均质无黏性土土坡的稳定性与坡高无关,而仅与坡角有关,只要 $\beta < \varphi$,则必有 $K_s > 1.0$,满足此条件的土坡在理论上就是稳定的。为了使土坡具有足够的安全储备,一般取 $K_s = 1.1 \sim 1.5$。

2)有渗透力作用的无黏性土坡

在很多情况下,土坡会受到由于水位的改变,而在坡体内引起水力坡降或水头梯度,从而在土坡内形成渗流场,对土坡稳定性带来不利影响,如图 5.23(b)所示。假设水流方向顺坡而下并与水平面夹角为 θ,则沿水流方向作用在单位体积土骨架上的渗透力为 $j = \gamma_w i$。在下游坡面上取体积为 V 的土骨架为隔离体,其重力为 $\gamma'V$,即图中的 F_w,作用在土骨架上的渗透力为 $J = jV = \gamma_w iV$,则沿坡面的下滑力为:

$$F = \gamma'V \sin \beta + \gamma_w iV \cos(\beta - \theta)$$

坡面的正压力由 $\gamma'V$ 和 J 共同引起,将 $\gamma'V$ 和 J 分解,可得:

$$F_N = \gamma'V \cos \beta - \gamma_w iV \sin(\beta - \theta)$$

抗滑力 F_f 来自于摩擦力,为:

$$F_f = F_N \tan \varphi$$

那么,土体沿坡面滑动的稳定安全系数 K_s 为:

$$K_s = \frac{F_f}{F} = \frac{F_N \tan \varphi}{F} = \frac{[\gamma'V \cos \beta - \gamma_w iV \sin(\beta - \theta)]\tan \varphi}{\gamma'V \sin \beta + \gamma_w iV \cos(\beta - \theta)}$$

亦即:

$$K_s = \frac{[\gamma' \cos \beta - \gamma_w i \sin(\beta - \theta)] \tan \varphi}{\gamma' \sin \beta + \gamma_w i \cos(\beta - \theta)} \tag{5.33}$$

式中　i——计算点处渗透水力坡降；

　　　γ'——土体的浮重度，kN/m^3；

　　　γ_w——水的重度，取 9.8 kN/m^3；

　　　φ——土的内摩擦角，(°)。

当 $\theta = \beta$ 时，水流顺坡溢出。这时，顺坡流经路径 d_s 的水头损失为 d_h，则必有：

$$i = \frac{d_h}{d_s} = \sin \beta$$

于是有：

$$K_s = \frac{\gamma' \cos \beta \tan \varphi}{\gamma' \sin \beta + \gamma_w \sin \beta} = \frac{\gamma' \cos \beta \tan \varphi}{\gamma_{sat} \sin \beta} = \frac{\gamma' \tan \varphi}{\gamma_{sat} \tan \beta} \tag{5.34}$$

式（5.34）与（5.32）相比，当溢出段为顺坡渗流时，安全系数降低了 $\frac{\gamma'}{\gamma_{sat}}$，通常 $\frac{\gamma'}{\gamma_{sat}}$ 近似等于 0.5，所以安全系数降低一半。可见，有渗透力作用时所要求的安全坡角要比无渗透力时的相应坡角平缓得多。

▶ 5.6.2 黏性土坡的稳定性分析

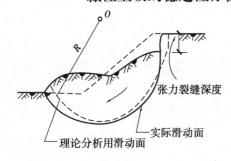

图 5.24　黏性土坡破坏滑动面示意图

一般而言，黏性土坡由于剪切而破坏的滑动面大多数为一曲面，一般在破坏前坡顶先有张力裂缝发生，继而沿某一曲线产生整体滑动。图 5.24 中的实线表示一黏性土坡滑动面的曲面，在匀质黏性土坡分析中可以将其假设为圆弧，如图中虚线表示。建立在这一假定上的稳定性分析方法称为圆弧滑动法，这是极限平衡方法的一种常用分析方法。

1）整体圆弧滑动法

整体圆弧滑动法也称为瑞典圆弧法，是由瑞典的彼得森（Petterson）于 1915 年提出的。

如图 5.25 所示，整体圆弧滑动法将滑动面以上的土体视作刚体，并分析在极限平衡条件下它的整体受力情况，以整个滑动面上的平均抗剪强度与平均剪应力之比来定义土坡的安全系数，即：

$$K_s = \frac{\tau_f}{\tau}$$

对于均质的黏性土土坡，其实际滑动面与圆柱面接近。计算时一般假定滑动面为圆柱面，在土坡断面上投影

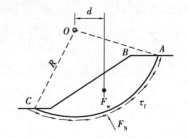

图 5.25　整体圆弧滑动受力示意图

即为圆弧。其安全系数也可用滑动面上的最大抗滑力矩与滑动力矩之比来定义，其最终结果与上式的定义完全相同，即：

$$K_s = \frac{抗滑力矩}{滑动力矩} = \frac{M_f}{M_s} = \frac{\tau_f L_{\overset{\frown}{AC}} R}{\tau L_{\overset{\frown}{AC}} R} \qquad (5.35)$$

式中　τ_f——滑动面上的平均抗剪强度,kPa;

　　　　τ——滑动面上的平均剪应力,kPa;

　　　　M_f——滑动面上的最大抗滑力矩,kN·m;

　　　　M_s——滑动面上的滑动力矩,kN·m;

　　　　$L_{\overset{\frown}{AC}}$——滑弧 AC 长度,m;

　　　　R——滑弧半径,m。

对于如图 5.25 所示的简单黏性土土坡,根据式(5.35)可以写出更具体的 K_s 计算公式。$\overset{\frown}{AC}$为假定的圆弧,O 点为其圆心,半径为 R,滑动土体 ABC 可视为刚体,在自重作用下,将绕圆心 O 沿$\overset{\frown}{AC}$转动下滑。如果假设滑动面上的抗剪强度完全发挥,即 $\tau = \tau_f$,则其抗滑力矩 $M_f = \tau_f L_{\overset{\frown}{AC}} R$,滑动力矩 $M_s = F_w d$,将其代入式(5.35),可得:

$$K_s = \frac{M_f}{M_s} = \frac{\tau_f L_{\overset{\frown}{AC}} R}{F_w d} \qquad (5.36)$$

式中　d——滑动土体重心到滑弧圆心 O 的水平距离,m;

　　　　F_w——滑动土体自重力,kN。

根据摩尔-库仑强度理论,黏性土的抗剪强度 $\tau_f = \sigma \tan \varphi + c$。因此,对于均质黏性土土坡,其 c,φ 虽然是常数,但滑动面上法向应力 σ 却是沿滑动面不断改变的,并非常数,所以只要 $\sigma \tan \varphi \neq 0$,式(5.36)中的 τ_f 就不是常数。因此式(5.36)只能是一个定义式,并不能确定 K_s 的大小。但在 $\varphi = 0$ 的情况下,例如对于饱和软黏土,在不排水条件下,其内摩擦角 φ 等于 0,τ_f 等于 c,即黏聚力 c 就是土的抗剪强度,可以直接计算出边坡稳定安全系数。若 $\varphi \neq 0$,则抗滑力与滑动面上的法向力有关,其求解应采用其他方法。

2)瑞典条分法

瑞典条分法又称为费伦纽斯法,它是针对平面应变问题,假定滑动面为圆弧面(从空间观点来看为圆柱面)。由于均质的土质边坡滑裂面近似为圆弧面,因此费伦纽斯法可以较好地解决这类问题。该条分法在实际计算中作了以下假设:

①假定问题为平面应变问题;

②假定危险滑动面(即剪切面)为圆弧面;

③假定滑动面上抗剪强度全部得到发挥;

④不考虑各分条之间的作用力。

瑞典条分法假设滑动面为圆弧面,将滑动体分为若干个竖向土条,并忽略各土条之间的相互作用力。按照这一假设,任意土条只受自重力 W_i、滑动面上的剪切力 T_i 和法向力 N_i,如图 5.26 所示。将 W_i 分解为沿滑动面切向分力和垂直于切向的法向分力,并由第 i 条土的静力平衡

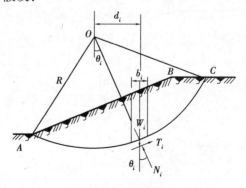

图 5.26　瑞典条分法土条受力计算简图

条件可得 $N_i = W_i \cos \theta_i$，其中，$W_i = b_i h_i \times \gamma_i$。

根据滑弧面上极限平衡条件，有：

$$T_i = \frac{T_{fi}}{K_s} = \frac{c_i l_i + N_i \tan \varphi_i}{K_s} \tag{5.37}$$

式中 T_{fi}——条块 i 在滑动面上的抗剪强度；

K_s——滑动圆弧的安全系数。

在式(5.37)中，$T_i \neq W_i \sin \theta_i$，因此条块的力多边形不闭合，即不满足条块的静力平衡条件。按整体力矩平衡条件，外力对圆心的力矩之和为零。在条块的三个作用力中，法向力 N_i 过圆心不引起力矩。重力 W_i 产生的滑动力矩为：

$$\sum_{i=1}^{n} W_i d_i = \sum_{i=1}^{n} W_i R \sin\theta_i \tag{5.38}$$

滑动面上产生的抗滑力矩为：

$$\sum_{i=1}^{n} T_i R = \sum_{i=1}^{n} \frac{c_i l_i + N_i \tan \varphi_i}{K_s} R \tag{5.39}$$

因为整体力矩平衡，即 $\sum M_i = 0$，故有：

$$\sum W_i d_i = \sum T_i R \tag{5.40}$$

将式(5.38)和式(5.39)代入式(5.40)，并进行简化，可得：

$$\sum_{i=1}^{n} W_i R \sin \theta_i = \sum_{i=1}^{n} \frac{c_i l_i + W_i \cos\theta_i \tan\varphi_i}{K_s} R$$

$$K_s = \frac{\sum c_i l_i + W_i \cos \theta_i \tan \varphi_i}{\sum W_i \sin \theta_i} \tag{5.41}$$

从分析过程可以看出，瑞典条分法忽略了土条块间力的相互影响，是一种简化计算方法，它只满足于滑动土体整体的力矩平衡条件，却不满足土条块之间的静力平衡条件。由于事先不知道危险滑动面的位置(实际上这也是边坡稳定分析的关键问题)，因此需要试算多个滑动面。该方法花费的时间较长，需要积累丰富的工程经验。该方法一般得到的安全系数偏低，即误差偏于安全，所以目前仍然是工程上常用的方法。

3)毕肖甫条分法

由于土体是一种松散的聚合体，费伦纽斯条分法不考虑土条之间的作用力，肯定无法满足土条的稳定条件，即土条无法自稳。毕肖甫(Bishop)于 1955 年提出一个考虑条块间侧面力的土坡稳定性分析方法，称为毕肖甫条分法。这种方法仍然假定滑动面为圆弧面，并假定各土条底部滑动面上的抗滑安全系数均相同，等于整个滑动面上的平均安全系数。

在图 5.27 中，从圆弧滑动体内取出土条 i 进行分析。作用在条块 i 上的力，除了重力 W_i 外，滑动面上有切向力 T_i 和法向力 N_i，条块的侧面分别有法向力 P_i，P_{i+1} 和切向力 H_i，H_{i+1}。假设土条处于静力平衡状态，根据竖向力的平衡条件 $\sum F_z = 0$，应有：

$$W_i + \Delta H_i = N_i \cos \theta_i + T_i \sin \theta_i \tag{5.42}$$

根据满足土坡稳定安全系数 K_s 的极限平衡条件，有：

$$T_i = (c_i l_i + N_i \tan \varphi_i) / K_s \tag{5.43}$$

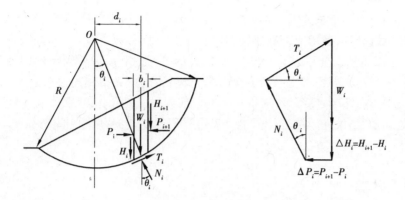

图 5.27　毕肖甫法条块作用力分析

将式 (5.43) 代入式 (5.42)，整理后得：

$$N_i = \frac{W_i + \Delta H_i - \dfrac{c_i l_i}{K_s}\sin\theta_i}{\cos\theta_i + \dfrac{\sin\theta_i\tan\varphi_i}{K_s}} = \frac{1}{m_{\theta i}}\Big(W_i + \Delta H_i - \frac{c_i l_i}{F_s}\sin\theta_i\Big) \qquad (5.44)$$

式中：

$$m_{\theta i} = \cos\theta_i + \frac{\sin\theta_i\tan\varphi_i}{K_s} \qquad (5.45)$$

考虑整个滑动土体的整体力矩平衡条件，各个土条的作用力对圆心的力矩之和为零。由于相邻条块之间的力 P_i 和 H_i 成对出现，大小相等，方向相反，相互抵消，对圆心不产生力矩。滑动面上的正压力 N_i 通过圆心，也不产生力矩。因此，只有重力 W_i 和滑动面上的切向力 T_i 对圆心产生力矩。于是有：

$$\sum W_i d_i = \sum T_i R$$

将式 (5.43) 代入上式，且 $d_i = R\sin\theta_i$, $b_i = l_i\cos\theta_i$，得：

$$\sum W_i R\sin\theta_i = \sum \frac{1}{K_s}(c_i l_i + N_i\tan\varphi_i)R$$

将式 (5.44) 的 N_i 值代入上式，简化后得：

$$K_s = \frac{\sum \dfrac{1}{m_{\theta i}}[c_i b_i + (W_i + \Delta H_i)\tan\varphi_i]}{\sum W_i\sin\theta_i} \qquad (5.46)$$

这就是毕肖甫条分法计算土坡稳定安全系数 K_s 的一般公式。式中的 $\Delta H_i = H_{i+1} - H_i$，仍然是未知量。如果不引进其他的简化假定，式 (5.46) 仍然不能求解。毕肖甫进一步假定 $\Delta H_i = 0$，实际上也就是认为条块间只有水平作用力 P_i，而不存在切向作用力 H_i。于是式 (5.46) 进一步简化为：

$$K_s = \frac{\sum \dfrac{1}{m_{\theta i}}[c_i b_i + W_i\tan\varphi_i]}{\sum W_i\sin\theta_i} \qquad (5.47)$$

式 (5.47) 称为简化的毕肖甫公式。式中的参数 $m_{\theta i}$ 包含有稳定安全系数 K_s。因此，不能

直接求出土坡的稳定安全系数 K_s ,而需要采用试算的办法,迭代求算 K_s 值。即对于给定的滑动面对滑动体进行分条,确定土条参数(含几何尺寸、物理参数等)。首先假定一个安全系数 K_{s1} ,代入计算公式得出安全系数 K_{s2} ,若 K_{s2} 与假设的 K_{s1} 很相近,说明得出的即为合理的安全系数,若两者差别较大,即用得出的新安全系数再进行计算,又得出另一安全系数,再进行比较,一般经过 3~4 次循环之后即可求得合理安全系数。工程计算表明,毕肖甫法与严格的极限平衡分析法相比,结果甚为接近。由于计算过程不很复杂,精度也比较高,所以,该方法是目前工程中很常用的一种方法。

▶ 5.6.3 讨论

基于极限平衡理论计算黏性土坡的安全系数方法,经过长期的发展和工程应用,公式的形式已比较完善。然而,就一具体土坡工程来说:一方面使用不同的方法与公式得到不同的安全系数,有时还有较大的差别;另一方面,即使得到的安全系数大于 1 或更大,这在理论上坡体是处于稳定状态,而工程实际中有时仍出现滑动。这里主要的原因有:假定土体是理想塑性材料,土条是理想的刚体,土坡稳定分析是在二维情况下进行的,一般假定土坡属于平面应变问题。但实际上,真正的土坡多属三维的情况,从空间的角度来分析,上述的圆弧法和条分法及简布法都是近似方法。再者,计算参数,尤其是强度指标的选用,在稳定分析中是一个极其普遍而实际的问题,要注意合理选用土的强度参数 c,φ 值。对任何一种土,其试验条件不同,强度指标变化幅值很大,应根据不同的工程条件,选择与之相适应的试验条件来测得 $c,$ φ 值。目前虽然人们付出了很大的努力,但对坡体的安全性准确判断还是与实际有一定的差距。相信随着理论和实践的发展,土坡稳定分析理论和计算方法会更趋于成熟,计算结果将更符合实际。

复习思考题

5.1　试阐述主动、静止、被动土压力产生的条件,并比较其大小。

5.2　对比朗肯理论和库仑理论的基本假定和适用条件。

5.3　常见挡土墙有哪些类型?常用于哪种场合?

5.4　墙背积水对挡土墙有哪些影响?

5.5　无黏性土边坡只要坡角不超过其内摩擦角即保持稳定,其安全系数与坡高无关,而黏性土坡安全系数与坡高有关。试分析其原因。

5.6　土坡失稳破坏的原因有哪些?

5.7　对费伦纽斯条分法和毕肖甫法进行比较,条分法的最大优点在哪里?

习　题

5.1　某挡土墙高 5 m,假定墙背垂直并光滑,墙后填土面水平,填土的黏聚力 $c = 11$ kPa,

内摩擦角 $\varphi = 20°$，重度 $\gamma = 18 \ kN/m^3$。试求出墙背主动土压力（强度）分布图形和主动土压力的合力。（答案：临界高度 $z_0 = 1.75 \ m$，墙底处 $p_a = 28.7 \ kPa$，$E_a = 46.6 \ kN/m$，其作用点离墙底为 $1.08 \ m$）

5.2 某挡土墙高 4.5 m，墙后填土为砂土，其内摩擦角 $\varphi = 35°$，重度 $\gamma = 19 \ kN/m^3$，填土面与水平面的夹角 $\beta = 20°$，墙背倾角 $\alpha = 5°$，墙背外摩擦角 $\delta = 25°$，试求主动土压力 E_a。（答案：$E_a = 73.8 \ kN/m$，作用点离墙底 1.5 m，与水平面成 30°）

5.3 高度为 6 m 的挡土墙，墙背直立和光滑，墙后填土面水平，填土面有均布荷载 $q = 20 \ kPa$，填土情况见习题 5.3 附图。试作出主动土压力分布图及计算主动土压力合力的大小和作用点。（答案：第一层土，$p_{a1} = 6.7 \ kPa$，$p_{a2} = 18.7 \ kPa$；第二层土，$p_{a2} = 13.4 \ kPa$，$p_{a3} = 49.7 \ kPa$；$E_a = 151.6 \ kN/m$，$y = 2.16 \ m$）

5.4 对 5.1 题的挡土墙，采用如习题 5.4 附图所示的毛石砌体截面，砌体重度为 $22 \ kN/m^3$，挡土墙下方为坚硬的黏性土，摩擦系数 $\mu = 0.45$。试对该挡土墙进行抗滑动和抗倾覆验算。（答案：$K_s = 1.24$，$K_t = 3.18$）

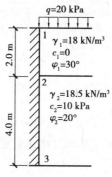

习题 5.3 附图

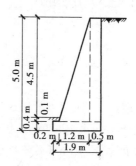

习题 5.4 附图

岩土工程勘察

〖**本章导读**〗

任何建筑物都是建造在地基之上的,地基岩土的工程地质条件将直接影响建筑物的安全。因此,在对建筑物进行设计之前,必须通过各种勘察手段和测试方法进行地基勘察,为设计和施工提供可靠的工程地质信息。勘察工作不单是要完成工程地质勘测,而且要参与场地地基岩土土体的具体评价、整治方案以及改造和利用的分析论证。本章主要介绍岩土工程勘察任务和内容。

6.1 概　述

岩土工程勘察是岩土工程技术体制中的一个重要环节,各项工程建设在设计和施工之前,必须按照基本建设程序进行岩土工程勘察。它的基本任务就是按照建筑物所处的不同阶段的要求,正确反映工程地质条件,查明不良地质作用和地质灾害,为工程的设计、施工以及岩土治理加固、开挖支护和降水等,提供真实可靠的工程地质资料和必要的技术参数,同时对工程存在的有关岩土工程问题做出论证和评价。

任何类型的工程建设,在进行勘察时必须首先查明建筑场地的工程地质条件。所谓工程地质条件,是指与工程建设有关的各种地质条件的综合。这些地质条件包括拟建场地的岩土类型及工程性质、地质构造及岩土土体结构、地貌、水文地质、工程动力地质作用等。工程地质条件的复杂程度,直接影响到工程建设的地基基础方面投资以及未来的安全运行。

房屋建筑和构筑物的岩土勘察,应在搜集建筑物上部荷载、功能特点、结构类型、基础形式、埋置深度和变形限制等方面资料的基础上进行。岩土勘察的主要工作内容应符合下列规定:

①查明场地和地基的稳定性、地层结构、持力层和下卧层的工程特性、土的应力历史和地

下条件以及不良地质作用等；

②提供满足设计、施工需要的岩土参数，确定地基承载力，预测地基变形性状；

③提出地基基础、基坑支护、工程降水和地基处理设计与施工方案的建议；

④提出对建筑物有影响的不良地质作用的防治方案建议；

⑤对于抗震设防烈度等于或大于 6 度的场地，进行场地与地基的地震效应评价。

岩土工程问题是复杂多样的，它因建筑物的类型、结构和规模不同，以及地质环境不同而异，对拟建建筑物安全运行的影响程度也会不同。在复杂地质条件下进行岩土工程勘察，必须查清地层结构、分布规律、形成机制和形成条件、性质和特点，预测其对工程建设的影响或危害程度，并提出防治的对策与措施。

6.2 岩土工程勘察的任务和内容

▶ 6.2.1 岩土工程勘察等级

不同的建筑场地地质条件不同，存在的工程地质问题也各异，因此建筑物所采取的地基基础设计方案也可能不同。

岩土工程勘察的分级应根据岩土工程的安全等级、场地的复杂程度和地基的复杂程度来划分。不同等级的岩土工程勘察因其复杂和难易程度的不同，对勘察测试工作、分析计算评价工作、施工监测控制工作等的规模、工作量、工作深度与质量也相应有不同的要求。

1）岩土工程的重要性等级

岩土工程的重要性等级是根据工程破坏后果的严重性，如危及人的生命、造成的经济损失、产生的社会影响、影响正常使用所造成的后果进行划分的。根据《岩土工程勘察规范》（GB 50021），岩土工程重要性等级按表 6.1 分为三个等级。

表 6.1 岩土工程安全等级

重要性等级	破环后果	工程类别
一级	很严重	重要工程
二级	严重	一般工程
三级	不严重	次要工程

2）场地复杂程度分级

场地条件按其复杂程度分为一级（复杂的）、二级（中等复杂的）、三级（简单的）三个级别。

（1）一级场地划定条件

抗震设防烈度大于或等于 9 度的强震区，需要详细判定有无大面积地震液化、地面断裂、崩塌错落、地震滑移及产生其他高震害异常的可能性；存在其他强烈动力作用的地区；泥石流、雪崩、岩溶、滑坡、潜蚀冲刷、融冻等地区；地下环境已遭受或可能遭受强烈破坏的场地，如

地下采空区引起地表塌陷等。

（2）二级场地划定条件

抗震设防烈度为7～8度的地区，且需进行小区划的场地；不良地质作用一般发育的场地；地质环境已经或可能受到一般破坏的场地；地形地貌较为复杂的场地；基础位于地下水位以下的场地。

（3）三级场地划定条件

抗震设防烈度小于或等于6度的场地，或对建筑抗震有利的地段；无不良动力地质作用的场地；不良地质作用不发育的场地；地质环境基本未受破坏的场地；地形较平坦的场地；地下水对工程无影响的场地。

3）地基复杂程度分级

地基条件亦按其复杂程度分为一级（复杂的）、二级（中等复杂的）、三级（简单的）三个级别。

（1）一级

岩土类型多、很不均匀、岩土性质变化大、需特殊处理的地基；严重湿陷、膨胀、盐渍、污染的特殊性岩土，以及其他复杂情况，需作专门处理的地基。

（2）二级

岩土种类较多、不均匀、性质变化较大，以及除（1）规定以外的特殊性岩土的地基。

（3）三级

岩土种类单一、均匀、性质变化不大，以及无特殊性岩土的地基。

4）岩土工程的勘察等级

根据《岩土工程勘察规范》（GB 50021）划分标准，以及根据岩土工程安全等级、场地等级的地基等级，对岩土工程勘察等级的划分见表6.2。

表6.2　岩土工程勘察等级划分

勘察等级	确定工程勘察等级划分		
	工程重要性等级	场地等级	地基等级
甲　级	一　级	任　意	任　意
	二　级	一　级	任　意
		任　意	一　级
乙　级	二　级	二　级	二级或三级
		三　级	二　级
	三　级	一　级	任　意
		任　意	一　级
		二　级	二　级
丙　级	二　级	三　级	三　级
	三　级	二　级	三　级
		三　级	二级或三级

甲级:在工程重要性、场地复杂程度和地基复杂程度等级中有一项或多项为一级;

乙级:除勘察等级为甲级和丙级以外的勘察项目;

丙级:工程重要性、场地复杂程度和地基复杂程度均为三级。

由表6.2可以看出,勘察等级是由工程重要性等级、场地等级和地基等级的综合确定的。

①对于甲级岩土工程勘察,由于结构复杂、荷载大、要求特殊,或具有复杂的场地条件和地基条件,设计计算需采用复杂的计算理论和方法,采用复杂的岩土本构关系,考虑岩土与结构的共同作用,所以一般要求具有较高理论与技术水平并具有较丰富工程经验的工程师参加。

②对于乙级岩土工程勘察,其岩土工程为常规结构物,基础为标准形式,所以采用常规的设计施工方法。

③对于丙级岩土工程勘察,因结构物为小型的或简单的,或场地稳定地基具有足够的承载力,故只需经验与定性的岩土工程勘察,就能满足设计和施工要求。

对于岩质地基,场地地质条件复杂程度是控制因素。建造在岩质地基上的工程,如果场地和地基条件比较简单,勘察工作难度是不大的,即使是一级工程,场地和地基为三级时,岩土工程勘察等级亦可定为乙级。一般情况下,勘察等级可在勘察工作展开前,通过收集已有资料确定,但随着勘察工作的展开和认识的深入,勘察等级也有可能发生改变。

岩土工程勘察阶段应与设计阶段相适应,不同勘察阶段所要解决的问题不同。岩土工程勘察阶段按先后顺序分为:可行性研究勘察(选址勘察)、初步勘察、详细勘察,场地条件复杂或有特殊要求的工程宜进行施工勘察。当场地条件简单时,或已有充分的工程地质资料和工程经验时,根据实际情况可直接进行详细勘察。

▶ 6.2.2 可行性研究勘察

可行性研究勘察的目的是为了得到若干个拟选场址方案的主要工程地质资料,其主要任务是对拟选场址的场地稳定性和建筑适宜性作出评价,以便方案设计阶段选出最佳的场址。可行性研究勘察应符合下列要求:

①收集和分析场址所在地的工程地质资料及建筑经验等资料;

②进行现场调查,了解场地的地层结构、岩土类型及性质、地下水及不良地质现象等工程地质条件;

③对工程地质条件复杂,工程资料不符合要求的,可根据具体情况,进行工程地质测绘及必要的勘察工作;

④当有两个或两个以上的拟选场址时,应进行比较分析。

根据我国的建筑经验,选择场址时应避开下列地段:不良地质现象发育且对场地稳定性有直接危害或潜在威胁地段;地基土性质严重不良地段;洪水或地下水对建筑场地有严重不良影响地段;地震基本烈度高,可能存在地震断裂带及地震时可能发生滑坡、山崩、地陷的场地以及对建筑抗震不利地段;地下有未开采的有价值矿藏或未稳定的地下采空区地段。

▶ 6.2.3 初步勘察

初步勘察要满足初步设计的要求,在选址勘察的基础上对场地内拟建建筑物地段进行勘察,为确定建筑总平面布置、选择建筑物地基基础设计方案和不良地质现象的防治提供资料。

1）初勘前应取得的资料

①工程的可行性研究报告（如已进行了可行性研究勘察）；

②附有建筑初步规划方案或建筑区范围的地形图；

③有关工程性质及规模的文件。

2）初勘的主要工作内容

①初步查明地质构造、地层结构、岩土工程特性、地下水埋藏条件；

②如有不良地质现象，需查明其成因类型、分布、规模、发展趋势，并对场地的稳定性做出评价；

③对抗震设防烈度等于或大于6度的场地，应对场地和地基的地震效应做出初步评价；

④季节性冻土地区，应调查场地土的标准冻结深度；

⑤初步判定水和土对建筑材料的腐蚀性；

⑥高层建筑初步勘察时，应对可能采取的地基基础类型、基坑开挖与支护工程、降水方案进行初步分析评价。

3）初勘的勘探线、点布置要求

①勘察线应垂直地貌单元边界线、地质构造线及地层界线；

②勘探点一般沿勘探线布置，在每个地貌单元和地貌交接部均应布置勘探点，同时在微地貌和地层变化较大的地段应予加密；

③在地形平坦，第四纪地层简单的地区，勘探点可按网格布置。

《岩土工程勘察规范》对土质地基的勘探线、点间距，及孔深、取样等作了相应规定。勘探线、点间距可按表6.3确定，局部异常地段应予以加密。

初勘勘探孔深度可按表6.4确定。

表6.3 初勘勘探线、勘探点间距

间距 地基复杂程度等级	勘探线间距/m	勘探点间距/m
一级（复杂）	50～100	30～50
二级（中等复杂）	75～150	40～100
三级（简单）	150～300	75～200

注：①表中间距不适用于地球物理勘探；

②控制性勘探点宜占勘探点总数的1/5～1/3，且每个地貌单元均应有控制性勘探点。

表6.4 初勘勘探孔深度

孔深 工程重要性等级	一般性勘探孔孔深/m	控制性勘探孔孔深/m
一级工程	≥15	≥30
二级工程	10～15	15～30
三级工程	6～10	10～20

注：①勘探孔包括钻孔、探井和原位测试孔等；

②特殊用途的钻孔除外。

当遇到下列情况之一时,应适当增减孔深:

①如场地地形起伏较大时,应按预计整平地面标高调整孔深;

②在预定的深度内遇基岩时,除部分控制孔仍应钻入基岩适当深度外,其他孔达到基岩后即可终止;

③在预计基础埋深以下有厚度超过 3~5 m 均匀分布的坚实土层(如碎石土、老堆积土等),除部分控制孔应达到预计深度外,其他孔钻入该层适当深度即可;

④当预定深度内有软弱层且其层底在预定深度以下时,应适当加深或予以钻穿;

⑤对重型工业建筑应根据结构特点和荷载条件适当增加孔深。

取岩土试样和原位测试的孔、井的数量占勘探孔总数的 1/4~1/2,在平面上应大致均匀分布,取样或测试的竖向间距按地层特点和土的均匀程度确定,原则上各土层均需取样或进行原位测试,其数量不宜少于 6 个。

为初步查明地下水对工程的影响,需调查地下水的类型、补给和埋藏条件,实测地下水位,必要时设长期观测孔来确定地下水位变化幅度。如地下水有可能浸没或浸湿基础且具有腐蚀性时,应取代表性水样进行腐蚀性分析,取样点不少于两处。

以上为《岩土工程勘察规范》对土质地基的勘探线、点间距及孔深和取样等提出的要求。对于岩质地基勘探线、点间距及孔深等,《岩土工程勘察规范》未作明确的规定,要求根据地质构造、岩体特性、风化情况等按地方标准或当地经验确定。

▶ 6.2.4 详细勘察

经过选址和初勘后,场地稳定性问题已解决,为满足初步设计所需要的工程地质资料也已基本查明。详细勘察的任务是针对具体建筑地段的地质地基问题进行勘察,以便为施工图设计阶段和合理的选择施工方法提供依据,为不良地质现象的整治设计提供依据。

1)详勘前应取得的资料

①附有坐标及地形的建筑总平面布置图;

②各建筑物的地面整平标高,建筑物的性质、规模、单位荷载或总荷载,结构特点及地下设施情况;

③拟采取的基础型式、尺寸及预计埋深,地基允许变形及地基基础设计、施工方案的特殊要求等。

2)详勘阶段的主要工作内容

①查明建筑范围内各岩土层的种类、深度、分布、工程特性,计算和评价地基的稳定性、均匀性和承载力。

②对一级建筑物和部分二级建筑物提供地基变形计算参数,预测建筑物的变形。

③查明地下河道、沟滨、墓穴、防空洞、孤石等对工程不利的埋藏物。

④查明地下水的埋藏位置,必要时还应查明水位变化幅度与规律,测定地层的渗透性。

⑤在抗震设防烈度等于或大于 6 度的场地,应划分场地土类型和建筑场地类别;对设防烈度等于或大于 7 度的场地,应分析预测可能的地震效应,判定饱和砂土或饱和粉土的地震液化可能性。

⑥判定环境水和土对建筑材料的腐蚀性。

⑦工程需要时应论证地基土及地下水在建筑施工和使用期间可能产生的变化及其影响。

⑧当建筑物采用桩基础时,应按桩基础勘察要求进行。

⑨如为深基坑开挖,则应提供坑壁稳定计算和支护方案所需的岩土技术参数,评价基坑开挖、降水等对邻近建筑物的影响。

⑩如场地存在不良地质现象,则应进一步查明情况,做出评价并提供整治所需的岩土技术参数和整治方案建议。

⑪在季节性冻土地区,应提供场地土的标准冻结深度。

3)详勘勘探点布置

①勘探点宜按建筑物周边线和角点布置,对无特殊要求的建筑物可按建筑物或建筑群的范围布置;

②同一建筑物范围内的主要受力层或下卧层起伏较大时,应加密勘探点,查明其变化情况;

③重大设备基础应单独布置勘探点,重大的动力机器基础和高耸建筑物,勘探点不宜少于3个;

表6.5　详勘勘探点间距

地基复杂程度等级	勘探点间距/m
一级	10 ~ 15
二级(中等复杂)	15 ~ 30
三级(简单)	30 ~ 50

④单栋高层建筑勘探点布置应满足对地基土均匀性评价的要求,且不应少于4个;对密集的高层建筑群,勘探点可适当减少,但每栋建筑至少应有1个控制性勘探点。

详勘勘探点间距可按表6.5确定。

4)详勘勘探点深度(自基底算起)的确定

①对按承载力计算的地基,孔深应以控制地基主要持力层为原则。当基底宽度 b 不大于 5 m,孔深对一般条形基础(自基础底面算起)为 $3b$,单独柱基为 $1.5b$ 但不小于 5 m。

②对高层建筑和尚需进行变形验算的地基,控制孔深度应超过地基沉降计算深度;高层建筑一般孔深应达到基底下 $(0.5 \sim 1.0)b$,并深入稳定分布的地层;地基变形计算深度,对中、低压缩性土,可取附加应力等于上覆土层有效自重应力20%的深度,对高压缩性土,可取附加应力等于自重应力10%的深度。

③建筑总平面内的裙房或仅有地下室部分的控制孔深可适当减小,但应深入稳定分布的地层,且不宜少于基底下 $(0.5 \sim 1.0)b$;当高层建筑裙房或仅有地下室建筑不能满足抗浮设计要求,需设置抗浮桩或锚杆时,勘探孔深应满足抗拔承载力评价的要求。

④当场地有大面积地面堆载或软弱下卧层时,应适当加深孔的深度;当在预定深度内遇基岩或厚层碎石土等稳定地层时,应根据情况对孔深进行调整。

⑤大型设备基础勘探孔深不宜小于基础底面宽度的2倍。

⑥当需进行地基整体稳定性验算时,控制孔深应满足验算要求;当需进行地基处理时,孔深应满足地基处理设计与施工的要求。

⑦当采用桩基时孔深应满足桩基础的相应要求。

详勘勘探手段应采用钻探与触探相配合。在复杂地质条件、湿陷性土、膨胀岩土、风化岩和残积土地区,应布置适量探井。

5)土试样采取与原位测试

①土试样的采取与原位测试的点数,应根据地层结构、地基土均匀性和设计要求确定,对地基基础设计等级为甲级的建筑每栋不应少于3个;

②每个场地的每一主要土层的原状土样或原位测试数据不应少于6件(组);

③在地基主要受力层内,对厚度大于0.5 m的夹层或透镜体,应采取土试样或进行原位测试;

④当土层性质不均匀时,应增加取土数量或原位测试工作量。

对于岩质地基,《岩土工程勘察规范》建议根据地质构造、岩体特性、风化情况等,结合建筑物对地基的要求,按地方标准或当地经验确定。

6.3 岩土工程勘察的方法

查明场地的工程地质条件是勘察工程中的一个重要环节,分析其存在的工程地质问题,需要采取一系列的勘察方法和手段。建筑场地岩土工程勘察方法一般包括工程地质测绘与调查、勘探和取样、工程地质试验、现场检验及观测和勘察资料的室内整理。

▶ 6.3.1 工程地质测绘与调查

工程地质测绘与调查是岩土工程勘察中的一项基础工作,在可行性研究阶段或初步设计阶段,工程地质测绘与调查往往是主要的勘察手段。其目的在于查明拟建场地的地形地貌、地层岩性、地质构造、水文地质条件、物理地质现象及工程活动对场地稳定性的影响等,为确定勘探、测试工作及对场地进行工程地质分区与评价提供依据。它一般在选址或初勘阶段进行,其基本原则是:在选址阶段,搜集研究已有的地质资料;当场地范围小、地质条件简单时,可用踏勘代替测绘;在岩层出露地区、地质条件复杂地区和有多种地貌单元组合地区,则应进行测绘;对经初勘测绘与调查仍未解决的某些专门地质问题(如不稳定边坡等),应在详勘阶段进行补充测绘。

测绘范围包括场地内外和研究内容有联系的地段。对工业与民用建筑范围应包括建筑场地及其邻近地段;对于渠道和各种线路建设,测绘范围应包括线路及轴线(或中线)两侧一定宽度的地带;对于复杂场地,应考虑不良地质现象可能影响的范围,如泥石流,不仅要研究与工程建设有关的堆积区,而且要研究补给区和通过区的地质条件。

测绘所用地形图比例尺,在选址阶段选用1:5 000~1:50 000,初勘阶段选用1:2 000~1:10 000,详勘阶段选用1:500~1:2 000。地质条件复杂时,比例尺可适当放大,必要时采用扩大比例尺表示。建筑地段的地质界线、地质点测绘精度在图上的误差不超过3 mm,其他地段不超过5 mm。

测绘常用的路线有:

①穿越法:沿着与地层的走向、构造线方向及地貌单元相垂直的方向,穿越测绘场地,详细观察沿线的地质情况,并将观察到的地质情况标示在地形图上;

②界限追索法:是一种辅助方法,系沿地层方向或某一构造线方向追索,以查明其接触关系;

③布点法:它是在上述两种方法的基础上,对某些具有特殊意义的研究内容布置一定数量的观察点,逐步观察。

观测点应充分利用天然的或人工的岩石露头。被表土覆盖处,视具体情况布置一定的勘探点,有条件时可配合物探。观测点的定位应根据精度要求和地质条件的复杂程度,选用目测法、半仪器法和仪器法。有特殊意义的地质点(如构造线、地层接触线、不同岩性分界线、软弱夹层、地下水露头、不良地质现象等)宜采用仪器定点。

测绘与调查的内容除包括本章 6.2.1 所列的内容外,尚应调查人类工程活动,如人工洞穴、地下采空、大挖大填、抽水排水及水库诱发地震等,对场地稳定性的影响,以及当地建筑经验。

工程地质测绘与调查完成后应编制实际材料图表,但多数情况下不单独提出成果报告,而是把测绘资料提供给某一勘察阶段,使该阶段得以深入进行工作。

▶ 6.3.2 勘探与取样

工程地质测绘只能查明地上表露的现象,对于地下深处的地质情况需靠勘探来解决,但是勘探点的布置又需要在测绘的基础上予以确定。通过勘探可查明场地内地层的分布和变化,并鉴别和划分地层,了解基岩的埋藏深度和风化层的厚度,探查岩溶、断裂、破裂带、滑动面的位置和分布范围等。

1)勘探

勘探包括掘探、钻探、触探和物探四大类。

(1)掘探

掘探是在建筑场地或地基内挖掘探坑、探槽、探井或平洞。这种方法能直接观察到地质情况,取得较准确的地质资料,同时还可利用这种坑、井进行取样或原位试验,它们多用于大型边坡、地下工程中。

探井常根据开口形状分为圆形、椭圆形、方形和长方形几种,截面有 1 m×1 m,1 m×1.2 m,1.5 m×1.5 m 等不同尺寸,挖掘硬土层时用较小的尺寸,松土层用较大的尺寸,当土层松软易于坍塌时,必须支护井壁,确保施工安全。

在掘进过程中应详细记录编号、位置、标高、尺寸、深度等,描述岩土性状及地质界线,在指定深度取样。整理资料时,应绘出柱状图或展视图。资料取得后,如无别的用途即应很好回填。

适用范围:了解地质构造线,断裂破裂带的宽带,地层、岩性分界线,岩脉延伸方向等,一般在覆盖厚度小于 3 m 时使用。

(2)钻探

在工程地质勘探中,钻探是目前最常用、最广泛、最有效的一种勘探手段。在掘探和钻探过程中,不仅可取岩芯和地下水试样,进行室内土、水分析试验,还可利用这些坑孔进行原位试验或长期观测。钻探可以在各种环境下进行,一般不受地形、地质条件的限制,并能直接观察岩芯和取样。钻探的勘探精度较高,能同时进行原位测试和监测工作,最大限度地发挥综合效益。另外钻探的勘探深度大，效率较高。因此，不同类型、不同结构、不同规模的建筑物，不同勘察阶段、不同环境条件下的勘探工作，一般都采用或部分采用钻探方法进行勘探。

①钻探方法分类。

我国岩土工程钻探常用的钻探方法根据钻进方式的不同分为回转钻进、冲击钻进、锤击钻进、振动钻进和冲洗钻进 5 种。

a. 回转钻进。通过钻杆将旋转矩传递至孔底钻头，同时施加一定的轴向力实现钻进，产生旋转力矩的动力源可以是机械的，也可以是人工的。轴向压力则主要靠钻具自重，或施加配重钻铤，或运用机械加压系统进行施加，回转钻进根据钻头的主要类型和功能又分为螺旋钻进、环形钻进(岩芯钻进)和无岩芯钻进三类。

b. 螺旋钻进。适用于细粒土，可干法钻进。钻头有麻花钻头、勺形钻头和提土器三种。麻花钻头和勺形钻头钻进是在人力或机械旋转力矩的作用下，将钻头螺纹旋入土层中，提钻时带出扰动土样，供岩性鉴定及分类之用。提土器的功能与麻花钻头及勺形钻头类似，不同之处在于：加有中心空杆及底活塞，可通水通气，防止提钻时孔底产生真空，造成缩孔、管涌等孔底扰动破坏。

c. 环形钻进。环形钻进又称岩芯钻进，其钻头采用合金钻头、钢粒钻头或金刚石钻头，适用于土层及岩层，对孔底作环形切削研磨，用循环液清除输出岩粉。环形中心保留柱状岩芯，提出后可供鉴定岩性及试验之用。

d. 无岩芯钻进。钻头采用鱼尾钻头、三翼钻头或牙轮钻头，适用于土层及岩层，对整个孔底切削研磨，用循环液清除输出岩粉，可不提钻连续钻进，效率高，但只能根据岩粉及钻进感觉来判断地层变化。

e. 冲击钻进。利用钻具自重冲击破碎孔底岩土，破碎后的岩粉、岩屑由循环液冲出地面，也可采用带活门的提筒提出地面，冲击钻头有"一"字形、"十"字形等多种，可通过钻杆或钢丝绳操纵。冲击钻进主要用于坚硬土层及碎石土、岩层，冲击钻进只能根据岩粉、岩屑和感觉判断地层的变化，冲击钻进对孔壁、孔底扰动都比较大，故一般是配合回转钻进，在遇到回转困难的坚硬地层时应用。

f. 锤击钻进。钻头为带刃口的管状钻头，通过重锤将管状钻头击入孔底土层中，提钻后掏出土样进行岩性鉴定。该方法目前广泛应用于一般黏性土、粉土及黄土状土的钻进，是一种效率高、质量好的钻进方式。

g. 振动钻进。通过钻杆将振动器激发的高速振动传递至孔底管状钻头周围的土中，使土的抗剪阻力急剧降低，同时在一定轴向压力下使钻头贯入土层中。适用于细粒土、砂土及碎石土。这种钻进方式钻进效率高，但对孔底扰动较大，往往影响高质量土样的采取。

h. 冲洗钻进。通过高压射水破坏孔底土层实现钻进，土层破碎后由水流冲出地面，这是一种简单、快速、成本低廉的钻进方法。适用于砂层、粉土层和不太坚硬的黏性土层，但冲出地面的粉屑往往是各土层物质的混合，代表性差，无法用于地层岩性的划分。

以上几种钻进方式分别适用于不同地质条件，《岩土工程勘察规范》对钻进方法的适用范围进行了归纳，见表6.6。在实际工程中，可根据地层情况和工程需要进行选择。

表 6.6　钻探方法的适用范围

钻探方法		钻进地层					勘察要求	
		黏性土	粉土	砂土	碎石土	岩石	直观鉴别,采取 不扰动土样	直观鉴别,采取 扰动土样
回转	螺旋钻探	+ +	+	+	-	-	+ +	+ +
	无岩芯钻探	+ +	+ +	+ +	+	+ +	-	-
	岩芯钻探	+ +	+ +	+ +	+	+ +	-	-
冲击	冲击钻探	-	+	+ +	+ +	+	-	-
	锤击钻探	+	+	+	+		+ +	+ +
振动钻探		+ +	+ +	+ +	+	-	+	+ +
冲洗钻探		+	+ +	+ +				

注: + + 表示适用, + 表示部分适用, - 表示不适用。

②钻探机械。

钻探机械种类多种多样,选择何种钻探机械,应根据地层特点和勘察要求选取。选取钻探机械时,不仅要考虑钻具的钻进深度、速度、口径及钻探方式等,还要考虑是否满足岩性鉴定、取样、原位测试以及钻具搬迁的难易程度等。

目前我国使用的工程勘察钻机主要有以下几种:

a. 人力钻。目前常用的人力钻具有小口径麻花钻(或提土钻)、小口径勺形钻以及洛阳铲等简易钻探工具,主要用于浅部土层的勘探以及地下文物、洞穴的勘探。

b. 轻便机动钻机。其代表型号为 20 世纪 60 年代后期投入使用的 SH-30、CH-50 钻机。其特点是用落地式转盘驱动钻具回转,钻具升降方便,接卸钻杆次数少,特别适用于土层钻探。

c. 半液压和全液压钻机。为了进一步提高钻探的机械化程度和效率,自 20 世纪 70 年代开始研制出新型钻机。一类是机械传动,液压操纵的半液压钻机,如地矿系统的 G 系列钻机,建工系统的 JK-1 钻机,机械系统的 YYD-50 钻机;另一类是液压传动、液压操纵的全液压钻机,如 YZ-1(100)、ZK-50 钻机。

d. 代用岩芯钻机。代用岩芯钻机是地矿部门用于资源勘探的钻机,如 XJ-100、DPP-100 等型号。但要用于解决基岩深孔钻进问题,对土层勘探、取样、原位测试尚有欠缺。

(3)触探

触探可分为静力触探和动力触探,它既是一种勘探方法,也是一种测试手段,可以确定地基土的物理力学性质、天然地基和桩基的承载力。具体内容将在 6.3.3 节原位测试中做详细介绍。

(4)物探

物探是根据各种岩土具有不同的物理性能,对岩土层进行研究,以解决地质问题的一种勘探方法,同时也是一种测试手段。物探方法包括电法勘探(即电探)、地震波速法勘探等,它们常用来配合钻探,减少钻探工作量。

①电探。电探场地应是地形起伏变化不宜过大,影响工作的障碍物不多,附近没有严重的干扰因素如变电设备、高压线、地下金属管道、机械振动等。电探可分多种方法,其中广泛

采用的是叫电阻率法。电阻率法可用来了解场地内主要地层的分布和变化、地下水位及基岩的埋藏深度,探查岩溶、断裂、破碎带和软弱地层的分布范围。这种方法是通过人工形成的电场来测定各种岩层的不同电阻率(ρ_k)而获得勘察资料。电阻率的确定用下式:

$$\rho_k = K \frac{\Delta V}{I} \tag{6.1}$$

式中　K——取决于电极 A,M,N,B 相互配置的系数;

ΔV——测量电极 M,N 间的电位差;

I——供电极 A,B 间的电流强度。

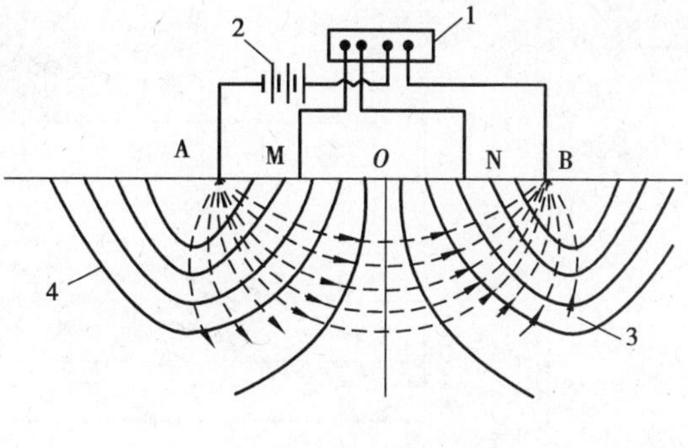

电探时的设备布置如图 6.1 所示,供电极 A,B 与电池及安培计联接,测定电流(I),测量电极 M,N 与电位计联接,测量电位差(ΔV),4 个电极(铜棒)以中心点 O 为中心对称地打入地表土层,在地表勘探线上的各个点进行测量,即可得不同岩层的电阻率值。根据电阻率值绘制电测剖面曲线或电阻变化图表,进行分析即得电测结果。

图 6.1　四极装置示意图
1—电位计及安培计;2—电池;
3—流线;4—等电位线

②地震波速法勘探。这种方法可以查明松散覆盖层的厚度、基岩埋藏深度、断层破碎带、软弱夹层或溶洞等。原理是设置爆炸点,经人为的爆炸产生弹性波,在接收点的检波器上用电线连一扩大器和一记录摄影机,检波器收到的震动记录于迅速移动的感光纸上,并用计时装置(通常为音叉)在每百分之一秒处作出标记,爆炸的瞬时也记录在这感光纸上。爆炸点与检波器间的距离为已知,即可计算弹性波穿过岩层的速度。这种方法实际上是准确地观测与计算穿过岩层的人为激发的弹性波在岩层中的传播速度,再根据震动记录及计算的速度进行分析,即能得到相关的勘察资料。

2)取样

取样是岩土工程勘察中经常性的工作,是定量评价岩土工程条件和岩土工程问题必不可少的工作。取样包括岩土样和水样,取样工作贯穿于整个岩土工程勘察工作的始终,从可行性研究勘察阶段、初步勘察阶段、详细勘察阶段以及施工勘察阶段,甚至工程运行和监测阶段都要进行岩试样或水样的采取。

取样是岩土工程勘察重要的工作内容之一,是岩土工程室内试验必不可少的工序,其目的在于获得代表所取土(岩)层的试验样品。然而在取样过程中,由于取样方法、取样技术的差别,对所取试样的扰动程度就不同,从而决定了所取土样质量的好坏。

土样的扰动产生于取样之前钻进过程中钻头、钻杆对土层的扰动,取样过程中取样器对土样的扰动,以及取样之后对试样的移动,运输过程中对试样的振动或密封不严导致含水量损失,以及试样制备的全过程对土样的扰动。关于土样的扰动及其对试验的影响主要有以下几个方面:应力状态的改变、孔隙比和含水量的变化、结构扰动、化学成分变化以及土的组成成分混杂。

从理论上讲,除了应力状态的改变引起土样弹性膨胀不可避免之外,其余几项都可以通过适当的操作方法和工具来克服或减轻。但实际上真正完全不扰动的土样是无法取得的。

参照国外的经验,我国的《岩土工程勘察规范》对土样质量级别作了四级划分,规定了各级土样能够进行的试验项目,见表6.7。

在表6.7中,不扰动是指原位应力状态虽已改变,但土的结构、密度、含水量变化很小,能满足室内试验各项要求,如确无条件采取Ⅰ级土试样时,在工程技术要求允许的情况下可以Ⅱ级土试样代用,但宜先对土试样受扰动程度作抽样鉴定,判定用于试验的适宜性,并结合地区经验使用试验成果。

表6.7　土试样质量等级划分

级别	扰动程度	试验目的
Ⅰ	不扰动	土类定名、含水量、密度、压缩变形、抗剪强度
Ⅱ	轻微扰动	土类定名、含水量、密度
Ⅲ	显著扰动	土类定名、含水量
Ⅳ	完全扰动	土类定名

(1)取土器的类型及适用条件

取土器的结构和类型是影响取土质量的主要因素之一,因此勘察部门十分注意取土器的设计、制造。对取土器的基本要求是:尽可能使所取土样不受或少受扰动;能顺利地切入土层,并取出土样;结构简单,使用方便。目前国内外钻孔取土器按壁的厚薄程度可分为薄壁和厚壁两类,按进入土层的方式可分为贯入(静压或锤击)和回转两类。

①贯入式取土器。贯入式取土器可分为敞口取土器和活塞取土器两大类型。敞口取土器按管壁厚度分为厚壁和薄壁两种;活塞取土器则分为固定活塞、水压固定活塞、自由活塞等几种。

②敞口取土器。敞口取土器是最简单的取土器,其优点是结构简单,取样操作方便,缺点是不易控制土样质量,土样易于脱落。在取样管内加装内衬管的取土器称为厚壁敞口取土器(图6.2)。其外管多采用半合管,易于卸出衬管和土样。其下接厚壁管靴,能应用于软硬变化范围很大的多种土类。由于壁厚,对土样扰动大,只能取得Ⅱ级以下的土样。薄壁取土器(图6.3)只用一薄壁无缝管作取样管,可作为采取Ⅰ级土样的取土器。薄壁取土器只能用于软土或较疏松的土取样。土质过硬,取土器易于受损。薄壁取土器内不可能设衬管,一般是将取样管与土样一同封装送到实验室。因此,需要大量的备用取土器,这样既不经济,又不便于携带。《岩土工程勘察规范》允许以束节式取土器代替薄壁取土器。这种束节式取土器是综合了厚壁和薄壁取土器的优点而设计的,其特点是将厚壁取土器下端刃口段改为薄壁管(此段薄壁管的长度一般不应短于刃口直径的3倍),以减少厚壁管面积比的不利影响,取出的土样可达到或接近Ⅰ级。

③活塞取土器。如果在敞口取土器的刃口处装一活塞,在下放取土器的过程中,使活塞与取样管的相对位置保持不变即可排开孔底浮土,使取土器顺利达到预计取样位置。此后,将活塞固定不动,贯入取样管,土样则相对地进入取样管,但土样顶端始终处于活塞之下,不可能产生凸起变形。回提取土器时,处于土样顶端的活塞即可隔绝上下水压、气压,也可以在土样与活塞之间保持一定的负压,防止土样失落而又不至于像上提活阀那样出现过分的抽

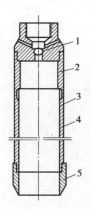

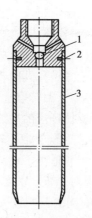

图 6.2　厚壁敞口取土器

1—阀球;2—废土管;3—半合取样管;
4—衬管;5—加厚管靴

图 6.3　敞口薄壁取土器

1—阀球;2—固定螺钉;3—薄壁管

吸。活塞取土器有固定活塞取土器、水压固定活塞取土器、自由活塞取土器等。

a. 固定活塞取土器。在敞口薄壁取土器内增加一个活塞以及一套与之相连接的活塞杆,活塞杆可通过取土器的头部并经由钻杆的中空延伸至地面。下放取土器时,活塞处于取样管刃口端部,活塞杆与钻杆同步下放,到达取样位置后固定活塞杆与活塞,通过钻杆压入取样管进行取样。

b. 水压固定活塞取土器,如图 6.4 所示。其特点是去掉了活塞杆,将活塞连接在钻杆底端,取样管则与另一套在活塞缸内的可动活塞联结,取样时通过钻杆施加水压,驱动活塞缸内的可动活塞,将取样管压入土中,即可进行取样。其取样效果与固定活塞式相同,操作较为简单,但结构仍较复杂。

c. 自由活塞取土器,如图 6.5 所示。自由活塞取土器与固定活塞取土器的不同之处在于活塞杆不延伸至地面,而只穿过上接头,用弹簧锥卡控制,取样时依靠土试样将活塞顶起。操作较为简便,但土试样上顶活塞时易受扰动,取样质量不及以上两种取土器。

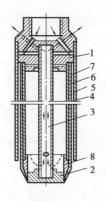

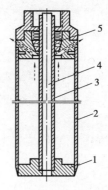

图 6.4　水压固定活塞取土器

1—可动活塞;2—固定活塞;3—活塞管;4—活塞缸;
5—竖向导杆;6—取样管;7—衬管;8—取样管刃靴

图 6.5　自由活塞取土器

1—活塞;2—薄壁取样管;3—活塞管
4—消除真空管;5—弹簧锥卡

④回转式取土器。贯入式取土器一般只适用于软土及部分可塑性土,对于坚硬、密实的土类则不适用,对于这些土类,必须改用回转式取土器。回转取土器主要有两种类型:

a.单动二重(三重)管取土器。这种取土器类似于岩芯钻探中的双层岩芯管,如在内管内再加衬管,则成为三重管,其内管一般与外管齐平或稍超前于外管。取样时外管旋转,而内管保持不动,故称单动。回转取土器取样时采用循环液冷却钻头并携带岩土碎屑,内管容纳土样并保护土样不受循环液的冲蚀。

b.双动二重(三重)管取土器。所谓双动二重(三重)管取土器是指取样时内管、外管同时旋转的取土器。它适用于硬黏土、密实的砂砾石土以及软岩取样。内管回转虽然会产生较大的扰动影响,但对于坚硬密实的土层,这种扰动影响不大。

(2)钻孔中不扰动土样的采取

①击入法。击入法是用人力或机械力操纵落锤,将取土器击入土中的取土方法。按锤击次数分为轻锤多击法和重锤少击法;按锤击位置又可分为上击法和下击法。经过取样试验比较认为:重锤少击法取样质量优于轻锤多击法,下击法优于上击法。

②压入法。压入法有慢速压入法和快速压入法两种。

a.慢速压入法。用钻机自身重量或油压千斤顶等缓慢地不连续地加压,将取土器压入土层中进行取样,在取样过程中对土样有一定程度的扰动。

b.快速压入法。将取土器快速、均匀地压入土中,对土试样的扰动程度最小。目前普遍使用的是活塞油压筒法,即采用取土器稍长的活塞压筒施以高压,使取土器快速等速压入土中。

③回转法。使用回转式取土器取样时,内管压入取样,外管回转削切周围土层,并利用钻机冲洗液将削切下来的废土带出孔口。这种方法可以减少取样时对土试样的扰动,从而提高取样质量。但是,由于需采用冲洗液来携带废土,因此仅适用于地下水位以下的土层,对地下水位以上的土层不宜采用。

(3)钻孔取样操作

①钻进要求。钻进时应尽量做到不扰动或少扰动所取样的土层,为此应做到以下几方面的工作:

a.钻进方法要得当。在地下水位以上应采用干钻,以保证所取土样尽量保持原地层的含水量、密度等。在地下水位以下可采用水循环钻进,但应根据不同地层调制不同的循环泥浆和适当的泵量,以免冲坏岩层和土样。取样时应保证钻孔垂直,取样器垂直下落。

b.在软土和水下砂土中钻进,可采用泥浆护壁,也可采用套管护壁。采用泥浆护壁时,应增加泥浆稠度。若采用套管护壁时,应注意管靴对土层的扰动,且套管底部应限制在取样深度以上3倍孔径的距离。

c.钻进过程中严禁超岩芯管钻进,为了追求钻探速度而超岩芯管钻进的行为是不科学的。

②取样要求。

a.当钻进达到预定取土位之后,要利用钻具清除孔底浮土,孔底残留浮土厚度不得大于取土器废土段长度。清除浮土时应避免扰动待取土样的土层。

b.下取土器时应保证取土器垂直居中,避免侧刮孔壁。取土器到达孔底时应轻放,以免冲击孔底而扰动土层。

    c.采用贯入式取土器取土时,宜采用静压法,特别是对饱和粉土、粉细砂以及饱和软黏土,必须采用静压法取样。如果采用锤击法,应做到重锤少击,以减少锤击震动对土样的扰动。

    d.取土器贯入深度不得大于取土器长度,等土样贯满取土器后,在提升取土器之前应使钻具旋转2~3圈,以使土样与母体分离。提升时要平稳,避免碰撞孔壁,以保证土样不失落。

    ③土样的密封、运输和制样。

    a.对于Ⅰ、Ⅱ、Ⅲ级土样取出后应立即进行蜡封,并放置在阴凉处,避免曝晒和冰冻,确保所取土样含水量不发生变化。

    b.对于Ⅰ、Ⅱ级土样在取样和运输过程中应避免振动,以保证土样密度不发生变化。

    c.尽可能缩短取样到试验完毕之间的储存时间,一般不超过10天。

    d.在制备土样过程中应尽可能保持土样的原状,避免制样时对土样的扰动。

▶ 6.3.3 原位测试

原位测试是在工程地质勘察现场,在不扰动或基本不扰动土层的情况下对土层进行测试,以获得所测土层的物理力学性质指标及划分土层的一种岩土工程勘察技术。它具有直接性、真实性和实用性的特点,对土体工程性质的判断起着十分重要的作用。

原位测试主要有载荷试验、十字板剪切试验、标准贯入试验,静力触探试验、圆锥动力触探试验等。

1)载荷试验

载荷试验是一种地基土的原位测试方法,可用于测定承压板下应力主要影响范围内岩土的承载力和变形特性。载荷试验可分为浅层平板载荷试验、深层平板载荷试验和螺旋板载荷试验三种。浅层平板载荷试验适用于浅层地基土,深层平板载荷试验适用于埋深大于3 m和地下水位以上的地基土,螺旋板载荷试验适用于深层地基土或地下水位以下的地基土。

《岩土工程勘察规范》规定:载荷试验应布置在有代表性的地点,每个场地不宜小于3个点;当场地内岩土体不均匀时,应适当增加试验点;浅层平板载荷试验应布置在基础底面标高处。

下面仅对平板载荷试验作具体介绍。

平板载荷试验(PLT)是在一定面积的刚性承压板上加荷,通过承压板向地基土逐级加荷,测定地基土的压力与变形特性的原位测试方法。它反映承压板下1.5~2.0倍承载板直径或宽度范围内,地基土强度、变形的综合性状。平板载荷试验适用于各种地基土,特别适用于各种填土及含碎石的土。

(1)平板载荷的目的

①确定地基土承载力的特征值,为评定地基土的承载力提供依据;

②确定地基土的变形模量(排水或不排水);

③估算地基土的不排水抗剪强度;

④确定地基土基床反力系数;

⑤估算地基土的固结系数。

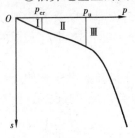

图 6.6　典型的 p-s 曲线

（2）平板载荷试验基本理论

典型的平板载荷试验 p-s 曲线（p 为施加于承压板上的压力，s 为在相应压力下的沉降）可分为三个阶段（图 6.6）：

Ⅰ　直线变形阶段：当压力小于临塑荷载 p_{cr}（比例极限压力），p-s 曲线成直线关系；

Ⅱ　剪切阶段：当压力大于 p_{cr}、小于极限压力 p_u，p-s 关系曲线由直线变为曲线；

Ⅲ　破坏阶段：当压力大于 p_u，沉降急剧增加。

（3）平板载荷试验的技术要求

①平板载荷试验的常用装置如图 6.7 所示。

②承压板尺寸：承压板尺寸对评定承载力影响一般不大。对于含碎石的土，承压板宽度应为最大碎石直径的 10～20 倍；对于不均匀的土层，承压板面积不宜小于 0.5 m^2。一般情况下，宜用面积为 0.25～0.5 m^2 的承压板。

③承压板埋深对评定承载力有影响，一般要求承压板埋深等于零（要求荷载施加在半无限空间的表面），即承压板在基坑底面时，试坑宽度应等于或大于承压板宽度的 3 倍。在个别情况下，为了挖掘地基土承载力的潜力，可模拟实际基础的埋深进行有一定埋深的嵌入式载荷试验。

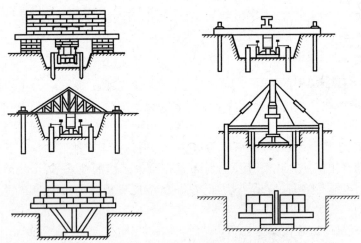

图 6.7　平板载荷试验常用装置

④加荷方式。

a. 分级维持荷载沉降相对稳定法（常规慢速法）。分级加荷按等荷载增量均衡施加，荷载增量一般取预估试验土层极限荷载的 10%～12.5% 或临塑荷载的 20%～25%。每一级荷载，自加荷开始按时间间隔 10,10,10,15,15 min，以后每隔 30 min 观测一次承压板沉降，直至在连续 2 h 内，每小时的沉降量不超过 0.1 mm 时即可施加下一级荷载。

b. 分级维持荷载沉降非稳定法（快速法）。分级加荷与慢速法同，但每一级荷载按间隔 15 min 观察一次沉降，每级荷载维持 2 h，即可施加下一级荷载。

c.等沉降速率法。控制承压板以一定的沉降速率沉降,测读与沉降相对应的所施加的荷载,直至试验达破坏状态。

⑤试验结束条件。一般应尽可能进行到试验土层达到破坏阶段,然后终止试验,当出现下列情况之一时,可认为已达破坏阶段。

a.在某级荷载作用下,24 h 沉降速率不能达到相对稳定标准;

b.承压板周围出现明显侧向挤出,周边岩土出现明显隆起或径向裂缝持续发展;

c.相对沉降(s/b)超过 0.06~0.08。

(4)浅层平板载荷试验要点

《岩土工程勘察规范》规定浅层平板荷载试验的要点为:

①地基土浅层平板荷载试验可适用于,测试浅部地基土层的承压板下应力主要影响范围内的承载力,承压板面积不应小于 0.25 m²,对于软土不应小于 0.5 m²。

②试验基坑深度不应小于承压板宽度或直径的 3 倍,应保持试验土层的原状结构和天然湿度,宜在拟试压表面用粗砂或中砂找平,其厚度不超过 20 mm。

③加荷分组不应少于 8 级,最大加载量不应小于设计要求的 2 倍。

④每级加载后,按间隔 10,10,10,15,15 min,以后为每隔 30 min 测读一次沉降量,当在连续 2 h 内沉降量小于 0.1 mm/h,则认为已稳定,可加下一级荷载。

⑤当出现下列情况之一时,即可终止加载:

a.承压板周围的土明显地侧向挤出;

b.沉降 s 急剧增大,p-s 曲线出现陡降段;

c.在某一级荷载下,24 h 内沉降速率不能达到稳定;

d.当沉降量与承压板或直径之比大于或等于 0.06。

当满足前三种情况之一时,其对应的前一级荷载定为极限荷载。

(5)试验资料的整理

①相对稳定法。

a.根据原始记录绘制 p-s 和 s-t 曲线图。

b.修正沉降观测值,先求出校正值 s_0 和 p-s 曲线斜率 C,s_0 和 C 的求法有图解法和最小二乘法。

图解法——在 p-s 曲线草图上找出比例界限点,从比例界限点引一直线,使比例界限前的各点均匀靠近该直线,直线与纵坐标交点的截距即为 s_0,将直线上任意一点的 s,p 和 s_0 代入下式求得 C 值:

$$s = s_0 + Cp \tag{6.2}$$

最小二乘法——计算式如下:

$$Ns_0 + C\sum p - \sum s' = 0 \tag{6.3}$$

$$s_0 \sum p + C\sum p^2 - \sum ps' = 0 \tag{6.4}$$

解上两式得:

$$C = \frac{N\sum ps' - \sum p \sum s'}{N\sum p^2 - \left(\sum p\right)^2} \tag{6.5}$$

$$s_0 = \frac{\sum s' \sum p^2 - \sum p \sum ps'}{N \sum p^2 - (\sum p)^2} \tag{6.6}$$

式中　N——加荷次数；

$\qquad s_0$——校正值，cm；

$\qquad p$——单位面积压力，kPa；

$\qquad s'$——各级荷载下的原始沉降值，cm；

$\qquad C$——斜率。

求得 s_0 和 C 值后，按下述方法修正沉降观测值 s：对于比例界限以前各点，根据 C,p 值按 $s = Cp$ 计算；对于比例界限以后各点，则按 $s = s' - s_0$ 计算。根据 p 和修正后的 s 值绘制 $p\text{-}s$ 曲线。

②快速试验法。

快速试验法是根据试验记录按外推法推算各级荷载下，沉降速率达到相对稳定标准时所需的时间和沉降量，然后以推算的沉降量绘制 $p\text{-}s$ 曲线。

各级荷载下，沉降达到相对稳定标准时所需时间和沉降量可按下式计算：

$$t_n = \frac{t_\infty}{1 - e^{-\alpha_n/\beta_n}} \tag{6.7}$$

$$s_n = \alpha_n + \beta_n \ln(t_n + 1) \tag{6.8}$$

$$\alpha_n = \frac{\sum s_i' \sum [\ln(t_i' + 1)]^2 - \sum (t_i' + 1) \sum s_i'\ln(t_i' + 1)}{N \sum [\ln(t_i' + 1)]^2 - [\sum \ln(t_i' + 1)]^2} \tag{6.9}$$

$$\beta_n = \frac{N \sum s_i'\ln(t_i' + 1) - \sum s_i' \sum \ln(t_i' + 1)}{N \sum [\ln(t_i' + 1)]^2 - [\sum \ln(t_i' + 1)]^2} \tag{6.10}$$

式中　t_n——第 n 级荷载下沉降达到相对稳定标准时所需的时间，min，当 t_0 不足 30 的倍数时，可增大为 30 的倍数；

$\qquad s_n$——第 n 级荷载下沉降达到相对稳定标准时的沉降量，cm；

$\qquad t_\infty$——沉降速率达相对稳定标准的时间增量，$t_\infty = 60$ min；

$\qquad s_\infty$——沉降速率达相对稳定标准的沉降增量，$s_\infty = 0.1$ mm；

$\qquad e$——自然对数的底；

$\qquad \alpha_n$——第 n 级荷载下，$s\text{-}\ln t$ 关系的截距，cm；

$\qquad \beta_n$——第 n 级荷载下，$s\text{-}\ln t$ 关系的斜率。

为了使快速法的成果与相对稳定法取得一致，必须从施加第二级荷载开始，从沉降观测值中扣除以前各级沉降未稳定而产生的剩余沉降的影响。剩余沉降量的计算公式如下：

$$\Delta s_{k,n}^i = \sum_{k=1}^{n-i} \beta_k \{\ln[N(n-k) + i]\Delta t + 1\} - \ln[N(n-k)\Delta t + 1] \tag{6.11}$$

式中　$\Delta s_{k,n}^i$——第 n 级荷载第 i 次观测值中应扣除的剩余沉降量，cm；

$\qquad K$——第 n 级前的荷载级数，$K = 1,2,\cdots,n-1$；

$\qquad \Delta t$——沉降观测的时间间隔，min；

$\qquad N$——每级荷载下沉降观测的次数；

n——荷载级数。

2)静力触探试验

静力触探是用静力将探头以一定的速率压入土中,利用探头内的力传感器,通过电子量测仪器将探头受到的贯入阻力记录下来,由于贯入阻力的大小与土层的性质有关,因此通过贯入阻力的变化情况,可以达到了解土层的工程性质的目的。

《岩土工程勘察规范》规定:静力触探试验适用于软土、一般黏性土、粉土、砂土和含少量碎石的土。静力触探可根据工程需要采用单桥探头、双桥探头或带孔隙水压力量测的单、双桥探头,可测定比贯入阻力(p_s)、锥尖阻力(q_c)、侧壁阻力(f_s)和贯入时的孔隙水压力(u)。以下就静力触探试验的设备构造、试验方法以及工作原理作一介绍。

(1)静力触探的设备组成

①静力触探的加压设备:

a.加压装置。加压装置的作用是将探头压入土层中,按加压方式可分为下列几种:

•手摇式轻型静力触探:利用摇柄、链条、齿轮等用人力将探头压入土中,适用于较大设备难以进入的狭小场地的浅层地基现场测试。

•齿轮机械式静力触探:主要组成部件有变速马达(功率2.8~3 kW)、伞形齿轮、丝杆、导向滑块、支架、底板、导向轮等。其结构简单,加工方便,既可单独落地组装,也可装在汽车上,但贯入力小,贯入深度有限。

•全液压传动静力触探:分单缸和双缸两种,主要组成部件有:油缸和固定油缸的底座、油泵、分压阀、高压油管、压杆器和导向轮等。目前在国内使用液压静力触探仪比较普遍,一般最大贯入力可达200 kN。

b.反力装置。静力触探的反力有三种形式:

•利用地锚作反力。当地表有一层较硬的黏性土覆盖层时,可以使用2~4个或更多的地锚作反力,实际中可视所需反力大小而定。锚的长度一般为1.5 m左右,叶片的直径可分成多种,如25,30,35,40 cm,以适应各种情况。

•用重物作反力。如地表土为砂砾、碎石土等,地锚难以下入,此时只有采用压重物来解决反力问题,即在触探架上压以足够的重物,如钢轨、钢锭、生铁块等。软土地基贯入30 m以内的深度,一般需压重物40~50 kN。

•利用车辆自重作反力。将整个触探设备装在载重汽车上,利用载重汽车的自重作反力。贯入设备装在汽车上工作方便,工效比较高,但由于汽车底盘距地面过高,使钻杆施力点距离地面的自由长度过大,当下部遇到硬层而使贯入阻力突然增大时易使钻杆弯曲或折断,应考虑降低施力点距地面的高度。

触探钻杆通常用外径 ϕ32、35 mm,壁厚为5 mm以上的高强度无缝钢管制成,也可用 ϕ42 mm的无缝钢管。为了使用方便,每根触探杆的长度以1 m为宜,钻杆接头宜采用平接,以减小压入过程中钻杆与土的摩擦力。

②探头:

a.探头的工作原理。

将探头压入土中时,由于土层的阻力,使探头受到一定的压力。土层的强度愈高,探头所受到的压力愈大。通过探头内的阻力传感器(以下简称传感器),将土层的阻力转换为电讯号,然后由仪表测量出来。为了实现这个目的,需运用三个方面的原理,即材料弹性变形的虎克定律、电量变化的电阻定律和电桥原理。

传感器受力后要产生变形,根据弹性力学原理,如应力不超过材料的弹性范围,其应变的大小与土的阻力大小成正比,而与传感器截面积成反比。因此,只要能将传感器的应变大小测量出,即可知土阻力的大小,从而求得土的有关力学指标。

如果在传感器上牢固地贴上电阻应变片,当传感器受力变形时,应变片也随之产生相应的应变,从而引起应变片的电阻产生变化。根据电阻定律,应变片的阻值变化与电阻丝的长度变化成正比,与电阻丝的截面积变化成反比,这样就能将钢材的变形转化为电阻的变化。但由于钢材在弹性范围内的变形很小,引起电阻的变化也很小,不易测量出来,为此,在传感器上贴一组电阻应变片,组成一个桥路,使电阻的变化转化为电压的变化,通过放大,就可以测量出来。因此,静力触探就是通过探头传感器实现一系列量的转换:土的强度—土的阻力—传感器的应变—电阻的变化—电压的输出,最后由电子仪器放大和记录下来,达到测定土强度和其他指标的目的。

b.探头的结构。

• 单桥探头(图6.8)。单桥探头由带外套筒的锥头、弹性元件(传感器)、顶柱和电阻应变片组成。锥底的截面规格不一,其中有效侧壁长度为锥底直径的1.6倍。单桥探头在结构上的关键是传感器的设计和加工精度,顶柱与传感器的接触必须良好,否则就会使读数不稳定,影响测量精度。接触方法有圆锥面接触和球面接触,后者加工方便,效果也比较好。

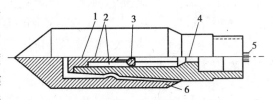

图6.8 单桥探头结构
1—顶柱;2—电阻应变片;3—传感器;
4—密封垫圈套;5—四芯电缆;6—外套筒

• 双桥探头。单桥探头虽带有侧壁摩擦套筒,但不能分别测出锥头阻力和侧壁摩擦阻力。双桥探头除锥头传感器外,还有侧壁摩擦传感器及摩擦套筒。侧壁摩擦套筒的尺寸与锥底面积有关。双桥探头结构如图6.9所示。

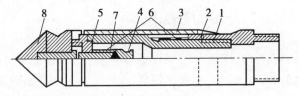

图6.9 双桥探头结构
1—传力杆;2—摩擦传感器;3—摩擦筒;4—锥尖传感器;
5—顶柱;6—电阻应变片;7—钢珠;8—锥尖头

c.探头的密封及标定。

要保证传感器高精度地进行工作,就必须采取密封、防潮措施,否则因传感器受潮而降低其绝缘电阻,使零飘增大,严重时电桥不能平衡,测试工作无法进行。密封方法有打包裹法、堵塞法、充填法等。用充填法时应注意利用中性填料,且填料要呈软膏状,以免对应变片产生腐蚀或影响讯号的传递。

目前国内较常用的密封防水方法是在丝扣接口处涂上一层高分子液态橡胶,然后将丝扣上紧。在电缆引出端,用厚的橡胶垫圈及铜垫圈压紧,使其与电缆紧密接触,起到密封的作用。而摩擦传感器则采用自行车内轮胎的橡胶膜套上,两端用尼龙线扎紧。对于摩擦传感器与上接头连接的伸缩缝,可用弹性和密封性能都好的 704 硅橡胶填充。

密封好的探头要进行标定,找出探头内传感器的应变值与贯入阻力之间的关系后才能使用。标定工作可在特制的磅秤架上进行,也可在材料实验室利用 50~100 kN 的压力机进行,但最好是使用 30~50 kN 的标准测力计,这样能在野外工作过程中随时标定,方便且精度较高。

每个传感器需标定 3~4 次,每次需转换不同方位,标定过程应耐心细致,加荷速度要慢,将标定结果绘在坐标纸上,纵坐标代表压力,横坐标代表输出电压或微应变。在正常情况下,各标定的点应在一通过原点的直线上,如不通过原点,且截距较大时,可能是应变片未贴好,或探头结构上存在问题,应找出原因后采取措施。

③量测记录仪器:目前我国常用的静力触探仪器有两种类型,一种为电阻应变仪,另一种为自动记录仪。

a.电阻应变仪。电阻应变仪是一种手调直读式仪器,主要有 YJD-1 和 YJ-5 两种型号,其线路基本一致。YJD-1 为静动两用,YJ-5 的性能较好并可多台一起使用,仪器上安有电源同步装置,可防止互相干扰。

电阻应变仪由稳压电源、振荡器、测量电桥、放大器、相敏检波器和平衡指示器等组成。应变仪是通过电桥平衡原理进行测量的。当触探头工作时,传感器发生变形,引起测量桥路的平衡发生变化,通过手动调整电位器使电桥达到新的平衡,根据电位器调整程度就可确定应变的大小,并从读数盘上直接读出。

b.自动记录仪。静力触探自动记录仪是由通用的电子电位差计改装而成,它能随深度自动记录土层贯入阻力的变化情况,并以曲线的方式自动绘在记录纸上,从而提高了野外工作的效率和质量。目前用得比较多的仪器主要有 XWH-J-100 型静力触探自动记录仪。XWD-100、XWD-200 型单笔和双笔电子电位差计改装的自动记录仪。由 XWX-2042 双臂携带式电位差计改装的静力触探自动记录仪为交直流两用,记录纸幅面较宽。

自动记录仪主要由稳压电源、电桥、滤波器、放大器、滑线电阻和可逆电机组成。由探头输出的信号,经过滤波器以后,产生一个不平衡电压,经放大器放大后,推动可逆电机转动,与可逆电机相连的指示机构,就沿着有分度的标尺滑行,标尺是按讯号大小比例刻制的,因而指示机构所显示的位置即为被测讯号的数值。近年来,有的单位正在将静力触探试验过程引入微机控制的行列。即在钻进过程中可显示和存入与各深度对应的 q_c 和 f_s 值,起拔钻杆时即可进行资料分析处理,打印出直观曲线及经过计算处理的各土层的 q_c 和 f_s 平均值,并可送入磁带永久保存,还可根据要求进行力学分析。

c.深度控制装置。深度控制是在自动记录仪中采用一对自整角机,即 $45LF_5B$ 及 $45LJ_5B$(或 5A 型)。前者为发讯机,固定在触探贯入设备的底板上,与摩擦轮相连,而摩擦轮则紧随钻杆压入土中转动,从而带动发讯机转子旋转,送出讯号,利用导线带动装在自动记录仪上的收讯机($45LJ_5B$)转子旋转,再利用一组齿轮使接收机与仪表的走纸机构连接,当钻杆下压 1 m,记录纸刚好移动 1 cm(比例 1∶100)或 2 cm(比例 1∶50),从而与压入深度同步,这样所记录的曲线就是用 1∶100 或 1∶50 比例尺绘制的触探孔土层的力学柱状图。

（2）静力触探现场试验

①试验前的准备工作：

a.设置反力装置（或利用车装重量）；

b.安装好压入和量测设备，并用水准尺将底板调平；

c.检查电源电压是否符合要求；

d.检查仪表是否正常；

e.检查探头外套筒及锥头的活动情况，利用电阻挡调节度盘指针，如调节比较灵活，说明探头正常。

②现场试验步骤：

a.将仪表与探头接通电源，打开仪表和稳压电源开关，使仪器预热 15 min；

b.根据土层软硬情况，确定工作电压，由于记录纸幅宽有限，所选择的工作电压应使其曲线不会超过记录纸的幅宽范围，将笔头调零，并在记录纸的开头写明孔号、探头号、标定系数、工作电压及日期；

c.先压入 0.5 m，稍停后提升 10 cm，使探头与地温相适应以后，每 3 ~ 5 m 提升 5 ~ 10 cm，以检查记录笔回零情况；

d.贯入速度控制在 0.5 ~ 1.0 m/min；

e.接卸钻杆时，切勿使入土钻杆转动，以防止接头处电缆被扭断，同时应严防电缆受拉，以免拉断或破坏密封装置；

f.防止探头在阳光下暴晒，每结束一孔，应将探头锥头部分卸下将泥沙擦洗干净，以保持顶柱及外套筒能自由活动。

③静力触探试验技术要求（根据《岩土工程勘察规范》规定）：

a.探头圆锥锥底截面积应采用 10 cm² 或 15 cm²，单桥探头侧壁高度应分别采用 57 mm 或 70 mm，双桥探头侧壁面积应采用 150 ~ 300 cm²，锥尖锥角应为 60°；

b.探头应匀速垂直压入土中，贯入速率为 1.2 m/min；

c.探头测力传感器应连同仪器、电缆进行定期标定，室内探头标定测力传感器的非线性误差、重复性误差、滞后误差、温度漂移、归零误差均应小于 1%，现场试验归零误差应小于 3%，绝缘电阻不小于 500 MΩ；

d.深度记录的误差不应大于触探深度的 ±1%；

e.当贯入深度超过 30 m 或穿过厚层软土后再贯入硬土层时，应采取措施防止孔斜或断杆，也可配置测斜探头，量测触探孔的偏斜角，以校正土层界线的深度；

f.孔压探头在贯入前，应在室内保证探头应变腔为已排除气泡的液体所饱和，并在现场采取措施保持探头的饱和状态，直至探头进入地下水位以下的土层为止，在孔压静探试验过程中不得上提探头；

g.当在预定深度进行孔压消散试验时，应量测停止贯入后不同时间的孔压值，其计时间隔由密而疏，试验过程中不得松动探杆。

（3）成果整理

①单孔资料的整理。

a.初读数的处理。初读数是指探头在不受土层阻力的条件下，传感器的初始应变读数。

影响初读数的因素很多,最主要的是温度。因为现场工作过程的地温与气温同探头标定时的温度不一样。消除初读数影响的办法,可采用每隔一定深度将探头提升一次,在其不受力情况下将应变仪调零一次或测定一次初读数。后者在进行应变量计算时,按下式消除初读数的影响:

$$\varepsilon = \varepsilon_1 - \varepsilon_0 \tag{6.12}$$

式中　ε——应变量,$\mu\varepsilon$;

　　　ε_1——探头压入时的读数,$\mu\varepsilon$;

　　　ε_0——初读数,$\mu\varepsilon$;

　　b.贯入阻力计算。将电阻应变仪测出的应变量 ε,换算成比贯入阻力 p_s(单桥探头),或锥头阻力 q_c 及侧壁摩擦力 f_s(双桥探头),后两者的计算式如下:

$$q_c = a_1\varepsilon_q \tag{6.13}$$

$$f_s = a_2\varepsilon_f \tag{6.14}$$

式中　a_1,a_2——应变仪标定的锥头传感器及摩擦传感器的标定系数,MPa/$\mu\varepsilon$;

　　　$\varepsilon_q,\varepsilon_f$——锥头及侧壁传感器的应变量,$\mu\varepsilon$。

　　自动记录仪绘制出的贯入阻力是随深度变化曲线,其本身就是土层力学性质的柱状图,只需在其纵、横坐标上绘制比例标尺,就可在图上直接量出 p_s 或 q_c,f_s 值的大小。

　　c.摩阻比的计算。摩阻比是以百分率表示的各对应深度的锥头阻力和侧壁摩擦力的比值,即:

$$R_f = \frac{f_s}{q_c} \times 100\% \tag{6.15}$$

式中　R_f——摩阻比。

　　②原始数据修正。

　　a.深度修正。当记录深度与实际深度有出入时,应按深度线性修正深度误差。若触探的同时量测触探杆的偏斜角 θ(相对铅垂线),也需要进行深度修正。假定偏斜的方位角不变,每 1 m 测一次偏斜角,则深度修正 Δh_i 为:

$$\Delta h_i = 1 - \cos\left(\frac{\theta_i - \theta_{i-1}}{2}\right) \tag{6.16}$$

式中　Δh_i——第 i 段深度修正值;

　　　θ_i,θ_{i-1}——第 i 次及第 $i-1$ 次实测的偏斜角;

　　　到深度 h_n 处,总的深度修正值为 $\sum_{i=1}^{n} \Delta h_i$,实际的深度应为 $h_n - \sum_{i=1}^{n} \Delta h_i$。

　　b.零飘修正。一般根据归零检查的深度间隔按线性内插法对测试值加以修正。

　　③绘制触探曲线。单桥和双桥探头应绘制 z-p_s 曲线、z-q_c 曲线、z-f_s 曲线、z-R_f 曲线;孔压探头尚应绘制 z-u_i 曲线、z-q_t 曲线、z-f_t 曲线、z-B_q 曲线和孔压消散 u_t-lg t 曲线。其中 R_f 为摩阻比,u_i 为孔压探头贯入土中量测的孔隙水压力(即初始孔压),q_t 为真锥头阻力(经孔压修正),f_t 为真侧壁摩阻力(经孔压修正),B_q 为静探孔压系数。

$$B_q = \frac{u_t - u_0}{q_t - \sigma_{vo}} \tag{6.17}$$

式中　u_0——试验深度处总静水压力,kPa;

　　　σ_{vo}——试验深度处总上覆压力,kPa;

　　　u_t——孔压消散过程时刻 t 的孔隙水压力。

对自动记录的曲线,由于贯入停顿间歇,曲线会出现喇叭口或尖峰,应修正圆滑,常用的纵横坐标比例尺为:

a.纵坐标(深度)比例尺采用1:100,深孔可用1:200。

b.横坐标表示触探参数:

• 对比贯入阻力 p_s 或锥头阻力 q_c,比例尺采用1 cm长度代表1 000 kPa(或2 000 kPa);

• 对侧壁摩侧阻力 f_s,比例尺采用l cm长度代表10 kPa(或20 kPa);

• 对摩阻比 R_f,比例尺采用1 cm代表1%。

④划分土层界限。根据静力触探曲线对土进行力学分层,或参照钻孔分层结合静探曲线的大小和形态特征进行土层工程分层,并确定分层界面。

土层划分应考虑超前与滞后的影响,其确定方法如下:

a.上下层贯入阻力相差不大时,取超前深度和滞后深度的中点,或中点偏向小阻值土层5~10 cm处作为分层界面;

b.上下层贯入阻力相差1倍以上时,当由软层进入硬层或由硬层进入软层时,取软层最后一个(或第一个)贯入阻力小值偏向硬层10 cm处作为分层界面;

c.上下层贯入阻力无变化时,可结合 f_s 或 R_f 的变化确定分层界面。

⑤分层贯入阻力。计算单孔各分层的贯入阻力,可采用算术平均法或按触探曲线采用面积法,计算时应剔除个别异常值(如个别峰值),并剔除超前、滞后值。计算勘察场地的分层阻力时,可按各孔穿越该层的厚度加权平均计算场地分层的平均贯入阻力,或将各孔触探曲线叠加后,绘制谷值与峰值包络线,以便确定场地分层的贯入阻力在深度上的变化规律及变化范围。

3)圆锥动力触探

动力触探是利用一定的落锤能量,将一定尺寸、一定形状的探头打入土中,根据打入的难易程度(可用贯入度、锤击数或单位面积动贯入阻力来表示)判定土层性质的一种原位测试方法,可分为圆锥动力触探和标准贯入试验两种。

圆锥动力触探是利用一定的锤击能量,将一定的圆锥探头打入土中,根据打入土中的阻抗大小判别土层的变化,对土层进行力学分层,并确定土层的物理力学性质,对地基土作出工程地质评价。通常以打入土中一定距离所需的锤击数来表示土的阻抗,也有以动贯入阻力来表示土的阻抗。圆锥动力触探的优点是设备简单、操作方便、工效较高、适应性强,并具有连续贯入的特性,对难以取样的砂土、粉土、碎石类土等,以及对静力触探难以贯入的土层,圆锥动力触探是十分有效的勘探测试手段。圆锥动力触探的缺点是不能采取土样进行直接鉴别描述,试验误差较大,再现性差。

根据《岩土工程勘察规范》的规定,圆锥动力触探试验的类型可分为轻型、重型和超重型三种,其规格和适用土类应符合表6.8的规定。

表 6.8　圆锥动力触探的类型

类　型		轻　型	重　型	超重型
落锤	锤的质量/kg	10	63.5	120
	落距/cm	50	76	100
探头	直径/mm	40	74	74
	锥角/(°)	60	60	60
探杆直径/mm		25	42	50~60
指　标		贯入 30 cm 的读数 N_{10}	贯入 10 cm 的读数 $N_{63.5}$	贯入 10 cm 的读数 N_{120}
主要适用岩土		浅部的填土、砂土、粉土、黏性土	砂土、中密以下的碎石土、极软岩	密实和很密实的碎石土、软岩、极软岩

(1)技术要求

根据《岩土工程勘察规范》的规定,圆锥动力触探试验应符合下列技术要求:

①采用自动落锤装置;

②触探杆最大偏斜度不应超过 2%,锤击贯入应连续进行,防止锤击偏心、探杆倾斜和侧向晃动,保持探杆垂直度,锤击速率每分钟宜为 15~30 击;

③每贯入 1 m,宜将探杆转动一圈半,当贯入深度超过 10 m,每贯入 20 cm 宜转动探杆 1 次;

④对轻型动力触探:当 $N_{10}>100$ 或贯入 15 cm 锤击数超过 50 次时,可停止试验或改用重型动力触探;当连续三次 $N_{63.5}>50$ 时,可停止试验或改用超重型动力触探。

(2)试验方法

①轻型动力触探。

a.试验设备。轻型动力触探试验设备主要由圆锥头、触探杆、穿心锤三部分组成。

b.试验要点。先用轻便钻具钻至试验土层标高,然后对土层连续进行触探,并将触探杆竖直打入土层中,记录每打入土层 30 cm 的锤击数 N_{10}。

c.适用范围。一般用于贯入深度小于 4 m 的一般黏性土和黏性素填土层。

②重型动力触探。

a.试验设备。重型动力触探试验的设备主要由触探头、触探杆及穿心锤三部分组成。

b.试验要点。贯入前,触探架应安装平稳,保持触探孔垂直。试验时穿心锤应自由下落并应尽量连续贯入,锤击速率宜为 15~30 击/min。除了及时记录贯入深度外,对触探指标(锤击数)有下列两种量读方法:

● 记录一阵击的贯入量及相应的锤击数,并由下式算得每贯入 10 cm 所需锤击数 $N_{63.5}$,一般以 5 击为一阵击,土较松软时应少于 5 击。

$$N = \frac{10K}{S} \tag{6.18}$$

式中　N——每贯入 10 cm 的实测锤击数;

　　　K——阵击的锤击数;

S——相应于一阵击的贯入量,cm。

• 当土层较为密实时(5击贯入量小于10 cm时),可直接记读每贯入10 cm所需的锤击数。

c.影响因数的校正。

• 侧壁摩擦影响的校正:对于砂土和松散中密的圆砾、卵石,触探深度在1~15 m的范围内时,一般可不考虑侧壁摩擦的影响。

• 触探杆长度的校正:当触探杆长度大于2 m时,需按式(6.19)校正:

$$N_{63.5} = aN \tag{6.19}$$

式中　$N_{63.5}$——重型动力触探试验锤击数;

　　　N——贯入10 cm的实测锤击数;

　　　a——触探杆长度校正系数,可按规范规定。

• 地下水影响的校正:对于地下水位以下的中、粗、砾砂和圆砾、卵石,锤击数可按下式校正:

$$N_{63.5} = 1.1N'_{63.5} + 1.0 \tag{6.20}$$

式中　$N_{63.5}$——经地下水影响校正后的锤击数;

　　　$N'_{63.5}$——未经地下水影响校正而经触探杆长度影响校正后的锤击数。

d.适用范围。一般适用于砂土和碎石土。

(3)资料整理

①触探指标。

a.锤击数 N 值:以贯入一定深度的锤击数 N(如 N_{10},$N_{63.5}$,N_{120})作为触探指标,可以通过 N 值与其他室内试验和原位测试指标建立相关关系,从而获得土的物理力学性质指标,这种方法比较简单、直观,使用也较方便,因此被国内外广泛采用。但它的缺陷是不同触探参数得到的触探击数不便于互相对比,而且它的量纲也无法与其他物理力学性质指标一起计算。近年来,国内外倾向于用动贯入阻力来替代锤击数。

b.动贯入阻力 q_d:欧洲触探试验标准规定了贯入120 cm的锤击数和动贯入阻力两种触探指标。我国《岩土工程勘察规范》虽然只列入锤击数,但在条文说明中指出,也可以采用动贯入阻力作为触探指标。

荷兰公式是目前国内外应用最广泛的动贯入阻力计算公式,我国《岩土工程勘察规范》和水利电力部《土工试验规程》都推荐该公式。该公式是建立在古典牛顿碰撞理论基础上的,它假定:绝对非弹性碰撞,完全不考虑弹性变形能量的消耗。在应用动贯入阻力计算公式时,应考虑下列条件限制:

• 每击贯入度在0.2~0.5 cm;

• 触探深度一般不超过12 cm;

• 触探器质量 M' 与落锤质量 M 之比不大于2,其公式为:

$$q_d = \frac{M}{M + M'} \cdot \frac{Mgd}{Ae} \tag{6.21}$$

式中　q_d——动力触探动贯入阻力,MPa;

　　　M——落锤质量,kg;

　　　M'——触探器(包括探头、触探杆、锤座和导向杆)的质量,kg;

　　　g——重力加速度,m/s²;

　　　H——落距,m;

　　　A——圆锥探头截面积,cm²;

　　　e——贯入度,cm,$e = D/N$,D 为规定贯入深度,N 为规定贯入深度的击数。

　　②触探曲线。动力触探试验资料应绘制触探击数(或动贯入阻力)与深度的关系曲线,勘探曲线可绘成直方图。根据触探曲线的形态,结合钻探资料,可进行土的力学分层。但在进行土的分层和确定土的力学性质时应考虑触探的界面效应,即超前和滞后反应。当触探探头尚未达到下卧土层时,在一定深度以上,下卧土层的影响已经超前反应出来,叫做超前反应;当探头已经穿过上覆土层进入下卧土层中时,在一定深度以内,上覆土层的影响仍会有一定反应,这叫做滞后反应。

　　据试验研究表明:当上覆为硬层下卧为软层时,对触探击数的影响范围大,超前反应量(一般为 0.5 ~ 0.7 m)大于滞后反应量(一般为 0.2 m);上覆为软层下卧为硬层时,影响范围小,超前反应量(一般为 0.1 ~ 0.2 m)小于滞后反应量(一般为 0.3 ~ 0.5 m)。在划分地层分界线时应根据具体情况做适当调整:触探曲线由软层进入硬层时,分层界线可定在软层最后一个小值点以下 0.1 ~ 0.2 m 处;触探曲线由硬层进入软层时,分层界线可定在软层第一个小值点以上 0.1 ~ 0.2 m 处。根据各孔分层的贯入指标平均值,用厚度加权平均法计算场地分层贯入指标平均值和变异系数。

　　4)标准贯入试验

　　标准贯入试验是动力触探的一种,它是利用锤击动能[(锤重 63.5 ± 0.5)kg,落距(76 ± 2 cm)],将一定规格的对开管式的贯入器[对开管外径(51 ± 1) mm,内径(35 ± 1) mm,长度大于 457 mm,下端接长度为(76 ± 1) mm、刃角 18° ~ 20°、刃口端部为厚 1.6 mm 的管靴,上端接一内外径与对开管相同的钻杆接头,长 152mm]打入钻孔孔底的土中,根据打入土中的贯入阻抗,判别土层的变化和土的工程性质,贯入阻抗用贯入器贯入土中 30 cm 的锤击数 N 表示(也称为贯入击数)。

　　标准贯入试验结合钻孔进行,国内统一使用直径 42 mm 的钻杆,国外也有使用直径 50 mm 的钻杆或 60 mm 的钻杆。标准贯入试验的优点在于设备简单、操作方便、土层的适应性广,除砂土外对硬新土及软土岩也适用,而且贯入器能够携带扰动土样,可直接对土层进行鉴别描述。标准贯入试验设备主要有标准贯入器、触探杆、穿心锤、锤垫及自动落锤装置等。

　　(1)技术要求与要点

　　根据《岩土工程勘察规范》,标准贯入试验的技术要求为:

　　①标准贯入试验孔采用回转钻进,并保持孔内水位略高于地下水位。当孔壁不稳定时,可用泥浆护壁。钻至试验标高以上 15 cm 处,清除孔底残土后再进行试验。

　　②采用自动脱钩的自由落锤法进行锤击,并减小导向杆与锤间的摩阻力,避免锤击时其偏心和侧向晃动,保持贯入器、探杆、导向杆连接后的垂直度,锤击速率应小于 30 击/min。

　　③贯入器打入土中 15 cm 后,开始记录每打入 10 cm 的锤击数。累计打入 30 cm 的锤击数为标准贯入试验锤击数 N。当锤击数已达 50 击,而贯入深度未达 30 cm 时,可记录 50 击的实际贯入深度,按下式换算成相当于 30 cm 的标准贯入试验锤击数 N,并终止试验。

$$N = 30 \times \frac{50}{\Delta S} \tag{6.22}$$

式中　ΔS ——50 击时的贯入度,cm。

④拔出贯入器,取出贯入器中的土样进行鉴别描述。

（2）影响因素及其校正

①触探杆长度影响。当用标准贯入试验锤击数按规范查表确定承载力或其他指标时,应根据规范规定,按下式对锤击数进行触探杆长度校正:

$$N = aN' \tag{6.23}$$

式中　N ——标准贯入试验锤击数;

　　　N' ——实测贯入 30 cm 的锤击数;

　　　a ——触探杆长度校正系数,可按表 6.9 确定。

表 6.9　触探杆长度校正系数

触探杆长度/m	≤ 3	6	9	12	15	18	21
校正系数 a	1.00	0.92	0.86	0.81	0.77	0.73	0.70

②土的自重应力影响。20 世纪 50 年代美国 Gibbs 和 Holtz 的研究结果指出,砂土的自重应力(上覆压力)对标准贯入试验结果有很大影响,同样的击数 N 对不同深度的砂土表现出不同的相对密实度。一般认为标准贯入试验的结果应进行深度影响校正。

美国 Peck(1974)得出砂土自重应力对标准贯入试验的影响为:

$$N = C_N N' \tag{6.24}$$

$$C_N = 0.77 \lg \frac{1\,960}{\bar{\sigma}_v} \tag{6.25}$$

式中　N ——校正为相当于自重应力等于 98 kPa 的标准贯入试验锤击数;

　　　N' ——实测标准贯入试验锤击数;

　　　C_N ——自重压力影响校正系数;

　　　$\bar{\sigma}_v$ ——标准贯入试验深度处砂土有效垂直上覆压力,kPa。

③地下水的影响。美国 Terzaghi 和 Peck(1953)认为:对于有效粒径 d_{10} 在 0.1 ~ 0.05 mm 范围内的饱和粉、细砂,当其密度大于某一临界密度时,贯入阻力将会偏大,相应于此临界密度的锤击数为 15,故在此类砂层中贯入击数 N' 大于 15 时,其有效击数 N 应按下式校正:

$$N = 15 + \frac{1}{2}(N' - 15) \tag{6.26}$$

式中　N ——校正后的标准贯入击数;

　　　N' ——未校正的饱和粉、细砂的标准贯入击数。

5）十字板剪切试验

十字板剪切试验是将插入软土中的十字板头,以一定的速率旋转,测出土的抵抗力矩,从而换算其土的抗剪强度。

目前我国使用的十字板有机械式和电测式两种。机械十字板每做一次剪切试验要清孔,费工费时,工效低;电测十字板克服了机械式十字板的缺点,工效高,测试精度较高。本节仅介绍机械式十字板剪切仪的剪切试验。

十字板剪切试验抗剪强度的测试精度应达到 1~2 kPa。

十字板剪切试验时,转动插入土层中的十字板头时,在土层中产生的破坏状态接近一个圆柱体,假定圆柱四周上下两个端面上的各点强度相等,利用剪切破坏时所施加的扭矩,与剪切破坏圆柱面(包括侧面和上下面)上土的抗剪强度所产生的抵抗扭矩相等,可得土的抗剪强度(详见 4.3 节)。式(4.11)系假设圆柱体上、下两端圆平面上各点的强度是相等的,但也可以假设上、下两端面强度的分布系以中心为零,以径距成比例地增加至周缘时,其值与圆柱面上的抗剪强度值相等。两者假设对计算造成的误差约为 4.5%,这种影响可忽略不计。

(1)机械十字板剪切试验

①仪器和设备。

a. 测力装置:开口钢环式测力装置。

b. 十字板头:国内外多采用矩形十字板头,径高比为 1:2 的标准型,板厚宜为 2~3 mm。常用的规格有 50 mm × 100 mm 和 75 mm × 150 mm 两种。前者适用于稍硬的黏性土。十字板头的插接方式有两种,即离合式十字板头和牙嵌式十字板头。

c. 轴杆:一般使用的轴杆直径为 20 mm。

d. 钻具、仪表:主要有钻机、秒表及百分表等。

②试验方法及要求。

a. 钻孔要求平直、不弯曲,应配用 $\phi 33$ 和 $\phi 42$ 专用十字板试验探杆。

b. 钻孔要求垂直。

c. 钢环最大允许力矩 80 kN·m。

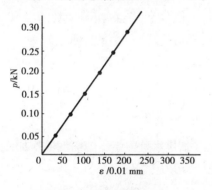

图 6.10 光环率定曲线

d. 钢环半年率定一次或每项工程进行前率定,率定时应逐级加荷和卸荷,测记相应的钢环变形,至少重复 3 次,以 3 次量表读数的平均值(差值不超过 0.005 mm)为横坐标,荷载为纵坐标,绘制钢环率定曲线,如图 6.10 所示。按下式计算钢环系数 C:

$$C = \frac{p}{\varepsilon} \tag{6.27}$$

式中　p——某级荷载;

　　　ε——相应于某级荷载下钢环的变形值,即量表读数:0.01 mm。

e. 对开口钢环式十字板剪切仪应校正轴杆与土间的摩阻力。

③试验操作步骤。

a. 在试验点,用回转钻机开孔(不宜用击入法),下套管至预定试验深度以上 3~5 倍套管直径处。

b. 用螺旋钻或管钻清孔,在钻孔内虚土不宜超过 15 cm,在软土钻进时,应在孔中保持足够水位,以防止软土在孔底涌起。

c. 将板头、轴杆、钻钎逐节接好,并用牙钳上紧,然后下入孔内至板头与孔底完全接触。

d. 接上导杆,将底座穿过导杆固定在套管上,用制紧轴拧紧,将板头徐徐压至试验深度,管钻不小于 75 cm,螺旋钻不小于 50 cm,若板头压至试验深度遇到较硬夹层时,应穿过夹层再进行试验。

e. 上提导杆 2~3 cm,使离合齿脱离,合上支爪,防止钻杆下沉,导杆装上摇把快速转动 10 余圈,使轴杆摩擦力减小至最低值。

f. 扳开支爪,顺时针方向徐徐转动摇把使板头离合齿吻合,合上支爪。

g. 套上传动部件,转动底板使导杆键槽与钢环固定夹键槽对正,用锁紧轴将固定套与底座锁紧,再转动摇手柄使特制键自由落入键槽,将指针对准任一整数刻度,装上百分表并调整到零。

h. 试验开始,开动秒表,同时转动摇手柄,以 0.1°/s 的转速转动,每转 1° 测记百分表读数一次,当测记读数出现峰值或读数稳定后,再继续测记 1 min,其峰值或稳定读数即为原状土剪切破坏时百分表最大读数 ε_y:0.01 mm。最大读数一般在 3~10 min 内出现。

i. 逆时针方向转动摇手柄,拔下特制键,导杆装上摇把,顺时针方向转动 6 圈,使板头周围土完全扰动,然后插上特制键,按步骤 h. 进行试验,测记重塑土剪切破坏时的百分表最大读数 ε_c:0.01 mm。

j. 拔下特制键和支爪,上提导杆 2~3 cm,使离合齿脱离,再插上支爪和特制键,转动手柄,测记土对轴杆摩擦时百分表稳定读数 ε_g:0.01 mm。

k. 试验完毕,卸下传动部件和底座,在导杆吊孔内插入吊钩,逐节取出钻杆和板头,清洗板头并检查板头螺丝是否松动,轴杆是否弯曲。若一切正常,便可按上述步骤继续进行试验。

(2)资料整理

① c_u 值的计算。计算十字板抗剪强度 c_u 值时,土被剪切破坏时微应变峰值应考虑初始读数正负值的问题。初始读数为"+"值时,要从峰值中扣除初始读数;初始读数为"-"值时,要在峰值中加上初始读数;初始读数为"0"时,则峰值不增不减。c_u 值的计算公式为:

$$c_u = KC(\varepsilon_y - \varepsilon_g) \tag{6.28}$$

式中　c_u——土的不排水抗剪强度,kPa;

　　　　C——钢环系数,kN/0.01 mm;

　　　　K——十字板常数,m^{-2}。

②抗剪强度 c_u 曲线斜率的计算。正常压密的软黏土,不排水抗剪强度随深度的增加而增大,试验土层深度每增加 1 m,c_u 值的增值叫斜率。计算公式为

$$\tan \alpha_i = \frac{\pm \Delta c_u}{\Delta H} \tag{6.29}$$

式中　$\tan \alpha_i$——软黏土 H-c_u 曲线的斜率,或叫每米抗剪强度的增量。

③计算土的灵敏度。土的灵敏度可用下式计算

$$S_t = \frac{c_u}{c_u'} \tag{6.30}$$

式中　c_u'——重塑土的不排水抗剪强度,kPa。

十字板剪切实验主要用于测定饱和软黏土的不排水抗剪强度。优点:不用取样,特别对难以取样的灵敏度高的黏性土,可以在现场对基本上处于天然应力状态下的土层进行扭剪,野外测试设备轻便,操作简单;缺点:适用范围有限,对硬塑黏性土和含有砾石杂物的土不宜

采用,否则会损伤十字板头。

▶ 6.3.4 室内试验

室内试验包括岩土的物理性质指标和地下水化学成分等试验,各项试验的指标要求在试验规程中已有详细规定。

岩土室内试验项目应根据岩土类别及工程类型,并考虑工程分析计算的要求,参照表6.10、表6.11确定。在提供数据时,有关室内试验的结果(如土的渗透性质、力学性质)宜与原位测试数据对比使用。

表 6.10 岩石实验项目

岩石类别	工程类别	岩石物理性质试验					岩石强度及变形性质试验						
		相对密度	密度	吸水率及饱和吸水率	湿化	膨胀	点荷载	单轴抗压强度	轴向拉伸法	裂法	直剪	变形	三轴
硬质岩石	房屋建筑物	[+]	[+]				[+]	[+]	[+]	[+]	[+]	[+]	[+]
	边坡		[+]				[+]	[+]	[+]	[+]	[+]	[+]	[+]
软质岩石	房屋建筑物	[+]	[+]	[+]			[+]	[+]	[+]	[+]	[+]	[+]	[+]
	边坡		[+]		[+]	[+]	[+]	[+]	[+]			+	[+]

注:①本表所列试验项目,系按详勘要求确定;

②"[+]"者,视具体情况选作,"+"者为必做项目;

③必要时,可进行岩石成分试验。

表 6.11 土试验项目

土类别	工程类别	物理性质试验					静强度及变形性质试验						
		含水量	界限含水量	比重	颗粒分析	密度	相对密度	击实	有机物有机质含量	渗透	直剪	固结	三轴
碎石土	房屋建筑物				[+]								
	边坡		[+]				[+]	[+]	[+]	[+]	[+]	[+]	[+]
砂土、粉土、黏性土	房屋建筑物	+	+	+	+	+	[+]	[+]	[+]	[+]	[+]	+	[+]
	边坡	+	+	+	+	+	[+]	[+]	[+]	[+]	[+]	+	[+]

注:①本表所列试验项目,系按详勘要求确定;

②"[+]"者,视具体情况选作,"+"者为必做项目;

③必要时,可进行土的动力试验。

6.4　岩土工程勘察报告

在岩土工程勘察过程中,通过收集、调查、勘察、室内试样和原位测试,获得了大量的原始资料,对这些资料还应该进行整理、检查、分析、归纳和综合,最后以勘察报告书及有关图表的形式,形成完整的岩土工程勘察报告。该报告应资料齐备、数据准确、图表清晰、结论有据、全面又有针对性地反映所勘察场地的工程地质条件。岩土工程勘察报告是设计和施工的依据,应以满足设计和施工的要求为原则,其内容应根据勘察阶段、任务书要求、工程特点和场地的工程地质条件编制。

▶　6.4.1　勘察报告的编制

岩土工程勘察报告的内容,应根据任务要求、勘察阶段、地质条件和工程特点等具体情况确定。对于地质条件简单,勘察工程量小,设计、施工上无特殊要求的丙级岩土工程,报告可采用图表式并附以简要的文字分析说明。

对于场地岩土工程条件复杂、工程规模大的甲级岩土工程,报告一般包括下列内容:

①前言。内容包括:委托单位、承担单位;场地位置(附示意图)、交通、水文气象等;拟建工程概况;勘察的目的、任务要求和依据的技术标准(附委托书);已有的资料和勘察成果;勘察工作日程。

②勘察方法和勘察工作布置。内容包括:勘探工作布置原则;掘探方法说明;钻探方法说明;取样器规格与取样方法说明,取样质量评估;原位测试的种类、仪器及试验方法说明,资料整理方法及成果质量评估。

③场地位置、地形地貌、地层、地质构造、地震基本烈度、岩土特性、地下水、不良地质现象描述与评价。

④场地的土层分布、岩土性质指标、岩土的强度参数、变形参数及地基承载力的建议值。

⑤地下水埋藏情况、类型、水位及变化和土层的冻结深度。

⑥土和水对建筑材料的腐蚀性。

⑦可能影响工程稳定性的不良地质作用的描述和对工程危害程度的评价。

⑧场地稳定性和适宜性的评价。

岩土工程勘察报告应对岩土利用、整治和改造的方案进行分析论证并提出建议,对工程施工和使用可能发生的岩土工程问题进行预测,并提出监控和预防措施的建议。

勘察报告还应附有下列图件:

①勘察点平面布置图;

②工程地质柱状图;

③工程地质剖面图;

④原位测试成果图表;

⑤室内试验成果图表;

⑥岩土利用、整治、改造的有关图表;

⑦岩土工程计算简图及计算成果图表；

⑧必要时，尚应附有综合工程地质图或工程地质分区图、综合柱状图、地下水位线图、特殊岩土的分布图，地质素描及照片等。

除综合性的岩土工程勘察报告外，根据任务要求可提出单项报告，主要有：

①岩土工程测试报告；

②岩土工程检验报告(如施工验槽报告)或监测报告(如沉降观测报告)；

③岩土工程事故调查分析报告；

④岩土利用、整治方案(如深开挖的降水与支挡设计)；

⑤专门岩土工程问题的技术咨询报告(如场地地震反应分析、场地土液化评价)等。

▶ 6.4.2 勘察报告的阅读与使用

为了充分发挥勘察报告在设计和施工中的作用，必须重视勘察报告的阅读和使用。首先要熟悉勘察报告的主要内容，了解勘察结论和计算指标的可靠程度，判断报告书中建议的适用性，正确使用勘察报告。

通过阅读勘察报告，熟悉场地各土层的分布和性质，初步选定适合上部结构和基础要求的地层作为持力层，经方案比较最后决定。合理确定地基承载力是选择持力层的关键，而持力层承载力有多种影响因素，单纯依靠某种方法确定承载力未必十分合理，必要时可通过多种手段，并结合实践经验予以适当增减。

由于勘察工作不够详细，地基土的特性不明，勘探方法本身的局限性，人为和仪器设备的影响都有可能使得勘察报告不能十分准确反映场地的主要特性，从而造成勘察报告成果的失真而影响报告的可靠性。因此，在阅读勘察报告时应注意发现问题，并进一步查清有疑问的关键问题，避免出错。

复习思考题

6.1 岩土工程勘察的主要内容有哪些？

6.2 岩土工程安全等级分几级？划分为一级安全等级的主要工程项目有哪些？

6.3 地震烈度和不良地质现象对场地复杂程度分级的影响如何？

6.4 需特殊处理的地基应划分为几级地基？

6.5 岩土工程勘察分几级？分级时应考虑哪些因素？

6.6 岩土工程勘察分几个阶段？它们之间有何联系？

6.7 试述工程地质测绘的目的。

6.8 钻探为何是工程地质勘探中最有效的手段？

6.9 试述岩土工程的勘察方法有哪些。

6.10 原位测试包括哪些试验？其各自的特点什么？

6.11 岩土工程勘察报告如何编制？

7

浅基础

〖**本章导读**〗

本章将介绍不同建筑物安全等级条件下的地基与基础设计的内容,重点叙述天然地基上的浅基础设计,主要包括:浅基础的类型、基础埋置深度的选择、地基承载力特征值的确定、基础底面尺寸的确定、无筋扩展基础、扩展基础设计以及柱下条形基础、交叉基础、筏形基础、箱形基础的设计要点。同时也介绍了地基、基础与上部结构相互作用的概念。最后强调了减轻不均匀沉降损害不应单从地基与基础的角度出发,而应综合考虑诸如建筑、结构及施工措施等方面的原因。

7.1 概　述

工程中所有建(构)筑物的全部荷载最终必将通过基础传给地基。在建筑物的设计和施工中,地基和基础占有很重要的地位,它对建筑物的安全使用和工程造价有着很大影响,因此正确选择地基及基础的类型十分重要。天然地基上的浅基础施工方便、造价较低,因此设计时应优先考虑采用。

天然土层未经人工改良,直接作为建(构)筑物的地基使用时称为天然地基。在天然地基上设置的基础按其埋置的深浅,可分为浅基础和深基础。从施工方法来看,在天然地基上埋置深度小于 5 m 的一般基础(柱基和墙基)以及埋置深度虽超过 5 m,但小于基础宽度的大尺寸的基础(如筏形基础、箱形基础),都可称为浅基础;而采用桩基、地下连续墙、墩基和沉井等用某些特殊施工方法修建的基础则称为深基础。

7.2 地基基础设计原则

为了保证建筑物的安全与正常使用,根据建筑物的安全等级和长期荷载作用下地基变形对上部结构的影响程度,地基基础设计和计算应该满足下述三项基本原则:

①所有建筑物地基计算均应满足地基承载力计算的有关规定。对基坑工程、经常受水平荷载作用的高层建筑、高耸结构和挡土墙,以及建筑在斜坡上或边坡附近的建筑物和构筑物,还应进行稳定性验算;对地下水埋藏较浅,建筑地下室或地下构筑物存在上浮问题时,则应进行抗浮验算。

②控制地基的变形,使之不超过建筑物的地基变形允许值,以免引起基础和上部结构的损坏和影响建筑物的正常使用及外观。对设计等级为甲级、乙级的建筑物均应进行地基变形验算。对表7.1所列范围以内设计等级为丙级的建筑物可不作地基变形验算。但若有下列情况之一时,仍应作地基变形验算:

表7.1 可不作地基变形验算设计等级为丙级的建筑物范围

地基主要受力层情况	地基承载力特征值f_{ak}/kPa			$80 \leq f_{ak} < 100$	$100 \leq f_{ak} < 130$	$130 \leq f_{ak} < 160$	$160 \leq f_{ak} < 200$	$200 \leq f_{ak} < 300$
	各土层坡度/%			≤5	≤10	≤10	≤10	≤10
建筑类型	砌体承重结构、框架结构(层数)			≤5	≤5	≤6	≤6	≤7
	单层排架结构(6 m柱距)	单跨	吊车额定起重量/t	10~15	15~20	20~30	30~50	50~100
			厂房跨度/m	≤18	≤24	≤30	≤30	≤30
		多跨	吊车额定起重量/t	5~10	10~15	15~20	20~30	30~75
			厂房跨度/m	≤18	≤24	≤30	≤30	≤30
	烟囱		高度/m	≤40	≤50	≤75		≤100
	水塔		高度/m	≤20	≤30	≤30		≤30
			容积/m³	50~100	100~200	200~300	300~500	500~1000

注:①地基主要受力层系指条形基础底面下深度为3b(b为基础底面宽度),独立基础下为1.5b,且厚度均不小于5 m的范围(二层以下一般的民用建筑除外);

②地基主要受力层中如有承载力特征值小于130 kPa的土层时,表中砌体承重结构的设计,应符合规范中相应的有关要求;

③表中砌体承重结构和框架结构均指民用建筑,对于工业建筑可按厂房高度、荷载情况折合成与其相当的民用建筑层数;

④表中吊车额定起重量、烟囱高度和水塔容积的数值系指最大值。

● 地基承载力特征值小于 130 kPa,且体形复杂的建筑;

● 在基础上及其附近有地面堆载或相邻基础荷载差异较大,可能引起地基产生过大不均匀沉降;

● 软弱地基上的建筑物存在偏心荷载;

● 相邻建筑距离过近,可能发生倾斜;

● 地基内有厚度较大或厚薄不均的填土,其自重固结未完成。

③基础的材料、形式、尺寸和构造除应能适应上部结构、符合使用要求、满足上述地基承载力(稳定性)和变形要求外,还应满足基础本身的强度、刚度和耐久性的要求。另外,力求在灾害荷载(地震、爆炸等)作用时,经济损失最小。

▶ 7.2.1 建筑地基基础设计等级

建筑物的安全和正常使用,不仅取决于上部结构的安全储备,更重要的是要求地基基础有一定的安全度。

《建筑地基基础设计规范》(GB 50007)(以下简称《地基规范》)根据地基基础损害造成建筑物破坏后果(危及人身安全、造成经济损失和社会影响及修复的可能性)的严重程度,将地基基础设计分为三个设计等级,见表7.2。

表7.2　地基基础设计等级

设计等级	建筑和地基类型
甲　级	重要的工业与民用建筑物 30 层以上的高层建筑 体型复杂,层数相差超过 10 层的高低层连成一体的建筑物 大面积的多层地下建筑物(如地下车库、商场、运动场等) 对地基变形有特殊要求的建筑物 复杂地质条件下的坡上建筑物(包括高边坡) 对原有工程影响较大的新建建筑物 场地和地基条件复杂的一般建筑物 位于复杂地质条件及软土地区的 2 层及 2 层以上地下室的基坑工程 开挖深度大于 15 m 的基坑工程 周边环境条件复杂、环境保护要求高的基坑工程
乙　级	除甲级、丙级以外的工业与民用建筑物 除甲级、丙级以外的基坑工程
丙　级	场地和地基条件简单、荷载分布均匀的 7 层及 7 层以下民用建筑及一般工业建筑物,次要的轻型建筑物 非软土地区且场地地质条件简单、基坑周边环境简单、环境保护要求不高且开挖深度小于 5.0 m 的基坑工程

▶ 7.2.2 两种极限状态与设计规定

整个结构或结构的一部分(构件)超过某一特定状态就不能满足设计规定的某一功能要求,这一特定状态称为该功能的极限状态。对于结构的极限状态,均应规定明确的标志及限值。极限状态可分为下列两类：

①承载能力极限状态：这种极限状态对应于结构或构件达到最大承载能力或不适于继续承载大变形，例如地基丧失承载能力而失稳破坏（整体剪切破坏）。

②正常使用极限状态：这种极限状态对应于结构或构件达到正常使用或耐久性能的某项规定限值，例如影响建筑物正常使用或外观的地基变形。

地基基础设计时，所采用的荷载效应最不利组合与相应的抗力限值应按下列规定确定：

①按地基承载力确定基础底面面积及埋深，或按单桩承载力确定桩数时，传至基础或承台底面上的荷载效应，应按正常使用极限状态下荷载效应的标准组合。相应的抗力应采用地基承载力特征值或单桩承载力特征值。

②计算地基变形时，传至基础底面上的荷载效应，应按正常使用极限状态下荷载效应的准永久组合，不应计入风荷载和地震作用。相应的限值应为地基变形允许值。

③计算挡土墙土压力、地基或斜坡稳定及滑坡时，荷载效应应按承载能力极限状态下荷载效应的基本组合，但分项系数均为 1.0。

④在确定基础或承台高度、支挡结构截面、计算基础或支挡结构内力、确定配筋和验算材料强度时，上部结构传来的荷载效应组合，应按承载能力极限状态下荷载效应的基本组合，采用相应的分项系数。当需要验算基础裂缝宽度时，应按正常使用极限状态下荷载效应的标准组合。

⑤基础设计安全等级、结构设计使用年限、结构重要性系数应按有关规范的规定采用，但结构重要性系数 γ_0 不应小于 1.0。

7.3 浅基础的类型

▶ 7.3.1 按基础刚度分类

1）无筋基础

无筋基础是指抗压性能较好，而抗拉、抗剪性能较差的材料建造的基础。过去习惯称为刚性基础。设计时用构造要求——宽高比控制。

无筋基础多见于墙下条形基础及柱下独立基础，一般适用于多层民用建筑和轻型厂房。

2）扩展基础

扩展基础是指柱下钢筋混凝土独立基础和墙下钢筋混凝土条形基础。当基础荷载较大、地质条件较差时，应考虑采用扩展基础。相对于刚性基础而言，也有人称其为柔性基础。

▶ 7.3.2 按基础结构形式分类

1）单独基础

单独基础也称独立基础，按支承的上部结构形式，可分为柱下独立基础和墙下独立基础。

（1）柱下独立基础

在地基承载力较高或柱荷载不大时，柱基础常采用独立基础。基础所用的材料可根据柱的材料和荷载大小确定。砌体柱下常采用刚性基础。现浇和预制钢筋混凝土柱下一般都采用钢筋混凝土基础。基础截面可做成阶梯形、锥形、杯形，如图7.1所示。

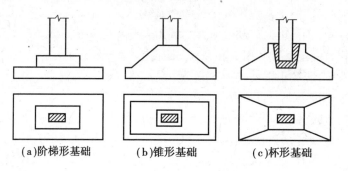

(a)阶梯形基础　　　　(b)锥形基础　　　　(c)杯形基础

图7.1　柱下单独基础

（2）墙下独立基础

墙下独立基础是在当上层土质松散而在不深处有较好的土层时，为了节省基础材料和减少开挖量而采取的一种基础形式。一种是在单独基础之间放置钢筋混凝土过梁，以承受上部结构传来的荷载，如图7.2(a)所示；当上部结构荷载较小时，也可用砖拱承受上部结构传来的荷载，如图7.2(b)所示。

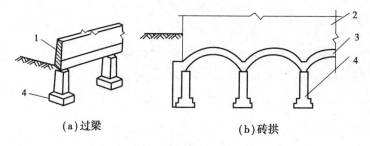

(a)过梁　　　　　　　　(b)砖拱

图7.2　墙下单独基础

1—过梁;2—砖墙;3—砖拱;4—单独基础

2）条形基础

条形基础是指基础长度远大于其宽度的一种基础形式，可分为墙下条形基础和柱下条形基础。

（1）墙下条形基础

墙下条形基础是承重墙基础的主要形式。当上部结构荷载大而土质较差时，可采用"宽基浅埋"的钢筋混凝土条形基础。墙下钢筋混凝土条形基础一般做成板式（或称无肋式），如图7.3(a)所示。但当基础延伸方向的墙上荷载及地基土的压缩性不均匀时，常常采用带肋的墙下钢筋混凝土条形基础，如图7.3(b)所示。

（2）柱下条形基础

如果柱子的荷载较大而土层的承载力又较低，采用单独基础需要很大的面积，因而互相接近甚至重叠。为增加基础的整体性并方便施工，在这种情况下，常将同一排的柱基础连通

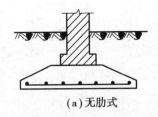 

(a)无肋式　　　　　　　　(b)有肋式

图7.3　墙下钢筋混凝土条形基础

做成柱下钢筋混凝土条形基础,如图7.4所示。

3)十字交叉基础

荷载较大的建筑,如土质软弱,为进一步增加基础的刚度,减少不均匀沉降,可在柱网下纵横方向设置钢筋混凝土条形基础,形成柱下十字交叉基础(又称交叉梁基础),如图7.5所示。

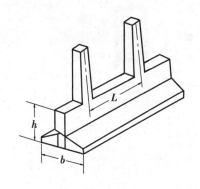 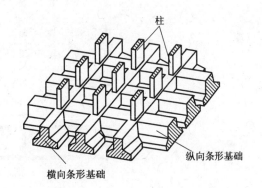

图7.4　柱下钢筋混凝土条形基础　　　图7.5　柱下交叉梁条形基础

4)筏形基础

当柱子或墙传来的荷载很大,而地基土较弱,用十字交叉基础仍不能满足地基承载力的要求时,往往需要把整个房屋底面(或地下室部分)做成整块钢筋混凝土片筏基础,如图7.6所示。片筏基础按其构造不同可分为平板式和梁板式两类。

5)箱形基础

箱形基础由钢筋混凝土底板、顶板和纵横交错的隔墙构成,如图7.7所示。底板、顶板和墙体共同工作,具有很大的整体刚度。与片筏基础相比,它的整体刚度则更大。

6)壳体基础

为改善基础的受力性能,基础的形状可作成各种形式的壳体,称为壳体基础,如图7.8所示。壳体基础常见形式是正圆锥壳及其组合形式。壳体基础可用于一般工业与民用建筑柱基和筒形的构筑物,如烟囱、水塔、电视塔、储仓和中小型高炉等基础。

▶ **7.3.3　按基础材料分类**

基础常见材料有砖、石、灰土、三合土、混凝土、毛石混凝土和钢筋混凝土。

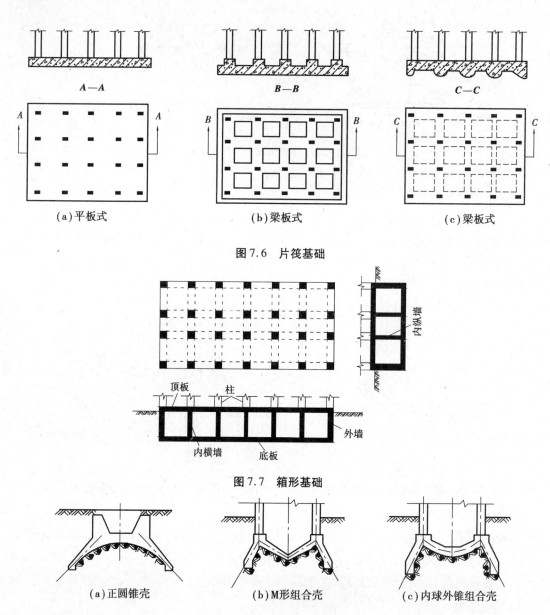

（a）平板式　　　　　　　　　（b）梁板式　　　　　　　　　（c）梁板式

图 7.6　片筏基础

图 7.7　箱形基础

（a）正圆锥壳　　　　　　　　（b）M形组合壳　　　　　　　（c）内球外锥组合壳

图 7.8　壳体基础的结构形式

1）砖砌体

砖砌体具有一定的抗压强度，但抗拉强度和抗剪强度较低。地面以下或防潮层以下的砖砌体所用的材料最低强度等级不得低于表 7.3 所对应的数值。砖基础底面以下一般设垫层。广泛应用于 6 层及 6 层以下的民用建筑和墙体承重的厂房。

2）石材及石材砌体

石材分料石、毛石和大漂石等，具有相当高的强度和抗冻性，是基础的良好材料。特别在山区，石料丰富，应就地取材，充分利用。砌筑基础的石料要选用质地坚硬、不易风化的岩石，石块的厚度一般不宜小于 15 cm。石料的强度等级和砂浆的强度等级要求见表 7.3。

表 7.3　基础用砖、石材及砂浆材料的最低强度等级

地基土的潮湿程度	烧结普通砖、蒸压灰砂砖		混凝土砌块	石　材	水泥砂浆
	严寒地区	一般地区			
稍潮湿的	MU10	MU10	MU7.5	MU30	M5
很潮湿的	MU15	MU10	MU7.5	MU30	M7.5
含水饱和的	MU20	MU15	MU10	MU40	M10

注:①在冻胀地区,地面以下或防潮层以下的砌体,不宜采用多孔砖,如采用时,其孔洞应用水泥砂浆灌实。当采用混凝土砌块砌体时,其孔洞采用等级不低于 C20 的混凝土灌实。

②对安全等级为一级或设计年限大于 50 年的房屋,表中材料等级应至少提高一级。

3)混凝土和毛石混凝土

混凝土的强度、耐久性、抗冻性都较好,且便于机械化施工,当荷载较大或位于地下水位以下时,常采用混凝土基础。混凝土强度等级一般采用 C10 ~ C20。如果基础体积较大,为了节约混凝土用量,可以在混凝土中掺入占总体积 20% ~30% 的毛石,做成毛石混凝土基础。

4)灰土和三合土

灰土由石灰和黏性土料配置而成。作为基础材料的灰土,石灰和土料的体积比一般为 3:7 或 2:8。石灰以块状生石灰为宜,使用前加水熟化 1 ~ 2 d 后焖成粉末,过筛后即可使用,其粒径不宜大于 5 mm。土料应以有机质含量低的粉质黏土为宜,不宜太干或太湿。使用前应过筛,其粒径不宜大于 15 mm。石灰和土料配置后加适量水拌和。拌匀的灰土分层铺入基槽内夯压密实。在我国华北和西北地区,广泛用于 5 层及 5 层以下的民用房屋。

在土中加入水泥或石灰以及砂、碎石(或碎砖、矿渣等)按体积比 1:2:4 或 1:3:6 做成三合土,可有更高的强度和抗水性。三合土基础常用于南方地下水位较低的 4 层及 4 层以下的民用建筑。

5)钢筋混凝土

钢筋混凝土是质量很好的基础材料。在相同条件下可减少基础的高度,主要用于荷载大、土质软弱的情况或地下水以上的基础。对于一般的钢筋混凝土基础,混凝土的强度等级应不低于 C15,壳体基础的混凝土强度等级不低于 C20。

7.4　基础埋置深度的确定

基础的埋置深度是指基础底面至地面(一般指设计地面)的垂直距离,简称基础埋深。选择基础埋深也就是选择合理的持力层。选择基础埋深应考虑以下条件。

▶ 7.4.1　与建筑物有关的条件

基础的埋深首先取决于建筑物的用途,有无地下室、设备基础和地下设施,建筑物荷载以及基础的形式和构造对基础埋深都有影响。

有地下室时，埋深由地下室标高决定。如果由于建筑物使用上的要求，须有不同埋深时，应将基础做成台阶形，逐步由浅过渡到深，台阶的高度与宽度之比应小于1/2。

有地下设施和地下管道时，地下设施和设备的基础不能离建筑物太近，应加大基础埋深。原则上，基础顶板应低于这些设施的底面及地下管道的深度，避免管道在基础下穿过，影响管道的使用和维修。

基础类型也是影响埋深的一个主要因素。刚性基础由于宽高比要求，基础高度大，埋深亦大。钢筋混凝土扩展基础可采用较小的基础高度，埋深也较小。

荷载大小和性质不同，对持力层要求也不同。例如，同一深度土层，对荷载小的基础可能是很好的持力层，而对荷载大的基础就可能为不宜的。荷载的性质对基础埋深的影响也很明显。

高层建筑，由于竖向荷载大，且要承受风力和地震力等水平荷载，其埋置深度应满足地基承载力、变形和稳定性的要求。在抗震设防区，除岩石地基外，天然地基上的箱形和筏形基础其埋置深度不宜小于建筑物高度的1/15，桩箱或桩筏基础的埋深（不计桩长）不宜小于建筑物高度的1/18。抗震设防烈度为6度或小于6度的建筑物，埋置深度可适当减少。位于岩石地基上的高层建筑，其基础埋深应满足抗滑要求。

▶ 7.4.2 工程地质条件

在满足稳定性和变形要求的前提下，基础要尽量浅埋。但除岩石基础外，基础埋深不宜小于0.5 m。基础顶面应低于设计地面0.1 m以上，以避免基础外露遭受破坏。

修建于稳定土坡坡顶的基础（图7.9），为保证因修建基础所引起的附加应力不至于影响到土坡的稳定，基础埋深应满足下式要求：

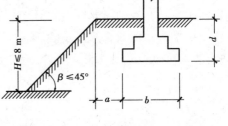

$$d \geq (xb - a)\tan \beta \qquad (7.1)$$

式中　d——基础埋深，m；

　　　b——垂直于坡顶边缘线的基础底面宽度，m，$b \leq 3$ m；

　　　a——基础底面外缘线到坡顶边缘的水平距离，m，$a \geq 2.5$ m；

图7.9 稳定土坡坡顶基础的最小埋深

　　　β——稳定土颇坡度，(°)，要求坡高 $H \leq 8$ m，坡角 $\beta \leq 45°$；

　　　x——影响系数，条形基础 $x = 3.5$，矩形或圆形 $x = 2.5$。

▶ 7.4.3 水文地质条件

对于有地下水的场地，基础宜埋在地下水位以上。地基受有承压水时，要校核开挖基槽底安全厚度 h_0（图7.10），避免承压水冲破槽底而破坏地基。安全厚度 h_0 的估算公式为：

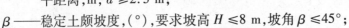

$$h_0 \geq \frac{\gamma_w h}{\gamma} \qquad (7.2)$$

式中　h_0——槽底安全厚度（隔水层剩余厚度），m；

　　　h——承压水的上升高度（由隔水层底面起算），m；

γ_w——水的重度,取 10 kN/m³;

γ——隔水层土的重度,潜水位以下取饱和重度,kN/m³。

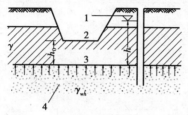

图 7.10 有承压水时基坑开挖深度
1—承压水位;2—基槽;3—黏土层(隔水层);4—卵石层(透水层)

▶ 7.4.4 场地环境条件

靠近原有建筑物修建的建筑物,基础埋深不宜超过原有基础的底面。如果基础深于原有建筑物基础时,要使两基础之间保持一定距离,其净距应不小于相邻两基础底面高差的 1~2 倍(图 7.11)。如果不能满足这一要求,施工时应采取措施。

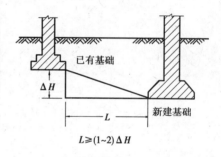

$L \geqslant (1\sim 2)\Delta H$

▶ 7.4.5 地基冻融条件

图 7.11 相邻基础的埋深与净距最小埋深

随季节而变化,冬季冻胀,春夏季解冻融陷的土类称为季节性冻土。季节性冻土在我国分布很广,以东北、华北、西北地区为主,一般厚度均超过 0.5 m,最厚可达 3 m。在季节性冻土地区,确定基础埋深应考虑地基的冻胀性。土的冻胀性指标一般采用冻土层平均冻胀率 η 来表示,定义为土层的平均冻胀量与土层实际平均冻结深度之比。

《地基规范》根据土的类别、含水量大小、地下水位高低及冻土层的平均冻胀率 η 的大小,将地基土分为不冻胀、弱冻胀、冻胀、强冻胀、特强冻胀 5 类,见表 7.4。

选择基础埋深时,当建筑物基础底面下允许有一定厚度的冻土层,可用下式计算基础的最小埋深 $d_{\min}$:

$$d_{\min} = z_d - h_{\max} \tag{7.3}$$

$$z_d = z_0 \psi_{zs} \psi_{zw} \psi_{ze} \tag{7.4}$$

式中 z_d——场地冻结深度,m,若有实测资料时,可按 $z_d = h' - \Delta z$ 计算(h' 和 Δz 分别为最大冻深出现时场地最大冻土层厚度和地表冻胀量);

z_0——标准冻结深度,m,当无实测资料时,可按《地基规范》附录 F 采用;

ψ_{zs}——土的类别对冻深的影响系数(见表 7.5);

ψ_{zw}——土的冻胀性对冻深的影响系数(见表 7.6);

ψ_{ze}——环境对冻深的影响系数(见表 7.7);

$h_{\max}$——基础底面下允许残留冻土层的最大厚度,m(见表 7.8),当有充分依据时,基底下允许残留冻土层厚度也可根据当地经验确定。

在冻胀、强冻胀、特强冻胀地基土上设计地基基础时,还应采取相应的防冻害措施。

表7.4 地基土的冻胀性分类

土的名称	冻前天然含水量 w /%	冻结期间地下水位距冻结面的最小距离 h_w /m	平均冻胀率 η /%	冻胀等级	冻胀类别
碎(卵)石、砾、粗、中砂(粒径小于0.075 mm 颗粒含量大于15%)、细砂(粒径小于0.075 mm 颗粒含量大于10%)	$w \leq 12$	>1.0	$\eta \leq 1$	I	不冻胀
		≤1.0	$1 < \eta \leq 3.5$	II	弱冻胀
	$12 < w \leq 18$	>1.0			
		≤1.0	$3.5 < \eta \leq 6$	III	冻胀
	$w > 18$	>0.5			
		≤0.5	$6 < \eta \leq 12$	IV	强冻胀
粉砂	$w \leq 14$	>1.0	$\eta \leq 1$	I	不冻胀
		≤1.0	$1 < \eta \leq 3.5$	II	弱冻胀
	$14 < w \leq 19$	>1.0			
		≤1.0	$3.5 < \eta \leq 6$	III	冻胀
	$19 < w \leq 23$	>1.0			
		≤1.0	$6 < \eta \leq 12$	IV	强冻胀
	$w > 23$	不考虑	$\eta > 12$	V	特强冻胀
粉土	$w \leq 19$	>1.5	$\eta \leq 1$	I	不冻胀
		≤1.5	$1 < \eta \leq 3.5$	II	弱冻胀
	$19 < w \leq 22$	>1.5			
		≤1.5	$3.5 < \eta \leq 6$	III	冻胀
	$22 < w \leq 26$	>1.5			
		≤1.5	$6 < \eta \leq 12$	IV	强冻胀
	$26 < w \leq 30$	>1.5			
		≤1.5	$\eta > 12$	V	特强冻胀
	$w > 30$	不考虑			
黏性土	$w \leq w_P + 2$	>2.0	$\eta \leq 1$	I	不冻胀
		≤2.0	$1 < \eta \leq 3.5$	II	弱冻胀
	$w_P + 2 < w \leq w_P + 5$	>2.0			
		≤2.0	$3.5 < \eta \leq 6$	III	冻胀
	$w_P + 5 < w \leq w_P + 9$	>2.0			
		≤2.0	$6 < \eta \leq 12$	IV	强冻胀
	$w_P + 9 < w \leq w_P + 15$	>2.0			
		≤2.0	$\eta > 12$	V	特强冻胀
	$w > w_P + 15$	不考虑			

注:①w_P 为塑限含水量(%),w 为在冻土层内冻前天然含水量的平均值(%);

②盐渍化冻土不在表列;

③塑性指数大于22时,冻胀性降低一级;

④粒径小于0.005 mm 颗粒含量大于60%,为不冻胀土;

⑤碎石类土,当充填物多于全部质量的40%时,其冻胀性按填充物土的类别判断;

⑥碎石土,砾砂、粗砂、中砂(粒径小于0.075 mm 颗粒含量不大于15%)、细砂(粒径小于0.075 mm 颗粒含量不大于10%)均按不冻胀考虑。

表7.5 土的类别对冻深的影响系数

土的类别	影响系数 ψ_{zs}	土的类别	影响系数 ψ_{zs}
黏性土	1.00	中、粗、砾砂	1.30
细砂、粉砂、粉土	1.20	大块碎石土	1.40

表7.6 土的冻胀性对冻深的影响系数

冻胀性	影响系数 ψ_{zw}	冻胀性	影响系数 ψ_{zw}	冻胀性	影响系数 ψ_{zw}
不冻胀	1.00	冻胀	0.90	特强冻胀	0.8
弱冻胀	0.95	强冻胀	0.85		

表7.7 环境对冻深的影响系数

周围环境	影响系数 ψ_{ze}	周围环境	影响系数 ψ_{ze}
村、镇、旷野	1.00	城市市区	0.90
城市近郊	0.95		

注:环境系数一项,当城市市区人口为20～50万人时,按城市近郊取值;当城市市区人口大于50万人小于或等于100万人时,只计入市区影响;当城市市区人口超过100万人时;除计入市区影响外,尚应考虑5 km以内的郊区近郊影响系数。

表7.8 建筑基底下允许残留冻土层厚度 h_{max}　　　　单位:m

冻胀性	基础型式	采暖情况	基底平均压力/kPa					
			110	130	150	170	190	210
弱冻胀土	方形基础	采暖	0.90	0.95	1.00	1.10	1.15	1.20
		不采暖	0.70	0.80	0.95	1.00	1.05	1.10
	条形基础	采暖	>2.50	>2.50	>2.50	>2.50	>2.50	>2.50
		不采暖	2.20	2.50	>2.50	>2.50	>2.50	>2.50
冻胀土	方形基础	采暖	0.65	0.70	0.75	0.80	0.85	—
		不采暖	0.55	0.60	0.65	0.70	0.75	—
	条形基础	采暖	1.55	1.80	2.00	2.20	2.50	—
		不采暖	1.15	1.35	1.55	1.75	1.95	—

注:①本表只计算法向冻胀力,如果基础侧面存在切向冻胀力,应采取防切向力措施;
②本表不适用于宽度小于0.6 m的基础,矩形基础可取短边尺寸按方形基础计算;
③表中数据不适用于淤泥、淤泥质土和欠固结土;
④表中基底平均压力数值为永久荷载标准组合值乘以0.9,可以内插。

7.5　地基承载力的确定

地基承载力是地基所具有的承受荷载的能力,即在保证地基稳定的前提下,使变形不超过允许值的地基承载能力。地基承载力的确定在地基基础设计中是一个非常重要而又十分复杂的问题,它不仅与土的物理、力学性质有关,而且还与基础形式、底宽、埋深、建筑类型、结构特点和施工速度等因素有关。其确定方法主要有以下4种:

①根据土的抗剪强度指标通过理论公式计算,并结合工程经验确定;

②按静载荷试验方法确定;

③根据原位测试、室内试验成果并结合工程实践经验等综合确定;

④根据邻近场地条件相似的建筑物经验确定。

按照《地基规范》的有关规定,对不同设计等级的建筑物的承载力确定途径可作如下理解:

①对甲级建筑物,必须提供静载荷试验成果,并结合其他各种方法综合确定;

②对乙级建筑物,可根据除静载荷试验之外的各种方法综合确定,必要时,也应进行静载荷试验;

③对丙级建筑物,可根据原位测试等综合确定,必要时,也应进行静载荷试验和通过抗剪强度计算承载力。

通过静载荷试验或其他原位测试、工程经验值等方法确定的地基承载力,应根据具体建筑物基础进行深度和宽度修正,得出修正后的承载力特征值 f_a。

▶ 7.5.1 按土的抗剪强度指标确定

1)计算指标的确定

根据土的抗剪强度指标计算地基承载力特征值采用的是抗剪强度指标的标准值。内摩擦角和黏聚力的标准值 φ_k, c_k 可按下列规定计算。

①根据室内 n 组三轴压缩试验的结果,按下式公式计算某一土性指标的变异系数、试验平均值和标准差:

$$\delta = \frac{\sigma}{\mu}, \mu = \frac{\sum_{i=1}^{n} \mu_i}{n}$$

$$\sigma = \sqrt{\frac{\sum_{i=1}^{n} \mu_i^2 - n\mu^2}{n-1}}$$

式中　δ ——变异系数;

　　　μ ——试验平均值;

　　　σ ——标准差。

②按下列公式计算内摩擦角和黏聚力的统计修正系数 ψ_φ, ψ_c:

$$\psi_\varphi = 1 - \left(\frac{1.704}{\sqrt{n}} + \frac{4.678}{n^2}\right)\delta_\varphi$$

$$\psi_c = 1 - \left(\frac{1.704}{\sqrt{n}} + \frac{4.678}{n^2}\right)\delta_c$$

式中　ψ_φ, ψ_c ——内摩擦角、黏聚力的统计修正系数;

δ_φ, δ_c ——内摩擦角、黏聚力的变异系数。

③内摩擦角标准值：

$$\varphi_k = \psi_\varphi \varphi_m$$

式中　φ_m ——内摩擦角的试验平均值。

④黏聚力的标准值：

$$c_k = \psi_c c_m$$

式中　c_m ——黏聚力的试验平均值。

2)计算公式及应用条件

当荷载偏心距 e 小于或等于 0.033 倍基础底面宽度时，根据土的抗剪强度指标标准值，可按下式计算地基承载力特征值：

$$f_a = M_b \gamma b + M_d \gamma_0 d + M_c c_k \tag{7.5}$$

式中　f_a ——由土的抗剪强度指标确定的地基承载力特征值，kPa；

　　M_b, M_d, M_c ——承载力系数，按表7.9确定；

　　b ——基础底面宽度，m，$b > 6$ m时按6 m计，对于砂土 $b < 3$ m按3 m计；

　　c_k ——基底下一倍基宽深度范围内的黏聚力标准值，kPa。

公式(7.5)的几点说明：

①该公式仅适用于 $e \leq 0.033b$ 的情况。

②该公式中的承载力系数 M_b, M_d, M_c 是以界限塑性荷载 $p_{1/4}$ 理论公式中的相应系数为基础确定的。

③按该公式确定地基承载力时，只能保证地基强度有足够的安全度，不一定能保证满足变形要求，故还应进行地基变形验算。

表 7.9　承载力系数 M_b, M_d, M_c

土的内摩擦角标准值 φ_k/(°)	M_b	M_d	M_c	土的内摩擦角标准值 φ_k/(°)	M_b	M_d	M_c
0	0	1.00	3.14	22	0.61	3.44	6.04
2	0.03	1.12	3.32	24	0.80	3.87	6.45
4	0.06	1.25	3.51	26	1.10	4.37	6.90
6	0.10	1.39	3.71	28	1.40	4.93	7.40
8	0.14	1.55	3.93	30	1.90	5.59	7.95
10	0.18	1.73	4.17	32	2.60	6.35	8.55
12	0.23	1.94	4.42	34	3.40	7.21	9.22
14	0.29	2.17	4.69	36	4.20	8.25	9.27
16	0.36	2.43	5.00	38	5.00	9.44	10.80
18	0.43	2.72	5.31	40	5.80	10.84	11.73
20	0.51	3.06	5.66				

▶ 7.5.2 按地基载荷试验确定

根据载荷试验可得到压力与沉降关系曲线,即 p-s 曲线。根据载荷试验 p-s 曲线确定地基承载力特征值 f_{ak} 规定如下:

①当载荷试验 p-s 曲线上有明显的比例界限时,如图 7.12(a)所示,取该比例界限所对应的荷载 p_0 作为地基承载力特征值 f_{ak}。

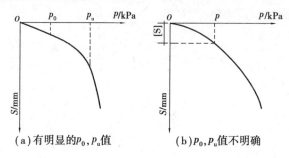

图 7.12 按静载荷试验 p-s 曲线确定地基承载力

②当极限荷载 p_u 小于比例界限荷载 p_0 的 2 倍时,取极限荷载 p_u 的一半作为地基承载力特征值 f_{ak}。

③不能按上述两点确定时,可按限制沉降量取值,如图 7.12(b)所示。当承压板面积为 $0.25\sim0.5~m^2$ 时,可采用沉降量 $[S]=0.01~b\sim0.015~b$ 所对应的荷载值作为地基承载力特征值 f_{ak},但其值不应大于最大加载量的一半。

同一土层参加统计的试验点不应少于三点,实测值的极差(最大值与最小值之间的差值)不应超过平均值的30%。当符合以上规定时取其平均值作为该土层地基承载力特征值 f_{ak}。

▶ 7.5.3 地基承载力的修正

当基础宽度大于 3 m 或埋置深度大于 0.5 m 时,由载荷试验或其他原位测试、经验值等方法确定的地基承载力特征值,尚应按式(7.6)修正:

$$f_a = f_{ak} + \eta_b\gamma(b-3) + \eta_d\gamma_0(d-0.5) \tag{7.6}$$

式中 f_a——修正后的地基承载力特征值,kPa;

f_{ak}——地基承载力的特征值,kPa,按上述原则确定;

η_b,η_d——基础宽度和埋深的地基承载力修正系数,按基底下土的类别查表7.10;

γ——基础底面以下土的重度,kN/m^3,地下水位以下取浮重度;

b——基础底面宽度,m,当基宽小于 3 m 按 3 m 计算,大于 6 m 按 6 m 计算;

γ_0——基础底面以上土的加权平均重度,kN/m^3,地下水位以下取浮重度;

d——基础埋置深度,m。

基础埋置深度一般自室外地面标高算起。在填方整平地区,可自填土地面标高算起。但填土在上部结构施工后完成时,应从天然地面标高算起。对于地下室,当采用箱形基础或筏基时,基础埋置深度自室外地面标高算起;当采用独立基础或条形基础时,应从室内地下室地面标高算起。

表 7.10　承载力修正系数

土的类别		η_b	η_d
淤泥和淤泥质土		0	1.0
人工填土 e 或 $I_L \geqslant 0.85$ 的黏性土		0	1.0
红黏土	含水比 $\alpha_w > 0.8$	0	1.2
	含水比 $\alpha_w \leqslant 0.8$	0.15	1.4
大面积压实填土	压实系数 >0.95、黏粒含量 $\rho_c \geqslant 10\%$ 粉土	0	1.5
	最大干密度 >2 100 kg/m³ 的级配砂石	0	2.0
粉　土	黏粒含量 $\rho_c \geqslant 10\%$ 的粉土	0.3	1.5
	黏粒含量 $\rho_c < 10\%$ 的粉土	0.5	2.0
e 及 I_L 均 <0.85 的黏性土		0.3	1.6
粉砂、细砂(不包括很湿与饱和时的稍密状态)		2.0	3.0
中砂、粗砂、砾砂和碎石土		3.0	4.4

注:①强风化和全风化的岩石,可参照所风化成的相应土类取值,其他状态下的岩石不修正;
　　②当地基承载力特征值按深层平板载荷试验确定时,η_d 取 0;
　　③含水比是指土的天然含水量与液限的比值;
　　④大面积填土是指填土范围大于两倍基础宽度的填土。

7.6　基础底面尺寸确定

▶ 7.6.1　按地基承载力确定基底尺寸

选择好基础埋深后就可按持力层的承载力特征值确定所需的基础底面尺寸。要求符合下式要求:

$$p_k \leqslant f_a \tag{7.7}$$
$$p_{kmax} \leqslant 1.2 f_a \tag{7.8}$$

式中　p_k——相应于荷载效应标准组合时,基础底面处的平均压力值,kPa;
　　　　p_{kmax}——相应于荷载效应标准组合时,基础底面边缘的最大压力值,kPa;
　　　　f_a——修正后的地基承载力特征值,kPa。

《公路桥涵地基与基础设计规范》规定在设计桥梁墩台基础时,按地基容许承载力进行验算。不考虑基础底面土的嵌固作用,按下式验算:

$$p \leqslant [f_a] \tag{7.9}$$

式中　p——基础底面处的平均压应力,kPa;
　　　　$[f_a]$——修正后的地基承载力容许值,kPa。

7.6.2 中心荷载作用下基底尺寸的确定

中心荷载作用下的基础要求基底平均压力不超过持力层土的承载力特征值,即符合式(7.7)要求。如图7.13所示,在中心荷载 F_k、G_k 作用下,按基底压力的简化计算方法, p_k 为均匀分布,计算公式:$p_k = (F_k + G_k)/A$。将基础及上方回填土重 $G_k = \gamma_G dA$(地下水位以下部分应扣除浮托力)代入得:$(F_k + \gamma_G dA)/A \leq f_a$。整理后,即可得中心荷载作用下的基础底面积 A 的计算公式:

$$A \geq \frac{F_k}{f_a - \gamma_G d} \qquad (7.10)$$

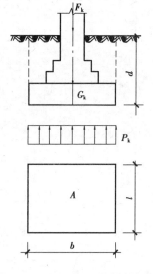

图7.13 中心荷载作用下的基础

式中 F_k ——相应于荷载效应标准组合时,上部结构传至基础顶面的竖向力值,kN;

  γ_G ——基础及回填土的平均重度,一般取 20 kN/m³,地下水位以下取 10 kN/m³;

  d ——基础平均埋深,m。

对于单独基础,按上式计算出 A 后,先选定 b 或 l,再计算另一边长,使 $A = lb$,一般取 $\frac{l}{b} = 1.0 \sim 2.0$。

对于条形基础,F_k 为沿长度方向 1 m 范围内上部结构传至基础顶面的竖向力值,由公式求得的 A 就等于条形基础的宽度 b。

必须指出,在按式(7.10)计算 A 时,需要先确定地基承载力特征值 f_a。但 f_a 值又与基础底面尺寸 A 有关,即公式中的 A 与 f_a 都是未知数,因此,可能要通过反复试算来确定。计算时,可先对地基承载力只进行深度修正,计算 f_a 值;然后按计算所得的 $A = lb$,根据 b 值大小考虑是否需要进行宽度修正。

7.6.3 偏心荷载作用下基底尺寸的确定

偏心荷载作用下的基础尺寸,除应符合式(7.7)要求外,尚应符合公式(7.8)要求。偏心荷载作用下的 p_{kmax} 和 p_{kmin} 计算公式见式(3.5)、式(3.6)、式(3.7)。

根据上述按承载力计算的要求,在计算偏心荷载作用下的基础底面尺寸时,通常可按下述渐进试算法进行:

①先按中心荷载作用下的式(7.10),计算基础底面积 A_0,即满足式(7.7)的要求。

②考虑偏心影响,适当加大 A_0,一般可根据偏心矩的大小增大 10% ~ 40%,使 $A = (1.0 \sim 1.4)A_0$。对矩形底面的基础,按 A 初步选择相应的基础底面长度 l 和宽度 b,一般使 $\frac{l}{b} = 1.0 \sim 2.0$。

③计算偏心荷载作用下的 p_{kmax} 和 p_{kmin},验算是否满足式(7.8)。如果不适合(太小或过大),可调整基础底面长度 l 和宽度 b,再验算。如此反复一二次,便能定出合适的基础底面尺寸。

必须指出,基础底面压力 p_{kmax} 和 p_{kmin} 相差过大则容易引起基础倾斜,因此,p_{kmax} 和 p_{kmin}

相差不宜过于悬殊。一般认为,在高、中压缩性地基上的基础或有吊车的厂房柱基础,偏心矩 e_k 不宜大于 $l/6$(相当于 $p_{kmin} \geq 0$);对低压缩性地基上的基础,当考虑短期作用的偏心荷载时,对偏心矩 e_k 的要求可以适当放宽,但也应控制在 $l/4$ 以内。

▶ 7.6.4 软弱下卧层的验算

软弱下卧层是指在持力层下,成层土地基的受力层范围内,承载力显著低于持力层的土层。按持力层土的承载力计算得出基础底面所需的尺寸后,还应对软弱下卧层进行验算,要求传递到软弱下卧层顶面处的附加应力与自重应力之和不超过软弱下卧层的承载力,即:

$$p_z + p_{cz} \leq f_{az} \tag{7.11}$$

式中 p_z ——相应于荷载效应标准组合时,软弱下卧层顶面处的附加应力值,kPa;

p_{cz} ——软弱下卧层顶面处土的自重应力值,kPa;

f_{az} ——软弱下卧层顶面处经深度修正后的地基承载力特征值,kPa。

下卧层顶面土体的附加应力,按扩散角原理的简化方法计算(图 7.14),当持力层与软弱下卧层的压缩模量比值 $E_{s1}/E_{s2} \geq 3$ 时,对矩形和条形基础,假设基础底面处的附加应力 $(p_0 = p_k - p_c)$ 向下传递时按某一角 θ 向外扩散,并均匀分布于扩散面积上。

矩形基础

$$p_z = \frac{lb(p_k - \gamma_m d)}{(l + 2z \tan \theta)(b + 2z \tan \theta)} \tag{7.12}$$

条形基础

$$p_z = \frac{b(p_k - \gamma_m d)}{b + 2z \tan \theta} \tag{7.13}$$

式中 b ——分别为条形和矩形基础底面宽度,m;

l ——矩形基础底面长度,m;

γ_m ——基础埋深范围内土的加权平均重度(地下水位以下取浮重度 γ'),kN/m³;

d ——基础埋深(从天然地面算起),m;

z ——基础底面至软弱下卧土层顶面的距离,m;

θ ——地基压力扩散角,可按表 7.11 采用;

p_k ——基底压力,kPa。

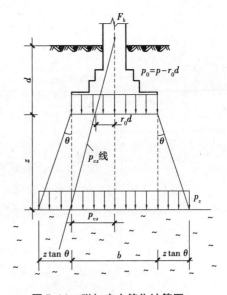

图 7.14 附加应力简化计算图

表 7.11 地基压力扩散角 θ

E_{s1}/E_{s2}	z/b	
	0.25	0.50
3	6°	23°
5	10°	25°
10	20°	30°

注:①E_{s1} 为上层土压缩模量,E_{s2} 为下层土压缩模量。

②$z/b < 0.25$ 时取 $\theta = 0°$,必要时,宜由试验确定;$z/b > 0.50$ 时 θ 值不变。

③当 $0.5 \geq z/b \geq 0.25$ 时插值使用。

【例7.1】 某柱基及土层情况如图7.15所示,载荷试验测得粉质黏土层的承载力特征值为132 kPa,下卧淤泥质粉土层承载力特征值为80 kPa。粉质黏土层的室内试验指标见表7.12所示(共8组)。

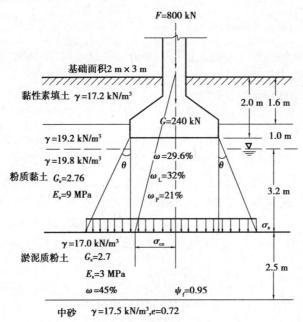

图7.15 例7.1图

表7.12 室内试验指标

天然密度 $\rho/(\text{g} \cdot \text{cm}^{-3})$	1.97	1.98	1.96	1.99	1.97	2.00	1.95	2.00
天然含水量 $w/\%$	29.5	29.6	29.2	29.7	29.3	30.0	29.0	30.5
液限 $w_L/\%$	31.3	32.4	30.9	32.5	31.9	33.1	30.4	33.5
塑限 $w_P/\%$	20.8	22.0	18.9	20.8	20.9	21.0	20.4	23.2
内摩擦角 $\varphi/(°)$	18.5	20.5	21.5	19.0	19.5	22.0	20.0	20.5
黏聚力 c/kPa	13.0	15.0	14.5	16.5	15.5	13.5	16.0	15.5

试求:①持力层地基的修正承载力特征值。

②验算软弱下卧层的承载力。

【解】 1)据规范的承载力修正公式(7.6)求修正的地基承载力特征值

(1)求粉质黏土层的孔隙比 e 和液性指数 I_L 的平均值

已知 $e = \dfrac{d_s \rho_w (1+w)}{\rho} - 1, I_L = (w - w_P)/(w_L - w_P)$,则可求得各测点对应的孔隙比与液性指数及其平均值见表7.13。

表7.13　各测点对应的孔隙比与液性指数及其平均值

孔隙比 e	0.814	0.807	0.819	0.799	0.812	0.794	0.826	0.801	$\mu_e = 0.809$
液性指数 I_L	0.829	0.731	0.858	0.761	0.764	0.744	0.860	0.709	$\mu_{I_L} = 0.782$

（2）求修正的承载力特征值

由式（7.6）$f_a = f_{ak} + \eta_b \gamma (b - 3) + \eta_d \gamma_m (d - 0.5)$；

由 $b = 2 < 3$，故不做宽度修正；

由基底及土层剖面情况知埋深 $d = 2$ m；

由测试的土层的孔隙比 e 的平均值 $\mu_e = 0.809 < 0.85$，土层的液性指数 I_L 的平均值 $\mu_{I_L} = 0.782 < 0.85$，查表7.10知深度修正系数 $\eta_d = 1.6$；

基底以上土层的平均重度：$\gamma_m = (17.2 \text{ kN/m}^3 \times 1.6 \text{ m} + 19.2 \text{ kN/m}^3 \times 0.4 \text{ m})/2 = 17.6$ kN/m³；

由已知条件得承载力特征值：$f_{ak} = 132$ kPa；

将各具体的值带入式（7.6）得：$f_a = 132 \text{ kPa} + 1.6 \times 17.6 \text{ kN/m}^3 \times (2 - 0.5) \text{ m} = 174.2$ kPa。

2）由规范的强度指标统计公式（7.5）求地基承载力特征值

（1）求抗剪强度指标的平均值、标准差、变异系数

内摩擦角的平均值：$\varphi_m = \dfrac{\sum \mu_i}{n} = 20.188°$

黏聚力的平均值：$c_m = \dfrac{\sum \mu_i}{n} = 11.5$ kPa

内摩擦角的标准差：$\sigma_\varphi = \sqrt{\dfrac{\sum \mu_i^2 - n\mu^2}{n - 1}} = 1.193$

黏聚力的标准差：$\sigma_c = \sqrt{\dfrac{\sum \mu_i^2 - n\mu^2}{n - 1}} = 0.707$

内摩擦角的变异系数 $\delta_\varphi = \sigma/\mu = 0.059$；黏聚力的变异系数 $\delta_c = \sigma/\mu = 0.061$。

（2）求抗剪强度指标的统计修正系数 ψ_φ, ψ_c

内摩擦角的统计修正系数：$\psi_\varphi = 1 - \left(\dfrac{1.704}{\sqrt{n}} + \dfrac{4.678}{n^2} \right) \delta_\varphi = 0.960$

黏聚力的统计修正系数：$\psi_c = 1 - \left(\dfrac{1.704}{\sqrt{n}} + \dfrac{4.678}{n^2} \right) \delta_c = 0.958$

（3）求抗剪强度指标的标准值

内摩擦角的标准值：$\varphi_k = \psi_\varphi \varphi_m = 19.38°$；黏聚力的标准值：$c_k = \psi_c c_m = 11.0$ kPa。

（4）求地基承载力特征值：

式（7.5）$f_a = M_b \gamma b + M_d \gamma_m d + M_c c_k$；

由 φ_k 查表2.13得承载力系数：$M_b = 0.485, M_d = 2.955, M_c = 5.552$；

基底上土的平均重度 $\gamma_m = 17.6$ kN/m³；

土力学与基础工程
Tulixue Yu Jichu Gongcheng

则 $f_a = 0.485 \times 19.2 \text{ kN/m}^3 \times 2 \text{ m} + 2.955 \times 17.6 \text{ kN/m}^3 \times (2 - 0.5) \text{ m} + 5.552 \times 11.0 \text{ kPa} = 157.7 \text{ kPa}$。

3)验算下卧层承载力

(1)求基底附加压力

$$p_k = \frac{F_k + G_k}{A} = \frac{800 \text{ kN} + 240 \text{ kN}}{2 \text{ m} \times 3 \text{ m}} = 173.3 \text{ kPa}$$

基底处自重压力：$p_c = 1.6 \text{ m} \times 17.2 \text{ kN/m}^3 + 0.4 \text{ m} \times 19.2 \text{ kN/m}^3 = 35.2 \text{ kPa}$

基底附加压力：$p_0 = p_k - p_c = (173.3 - 35.2) \text{kPa} = 138.1 \text{ kPa}$

(2)软弱下卧层承载力

由地层剖面知下卧层为淤泥质土,查表7.10得深度修正系数 $\eta_d = 1.0$;

下卧层顶面以上土的平均重度

$\gamma_m = (17.2 \text{ kN/m}^3 \times 1.6 \text{ m} + 1.0 \text{ m} \times 19.2 \text{ kN/m}^3 + 3.2 \text{ m} \times 9.8 \text{ kN/m}^3)/(1.6 + 1 + 3.2)$ m $= 13.5 \text{ kN/m}^3$

因此修正后下卧层淤泥质土的承载力特征值为:

$$f_{az} = f_{ak(\text{下卧})} + 1.0 \times 13.5 \text{ kN/m}^3 \times (5.8 - 0.5) \text{ m} = 151.6 \text{ kPa}$$

(3)下卧层顶面承载力验算

$$\frac{z}{b} = \frac{3.6}{2} = 1.8 > 0.5; \frac{E_{s1}}{E_{s2}} = \frac{9}{3} = 3$$

查表7.11得地基压力扩散线与垂直线的夹角 $\theta = 23°$,且基底为矩形基础,则扩散到下卧层顶面的附加压力:

$$p_z = \frac{lb(p_k - p_c)}{(b + 2z \tan \theta)(l + 2z \tan \theta)}$$

$$= \frac{2 \text{ m} \times 3 \text{ m} \times 138.1 \text{ kPa}}{(2 \text{ m} + 2 \times 3.8 \text{ m} \times \tan 23°) \times (3 \text{ m} + 2 \times 3.8 \text{ m} \times \tan 23°)}$$

$$= \left(\frac{828.6}{5.226 \times 6.226}\right) \text{ kPa} = 25.5 \text{ kPa}$$

下卧层顶面的自重压力：$p_{cz} = 17.2 \text{ kN/m}^3 \times 1.6 \text{ m} + 1.0 \text{ m} \times 19.2 \text{ kN/m}^3 + 3.2 \text{ m} \times 9.8 \text{ kN/m}^3 = 78.1 \text{ kPa}$

则：$p_z + p_{cz} = (25.5 + 78.1) \text{ kPa} = 103.6 \text{ kPa} < f_{az} = 151.6 \text{ kPa}$,下卧层承载力满足地基基础设计要求。

【例7.2】 如图7.16所示,某柱下持力层地基为均质黏性土,重度 $\gamma = 17.5 \text{ kN/m}^3$,孔隙比 $e = 0.7$,液性指数 $I_L = 0.78$,已知其地基承载力特征值为 $f_{ak} = 226 \text{ kPa}$,柱截面为 $300 \text{ mm} \times 400 \text{ mm}$,$F_k = 700 \text{ } kN$,$M_k = 80 \text{ kN} \cdot \text{m}$,水平荷载 $V_k = 13 \text{ kN}$。基础埋深从设计地面(± 0.000)起算为 1.3 m。试确定柱下独立基础的底面尺寸。

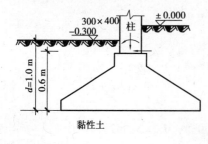

图 7.16 例 7.2 图

【解】 (1)求修正后的地基承载力特征值 f_a(先不考虑对基础宽度进行修正)

因为黏性土, $e = 0.7$, $I_L = 0.78$,查表7.10可得

$\eta_d = 1.6$,则持力层承载力特征值为:

$f_a = f_{ak} + \eta_d \gamma_m (d - 0.5) = 226 \text{ kPa} + 1.6 \times 17.5 \text{ kN/m}^3 \times (1.0 - 0.5) \text{ m} = 240 \text{ kPa}$

（注意:基础的埋深d按室外地面起算为$1.3 - 0.3 \text{ m} = 1.0 \text{ m}$。）

（2）初步选择基础底面积

计算基础和回填土所受重力G_k的基础埋深采用平均埋深$\bar{d}$,即:

$$\bar{d} = \left(\frac{1.0 + 1.3}{2} \right) \text{m} = 1.15 \text{ m}$$

$$A_0 \geq \frac{F_k}{f_a - \gamma_G \bar{d}} = \frac{700 \text{ kN}}{240 \text{ kPa} - 20 \text{ kN/m}^3 \times 1.15 \text{ m}} = 3.23 \text{ m}^2$$

由于偏心力矩中等,基础底面积可按20%增大,即:

$$A = 1.2 A_0 = 1.2 \times 3.23 \text{ m}^2 = 3.88 \text{ m}^2$$

所以,初步选择基础底面积为:

$$A = lb = 2.4 \text{ m} \times 1.6 \text{ m} = 3.84 \text{ m}^2 \approx 3.88 \text{ m}^2$$

（3）验算持力层的地基承载力

基础及回填土所受重力G_k为:

$$G_k = \gamma_G \bar{d} A = 20 \text{ kN/m}^3 \times 1.15 \text{ m} \times 3.84 \text{ m}^2 = 88.3 \text{ kN}$$

偏心距为:

$$e_k = \frac{M_k}{F_k + G_k} = \frac{(80 + 13 \times 0.6) \text{kN} \cdot \text{m}}{(700 + 88) \text{kN}} = 0.11 \text{ m} < \frac{l}{6}$$

所以,基底压力最大、最小值为:

$$\left. \begin{array}{c} p_{kmax} \\ p_{kmin} \end{array} \right\} = \frac{F_k + G_k}{lb} \left(1 \pm \frac{6e_k}{l} \right) = \frac{700 \text{ kN} + 88 \text{ kN}}{2.4 \text{ m} \times 1.6 \text{ m}} \left(1 \pm \frac{6 \times 0.11}{2.4} \right) = \left\{ \begin{array}{c} 262 \\ 149 \end{array} \right. \text{kPa}$$

验算:

$$\bar{p}_k = 205 \text{ kPa} < f_a = 240 \text{ kPa}$$

$$p_{kmax} = 262 \text{ kPa} < 1.2 f_a = 1.2 \times 240 \text{ kPa} = 288 \text{ kPa}$$

结论:地基承载力满足要求。

▶ 7.6.5　地基变形验算

对于一般的多层建筑,地基土质较好且均匀时,按地基承载力设计的基础,可同时满足地基变形要求,不需要进行地基变形验算。

但对于设计等级为甲、乙级建筑物和荷载较大、土层不均匀及地基承载力较低的丙级建筑物,除满足地基承载力要求外,还需要进行地基变形验算,以防止地基变形事故的发生。

7.7　无筋扩展基础设计

无筋扩展基础（图7.17）台阶宽高比（$b_2 : h$）应满足:

$$h \geqslant \frac{b - b_0}{2 \tan \alpha} \tag{7.14}$$

式中 b ——基础底面宽度,m;

b_0 ——基础顶面的墙体宽度或柱脚宽度,m;

h ——基础高度,m;

$\tan \alpha$ ——基础台阶宽高比 $b_2 : h$(b_2 为基础台阶宽度,m),其允许值按表 7.14 选用。

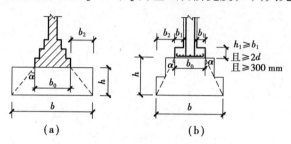

图 7.17 无筋扩展基础构造示意图

d—柱中纵向钢筋直径

表 7.14 无筋扩展基础台阶宽高比的允许值($\tan \alpha$)

基础材料	质量要求	台阶宽高比($b_2 : h$)的允许值		
		$p_k \leqslant 100$ kPa	100 kPa $< p_k \leqslant 200$ kPa	200 kPa $< p_k \leqslant 300$ kPa
混凝土基础	C15 混凝土	1:1.00	1:1.00	1:1.25
毛石混凝土基础	C15 混凝土	1:1.00	1:1.25	1:1.50
砖基础	砖不低于 MU10、砂浆不低于 M5	1:1.50	1:1.50	1:1.50
毛石基础	砂浆不低于 M5	1:1.25	1:1.50	—
灰土基础	体积比为 3:7 或 2:8 的灰土,其最小干密度: 粉土 1 550 kg/m³ 粉质黏土 1 550 kg/m³ 黏土 1 450 kg/m³	1:1.25	1:1.50	—
三合土基础	体积比为 1:2:4 ~ 1:3:6（石灰:砂:骨料),每层约虚铺 220 mm,夯至 150 mm	1:1.50	1:2.00	

注:①p_k 为荷载效应标准组合时基础底面处的平均压力,kPa。

②阶梯形毛石基础的每阶伸出宽度,不宜大于 200 mm。

③当基础由不同材料叠合组成时,应对接触部分作抗压验算。

④混凝土基础单侧扩展范围内基础底面处的平均压力超过 300 kPa 时,尚应进行抗剪验算;对基底反力集中于立柱附近的岩石地基,应进行局部受压承载力验算。

砖基础一般做成台阶式,俗称大放脚,其砌筑方式有两种:一种是"二一间隔收"砌法,即每2砖挑出1/4砖与每1砖挑出1/4砖相间的砌筑方法,如图7.18(a)所示;另一种是"两皮一收"砌法,即每层均为两皮砖,挑出1/4砖长的砌筑方法,如图7.18(b)所示。砖基础底面下设垫层。垫层每边伸出基础底面50 mm,厚度不宜小于100 mm。

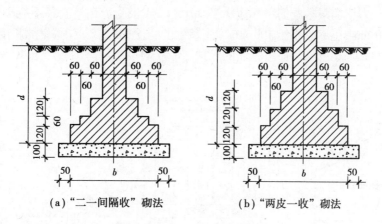

(a)"二一间隔收"砌法　　　　　　(b)"两皮一收"砌法

图7.18　砖基础剖面图

7.8　扩展基础设计

▶7.8.1　扩展基础的构造要求

扩展基础是由钢筋混凝土建造的基础,具有比较好的抗剪能力和抗弯能力,可以用扩大基础底面积的方法来满足地基承载力的要求,而不必增加基础的埋置深度,因此可以适用于荷载比较大,而埋置深度又不容许过深的情况。

(1)基础边缘高度

锥形基础的边缘高度不宜小于200 mm,如图7.19(a)所示;阶梯形基础的每阶高度宜为300~500 mm,如图7.19(b)所示。

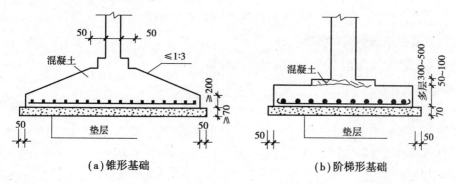

(a)锥形基础　　　　　　　　　(b)阶梯形基础

图7.19　扩展基础构造的一般要求

（2）基底垫层

通常在底板下浇筑一层素混凝土垫层。垫层的厚度不宜小于 70 mm，混凝土的强度等级不宜低于 C10。

（3）钢筋

扩展基础受力钢筋最小配筋率不应小于 0.15%，底板受力钢筋直径不应小于 10 mm，间距不应大于 200 mm，也不应小于 100 mm。当基础的宽度 $b \geq 2.5$ m 时，钢筋长度可缩短 10% 并交错布置，如图 7.20 所示。底板钢筋的保护层厚度当设垫层时不应小于 40 mm，无垫层时不应小于 70 mm。

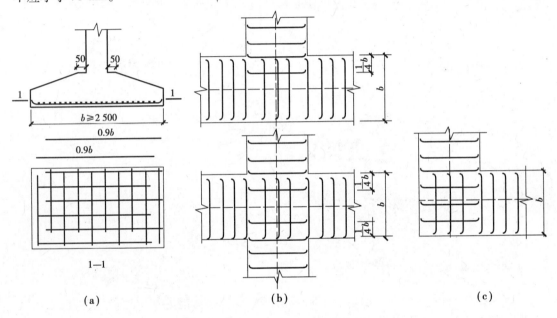

图 7.20　扩展基础底板受力钢筋布置示意

（4）混凝土

强度等级不应低于 C20。

▶ 7.8.2　扩展基础计算

在进行基础计算时，上部结构传来的荷载效应组合和相应的基底反力，应按承载能力极限状态下荷载效应的基本组合考虑。

1）墙下钢筋混凝土条形基础的底板厚度和配筋

（1）中心荷载作用

墙下钢筋混凝土条形基础在中心荷载 F 作用下的受力分析可简化如图 7.21 所示。它的受力情况如同一受 p_n 作用的倒置悬臂板。p_n 是指由上部设计荷载 F 在基底产生的净反力（不包括基础自重和基础台阶上回填土所引起的反力）。若沿墙长度方向取 $l = 1$ m 分析，则基底处地基净反力为：

$$p_n = \frac{F}{b} \tag{7.15}$$

式中 p_n——地基净反力设计值,kPa;

   F——上部结构传至地面标高处的荷载设计值,kN/m;

   b——墙下钢筋混凝土条形基础宽度,m。

在 p_n 作用下,基础底板内将产生弯矩 M 和剪力 V,其值在图 7.20 中的 I—I 截面(悬臂板支座)处最大当墙体为砌体,且放脚不大于 1/4 砖长时:

$$V = \frac{1}{2}p_n(b-a) \qquad (7.16)$$

$$M = \frac{1}{8}p_n(b-a)^2 \qquad (7.17)$$

式中 V——基础底板支座的剪力值,kN/m;

   M——基础底板支座的弯矩值,(kN·m)/m;

   a——砖墙厚,m。

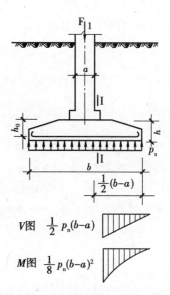

图 7.21　墙下钢筋混凝土扩展基础受力分析

①基础底板厚度。基础内不配箍筋和弯筋,故基础底板厚度应满足式(7.18)要求:

$$V \le 0.7f_t h_0 \qquad (7.18)$$

式中 f_t——混凝土轴心抗拉强度设计值,kPa;

   h_0——基础底板有效高度,m。

$$h_0 = h - c - \frac{1}{2}\phi$$

式中 ϕ——主筋直径,mm;

   c——保护层厚度,有垫层时 $c \ge 40$ mm,无垫层时 $c \ge 70$ mm。

②基础底板配筋。一般可按近似公式计算:

$$A_s = \frac{M}{0.9h_0 f_y} \qquad (7.19)$$

式中 A_s——条形基础底板每米长度受力钢筋截面积,mm²/m;

   f_y——钢筋抗拉强度设计值,N/mm²。

(2)偏心荷载作用(图 7.22)

当基底净反力的偏心距 e_{n0} 满足下式时:

$$e_{n0} = \frac{M}{F} \le \frac{b}{6} \qquad (7.20)$$

按下式计算基础边缘处的最大和最小净反力:

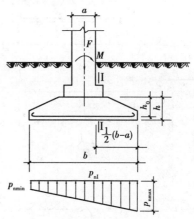

图 7.22　墙下条形基础受偏心荷载作用

$$\begin{matrix} p_{nmax} \\ p_{nmin} \end{matrix} = \frac{F}{b}\left(1 \pm \frac{6e_{n0}}{b}\right) \qquad (7.21)$$

则悬臂支座处,即I—I截面的地基净反力为:

$$p_{nI} = p_{nmin} + \frac{b + a}{2b}(p_{nmax} - p_{nmin}) \tag{7.22}$$

基础高度和配筋计算仍按式(7.18)和式(7.19)进行,但在计算剪力 V 和弯矩 M 时应将式(7.16)和式(7.17)中的 p_n 改为 $\frac{1}{2}(p_{nmax} + p_{nI})$。

2)柱下钢筋混凝土单独基础的底板厚度及配筋计算

(1)中心荷载作用

①基础底板厚度。在柱中心荷载 F 作用下,如果基础高度(或阶梯高度)不足,则将沿着柱边(或阶梯高度变化处)产生冲切破坏,形成45°斜裂面的锥体。因此需要根据短边 b_c 一侧冲切破坏条件来确定底板厚度,即要求:

$$P_j A_1 \leqslant 0.7\beta_{hp} f_t A_m \tag{7.23}$$

式中　β_{hp}——截面高度影响系数,当 $h \leqslant 800$ mm 时,β_{hp} 取1.0,当 $h \geqslant 2\,000$ mm 时,取0.9,其间按线性内插取值;

　　　p_j——地基净反力值,kPa,相应的荷载效应取基本组合值;

　　　A_1——冲切力的作用面积(图7.23、图7.24、图7.25、图7.26中的斜影部分),m^2;

　　　f_t——混凝土抗拉强度设计值,kPa;

　　　A_m——冲切破坏面在基础底面上的水平投影面积,m^2。

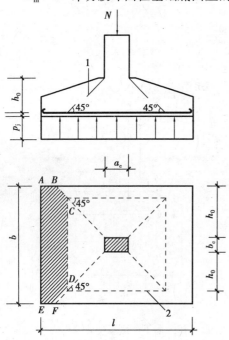

图7.23　柱底对基础冲切图($b \geqslant b_c + 2h_0$)

1—冲切破坏锥体最不利一侧的斜截面;

2—冲切破坏锥体的底面线

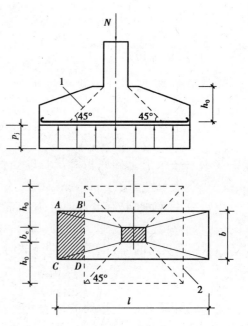

图7.24　柱底对基础冲切图($b < b_c + 2h_0$)

1—冲切破坏锥体最不利一侧的斜截面;

2—冲切破坏锥体的底面线

A_1 和 A_m 的计算:

当 $b \geqslant b_c + 2h_0$ 时(图 7.23):

$$p_j\left[\left(\frac{l}{2} - \frac{a_c}{2} - h_0\right)b - \left(\frac{b}{2} - \frac{b_c}{2} - h_0\right)^2\right] \leqslant 0.7\beta_{hp}f_t(b_c + h_0)h_0 \tag{7.24}$$

当 $b < b_c + 2h_0$ 时(图 7.24):

$$p_j\left(\frac{l}{2} - \frac{a_c}{2} - h_0\right)b \leqslant 0.7\beta_{hp}f_t\left[(b_c + h_0)h_0 - \left(\frac{b_c}{2} + h_0 - \frac{b}{2}\right)^2\right] \tag{7.25}$$

当基础剖面为阶梯形时(图 7.25),除可能在柱子周边开始沿 45° 斜面拉裂形成冲切锥体外,还可能从变阶处开始沿 45° 斜面拉裂。因此,还应验算变阶处的有效高度 h_{01}。验算方法与上述基本相同,仅需将公式中的 b_c 和 a_c 换成变阶的 b_1 和 a_1 即可。

②基础底板配筋。由于单独基础底板在 p_n 作用下,其两个方向均发生弯曲,所以两个方向都要配受力钢筋,钢筋面积按两个方向的最大弯矩分别计算,如图 7.26(a)所示。

I—I 截面

$$M_I = \frac{p_j}{24}(l - a_c)^2(2b + b_c) \tag{7.26}$$

$$A_{sI} = \frac{M_I}{0.9h_0f_y} \tag{7.27}$$

II—II 截面

$$M_{II} = \frac{p_j}{24}(b - b_c)^2(2l + a_c) \tag{7.28}$$

$$A_{sII} = \frac{M_{II}}{0.9h_0f_y} \tag{7.29}$$

阶梯形基础还应按截面 III—III 和 IV—IV 计算 A_{sIII} 和 A_{sIV},如图 7.26(b)所示。

III—III 截面

$$M_{III} = \frac{p_j}{24}(l - a_1)^2(2b + b_1) \tag{7.30}$$

$$A_{sIII} = \frac{M_{III}}{0.9h_{01}f_y} \tag{7.31}$$

IV—IV 截面

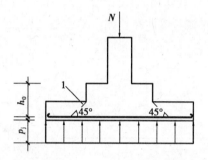

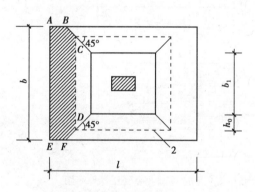

图 7.25 阶底对基础冲切图
1—冲切破坏锥体最不利一侧的斜截面;
2—冲切破坏锥体的底面线

$$M_{IV} = \frac{p_j}{24}(b - b_1)^2(2l + a_1) \tag{7.32}$$

$$A_{sIV} = \frac{M_{IV}}{0.9h_{01}f_y} \tag{7.33}$$

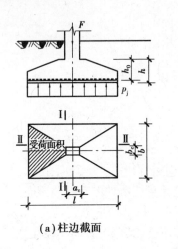 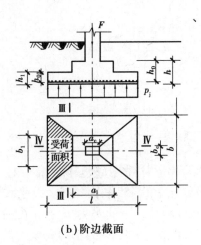

（a）柱边截面　　　　　　　（b）阶边截面

图 7.26　中心受压柱基础底板配筋计算

（2）偏心荷载作用

①基础底板厚度计算。偏心受压基础底板厚度计算与中心受压相同。仅需将式（7.24）

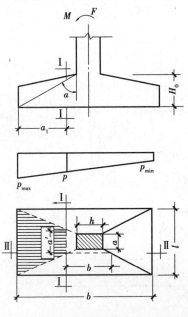

或式（7.25）中的 p_n 以基底最大设计净反力 p_{nmax} 代替即可如图 7.27 所示。

$$p_{nmax} = \frac{F}{lb}\left(1 \pm \frac{6e_{n0}}{l}\right) \qquad (7.34)$$

式中　e_{n0}——净偏心距，m，$e_{n0} = \dfrac{M}{F}$。

②基础底板配筋。当矩形基础台阶的宽高比小于或等于 2.5 和偏心距小于或等于 $\dfrac{1}{6}$ 基础宽度时，任意截面的弯矩可按下列公式计算，如图 7.27 所示。

$$M_{\mathrm{I}} = \frac{1}{12}a_1^2\left[(2l + a')\left(p_{max} + p - \frac{2G}{A}\right) + \right.$$
$$\left. (p_{max} - p)l\right] \qquad (7.35)$$

$$M_{\mathrm{II}} = \frac{1}{48}(l - a')^2(2b + b')\left(p_{max} + p_{min} - \frac{2G}{A}\right)$$
$$(7.36)$$

图 7.27　矩形基础偏心受压计算简图

式中　M_{I}，M_{II}——任意截面 I—I 和 II—II 处的弯矩设计值；

　　　a_1——任意截面 I—I 至基底边缘最大反力处的距离。

基础底板内受力钢筋面积可按式（7.19）确定。

7.9 柱下条形基础设计

▶ 7.9.1 应用范围

①如果柱子的荷载较大而土层的承载力又较低,可将同一排的柱基础连通做成柱下钢筋混凝土条形基础,如图7.4和图7.5所示;

②柱列间的净距小于基础的宽度,或独立基础所需的面积受相邻建、构筑物的限制,面积不能扩大时,可做成条形基础;

③需加强地基基础整体刚度,以防止过大的不均匀沉降时,可做成条形基础;

④跨越局部软弱地基以及场地中暗塘、沟槽、洞穴等,亦可做成条形基础。

▶ 7.9.2 截面类型

一般柱下条形基础沿纵向取等截面倒"T"形。现浇柱与条形基础梁的交接处平面尺寸可参考图7.28所示的要求。

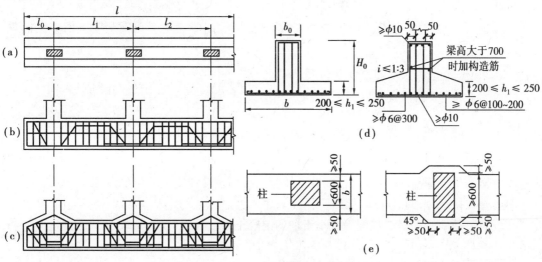

图7.28 柱下条形基础的构造

(a)平面图;(b),(c)纵剖面图;(d)横剖面图;(e)现浇柱与条形基础交接处的平面尺寸

▶ 7.9.3 设计要点

1)外形尺寸

条形基础的两端宜伸出柱边之外约$1/4 l_1$(l_1 为边柱柱距),这样既可增大基础底面积,也可使基底反力分布比较均匀,基础内力分布比较合理。

柱下条形基础的肋梁高度h应由计算确定,宜为柱距的$1/8 \sim 1/4$。翼板厚度不应小于200 mm;当翼板厚度大于250 mm时,宜用变厚度翼板,其坡度小于或等于1:3。

2）钢筋

条形基础的肋梁顶部和底部的纵向受力钢筋除满足计算要求外,顶部钢筋应全面贯通,底部通长钢筋面积不应少于底部受力钢筋总面积的1/3。

3）混凝土

混凝土强度等级不应低于C20。

4）内力简化计算方法

（1）计算原则

若地基较均匀,上部结构刚度较好,荷载分布较均匀,且条形基础梁的高度不小于1/6柱距时,条形基础梁的内力可按连续梁计算,即采用倒梁法计算。如不满足以上条件,宜按弹性地基梁方法求算内力。

（2）计算方法

倒梁法是一种计算地基梁的简化方法。荷载采用承载力极限状态下的基本组合,假定地基净反力呈直线分布,按偏心受压计算：

$$\left.\begin{array}{c} p_{nmax} \\ p_{nmin} \end{array}\right\} = \frac{\sum F}{bl} \pm \frac{\sum M}{W} \tag{7.37}$$

式中 $\sum F$ ——各竖向荷载设计值的总和,计算梁内力时不考虑基础及台阶上回填土的重力,kN；

     b, l ——分别为条基的宽度和长度,m；

     $\sum M$ ——外荷载对基底形心弯矩设计值的总和,kN·m；

     W ——基础底面的抵抗矩,m³, $W = \dfrac{bl^2}{6}$。

（3）其他规定

①对交叉条形基础,交点上的柱荷载应按交叉梁的刚度或变形协调的原则进行分配；

②当存在扭矩时,尚应作抗扭计算；

③当条形基础的混凝土强度等级小于柱的混凝土强度等级时,尚应验算基础梁顶面的局部受压承载力。

7.10 筏形基础

▶ 7.10.1 应用范围

筏形基础（图7.29）适用于框架、框剪、剪力墙结构,同时也可用于砌体结构。

▶ 7.10.2 筏形基础内力计算

筏形基础常用内力计算方法分类见表7.15。

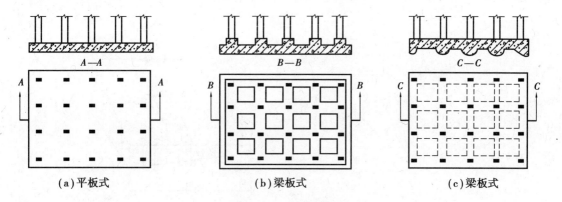

（a）平板式　　　　　　　（b）梁板式　　　　　　　（c）梁板式

图 7.29　片筏基础

表 7.15　筏形基础常用内力计算方法分类

计算方法	分析方法名称	适用条件	特　点
刚性法 （倒楼盖法）	板条法 （双向板法）	柱荷载相对均匀（相邻柱荷载变化不超过 20%），柱距相对比较一致（相邻柱距变化不超过 20%），柱距小于 $1.75/\lambda$，或者具有刚性上部结构时	不考虑上部结构刚性作用，不考虑地基、基础的相互作用，假定地基反力按直线分布
弹性地基基床系数法	经典分析法 数值分析法 等带交叉弹性地基梁法	不满足刚性板法条件时	仍不考虑上部结构刚度作用，仅考虑地基与基础（梁板）的相互作用

注：λ 为基础梁的柔度特征值。

▶ 7.10.3　筏形基础的承载力计算要点

1）地基承载力验算

基底反力可按下式计算：

$$\left.\begin{array}{l} P_{jmax} \\ P_{jmin} \end{array}\right\} = \frac{\sum F + G}{A} \pm \frac{M_x}{I_x}y \pm \frac{M_y}{I_y}x \tag{7.38}$$

对于矩形筏板基础（图 7.30），基底反力可按下列偏心受压公式进行简化计算：

$$\left.\begin{array}{l} P_{jmax} \\ P_{jmin} \end{array}\right\} = \frac{\sum F + G}{bl}\left(1 \pm \frac{6e_x}{l} \pm \frac{6e_y}{b}\right) \tag{7.39}$$

2）筏基抗冲切验算

如图 7.31 所示的筏板基础，其冲切截面的最大剪应力 τ_{max} 按下式计算：

$$\tau_{max} = \frac{F_l}{u_m h_0} + \alpha_s \frac{c_{AB}M_{unb}}{I_s} \tag{7.40}$$

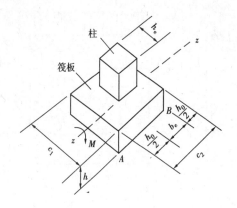

图 7.30　矩形筏板基础

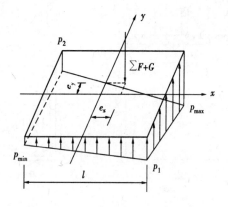

图 7.31　内柱冲切临界截面示意图

满足抗冲切验算的要求为：

$$\tau_{max} \leq 0.7 \left(0.4 + \frac{1.2}{\beta_s} \right) \beta_{hp} \cdot f_t \tag{7.41}$$

$$\alpha_s = 1 - \frac{1}{1 + \frac{2}{3}\sqrt{\dfrac{c_1}{c_2}}} \tag{7.42}$$

式中　F_1——相应于基本组合时的冲切力，对内柱取轴力设计值减去筏板冲切破坏锥体内的基底净反力设计值；对边柱和角柱，取轴力设计值减去筏板冲切临界截面范围内的基底净反力设计值，kN。

u_m——距柱边缘不小于 $\dfrac{h_0}{2}$ 处冲切临界截面的最小周长，m，按《地基规范》附录 P 计算。

h_0——筏板的有效高度，m。

M_{unb}——作用在冲切临界截面重心上的不平衡弯距设计值，kN·m。

c_{AB}——沿弯距作用方向，冲切临界截面重心至冲切临界截面最大剪应力点的距离，m，按《地基规范》附录 P 计算。

I_s——冲切临界截面对其重心的极惯性距，m^4，按《地基规范》附录 P 计算。

β_s——柱截面长边与短边之比值，当 $\beta_s < 2$ 时，β_s 取 2；当 $\beta_s > 4$ 时，β_s 取 4。

c_1——与弯距作用方向一致的冲切临界截面的边长，$c_1 = h_c + h_0$，m，按《地基规范》附录 P 计算。

c_2——垂直于 c_1 的冲切临界截面的边长，$c_2 = b_c + h_0$，m，按《地基规范》附录 P 计算。

α_s——不平衡弯距通过冲切临界截面上的偏心剪力来传递的分配系数。

当柱荷载较大，等厚度筏板的受冲切承载力不能满足要求时，可在筏板上面增设柱墩或在筏板下面局部增加板厚或采用抗冲切钢筋等措施满足受冲切承载能力要求。

7.11　箱形基础简介

由于箱形基础的钢筋、水泥用量大，造价高，施工技术复杂，尤其在进行深基坑开挖时，要考虑坑壁支护和挡水(或人工降低地下水位),以及要考虑对相邻建筑物的影响等,因此要与深基础权衡后确定是否选用。

箱形基础比较适用于地基软弱、平面形状简单的高层建筑,以及某些对不均匀沉降有严格要求的设备间或构筑物基础。

7.12　地基、基础与上部结构的相互作用

▶ 7.12.1　地基、基础与上部结构的关系

上部结构以墙、柱与基础相连,基础底面直接与地基接触,三者组成一个完整的体系,在接触面处既传递荷载,又相互作用。若将三者分开处理,则不仅各自要满足静力平衡条件,还必须在界面处满足变形协调、位移连续条件。

但是,目前地基基础设计方法是力学分析中的隔离体法,即将上部结构、基础、地基分隔开来独立对待。这种实用的解法存在着弊病,虽然各作用力在接触面上满足静力平衡条件,但不一定满足变形协调条件。

地基、基础与上部结构的相互作用是客观存在的,它们之间相互作用的效果主要取决于它们的相对刚度。

▶ 7.12.2　地基和基础的相互作用

具有一定刚度的基础,在迫使基底沉降趋于均匀的同时,也使基底压力发生由中部向边缘转移,这种现象称之为"架越现象"。该现象的强弱取决于基础与地基之间相对刚度、土的压缩性以及基底下塑性区的大小。

当基础与地基的相对刚度很大时,基底反力近似为线性分布,反力分布与荷载分布情况无关,仅与荷载合力大小、作用点位置有关。当基础的刚度减小,转变为柔性基础时,基础可随地基的变形而任意弯曲,基础无力调整基底的不均匀沉降,荷载与地基反力两者的分布有着明显的一致性。

▶ 7.12.3　上部结构刚度的影响

上部结构刚度能大大改善基础的纵向弯曲程度,同时也引起了结构中的次应力,严重时可以导致上部结构的破坏。例如钢筋混凝土框架结构,由于框架结构构件之间的刚性联结,在调整地基不均匀沉降的同时,也引起了结构中的次应力。在横向为三柱独立基础的情况下,往往使中柱荷载减小向边柱转移,同时两侧的独立基础向外转动,梁柱挠曲引发次应力,严重时将导致结构损坏。

当上部结构为柔性结构时,上部结构对地基的不均匀沉降和基础的挠曲完全没有制约作用。与此同时,基础的不均匀沉降也不会引起主结构中的次应力。

7.13 减轻地基不均匀沉降危害的措施

地基不均匀或上部结构荷重差异较大等,都会使建筑物产生不均匀沉降。当不均匀沉降超过允许限度,将会使建筑物开裂、损坏。这种情况下,一方面需要采用合适的地基处理方案,同时也不能忽略在建筑、结构设计和施工中采取相应的措施,以减轻不均匀沉降对建筑物的危害。

▶ 7.13.1 建筑措施

1)建筑物体型力求简单

在满足使用和其他要求的前提下,建筑物的体型应力求简单,避免平面形状复杂和立面高差悬殊。从这个角度出发,应采用长高比较小、高度一致的"一"字形建筑。如果因建筑设计需要,其建筑体型比较复杂时,就应采取措施,避免不均匀沉降所产生的危害。过长建筑物的开裂实例如图7.32所示。

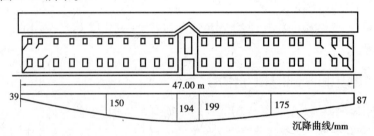

图7.32 过长建筑物的开裂实例(长高比7.6)因不均匀沉降引起开裂的部位示意图

2)控制建筑物的长高比

建筑物的长高比是决定结构整体刚度的主要因素之一。过长的建筑物,纵墙将会因较大挠曲出现开裂。根据长期积累的工程经验,当基础计算沉降量大于120 mm时,二三层以上的砖承重房屋的长高比不宜大于2.5。对于体型简单,内外墙贯通,长高比可适当放宽,但一般不宜大于3.0。

3)合理布置纵横墙

合理布置纵横墙是增强建筑物刚度的另一重要措施,纵横墙构成了建筑物的空间刚度。而纵横墙开洞、转折、中断都会削弱建筑物的整体刚度。所以适当加密横墙和尽可能加强纵横墙间的联接,都有利于提高建筑物的整体刚度,增强抵抗不均匀沉降的能力。

4)控制相邻建筑的间距

由于相邻建筑物或地面堆载的作用,会使建筑物地基的附加应力迭加而产生附加沉降的差异沉降。在软弱地基上,相邻建筑物的影响尤为强烈。所以建造在软弱地基上的建筑物,应隔开一定距离。

为减少相邻建筑物的影响,在软弱地基上建造的相邻建筑物,其基础间净距应按表7.16采用。

表7.16 相邻建筑基础间的净距　　　　　　　　单位:m

影响建筑的预估平均沉降量 S/mm	被影响建筑的长高比	
	$2.0 \leq L/H_f < 3.0$	$3.0 \leq L/H_f < 5.0$
70 ~ 150	2 ~ 3	3 ~ 6
160 ~ 250	3 ~ 6	6 ~ 9
260 ~ 400	6 ~ 9	9 ~ 12
>400	9 ~ 12	≥12

注:①表中 L 为建筑物沉降缝分隔的单元长度,m; H_f 为自基础底面标高算起的建筑高度,m。
　　②当被影响建筑的长高比为 $1.5 \leq L/H_f < 2.0$ 时,其净间距可适当减少。

5)设置沉降缝

沉降缝将建筑物从屋面到基础分割成若干独立的沉降单元,使建筑物的平面变得简单,长高比减少,从而有效地减轻了地基不均匀沉降的影响。沉降缝应有足够的宽度,以不影响相邻单元各自的沉降为准,参照表7.17取用。沉降缝的构造如图7.33所示。

表7.17 房屋沉降缝宽度

房屋层数	沉降缝宽度/mm
2 ~ 3	50 ~ 80
4 ~ 5	80 ~ 120
>5	≥120

沉降缝应设置在建筑物的下列部位:

①建筑平面的转折部位;

②高度差异或荷载差异处;

③长高比过大的砌体承重结构或钢筋混凝土框架结构的适当部位;

④地基土的压缩性有显著差异处;

⑤建筑结构和基础类型不同处;

⑥分期修建的房屋交界处。

为了建筑立面易于处理,沉降缝通常与伸缩缝及抗震缝结合起来设置。

6)控制与调整建筑物各部分的标高

建筑物各组成部分的标高,应根据可能产生的不均匀沉降量采取如下相应措施:

①室内地坪和地下设施的标高,应根据预估沉降量予以提高。

②建筑物各部分(或设备之间)有联系时,可将沉降较大者标高提高。

③建筑物与设备之间应留有净空。当建筑有管道穿过时,管道上方应留有足够尺寸的孔洞,或采用柔性的管道接头。

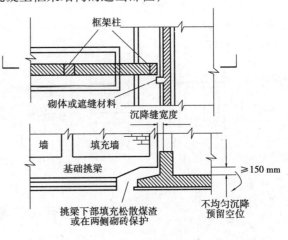

图7.33 沉降缝构造

▶ 7.13.2 结构措施

1)减轻建筑物的自重

一般建筑物的自重占总荷载的 50% ~70% ,因此为减少建筑物沉降或不均匀沉降,应尽量减少建筑物自重。可采用如下措施:

①采用轻质材料或构件,如加气砖、多孔砖、空心楼板、轻质隔墙等;

②采用轻型结构,如预应力钢筋混凝土结构、轻型钢结构、轻型空间结构(悬索结构、充气结构);

③采用架空地板代替室内填土;

④采用自重轻、覆土少的基础形式,如空心基础、壳体基础、浅埋基础等。

2)减少或调整基底压力

①设置地下室或半地下室,有效地减少基底的附加压力,起到均匀与减少沉降的目的。

②调整建筑与设备荷载的部位,以及改变基底尺寸来控制与调整基础沉降。对于上部结构荷载大的基础,可采用较大的基底面积。

3)增强基础刚度

①在软弱和不均匀地基上,对于建筑体型复杂、荷载差异较大的框架结构,可采用整体刚度较大的交叉梁、筏基、箱基、桩基础,提高基础的抗变形能力,以减少不均匀沉降量。

②对砌体承重结构,在墙体内设置钢筋混凝土圈梁或钢筋砖圈梁。在墙体上开洞时,宜在开洞部位配筋或采用构造柱及圈梁加强,圈梁宜按下列要求设置:

a. 在多层房屋的基础和顶层处宜各设置一道,其他各层可隔层设置,必要时也可层层设置。

b. 圈梁在平面上应做成闭合系统,贯通外墙、内纵墙和主要内横墙。如果圈梁遇到墙体上的洞必须断开时,应增设加强圈梁,按图 7.34(c)的要求处理。

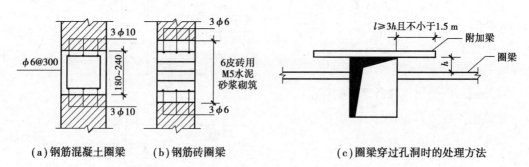

(a)钢筋混凝土圈梁　　(b)钢筋砖圈梁　　(c)圈梁穿过孔洞时的处理方法

图 7.34　圈梁

c. 现浇钢筋混凝土圈梁宽度一般与砖墙相同,多采用截面尺寸为 240 mm × 180 mm,当兼作较大跨度的窗过梁时用 240 mm × 240 mm。混凝土强度等级不低于 C15,上下主筋一般不小于 3φ10,箍筋间距不大于 300 mm,如图 7.34(a)所示;兼作过梁时,配筋应按计算确定。钢筋砖圈梁的截面一般为 6 皮砖高,用 M5 水泥砂浆砌筑,在圈梁部位的上、下灰缝中各配 3φ6 的钢筋,如图 7.34(b)所示。

4)上部结构采用静定体系

当发生不均匀沉降时,在静定结构体系中,构件不致引起很大的附加压力,故在条件许可时,软弱地基上的建筑物,可采用铰接排架、三角拱等结构形式,以避免结构产生开裂等危害。

▶ 7.13.3 施工措施

在基坑开挖时,不要扰动基底土的原始结构。通常在坑底保留 200~300 mm 厚的土层,待垫层施工或现浇基础时再清除。若地基土受到扰动,应注意清除扰动土层,并铺上一层粗砂或碎石,经压实后再在砂或碎石垫层上浇注混凝土。

当建筑物各部位高低差别极大或荷载大小悬殊,应按照先高后低、先重后轻的原则安排施工顺序。如果在高低层之间必须连接,应修建连接体或预留高差。

此外,在施工时还需特别注意减少基础开挖时,由于井点排水、施工堆载等可能对相邻建筑物造成的附加沉降。

7.14 补偿性基础概述

当建筑物地基为高压缩性土层或软弱土层时,在建筑物荷载作用下,若采用通常的浅基础方案,那么地基可能会因承载力不足而产生局部破坏,或地基处理不够经济时,可采用补偿性基础。

补偿性基础又称浮基础,是指建筑物基础开挖卸去的土重部分抵偿了上部结构传来的荷载的基础。因此与一般实体基础相比,它更能显著减小基底压力,降低基础沉降量。

补偿性基础分为欠补偿、等补偿和超补偿。当基底压力 p 大于基底处自重应力 p_c 时称为欠补偿;当 $p = p_c$ 时,称为等补偿;当 $p < p_c$ 时,则称为超补偿。

复习思考题

7.1 地基基础设计应满足哪三个基本技术要求?

7.2 对无筋扩展基础,为何要控制宽高比?

7.3 单独基础进行抗剪切及配筋计算时采用何种地基反力?为什么?

7.4 为什么说箱形基础是补偿性基础?

7.5 试述倒梁法的计算方法。

7.6 减轻不均匀沉降危害应采取哪些有效措施?

习 题

7.1 某条形基础底宽 $b = 1.8$ m,埋深 $d = 1.2$ m,地基土为黏土,内摩擦角标准值 $\varphi_k =$

$20°$，黏聚力标准值 $c_k = 12$ kPa，地下水位与基底平齐，土的有效重度 $\gamma' = 10$ kN/m^3，基底以上土的重度 $\gamma_m = 18.3$ kN/m^3。试确定地基承载力特征值 f_a。（答案：$f_a = 144.3$ kPa）

7.2　某5层建筑物柱截面尺寸为 300 mm × 400 mm，已知该柱传至地表标高处的荷载 $F_k = 800$ kN，$M_k = 100$ kN·m。地基土为均质粉土，$\gamma = 18$ kN/m^3，$f_{ak} = 160$ kPa。若取基础埋深 d 为 1.2 m，试确定该基础的底面积及尺寸。（承载力修正系数 $\eta_d = 1.1$，$\eta_b = 0$。本题取 $A = 1.1 A_0$，$l:b = 1.5:1$）

7.3　某4层民用建筑的独立柱基础，底面尺寸为 2.0 m × 3.0 m，埋深 $d = 1.5$ m，传至 $±0.000$ 标高处的荷载 $F_k = 1\,000$ kN。地基土分4层：第1层，杂填土，1.0 m 厚，$\gamma = 16.5$ kN/m^3；第2层，黏土，2.0 m 厚，$\gamma = 18$ kN/m^3；$f_{ak} = 190$ kPa，$e = 0.85$，$I_L = 0.75$，$E_s = 15$ MPa；第3层，淤泥质土，3.0 m 厚，$\gamma = 18.5$ kN/m^3；$f_{ak} = 75$ kPa，$E_s = 3$ MPa；第3层以下为大于 6 m 厚的砂土层。试验算基础底面尺寸是否满足条件。

8

桩基础及其他深基础

〖**本章导读**〗

　　该章主要介绍桩的类型、单桩竖向承载力的计算方法、特殊情况下桩基竖向承载力验算、群桩基础的工作特点、群桩承载力及沉降计算、单桩水平承载力的确定及桩和承台的设计计算。最后简单介绍沉井、地下连续墙、墩基础、箱桩基础等深基础。学完本章后，应了解桩基础的作用，熟悉桩基础的类型，掌握单桩竖向及水平承载力的确定、群桩承载力的计算及桩与承台的设计计算方法；熟悉将实际工程转化成数学、力学模型进行设计计算的步骤，并可对设计结果进行沉降变形验算；了解桩基规范标准。

8.1　概　　述

▶ 8.1.1　桩基础的概念及其发展简况

　　桩基础简称桩基，是一种深基础，它由设置于岩土中的桩和与桩顶联结的承台共同组成，或由柱与桩直接联结而成，如图 8.1 所示。其中，桩基础中的单桩又称为基桩。桩基可以承受竖向荷载，也可以承受横向荷载。承受竖向荷载的桩是通过桩侧摩阻力或桩端阻力或两者共同作用，将上部结构的荷载传递到深部土（岩）层，因而桩基的竖向承载力与其所穿过的整个土层和桩底地层的性质、基桩的外形和尺寸等密切相关；承受横向荷载的桩基是通过桩身将荷载传给桩侧土体，其横向承载力与桩侧土的抗力系数、桩身的抗弯刚度和强度等密切相关。工程实际中，以承受竖向荷载为主的桩基居多。

桩基可由单根桩构成,如一柱一桩的独立基础;也可由两根以上的基桩构成,形成群桩基础,荷载通过承台分配给各基桩。若桩身全部埋于土中,承台底面与土体接触,则称为低承台桩基;若桩身上部露出地面而承台底位于地面以上,则称为高承台桩基。建筑桩基通常为低承台桩基础,而桥梁和码头桩基则多为高承台桩基础。

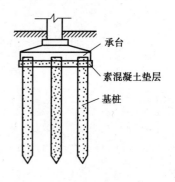

图 8.1　桩基础

桩基是一种古老、传统的基础形式,又是一种在当前仍应用广泛、发展迅速、生命力很强的基础形式。随着人口的增长和城市化进程的加快,人类居住、生活、交通和工农业生产现代化的需要促使现代建筑立体化,也就必然要向地下空间和地上高空发展。而建筑材料的不断发展进步,也使得高层建筑、地下建筑和重型构筑物的建造成为可能。随着高、大、深、重建筑物的不断涌现,将对地基基础提出更高的要求,桩基础的使用也会因而更加广泛。但要求桩的长度进一步向地层深处延伸,直至进入基岩数米,桩径进一步加大,以获得更大的单桩承载力。

▶ 8.1.2　桩基础的应用范围

桩基础具有承载力高、稳定性好、沉降量小而均匀、沉降速率低且收敛快等特性,因此能较好地适应复杂工程地质条件以及各种荷载情况,特别是在软弱地基上采用的较多。工程实践表明,桩基一般可应用于以下几种情况:

①荷载大,对沉降要求严格限制的建筑物,如高层建筑等。

②地面堆载过大的单层工业厂房及其露天矿、仓库等。

③可用于解决相邻建(构)筑物相互影响问题。两个建(构)筑物,当其类型不同时,由于相互影响容易造成地基沉降不均,引起建筑物的相对倾斜或开裂。如采用桩基,一般可减轻或避免这种危害。

④对倾斜量有特殊要求的建(构)筑物,如电视塔、烟囱等。

⑤活荷载占较大比例的建(构)筑物,如铁路桥梁等。

⑥配备重级工作制吊车的单层厂房,如冶金厂房等。这类建筑由于吊车起重量大、地面负荷重、地基变形大,且随车间生产任务的繁重程度而增减。对这类车间若采用桩基础,可减少总沉降量及不均匀沉降。

⑦可作为抗地震液化和处理地震区软弱地基的措施。国内外大量地震震害调查表明,桩基础具有良好的抗震性能。在非液化地基中,桩基能减少基础附加沉降,减轻震害;在可液化地基中,当桩穿越可液化土层并伸入密实稳定土层足够长度后,也能起到减轻震害或防止地基震陷的作用。1976 年唐山地震后,有关部门曾调查了天津地区 102 项桩基建筑工程的震害情况,发现上部结构产生震害的仅 7 项,震害远较天津地区天然地基浅基础上同类结构的少且轻,桩基发生震害的仅有 3 项。

⑧有时用于重大或精密机械设备的基础,或用于动力机械基础以降低基础振幅。

⑨临水岸坡的水工建筑物基础,如码头、采油平台等。

8.2 桩基础的类型

▶ 8.2.1 按承载性状分类

1)摩擦型桩

(1)摩擦桩

根据《建筑桩基技术规范》(JGJ 94)(以下简称《桩基规范》),摩擦桩指在极限承载力状态下桩顶荷载全部由桩侧阻力承受,即纯摩擦桩,桩端阻力可忽略不计。摩擦桩如图 8.2(a)所示。

(2)端承摩擦桩

在极限承载力状态下,桩顶荷载主要由桩侧阻力承受,桩端阻力承受的部分占一定比例,不能忽略不计。例如:置于软塑状态黏性土中的长桩,桩端土为硬塑状态黏性土时,可视为端承摩擦桩。端承摩擦桩如图 8.2(b)所示。

2)端承型桩

(1)端承桩

在极限承载力状态下,桩顶荷载全部由桩端阻力承受的较短的桩,当桩端进入微风化或中等风化岩石时,为典型的端承桩,此时桩侧阻力可忽略不计。端承桩如图 8.2(c)所示。

(2)摩擦端承桩

在极限承载力状态下,桩顶荷载主要由桩端阻力承受,桩侧摩擦力承受的部分占的比例较小,但不可忽略不计。摩擦端承桩如图 8.2(d)所示。

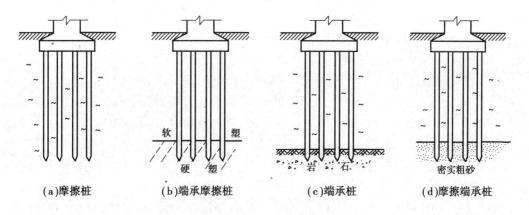

(a)摩擦桩　　(b)端承摩擦桩　　(c)端承桩　　(d)摩擦端承桩

图8.2 桩按承载性状分类

▶ 8.2.2 按桩身材料分类

1)木桩

(1)木桩的材料与规格

木桩的材料须坚韧耐久,常用杉木、松木、柏木和橡木等木材。木桩的长度一般为 4 ~ 10 m,直径 18 ~ 26 cm。木桩的桩顶应平整,并加铁箍,以保护桩顶在打桩时不受损伤。木桩下端应削成棱锥形,桩尖长度为桩直径的 1 ~ 2 倍,便于打入地基中。

(2)木桩的优缺点

优点:制作容易,储运方便,打桩设备简单,造价低廉。

缺点:承载力低,一般使用寿命相对较短。

2)素混凝土桩

(1)适用范围

中小型工程承压桩,大多为施工期间临时性的工程桩,待基础完工,基坑回填至地面后报废。

(2)材料与规格

①混凝土材料:通常混凝土的强度等级采用 C15,C20 和 C25,其中水下灌注混凝土取高值,混凝土桩不配置受力筋,必要时可配构造钢筋。

②混凝土桩的规格:常用桩径为 300 ~ 500 mm,长度一般不超过 25 m。

(3)混凝土桩制作

混凝土桩通常在工地现场制作。先开孔至所需的深度,随即在孔内浇灌混凝土,经捣实后即为混凝土桩。

(4)混凝土桩的优缺点

优点:设备简单,操作方便,节约钢材,比较经济。

缺点:单桩承载力不很高,不能做抗拔桩或承受较大的弯矩,灌注桩还可能产生"缩颈"、断桩、局部夹土和混凝土离析等质量事故。

3)钢筋混凝土桩

(1)适用范围

钢筋混凝土桩适用于各类建筑工程的承载桩。不仅可以承压,而且可以抗拔和抗弯,以及承受水平荷载。因此,这类桩应用很广。

(2)制作与规格

①预制桩,通常采用工厂预制。常采用正方形、圆形和管形截面。预制桩截面边长一般为 250 ~ 400 mm。截面边长太小时,单桩承载力低,桩的数量多,打桩工作量大;截面边长太大时,自重大,运输量大,打桩较为困难。工厂预制桩受运输条件控制,桩长一般不大于 12 m,如需采用长桩,则可以接桩。接桩的方法有螺栓连接、电焊连接和硫磺胶泥连接等,可根据具体情况选择。

②灌注桩。灌注桩无运输问题,横截面可大些,直径可达 1 000 mm。例如用于高层建筑、重型设备的大直径承重桩,体积大,无法运输,常采用就地灌注桩。

(3)材料与构造

①混凝土强度:预制桩强度要求不低于 C30,预应力混凝土桩要求不低于 C40。采用静压法沉桩时,可适当降低,但不低于 C25。

②受力主筋应按计算确定。根据桩的截面大小,选用 4 ~ 8 根钢筋,直径为 12 ~ 25 mm。

③配筋率通常为1%~3%。最小配筋率:预制桩0.80%;灌注桩为0.20%~0.65%,小桩径取高值,大桩径取低值。

④箍筋采用$\phi6~\phi8$,间距200 mm。桩顶(3~5)d范围内箍筋适当加密。灌注桩钢筋笼长度超过4 m时,应每隔2 m左右设一道$\phi12~\phi18$焊接加劲箍筋。

⑤桩顶与桩尖构造:为保证打桩的安全,预制桩的桩顶采用3层钢筋网,桩尖钢筋焊成锥形整体,以利沉桩。沉管灌注桩应设C30的混凝土预制桩尖。

(4)钢筋混凝土桩的优缺点

优点:单桩承载力大,预制桩不受地下水位与土质条件限制,无缩颈等质量事故,安全可靠。

缺点:预制桩自重大,需运输,需大型打桩机和吊桩的吊车,若桩长不够需接桩,造价较高。

4)钢桩

(1)适用范围

超重型设备基础、江河深水基础、高层建筑深基槽护坡工程等。

(2)形式与规格

①钢桩的形式:常用管形与宽翼工字形(或称H形)等型钢。

②钢桩的规格:常用截面外径为400~1 000 mm,壁厚为9,12,14,16,18 mm。工字形钢桩常用截面尺寸为200 mm×200 mm,250 mm×250 mm,300 mm×300 mm,350 mm×350 mm,400 mm×400 mm。钢桩长度根据需要而定,可用对焊连接,我国最长的钢桩已达96.17 m。

③钢桩的端部形式:钢管桩桩端分敞口与闭口两种,工字形钢桩分带端板与不带端板两种。

(3)钢桩的优缺点

优点:承载力高,穿透力强,材料强度均匀可靠,用作护坡桩时可多次使用。

缺点:费钢材,价格高,易腐蚀。地面以上钢桩年腐蚀速率为0.05~0.10 mm/年,地下水位以下为0.03 mm/年。

5)组合材料桩

组合材料桩是指两种不同材料组合的桩。例如,钢管桩内填充混凝土,或上部为钢管桩,下部为混凝土等形式的组合桩。

▶ 8.2.3 按成桩方法分类

大量工程实践表明,成桩挤土效应对桩的承载力、成桩质量控制与环境等有很大影响,因此,根据成桩方法和成桩过程的挤土效应可将桩分为下列三类:

1)非挤土桩

成桩过程对桩周围的土无挤压作用的桩称为非挤土桩。成桩方法有干作业法、泥浆护壁法和套管法。这类非挤土桩施工方法是,首先将桩位的土清除,然后在桩孔中灌注混凝土成桩,例如人工挖孔扩底桩。

2）部分挤土桩

成桩过程对周围土产生部分挤压作用的桩,包括下列三种:

①部分挤土灌注桩,如钻孔灌注桩;

②预钻孔打入式预制桩,通常预钻孔直径小于预制桩,预钻孔时孔中的土被取走,打预制桩时为部分挤土桩;

③打入式敞口桩,如钢管桩打入时,桩孔部分土进入钢管内部;对钢管桩周围的土而言,为部分挤土桩。

3）挤土桩

成桩过程中,桩孔中的土未取出,全部挤压到桩的四周,这类桩称为挤土桩。包括:

（1）挤土灌注桩

如沉管灌注桩,在沉管过程中,把桩孔部位的土挤压至桩管周围,浇注混凝土振捣成桩。

（2）挤土预制桩

通常的实心预制桩,定位后,将预制桩打入或压入地基土中,原桩位处的土均被挤压至桩的四周,因此为挤土预制桩。

应当注意:在饱和软土中设置挤土桩,如设计和施工不当,就会产生明显的挤土效应。导致未初凝的灌注桩桩身缩小乃至断裂,桩上涌或移位,地面隆起,从而降低桩的承载力,有时还会损坏邻近建筑物。桩基施工后,还可能因饱和软土中孔隙水压力消散,土层产生再固结沉降,使桩产生负摩阻力,降低桩基承载力,增大桩基的沉降。

▶ **8.2.4 按桩径大小分类**

依据桩的承载性能、使用功能和施工方法的一些区别,并参考世界各国的分类界限,可分为三类。

1）小直径桩

定义:凡桩径或边长小于 250 mm 的桩,称为小直径桩,简称小桩。

特点:由于桩径小,沉桩的施工机械、施工场地与施工方法都比较简单。

用途:小桩适用于中小型工程和基础加固。例如,虎丘塔倾斜加固的树根桩,桩径仅为 90 mm,为典型小桩。

2）中等直径桩

定义:凡桩径或边长在 250 ~ 800 mm 的桩均称为中等直径桩。

用途:中等直径桩具有相当可观的承载力,因此,长期以来在世界各国的工业与民用建筑物中大量使用。这类桩的成桩方法和施工工艺种类很多,为量大面广的最主要的桩型。

3）大直径桩

定义:凡桩径或边长大于等于 800 mm 的桩称为大直径桩。

特点:因为桩径大,因此单桩承载力高。例如,上海宝钢一号高炉采用的 $\phi914$ 钢管桩,即为大直径桩。

用途:通常用于高层建筑、重型设备基础,并可实现一柱一桩的优良结构形式。因此,大直径桩每一根桩的施工质量都必须切实保证。要求对每一根桩作施工记录,成孔后,应有专业人员检验桩端持力层土质是否符合设计要求,并将虚土清除干净,再下钢筋笼,并用商品混凝土一次浇成,不得留施工冷缝。

▶ 8.2.5 按桩的施工方法分类

1)预制桩

（1）定义

顾名思义,预制桩是在施工前已预先制作成型,再用各种机械设备把它沉入地基至设计标高的桩,故称为预制桩。

（2）桩身材料分类

预制桩的材料可用钢筋混凝土、钢材和木材。其中钢筋混凝土预制桩又可分为工厂预制和就地预制两种。

（3）预制桩的制作

①工厂预制。工厂预制桩通常为标准化大规模生产,在地面良好的环境和条件下制作,因此桩的截面规整、均匀、质量好、强度高。例如,钢筋混凝土预制桩由混凝土构件厂制作,混凝土的配合比与强度控制严格,钢筋笼制作规范,用钢模板浇筑成型,大型振动台振捣并进行养护。各道工序均由熟练专业工人操作,质量可靠。但需要注意,预制桩在运输、吊装及打桩过程中应避免桩体损伤。

②就地预制。就地预制桩通常为非标准的短桩。如进行危房加固用的锚杆静压桩,桩身截面仅 200 mm × 200 mm,桩长仅 1 ~ 2 m。就地预制可方便施工。

（4）预制桩的沉桩方法

预制桩的沉桩工艺随沉桩机械而变,主要有三种:

①锤击式。系采用蒸汽锤、柴油锤、液压锤等,依靠沉重的锤芯自由下落以及部分包含液压产生的冲击力,将桩体贯入土中,直至设计深度,俗称打桩。这种工艺会产生较大的振动、挤土和噪声,引起临近建筑物或地下管线的附加沉降或隆起,妨碍人们的正常生活与工作,故施工时应加强对临近建筑物和地下管线的变形监测与施工控制,并采取周密的防护措施。打入桩适用于松软地质条件和较空旷的地区。

②静压式。系采用液压或机械方法对桩顶施加静压力将桩压入土中设计标高。施工过程中无振动和噪声,适宜在城区软土地带施工。但应注意,其挤土效应仍不可忽略,亦应采取防护措施。压桩机压力一般 800 ~ 5 000 kN,目前最大压力已达 8 000 kN。

③振动式。凭借放置在桩顶的振动锤使桩体产生振动,从而使桩周土体受扰动或液化,强度和阻力大大降低,于是桩体在自重和动力荷载作用下沉入土中。选用时应考虑其振动、噪声和挤土效应。

2)灌注桩

灌注桩系指在工程现场通过机械或人力挖掘等手段在地基土中先形成桩孔,然后放置钢筋笼、灌注混凝土而做成的桩,故全称应为钢筋混凝土现场灌注桩。灌注桩的优点是省去了预制桩的制作、运输、吊装和打入等工序,桩不承受这些作业过程中的弯折和锤击应力,从而

节省了钢材和造价;同时它更能适应基岩起伏变化剧烈的地质条件。其缺点是成桩过程完全在地下"隐蔽"完成,施工过程中的各个环节把握不当则会影响成桩质量。依照成孔方法可将灌注桩分为沉管灌注桩、钻孔灌注桩和挖孔灌注桩等几大类。

(1)沉管灌注桩

沉管方法可选用锤击、振动和静压任何一种。其施工程序一般包括4个步骤:沉管、放笼、灌注、拔管,如图8.3所示。沉管灌注桩的优点是在钢管内无水环境中沉放钢筋笼和浇灌混凝土,从而为桩身混凝土的质量提供了保障。沉管灌注桩的主要缺点有两个:其一是在拔除钢套管时,如果提管速度过快会造成缩颈、夹泥甚至断桩;其二是沉管过程的挤土效应除产生与预制桩类似的影响外,还可能使混凝土尚未结硬的临桩被剪断。对策是控制提管速度,并使桩管产生振动,不让管内出现负压,提高桩身混凝土的密实度并保持其连续性;采取"跳打"顺序施工,待混凝土强度足够时再在它的近旁施打相邻桩。

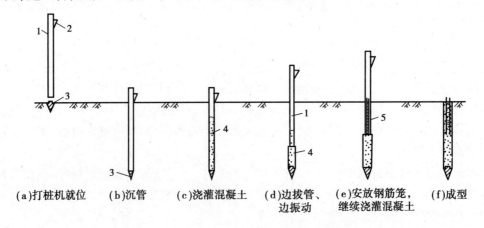

(a)打桩机就位　(b)沉管　(c)浇灌混凝土　(d)边拔管、　(e)安放钢筋笼,　(f)成型
　　　　　　　　　　　　　　　　　　　　　边振动　　继续浇灌混凝土

图8.3　沉管灌注桩的施工顺序示意图

(2)钻孔灌注桩

它泛指各种用机械方法取土成孔的灌注桩,其施工顺序如图8.4所示,主要分三大步:成孔、沉放导管和钢筋笼、浇灌水下混凝土成桩。水下钻孔桩成孔过程中,必要时采用具有一定重度和黏度的泥浆进行护壁,泥浆不断循环,同时完成携土和运土的任务。

钻孔桩的优点在于其施工过程无挤土、无振动、噪声小,对临近建筑物及地下管线危害较小,且桩径不受限制,是城区高层建筑常用桩型。目前常用直径为600 mm和800 mm,较大的可做到3 000 mm。钻孔桩的最大缺点是泥浆不易清除,以致使其端部承载力不能充分发挥,并造成较大沉降。克服这一缺点的措施是,孔底夯填碎石消除淤泥沉淀或桩底注浆,使沉淀泥浆得以置换或加固。

在地下水位以上或较硬黏性土层中的钻孔桩,可以利用机械削土方法做成扩底桩或葫芦串式的多级扩径桩;在水下施工环境中亦可采用机械或气体的夯挤方法做成多级扩径桩。

(3)挖孔灌注桩

它是指工人下到井底挖土护壁成孔的灌注桩,简称挖孔桩。其工艺特点是边挖土边做护壁,逐层成孔。护壁可有多种方式,最早用木板钢环梁或套筒式金属壳等,现在多用混凝土现

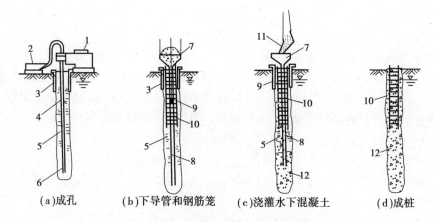

图8.4 钻孔灌注桩施工顺序

(a)成孔　　(b)下导管和钢筋笼　　(c)浇灌水下混凝土　　(d)成桩

1—钻机;2—泥浆泵;3—护筒;4—钻杆;5—护壁泥浆;6—钻头;
7—漏斗;8—混凝土导管;9—导管塞;10—钢筋笼;11—进料斗;12—混凝土

浇,整体性和防渗性更好,构造形式灵活多变,并可做成扩底。当地下水位很低,孔壁稳固时,亦可无护壁挖土。

挖孔桩主要适用于黏性土和地下水位较低的条件,最忌在含水砂层中施工,因易引起流砂塌孔,十分危险。挖孔桩可做成嵌岩桩或摩擦桩、等截面桩或变截面桩、实心桩或空心桩。

挖孔桩有许多优点。其一是直观性。一方面能在开挖面直接鉴别和检验孔壁和孔底的土质情况,弥补和纠正勘察工作的不足;另一方面能直接测定与控制桩身、桩底的直径及形状等,克服了地下工程的隐蔽性。其二是干作业,挖土和浇灌混凝土都是在无水环境下进行,避免了泥水对桩身质量和承载力的影响。其三是施工过程对周围环境没有挤土效应。其四是不必采用大型机械,造价较低。但挖孔桩的劳动条件较差,易发生工伤事故。若在降低地下水位后施工,应注意地下水位下降对周围环境的不良影响。

挖孔桩最适宜于做成大直径(例如3 000 mm 或更大),能提供很高的单桩承载力(例如40～80 MN),从而有可能做到柱下设单桩和墙下设单排桩。

8.3　竖向荷载作用下单桩的工作性状

▶ 8.3.1　桩的荷载传递机理

桩的荷载传递机理研究揭示的是桩-土之间力的传递与变形协调的规律,因而它是桩的承载力机理和桩-土共同作用分析的重要理论依据。

桩侧阻力与桩端阻力的发挥过程就是桩-土体系荷载的传递过程,两者的发挥还由于位移不同,通常是桩侧先发挥。桩顶受竖向荷载后,上部桩身首先受到压缩而发生相对于土的向下位移,于是桩周土在桩侧界面上产生向上的摩阻力,荷载沿桩身向下传递的过程就是不断克服这种摩阻力并通过它向土中扩散的过程。因而桩身轴力 Q_z 沿着深度逐渐减小,及至桩端,Q_z 与桩底土反力 Q_b 相平衡,同时使桩底土压缩,致使桩身下沉,又使摩阻力进一步发

挥。随着荷载的逐渐增加,上述过程周而复始地进行,直至变形稳定为止,这就是荷载传递的全过程。

由于桩身压缩量的累积,上部桩身的位移总是大于下部,因此上部的摩阻力总是先于下部发挥出来。桩侧摩阻力达到极限之后就保持不变,随着荷载的增加,下部桩侧摩阻力被逐渐调动出来,直至整个桩身的摩阻力全部达到极限,继续增加的荷载就完全由桩底土承受。当桩底荷载达到桩底土的极限承载力时,桩便发生急剧的、不停滞的下沉而破坏。

理论分析与试验研究揭示,桩的荷载传递规律一般如下:

①桩在竖向荷载下发生压缩和沉降,首先沿桩身侧面引起土体的剪切变形,该剪应变遵循土的剪切应力应变关系。当荷载传递到桩底时,使桩底土产生压缩变形,该压应变服从土的压缩应力应变关系。

②桩底土越硬,即桩底土与桩周土的刚度比 E_b/E_s 越大,则经由桩底传递的荷载越大。

③桩身相对刚度 E_p/E_s 越大,则经由桩底传递的荷载越大。

④桩底直径 D 越大,则桩底传递的荷载亦越大。

⑤桩长对荷载传递有重要影响,当桩的长径比 $L/d > 100$ 时,桩端的作用将大大减弱,甚至完全消失。这一特性意味着当桩很长时,大部分荷载将经由桩侧传递,即使桩和桩底土非常坚硬,亦或扩大桩底,都不能改变这个基本特性。

▶ 8.3.2 单桩的破坏模式

单桩达到破坏时所表现出来的特征,取决于桩身强度、土层性质与构造、桩底沉渣厚度等因素,主要有图 8.5 中所示的 5 种模式。

1)桩身材料屈服(压屈)

端承桩和超长摩擦桩都可能发生这种破坏。由于土(岩)体能够提供的承载力超过桩身材料强度所能承受的荷载,桩体将先于土体发生破坏或桩顶压曲,如图 8.5(a)所示。

2)持力层土整体剪切破坏

典型的土层条件如图 8.5(b)所示,桩穿过较软弱土层而支承于较硬持力层。当桩底压力超过持力层的承载力时,土中将形成连续的剪切滑动面,土体向上挤出破坏,其 $Q\text{-}s$ 曲线具有明显的转折点。发生整体剪切破坏时的桩底下沉量(称极限下沉量)主要与成桩工艺及桩径有关。一般情况下,打(压)入桩底部的土密实,极限下沉量小。钻孔桩的底部较软或有沉淀泥浆,桩底直径 D 越大,极限下沉量越大。

3)刺入剪切破坏

这是均质土中摩擦桩的破坏形式,如图 8.5(c)所示。桩周和桩端以下均为中等强度的土层,其 $Q\text{-}s$ 曲线是一条切线斜率缓缓变化的曲线,桩在逐级荷载下沉降能够稳定,继续加荷可使桩进一步下沉。曲线没有明显的转折点,即没有明确的破坏荷载。

4)沿桩身侧面纯剪切破坏

当桩底土十分软弱,承载力很低时,主要靠桩侧摩阻力承担荷载。孔底泥浆沉淀较厚的钻孔桩属于这种情形。这类桩当摩阻力发挥殆尽时,其 $Q\text{-}s$ 曲线即成为一条竖直线,有明确的转折点,如图 8.5(d)所示。

5)在拔力作用下沿桩身侧面的纯剪切破坏

其 Q-s 曲线的线型与第四种破坏模式相同,只是位移方向相反,如图 8.5(e)所示。

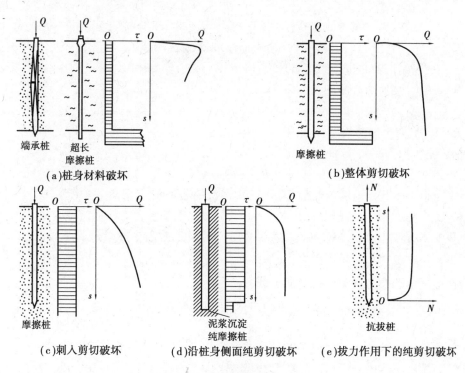

　　(a)桩身材料破坏　　　　　　　　　　　(b)整体剪切破坏

(c)刺入剪切破坏　　(d)沿桩身侧面纯剪切破坏　　(e)拔力作用下的纯剪切破坏

图 8.5　桩的破坏模式

▶ 8.3.3　单桩竖向承载力的确定

单桩竖向极限承载力是指单桩在竖向荷载作用下,到达破坏状态前或出现不适于继续承载的变形时所对应的最大荷载,它取决于土对桩的支承阻力和桩身承载力。设计时不允许出现:单桩(或群桩)周围土的剪切破坏、桩基础丧失整体稳定性、因沉降或不均匀沉降导致构筑物破坏或不能正常使用、桩身结构破坏等现象。

单桩竖向承载力特征值是指单桩竖向极限承载力除以安全系数后的承载力值。《桩基规范》中规定:将单桩竖向极限承载力除以安全系数,即得单桩竖向承载力 R_a。

桩基的破坏一是桩身结构强度破坏,二是地基土的破坏。因此,桩的承载能力要从桩身结构强度和地基土承载能力两方面去确定。

1)按桩身强度确定单桩竖向承载力

根据桩身结构强度确定单桩竖向承载力时,应将混凝土抗压强度设计值,按施工工艺条件作一定的折减。

当桩顶以下 $5d$ 范围的桩身螺旋式箍筋间距不大于 100 mm,且满足规范其他配筋要求时,钢筋混凝土桩根据桩身材料强度确定单桩竖向承载力特征值,可按下式计算:

$$R_a = \psi_c f_c A_{ps} + 0.9 f_y' A_s' \tag{8.1}$$

式中　R_a——单桩竖向承载力特征值,kN。

ψ_c——基桩成桩工艺系数。《桩基规范》规定：计算混凝土桩身承载力时，应将混凝土的轴心抗压和弯曲抗压强度设计值，分别乘以基桩施工工艺系数 ψ_c。对混凝土预制桩、预应力混凝土空心桩，取 $\psi_c = 0.85$；干作业非挤土灌注桩，取 $\psi_c = 0.90$；泥浆护壁和套管护壁非挤土灌注桩、部分挤土灌注桩、挤土灌注桩，取 $\psi_c = 0.7 \sim 0.8$；软土地区挤土灌注桩，取 $\psi_c = 0.6$；

f_c——混凝土轴心抗压强度特征值，kPa；

A_{ps}——桩身的横截面面积，mm^2；

f'_y——纵向主筋抗压强度特征值，kPa；

A'_s——纵向主筋截面面积，mm^2。

当桩身配筋不符合上述规定时，则：

$$R_a = \psi_c f_c A_{ps} \tag{8.2}$$

计算轴心受压混凝土桩正截面受压承载力时，一般取稳定系数 $\varphi = 1.0$。对于高承台基桩、桩身穿越可液化土或不排水抗剪强度小于 10 kPa（地基承载力特征值小于 25 kPa）的软弱土层的基桩，应考虑压屈影响，可将上述计算所得桩身正截面受压承载力乘以 φ 折减。稳定系数 φ 可根据规范中相应规定确定。

2)按地基承载能力确定单桩竖向承载力

按地基承载能力确定单桩竖向承载力的方法主要有以下几种：

(1)静载荷试验法

由于静载荷试验是在工程现场对足尺桩进行的，桩的类型、尺寸、入土深度、施工方法、地质条件等都最大限度地接近于实际情况，因此被公认为是最可靠的方法。该方法的原理是在现场对桩施加竖向静荷载并量测桩顶沉降，根据量测结果确定桩的竖向承载力。当埋设有桩底反力和桩身应力、应变测量元件时，尚可直接测定桩周各土层的侧阻力和端阻力。在同一条件下的试桩数量，不宜少于总数的 1%，并不应少于 3 根。

对于预制桩，由于打桩时土中产生的孔隙水压力有待消散，土体因打桩扰动而降低的强度也有待随时间而恢复。因此桩设置后到开始载荷试验所需的间歇时间（即休止时间）为：在桩身强度达到设计要求的前提下，对于砂类土不得少于 10 天，粉土和黏性土不得少于 15 天，饱和软黏土不得少于 25 天。

①静载荷试验装置。如图 8.6 所示，试验装置主要由加荷系统和量测系统组成。

采用油压千斤顶加载时，千斤顶的加载反力装置根据现场实际条件取下列三种形式之一：锚桩横梁反力装置、压重平台反力装置、锚桩压重联合反力装置。图 8.6(a)为锚桩横梁反力装置图，如采用工程桩作锚桩时，锚桩数量不得少于 4 根，并应检测静载试验过程中锚桩的上拔量。图 8.6(b)为压重平台反力装置图，压重不得小于预计试桩破坏荷载的 1.2 倍。压重应在试验开始前一次加上，并均匀稳固地放置于平台上。当试桩最大加载量超过锚桩的抗拔能力时，可在横梁上放置或悬挂一定重物，由锚桩和重物共同承受千斤顶加载反力。

量测系统主要由千斤顶上的应力环、应变式压力传感器(测荷载大小)及百分表或电子位移计(测试桩沉降)等组成。荷载大小也可采用连于千斤顶的压力表测定。为准确测量桩的沉降，消除相互干扰，要求有基准系统，它由基准桩、基准梁组成，且保证在试桩、锚桩(或压重平台支墩)和基准桩相互之间有足够的距离，一般应大于 4 倍桩径且大于 2 m。

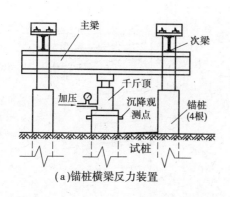 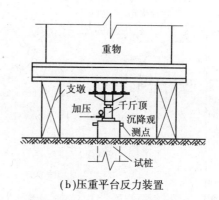

(a)锚桩横梁反力装置　　　　　　　　　(b)压重平台反力装置

图8.6　单桩静荷载试验加载装置

②试验方法。试验时加载方式通常有慢速维持荷载法、快速维持荷载法、等贯入速率法、等时间间隔加载法以及循环加载法等。工程中最常用的是慢速维持荷载法,即逐级加载,每级荷载值为预估极限荷载的 $1/15 \sim 1/10$,第一级荷载可双倍施加。每级加荷后间隔5,10,15,15,15,30,30,30 min 测读桩顶沉降。当每小时的沉降量不超过 0.1 mm,并连续出现两次,则认为已趋稳定,可施加下一级荷载。当出现下列情况之一时即可终止加载:

a. 某级荷载下,桩顶沉降量为前一级荷载下沉降量的 5 倍;

b. 某级荷载下,桩顶沉降量大于前一级荷载下沉降量的 2 倍,且经 24 h 尚未达到相对稳定;

c. 已达到锚桩最大抗拔力或压重平台的最大质量时。

终止加载后进行卸载,每级卸值为每级加载值的 2 倍。每级卸载后间隔15,15,30 min 各测记一次,即可卸下一级荷载,全部卸载后,间隔 3~4 h 再读一次。

③试验结果与承载力的确定。根据载荷试验结果,可绘出桩顶荷载—沉降关系曲线(Q-s 曲线),如图8.7 所示,及各级荷载下沉降-时间关系曲线(s-$\lg t$ 曲线),如图8.8 所示。单桩静载荷试验所得的荷载-沉降关系曲线可大体分为陡降型和缓变型两类形态。确定单桩竖向极限承载力 Q_u 的方法如下:

a. 根据沉降随荷载的变化特征确定:对于陡降型 Q-s 曲线(图8.7 中曲线①),可取曲线发生明显陡降的起始点所对应的荷载为 Q_u。

b. 根据沉降量确定:对于缓变型 Q-s 曲线(图8.7 中曲线②),一般可取 $s = 40 \sim 60$ mm 对应的荷载值为 Q_u。对于大直径桩,可取 $s = (0.03 \sim 0.06)d$(d 为桩端直径)所对应的荷载值(大桩径取低值,小桩径取高值);对于细长桩($l/d > 80$),可取 $s = 60 \sim 80$ mm 对应的荷载。

c. 根据沉降随时间的变化特征确定:取 s-$\lg t$ 曲线尾部出现明显向下弯曲的前一级荷载值作为 Q_u,也可根据终止加载条件 b 中的前一级荷载值作为 Q_u。测得每根试桩的极限承载力值 Q_u 后,可通过统计方法确定单桩竖向极限承载力的标准值 Q_{uk}。

单桩竖向极限承载力特征值由式(8.3)确定:

$$R_a = Q_{uk}/K \tag{8.3}$$

式中　Q_{uk}——单桩竖向极限承载力标准值,kN;

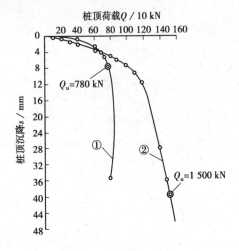

图 8.7 单桩 Q-s 曲线

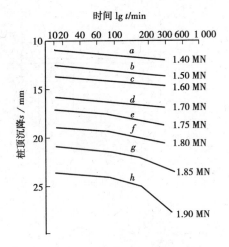

图 8.8 单桩 s-$\lg t$ 曲线

K——安全系数,取 $K = 2.0$。

(2)原位测试法

当根据单桥探头静力触探资料确定混凝土预制桩单桩竖向极限承载力标准值时,如无当地经验,可按式(8.4)计算:

$$Q_{uk} = Q_{sk} + Q_{pk} = u \sum q_{sik} l_i + \alpha p_{sk} A_p \qquad (8.4)$$

当 $p_{sk1} \leqslant p_{sk2}$ 时

$$p_{sk} = (p_{sk1} + \beta p_{sk2})/2 \qquad (8.5)$$

当 $p_{sk1} > p_{sk2}$ 时

$$p_{sk} = p_{sk2} \qquad (8.6)$$

式中　Q_{sk}, Q_{pk}——分别为总极限侧阻力标准值和总极限端阻力标准值,kN;

　　　u——桩身周长,m;

　　　q_{sik}——用静力触探比贯入阻力值估算的桩周第 i 层土的极限侧阻力,kPa,如图 8.9 所示;

　　　l_i——桩周第 i 层土的厚度,m;

　　　α——桩端阻力修正系数,可按表 8.1 取值;

　　　p_{sk}——桩端附近的静力触探比贯入阻力标准值(平均值),kPa;

　　　A_p——桩端面积,m^2;

　　　p_{sk1}——桩端全截面以上 8 倍桩径范围内的比贯入阻力平均值,kPa;

　　　p_{sk2}——桩端全截面以下 4 倍桩径范围内的比贯入阻力平均值,kPa,如桩端持力层为密实的砂土层,其比贯入阻力平均值 p_s 超过 20 MPa 时,则需乘以表 8.2 中系数 C 予以折减后,再计算 p_{sk2} 及 p_{sk1} 值;

　　　β——折减系数,按表 8.3 选用。

注:①q_{sik} 值应结合土工试验资料,依据土的类别、埋藏深度、排列次序,按图 8.9 折线取值;图 8.9 中,直线 A(线段 gh)适用于地表下 6 m 范围内的土层;折线 B($oabc$)适用于粉土及砂土土层以上(或无粉土及砂土土层地区)的黏性土;折线 C(线段 $odef$)适用于粉土及砂土土层以下的黏性土;折线 D

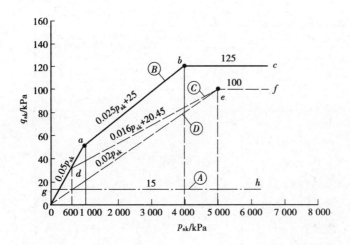

图8.9 q_{sk}-p_{sk}曲线

（线段oef）适用于粉土、粉砂、细砂及中砂。

②p_{sk}为桩端穿过的中密～密实砂土、粉土的比贯入阻力平均值；p_{sl}为砂土、粉土的下卧软土层的比贯入阻力平均值。

③采用的单桥探头，圆锥底面积为15 cm^2，底部带7 cm高滑套，锥角60°。

④当桩端穿过粉土、粉砂、细砂及中砂层底面时，折线D估算的q_{sik}值需乘以表8.4中系数η_s值。

表8.1　桩端阻力修正系数α值

桩长/m	$l < 15$	$15 \leqslant l \leqslant 30$	$30 < l \leqslant 60$
α	0.75	0.75～0.90	0.90

注：桩长$15 \leqslant l \leqslant 30$ m，α值按l值直线内插；l为桩长（不包括桩尖高度）。

表8.2　系数C

p_s/MPa	20～30	35	>40
系数C	5/6	2/3	1/2

表8.3　折减系数β

p_{sk2}/p_{sk1}	$\leqslant 5$	7.5	12.5	$\geqslant 15$
系数C	1	5/6	2/3	1/2

注：表8.2、表8.3可内插取值。

表8.4　系数η_s值

p_{sk}/p_{sl}	$\leqslant 5$	7.5	>10
η_s	1.00	0.50	0.33

当根据双桥探头静力触探资料确定混凝土预制桩单桩竖向极限承载力标准值时，对于黏性土、粉土和砂土，如无当地经验时，可按式(8.7)计算：

表 8.5　桩的极限侧阻力标准值 q_{sik}　　　　　　　　　　　　　　单位:kPa

土的名称	土的状态		混凝土预制桩	泥浆护壁钻(冲)孔桩	干作业钻孔桩
填 土			22 ~ 30	20 ~ 28	20 ~ 28
淤 泥			14 ~ 20	12 ~ 18	12 ~ 18
淤泥质土			22 ~ 30	20 ~ 28	20 ~ 28
黏性土	流 塑	$I_L > 1$	24 ~ 40	21 ~ 38	21 ~ 38
	软 塑	$0.75 < I_L \leq 1$	40 ~ 55	38 ~ 53	38 ~ 53
	可 塑	$0.50 < I_L \leq 0.75$	55 ~ 70	53 ~ 68	53 ~ 66
	硬可塑	$0.25 < I_L \leq 0.5$	70 ~ 86	68 ~ 84	66 ~ 82
	硬 塑	$0 < I_L \leq 0.25$	86 ~ 98	84 ~ 96	82 ~ 94
	坚 塑	$I_L \leq 0$	98 ~ 105	96 ~ 102	94 ~ 104
红黏土	$0.7 < a_w \leq 1$		13 ~ 32	12 ~ 30	12 ~ 30
	$0.5 < a_w \leq 0.7$		32 ~ 74	30 ~ 70	30 ~ 70
粉 土	稍密	$e > 0.9$	22 ~ 42	22 ~ 40	20 ~ 40
	中密	$0.75 \leq e \leq 0.9$	42 ~ 64	40 ~ 60	40 ~ 60
	密实	$e < 0.75$	64 ~ 85	60 ~ 80	60 ~ 80
粉细砂	稍密	$10 < N \leq 15$	22 ~ 42	22 ~ 40	20 ~ 40
	中密	$15 < N \leq 30$	42 ~ 63	40 ~ 60	40 ~ 60
	密实	$N > 30$	63 ~ 85	60 ~ 80	60 ~ 80
中 砂	中密	$15 < N \leq 30$	54 ~ 74	50 ~ 72	50 ~ 70
	密实	$N > 30$	74 ~ 95	72 ~ 90	70 ~ 90
粗 砂	中密	$15 < N \leq 30$	74 ~ 95	74 ~ 95	70 ~ 90
	密实	$N > 30$	95 ~ 116	95 ~ 116	90 ~ 110
砾 砂	稍密	$5 < N_{63.5} \leq 15$	116 ~ 138	116 ~ 135	110 ~ 130
	中密(密实)	$N_{63.5} > 15$			
圆砾、角砾	中密、密实	$N_{63.5} > 10$	160 ~ 200	135 ~ 150	135 ~ 150
碎石、卵石	中密、密实	$N_{63.5} > 10$	200 ~ 300	140 ~ 170	150 ~ 170
全风化软质岩		$30 < N \leq 50$	100 ~ 120	80 ~ 100	80 ~ 100
全风化硬质岩		$30 < N \leq 50$	140 ~ 160	120 ~ 140	120 ~ 150
强风化软质岩		$N_{63.5} > 10$	160 ~ 240	140 ~ 200	140 ~ 220
强风化硬质岩		$N_{63.5} > 10$	220 ~ 300	160 ~ 240	160 ~ 260

注:①对于尚未完成自重固结的填土和以生活垃圾为主的杂填土,不计算其侧阻力;

　　②a_w 为含水比,$a_w = w/w_L$,w 为土的天然含水量,w_L 为土的液限;

　　③N 为标准贯入击数,$N_{63.5}$ 为重型圆锥动力触探击数;

　　④全风化、强风化软质岩和全风化、强风化硬质岩指其母岩分别为 $f_{rk} \leq 15$ MPa、$f_{rk} > 30$ MPa 的岩石。

单位：kPa

表 8.6　桩的极限端阻力标准值 q_{pk}

土的名称	土的状态	混凝土预制桩桩长 l/m				泥浆护壁钻（冲）孔桩桩长 l/m				干作业钻孔桩桩长 l/m		
		$l \leq 9$	$9 < l \leq 16$	$16 < l \leq 30$	$l > 30$	$5 \leq l < 10$	$10 \leq l < 15$	$15 \leq l < 30$	$30 \leq l$	$5 \leq l < 10$	$10 \leq l < 15$	$15 \leq l$
黏性土 软塑 $0.75 < I_L \leq 1$		210~850	650~1400	1200~1800	1300~1900	150~250	250~300	300~450	300~450	200~400	400~700	700~950
可塑 $0.50 < I_L \leq 0.75$		850~1700	1400~2200	1900~2800	2300~3600	350~450	450~600	600~750	750~800	500~700	800~1100	1000~1600
硬可塑 $0.25 < I_L \leq 0.50$		1500~2300	2300~3300	2700~3600	3600~4400	800~900	900~1000	1000~1200	1200~1400	850~1100	1500~1700	1700~1900
硬塑 $0 < I_L \leq 0.25$		2500~3800	3800~5500	5500~6000	6000~6800	1100~1200	1200~1400	1400~1600	1600~1800	1600~1800	2200~2400	2600~2800
粉土 中密 $0.75 < e \leq 0.9$		950~1700	1400~2100	1900~2700	2500~3400	300~500	450~600	600~700	650~750	800~1200	1200~1400	1400~1600
密实 $e \leq 0.75$		1500~2600	2100~3000	2700~3600	3600~4400	650~900	750~950	900~1100	1000~1200	1200~1700	1400~1900	1600~2100
粉砂 稍密 $10 < N \leq 15$		1000~1600	1500~2300	1900~2700	2100~3000	350~500	450~600	600~700	650~750	500~950	1300~1600	1500~1700
中密、密实 $N > 15$		1400~2200	2100~3000	3000~4500	3800~5500	600~750	750~900	900~1100	1100~1200	900~1000	1700~1900	1700~1900
细砂 中密、密实 $N > 15$		2500~4000	3600~5000	4400~6000	5300~7000	650~850	900~1200	1200~1500	1500~1800	1200~1600	2000~2400	2400~2700
中砂		4000~6000	5500~7000	6500~8000	7500~9000	850~1050	1100~1500	1500~1900	1900~2100	1800~2400	2800~3800	3600~4400
粗砂		5700~7500	7500~8500	8500~10000	9500~11000	1500~1800	2100~2400	2400~2600	2600~2800	2900~3600	4000~4600	4600~5200

续表

土的名称	桩型 土的状态	混凝土预制桩桩长 l/m				泥浆护壁钻(冲)孔桩桩长 l/m				干作业钻孔桩桩长 l/m		
		l≤9	9<l≤16	16<l≤30	l>30	5≤l<10	10≤l<15	15≤l<30	30≤l	5≤l<10	10≤l<15	15≤l
砾砂	中密、密实 N>15	6 000~9 500		9 000~10 500		1 400~2 000		2 000~3 200		3 500~5 000		
角砾、圆砾	中密、密实 $N_{63.5}$>10	7 000~10 000		9 500~11 500		1 800~2 200		2 200~3 600		4 000~5 500		
碎石、卵石	中密、密实 $N_{63.5}$>10	8 000~11 000		10 500~13 000		2 000~3 000		3 000~4 000		4 500~6 500		
全风化软质岩	30<N≤50	4 000~6 000				1 000~1 600				1 200~2 000		
全风化硬质岩	30<N≤50	5 000~8 000				1 200~2 000				1 400~2 400		
强风化软质岩	$N_{63.5}$>10	6 000~9 000				1 400~2 200				1 600~2 600		
强风化硬质岩	$N_{63.5}$>10	7 000~11 000				1 800~2 800				2 000~3 000		

注:①砂土和碎石类土中桩的极限端阻力取值，宜综合考虑土的密实度，桩端进入持力层的深度比 h_b/d，土愈密实，h_b/d 愈大，取值愈高；

②预制桩的岩石极限端阻力指桩端支承于中、微风化基岩表面或进入强风化岩、软质岩一定深度条件下极限端阻力；

③全风化、强风化软质岩和全风化、强风化硬质岩其母岩岩石单轴抗压强度标准值分别为 f_{rk} ≤15 MPa、f_{rk} >30 MPa 的岩石。

$$Q_{uk} = Q_{sk} + Q_{pk} = u \sum l_i \beta_i f_{si} + \alpha q_c A_p \tag{8.7}$$

式中　f_{si}——第 i 层土的探头平均侧阻力,kPa;

q_c——桩端平面上、下探头阻力,kPa,取桩端平面以上 $4d$(d 为桩的直径或边长)范围内按土层厚度的探头阻力加权平均值,然后再和桩端平面以下 $1d$ 范围内的探头阻力进行平均;

α——桩端阻力修正系数,对于黏性土、粉土取 2/3,饱和砂土取 1/2;

β_i——第 i 层土桩侧阻力综合修正系数,黏性土、粉土 $\beta_i = 10.04(f_{si})^{-0.55}$,砂土 $\beta_i = 5.05(f_{si})^{-0.45}$。

双桥探头的圆锥底面积为 15 cm^2,锥角为 60°,摩擦套筒高为 21.85 cm,侧面积为 300 cm^2。

(3)经验参数法

①当根据土的物理指标与承载力参数之间的经验关系确定单桩竖向极限承载力标准值时,宜按下式计算:

$$Q_{uk} = Q_{sk} + Q_{pk} = u \sum q_{sik} l_i + q_{pk} A_p \tag{8.8}$$

式中　q_{sik}——桩侧第 i 层土的极限侧阻力标准值,kPa,如无当地经验值时,可按表 8.5 取值;

q_{pk}——极限端阻力标准值,kPa,无当地经验值时,可按表 8.6 值。

②根据土的物理指标与承载力参数之间的经验关系确定大直径桩($d \geqslant 0.8$ m)单桩竖向极限承载力标准值(Q_{uk})时,可按下式计算:

$$Q_{uk} = Q_{sk} + Q_{pk} = u \sum \psi_{si} q_{sik} l_i + \psi_p q_{pk} A_p \tag{8.9}$$

式中　q_{pk}——桩径为 800 mm 的极限端阻力标准值,kPa,对于干作业挖孔(清底干净)可采用深层载荷板试验确定;当不能进行深层载荷板试验时,可按表 8.7 取值;

表 8.7　干作业桩(清底干净, $D = 800$ mm)极限端阻力标准值 q_{pk}　　单位:kPa

土名称		状　态		
黏性土		$0.25 < I_L \leqslant 0.75$	$0 < I_L \leqslant 0.25$	$I_L \leqslant 0$
		800 ~ 1 800	1 800 ~ 2 400	2 400 ~ 3 000
粉　土			$0.75 < e \leqslant 0.9$	$e \leqslant 0.75$
			1 000 ~ 1 500	1 500 ~ 2 000
砂土碎石类土		稍　密	中　密	密　实
	粉　砂	500 ~ 700	800 ~ 1 100	1 200 ~ 2 000
	细　砂	700 ~ 1 100	1 200 ~ 1 800	2 000 ~ 2 500
	中　砂	1 000 ~ 2 000	2 200 ~ 3 200	3 500 ~ 5 000
	粗　砂	1 200 ~ 2 200	2 500 ~ 3 500	4 000 ~ 5 500
	砾　砂	1 400 ~ 2 400	2 600 ~ 4 000	5 000 ~ 7 000
	圆砾、角砾	1 600 ~ 3 000	3 200 ~ 5 000	6 000 ~ 9 000
	卵石、碎石	2 000 ~ 3 000	3 300 ~ 5 000	7 000 ~ 11 000

注:①当桩进入持力层的深度 h_b 分别为: $h_b \leqslant D, D < h_b \leqslant 4D, h_b > 4D$ 时, q_{pk} 可相应取低、中、高值;

②砂土密实度可根据标贯击数判定, $N \leqslant 10$ 为松散, $10 < N \leqslant 15$ 为稍密, $15 < N \leqslant 30$ 为中密, $N > 30$ 为密实;

③当桩的长径比 $l/d \leqslant 8$ 时, q_{pk} 宜取较低值;

④当对沉降要求不严时, q_{pk} 可取高值。

ψ_{si},ψ_p——大直径桩侧阻、端阻尺寸效应系数,按表8.8取值;

q_{sik}——同前,对于扩底桩变截面以上 $2d$ 长度范围不计侧阻力。

对于混凝土护壁的大直径挖孔桩,计算单桩竖向承载力时,其设计桩径取护壁外直径。

表8.8 大直径灌注桩侧阻尺寸效应系数 ψ_{si}、端阻尺寸效应系数 ψ_p

土类型	黏性土、粉土	砂土、碎石类土
ψ_{si}	$(0.8/d)^{1/5}$	$(0.8/d)^{1/3}$
ψ_p	$(0.8/D)^{1/4}$	$(0.8/D)^{1/3}$

③桩端置于完整、较完整基岩的嵌岩桩单桩竖向极限承载力,由桩周土总极限侧阻力和嵌岩段总极限阻力组成。当根据岩石单轴抗压强度确定单桩竖向极限承载力标准值时,可按下列公式计算:

$$Q_{uk} = Q_{sk} + Q_{rk} = u \sum q_{sik}l_i + \xi_r f_{rk}A_p \tag{8.10}$$

式中 Q_{sk},Q_{rk}——分别为土层段的总极限侧阻力、嵌岩段总极限阻力,kPa;

q_{sik}——桩周第 i 层土的极限侧阻力,kPa,无当地经验时,可根据成桩工艺按表8.5取值;

f_{rk}——岩石饱和单轴抗压强度标准值,kPa,黏土岩取天然湿度单轴抗压强度标准值;

ξ_r——嵌岩段侧阻和端阻综合系数,与嵌岩深径比 h_r/d、岩石软硬程度和成桩工艺有关,可按表8.9采用,表中数值适用于泥浆护壁成桩,对于干作业成桩(清底干净)和泥浆护壁成桩后注浆,ξ_r 应取表列数值的1.2倍。

表8.9 嵌岩段侧阻和端阻综合系数 ζ_r

嵌岩深度比 h_r/d	0	0.5	1.0	2.0	3.0	4.0	5.0	6.0	7.0	8.0
极软岩、软岩	0.60	0.80	0.95	1.18	1.35	1.48	1.57	1.63	1.66	1.70
较硬岩、坚硬岩	0.45	0.65	0.81	0.90	1.00	1.04				

注:①极软岩、软岩指 $f_{rk} \leqslant 15$ MPa,较硬岩、坚硬岩指 $f_{rk} > 30$ MPa,介于二者之间可内插取值;

②h_r 为桩身嵌岩深度,当岩面倾斜时,以坡下方嵌岩深度为准,当 h_r/d 为非表列值时,ξ_r 可内差取值。

④对于桩身周围有液化土层的低承台桩基,当承台底面上下分别有厚度不小于 1.5 m、1.0 m的非液化土或非软弱土层时,可将液化土层极限侧阻力乘以土层液化折减系数计算单桩极限承载力标准值。土层液化折减系数 ψ_l 可按表8.10确定。

当承台底面上下非液化土层厚度小于以上规定时,土层液化折减系数取0。

▶ 8.3.4 特殊条件下桩基竖向承载力验算

1)软弱下卧层验算

当桩端平面以下受力层范围内存在软弱下卧层(承载力低于桩端持力层承载力的1/3)时,对于桩距 $s_a \leqslant 6d$ 的群桩基础,按式(8.11)、式(8.12)验算(图8.10):

表 8.10 土层液化折减系数

$\lambda_N = N/N_{cr}$	自地面算起的 液化土层深度 d_L/m	ψ_1
$\lambda_N \le 0.6$	$d_L \le 10$	0
	$10 < d_L \le 20$	1/3
$0.6 < \lambda_N \le 0.8$	$d_L \le 10$	1/3
	$10 < d_L \le 20$	2/3
$0.8 < \lambda_N \le 1.0$	$d_L \le 10$	2/3
	$10 < d_L \le 20$	1.0

注:①N 为饱和土标贯击数实测值;N_{cr} 为液化判别标贯击数临界值;λ_N 为土层液化指数。

②对于挤土桩,当桩距小于 $4d$,且桩的排数不少于 5 排,总桩数不少于 25 根时,土层液化系数可取 $2/3 \sim 1$,桩间土标贯击数达到 N_{cr} 时,取 $\psi_1 = 1$。

$$\sigma_z + \gamma_m z \le f_{az} \tag{8.11}$$

$$\sigma_z = \frac{(F_k + G_k) - 3/2(A_0 + B_0)\sum q_{sik} l_i}{(A_0 + 2t\tan\theta)(B_0 + 2t\tan\theta)} \tag{8.12}$$

式中　σ_z——作用于软弱下卧层顶面的附加应力,kPa;

γ_m——软弱层顶面以上各土层重度(地下水位以下取浮重度)的厚度计算的加权平均值,kN/m³;

z——地面至软弱层顶面的深度,m;

A_0,B_0——桩群外缘矩形面积的长、短边长,m;

t——桩端以下硬持力层厚度,m;

q_{sik}——桩周第 i 层土的极限侧阻力,kPa,无当地经验时,可根据成桩工艺按表 8.5 取值;

θ——桩端硬持力层压力扩散角,按表 8.11 取值。

表 8.11 桩端硬持力层压力扩散角 θ

E_{s1}/E_{s2}	$t = 0.25B_0$	$t \ge 0.5B_0$
1	4°	12°
3	6°	23°
5	10°	25°
10	20°	30°

注:①E_{s1}、E_{s2} 为硬持力层、软弱下卧层的压缩模量。

②当 $t < 0.25B_0$ 时,取 $\theta = 0°$,必要时,宜通过试验确定;当 $0.25B_0 < t < 0.50B_0$ 时,可内插取值。

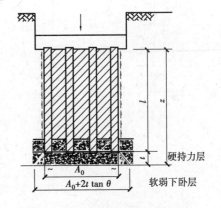

图 8.10 软弱下卧层承载力验算

2)桩的负摩阻力及计算公式

对于一般桩而言,在竖向下压荷载作用下,桩相对于桩周土向下位移,这时桩身受到向上的摩阻力,可称为正摩阻力。但在下列情况下,可能会出现桩周土相对于桩向下位移,桩身受到向下的摩阻力,即为负摩阻力。

①桩穿越较厚松散填土、自重湿陷性黄土、欠固结土层进入相对较硬土层时,如图 8.11(a)所示;

②桩周存在软弱土层,邻近桩侧地面承受局部较大的长期荷载,或地面大面积堆载(包括填土)时,如图 8.11(b)所示;

③由于地下水位降低,使桩周土中有效应力增大,并产生显著压缩沉降时,如图 8.11(c)所示。

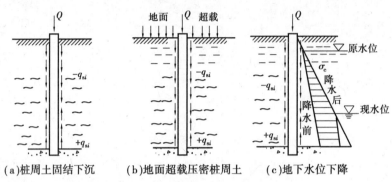

(a)桩周土固结下沉　　(b)地面超载压密桩周土　　(c)地下水位下降

图 8.11　桩的负摩阻力及其部分原因

桩在竖向下压荷载 Q 作用下,各截面向下位移,位移曲线如图 8.12(a),(b)中的曲线 A 所示;若桩周为欠固结土,固结过程中的土层不同深度的沉降为曲线 B。显然,可能有一点 N,该点之上土的沉降大于桩的位移,桩周作用有负摩阻力,该点之下土的沉降小于桩的位移,桩周作用有正摩阻力。N 点处桩与土无相对位移,通常将 N 点称为中性点。图 8.12(c),(d)分别为桩周摩阻力和桩身轴向力分布曲线。显然,中性点 N 处桩身轴向力出现最大值。

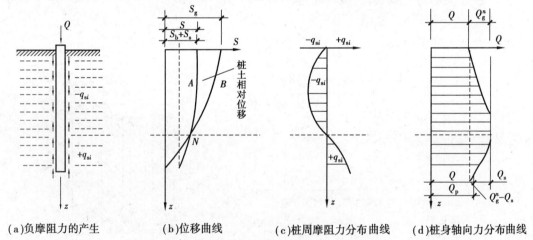

(a)负摩阻力的产生　　(b)位移曲线　　(c)桩周摩阻力分布曲线　　(d)桩身轴向力分布曲线

图 8.12　桩的负摩阻力的产生及荷载传递

在存在负摩阻力的情况下,由于部分土的自重及地面上的荷载通过负摩阻力传给桩,引起桩身轴力的增加,因此负摩阻力降低了桩的承载力,增大了基桩的沉降,严重时甚至会造成桩的断裂。工程中需要采取施工措施减少负摩阻力的影响。

中性点的位置与土的压缩性、桩的刚度及桩端持力层刚度等因素有关,而且在土的固结过程中,随固结时间而变化,但当土的沉降稳定时,中性点的位置也趋稳定。中性点离地面的

深度 l_n 应按桩周土层沉降量与桩沉降量相等的条件计算确定,也可参照表 8.12 确定。

表 8.12　中性点深度 l_n

持力层性质	黏性土、粉土	中密以上砂	砾石、卵石	基　岩
中性点深度比 l_n/l_0	0.5 ~ 0.6	0.7 ~ 0.8	0.9	1.0

注:①l_n、l_0——分别为自桩顶算起的中性点深度和桩周软弱土层下限深度;
　　②桩穿过自重湿陷性黄土层时,l_n 可按表列值增大 10%(持力层为基岩除外);
　　③当桩周土层固结与桩基固结沉降同时完成时,取 $l_n =0$;
　　④当桩周土层计算沉降量小于 20 mm 时,l_n 应按表列值乘以 0.4 ~ 0.8 折减。

桩周土沉降可能引起桩侧负摩阻力时,应按工程具体情况考虑负摩阻力对桩基承载力和沉降的影响。当缺乏可参照的工程经验时按下列规定验算。

对于摩擦桩,取桩身计算中性点以上的侧阻力为零,按下式验算承载力:

$$N_k \leq R_a \tag{8.13}$$

式中　R_a——基桩的承载力特征值,kN。

对于端承桩,除应满足上式要求外,尚应考虑负摩阻力引起基桩的下拉荷载 Q_g^n,按式(8.14)验算基桩承载力:

$$N_k + Q_g^n \leq R_a \tag{8.14}$$

桩侧负摩阻力,当无实测资料时,中性点以上单桩桩周第 i 层土负摩阻力标准值,可按式(8.15)、式(8.16)、式(8.17)计算:

$$q_{si}^n = \xi_{ni}\sigma_i' \tag{8.15}$$

式中　q_{si}^n——第 i 层土桩侧负摩阻力标准值,kPa,当按式(8.15)计算值大于正摩阻力标准值时,取正摩阻力标准值进行设计;

　　　σ_i'——桩周土第 i 层平均竖向有效应力,kPa;

　　　ξ_{ni}——桩周第 i 层土负摩阻力系数,饱和软土取 0.15 ~ 0.25,黏性土、粉土取 0.25 ~ 0.40,砂土取 0.35 ~ 0.50,自重湿陷性黄土取 0.20 ~ 0.35,在同一类土中对于挤土桩取较大值,对于非挤土桩取较小值,填土按其组成取同类土的较大值。

考虑群桩效应的基桩下拉荷载可按下式计算:

$$Q_g^n = \eta_n u \sum q_{si}^n l_{si} \tag{8.16}$$

$$\eta_n = s_{ax}s_{ay}/\left[\pi d\left(\frac{q_s^n}{\gamma_m} + \frac{d}{4}\right)\right] \tag{8.17}$$

式中　Q_g^n——负摩阻力引起的下拉荷载,kN;

　　　n——中性点以上土层数;

　　　l_{si}——中性点以上第 i 土层的厚度,m;

　　　η_n——负摩阻力群桩效应系数,对单桩基础或所得计算值 $\eta_n >1$ 时,取 $\eta_n =1$;

　　　u——桩身周长,m;

　　　s_{ax},s_{ay}——分别为纵横向桩的中心距,m;

　　　γ_m——中性点以上桩周土层厚度的加权平均有效重度,kN/m³;

　　　q_s^n——中性点以上桩周土层厚度的加权平均负摩阻力标准值,kPa。

▶ 8.3.5 单桩轴向抗拔力

建筑物基础承受上拔力的情况,随着生产建设的发展日益增多,主要有:

①电视塔与高压输电线塔等高耸构筑物、海洋石油钻井平台、系泊桩等;

②承受浮托力为主的地下结构,如深水泵站、地下室、船闸、船坞等;

③在水平荷载作用下出现上拔力的构筑物,如码头、桥台、叉斜桩、防波堤等。

对于抗拔桩的设计,目前仍套用抗压桩的方法,即以桩的抗压侧阻力乘上一个经验折减系数后的侧摩阻力作为抗拔承载力。显然这种做法是不够妥当的,但因抗拔桩的研究较少,还不得不参考抗压桩的研究成果。

一般认为,抗拔的侧摩阻力小于抗压的侧摩阻力,而且抗拔侧阻力在受荷后经过一段时间,会因土层松动和残余强度等因素而有所降低,所以抗拔承载力仍要通过抗拔荷载试验来确定。

影响单桩抗拔承载力的因素主要有桩的类型及施工方法、桩的长度、地基土的类别、土层的形成过程、桩形成后承受荷载的历史、荷载特性(只受上拔力或和其他类型荷载组合)。确定抗拔承载力时,要考虑上述因素的影响,区分不同情况选用计算方法与参数。

《桩基规范》规定:对于设计等级为甲级和乙级的建筑桩基,基桩的抗拔极限承载力应通过现场单桩上拔静载荷试验确定。单桩上拔静载荷试验及抗拔极限承载力标准值可按现行行业标准《建筑基桩检测技术规范》(JGJ 106)的规定执行。如无当地经验时,群桩基础及设计等级为丙级的建筑桩基,基桩的抗拔极限承载力可按下列规定计算:

$$T_{uk} = \sum \lambda_i q_{sik} u_i l_i \qquad (8.18)$$

式中　T_{uk}——单桩抗拔极限承载力标准值,kN。

　　　　λ_i——抗拔系数为极限抗拔与极限抗压侧阻力之比。对砂土 $\lambda_i = 0.5 \sim 0.7$,对黏性土与粉土 $\lambda_i = 0.7 \sim 0.8$;桩长与桩径之比小于20时取较小值。

　　　　q_{sik}——桩抗压情况时,桩侧表面第 i 层土的抗压极限侧阻力标准值,kPa,查表8.5。

　　　　u_i——桩身周长,m。对于等直径桩 $u = \pi d$;对于扩底桩,自桩底起算的桩长度 $l_i \leq (4 \sim 10)d$ 时,$u_i = \pi D$;$l_i > (4 \sim 10)d$ 时,$u_i = \pi d$;d 为桩身直径,D 为桩底径。l_i 对于软土取低值,对于卵石、砾石取高值;l_i 取值按内摩擦角增大而增加。

群桩呈整体破坏时,基桩的抗拔极限承载力标准值可按式(8.19)计算:

$$T_{gk} = \left(\frac{u_l}{n} \right) \sum \lambda_i q_{sik} l_i \qquad (8.19)$$

式中　u_l——桩群外围周长,m。

承受拔力的桩基,应按下列公式同时验算群桩基础呈整体破坏和呈非整体破坏时基桩的抗拔承载力:

$$N_k \leq T_{gk}/2 + G_{gp} \qquad (8.20)$$

$$N_k \leq T_{uk}/2 + G_p \qquad (8.21)$$

式中　N_k——按荷载效应标准组合计算的基桩拔力,kN;

　　　　T_{gk}——群桩呈整体破坏时基桩的抗拔极限承载力标准值,kN;

　　　　T_{uk}——群桩呈非整体破坏时基桩的抗拔极限承载力标准值,kN;

G_{gp}——群桩基础所包围体积的桩土总自重除以总桩数,地下水位以下取浮重度,kN;

G_{p}——基桩自重 kN,地下水位以下取浮重度,对于扩底桩同样按上述规定确定桩、土柱体周长、计算桩、土自重。

【例8.1】 某建筑工程的混凝土预制桩截面为 350 mm × 350 mm,桩长 12.5 mm。桩长范围内有两种土:第一层,淤泥层,厚 5 m;第二层,黏土层,厚 7.5 m,液性指数 $I_L = 0.275$。拟采用 3 桩承台,试确定该预制桩的基桩竖向承载力特征值。

【解】 (1)从表 8.5 查取 q_{sik} 的标准值

淤泥层:$q_{\text{s1k}} = 15$ kPa。

黏土层:$I_L = 0.275$,按 $0.25 < I_L \leq 0.50$ 内插法得 $q_{\text{s2k}} = 83.4$ kPa。

(2)从表 8.6 查取 q_{pk} 的值

黏土层:$I_L = 0.275$,按 $0.25 < I_L \leq 0.50$ 内插得 $q_{\text{pk}} = 3\,200$ kPa。

(3)计算单桩竖向极限承载力标准值

$Q_{\text{uk}} = Q_{\text{sk}} + Q_{\text{pk}} = u \sum q_{\text{sik}} l_i + q_{\text{pk}} A_P =$

0.35 m × 4 × (15 kPa × 5 m + 83.4 kPa × 7.5 m) + 3 200 kPa × 0.35² m² = 1 372.7 kN

(4)计算基桩竖向承载力特征值 R_a

$R_a = Q_{\text{uk}}/K = 1\,372.7$ kN/2 = 686.4 kN

8.4 群桩竖向承载力

8.4.1 群桩基础的工作特点

1)群桩效应

桩基础一般由若干根单桩组成,上部用承台连成整体,通常称为群桩。确定群桩的竖向承载力,必须研究单桩与群桩在承载力与沉降方面的相互关系。

端承桩组成的桩基,因桩的承载力主要是桩端较硬土层提供的支承力,其受压面积小,各桩间相互影响小,其工作性状与独立单桩相近,可以认为不发生应力叠加,故基础的承载力就是各单桩承载力之和。

摩擦桩组成的桩基,由于桩周摩擦力要在桩周土中传递,并沿深度向下扩散,桩间土受到压缩,产生附加应力。在桩端平面,附加压力的分布直径 $D(\,=2l\tan\theta)$ 比桩径 d 大得多,当桩距小于 D 时在桩尖处将发生应力叠加(图 8.13)。因此,在相同条件下,群桩的沉降量比单桩的大。如要保持相同的沉降量,就要减小各桩的荷载(或加大桩间距)。

群桩基础因承台、桩、土的相互作用,使其桩侧阻力、桩端阻力、沉降等性状发生变化而与单桩明显不同,承载力往往不等于各单桩承载力之和,这种现象称之为群桩效应。

影响群桩承载力和沉降量的因素较多,除了土的性质之外,主要是桩距、桩数、桩的长径比、桩长与承台宽度比、成桩方法等。可以用群桩的效率系数 η 与沉降比 ν 两个指标来反映群桩的工作特性。效率系数 η 是群桩极限承载力与各单桩单独工作时极限承载力之和的比值,可用来评价群桩中单桩承载力发挥的程度。沉降比 ν 是相同荷载下群桩的沉降量与单桩

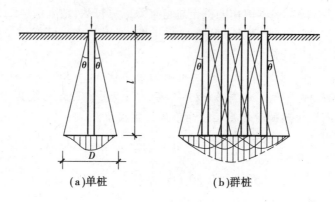

图 8.13　群桩下土体内应力叠加

工作时沉降量的比值,可反映群桩的沉降特性。

　　试验表明:摩擦型群桩效率,对于砂土一般是 $\eta > 1$。对于黏性土,高承台群桩的 η 一般不大于1,当桩距足够大时接近于1;低承台群桩由于承台分担荷载的作用,η 可大于1;对于粉土,由于沉降硬化与低承台的增强效应,在常用桩距下 η 一般大于1,与砂土相近。

　　群桩的地基变形及破坏状态呈两种类型:当桩距较小、土质较好时,桩间土与桩群作为一个整体而下沉,桩尖下土层受压缩,在极限荷载下,桩尖下土达到极限平衡状态,群桩呈整体破坏,类似于一个实体深基础;当桩距足够大、土质较软时,桩与周围土之间发生剪切变形,在极限荷载下,群桩呈刺入破坏。

　　因此,群桩的工作状态亦可分为两类:

　　①端承桩,桩距≥3d 而桩数少于9根的摩擦桩,以及条形基础下的桩不超过两排的桩基,其竖向抗压承载力为各单桩竖向抗压承载力之和。

　　②桩距<6d,而桩数≥9根的摩擦桩基,可视作一假想的实体深基础,群桩承载力即按实体基础进行地基强度设计或验算,并验算该桩基中各单桩所承受的外力(轴心受压或偏心受压)。当建筑物对桩基的沉降有特殊要求时,应作变形验算。

2)桩顶作用效应计算

　　对于一般建筑物和受水平力与力矩较小而桩径相同的高大建筑物群桩基础,按下列公式计算基桩的桩顶作用效应。

轴心竖向力作用下

$$N_k = (F_k + G_k)/n \tag{8.22}$$

偏心竖向力作用下

$$N_{ik} = \frac{F_k + G_k}{n} \pm \frac{M_{xk} y_i}{\sum y_j^2} \pm \frac{M_{yk} x_i}{\sum x_j^2} \tag{8.23}$$

水平力

$$H_{ik} = H_k/n \tag{8.24}$$

式中　F_k——荷载效应标准组合下,作用于承台顶面的竖向力,kN;

　　　　G_k——桩基承台和承台上土自重标准值,对稳定的地下水位以下部分应扣除水的浮力,kN;

N_k——荷载效应标准组合轴心竖向力作用下,基桩或复合基桩的平均竖向力,kN;

N_{ik}——荷载效应标准组合偏心竖向力作用下,第 i 基桩或复合基桩的竖向力,kN;

M_{xk},M_{yk}——荷载效应标准组合下,作用于承台底面,绕通过桩群形心的 x,y 主轴的力矩,kN·m;

x_i,x_j,y_i,y_j——第 i,j 复合基桩或基桩至 Y,X 轴的距离,m;

H_k——荷载效应标准组合下,作用于桩基承台底面的水平力,kN;

H_{ik}——荷载效应标准组合下,作用于第 i 基桩或复合基桩的水平力,kN;

n——桩基中的桩数。

▶ 8.4.2 群桩竖向承载力计算

1)桩基竖向承载力计算的一般规定

桩基中复合基桩或基桩的竖向承载力计算应符合下述极限状态计算表达式:

(1)荷载效应基本组合

轴心竖向力作用下

$$N_k \leqslant R \tag{8.25}$$

偏心竖向力作用下,除满足上式要求外,尚应满足:

$$N_{kmax} \leqslant 1.2R \tag{8.26}$$

式中　N_k——荷载效应标准组合轴心竖向力作用下,基桩或复合基桩的平均竖向力,kN;

　　　N_{kmax}——荷载效应标准组合偏心竖向力作用下,桩顶最大竖向力,kN;

　　　R——基桩或复合基桩竖向承载力特征值,kN。

(2)地震作用效应组合

轴心竖向力作用下

$$N_{Ek} \leqslant 1.25R \tag{8.27}$$

偏心竖向力作用下,除满足上式要求外,尚应满足:

$$N_{Ekmax} \leqslant 1.5R \tag{8.28}$$

式中　N_{Ek}——地震作用效应和荷载效应标准组合下,基桩或复合基桩的平均竖向力,kN;

　　　N_{Ekmax}——地震作用效应和荷载效应标准组合下,基桩或复合基桩的最大竖向力,kN。

2)桩基竖向承载力特征值

①对于端承型桩基、桩数少于 4 根的摩擦型柱下独立桩基,或由于地层土性、使用条件等因素不宜考虑承台效应时,基桩竖向承载力特征值应取单桩竖向承载力特征值。其表达式如式(8.3)所示。

②符合下列条件之一的摩擦型桩基,宜考虑承台效应确定其复合基桩的竖向承载力特征值。

a.上部结构整体刚度较好、体型简单的建(构)筑物。

b.对差异沉降适应性较强的排架结构和柔性构筑物。

c.按变刚度调平原则设计的桩基刚度相对弱化区。变刚度调平设计是以控制桩筏基础的沉降差为原则的,进而降低筏板内力和上部结构次应力,减小板厚、配筋,改善建筑物的使

用功能。由于实际问题中多是通过调整筏板底群桩的平面布置或改变桩的长度、直径等桩筏刚度的差异而使沉降差减小,故称之为变刚度调平设计。

d. 软土地基的减沉复合疏桩基础。

考虑承台效应的复合基桩竖向承载力特征值可按式(8.29)、式(8.30)确定:

不考虑地震作用时

$$R = R_a + \eta_c f_{ak} A_c \tag{8.29}$$

考虑地震作用时

$$R = R_a + \frac{\zeta_a}{1.25}\eta_c f_{ak} A_c \tag{8.30}$$

式中　η_c——承台效应系数,可按表8.13取值。

　　　f_{ak}——承台下1/2承台宽度且不超过5 m深度范围内各层土的地基承载力特征值按厚度加权的平均值,kPa。

　　　A_c——计算基桩所对应的承台底净面积,m^2。

　　　A_{ps}——为桩身截面面积,m^2。

　　　A——为承台计算域面积,m^2。对于柱下独立桩基,A为承台总面积;对于桩筏基础,A为柱、墙筏板的1/2跨距和悬臂边2.5倍筏板厚度所围成的面积;桩集中布置于单片墙下的桩筏基础,取墙两边各1/2跨距围成的面积,按条基计算η_c。

　　　ζ_a——地基抗震承载力调整系数,应按现行国家标准《建筑抗震设计规范》GB 50011采用。

当承台底为可液化土、湿陷性土、高灵敏度软土、欠固结土、新填土时,沉桩引起超孔隙水压力和土体隆起时,不考虑承台效应,取$\eta_c = 0$。

表8.13　承台效应系数 η_c

B_c/L	S_a/d				
	3	4	5	6	>6
≤0.4	0.06~0.08	0.14~0.17	0.22~0.26	0.32~0.38	0.50~0.80
0.4~0.8	0.08~0.10	0.17~0.20	0.26~0.30	0.38~0.44	
>0.8	0.10~0.12	0.20~0.22	0.30~0.34	0.44~0.50	
单排桩条形承台	0.15~0.18	0.25~0.30	0.38~0.45	0.50~0.60	

注:①表中s_a/d为桩中心距与桩径之比,B_c/l为承台宽度与桩长之比。当计算基桩为非正方形排列时,$s_a = \sqrt{A/n}$,A为承台计算域面积,n为总桩数。

　　②对于桩布置于墙下的箱、筏承台,η_c可按单排桩条基取值。

　　③对于单排桩条形承台,当承台宽度小于1.5d时,η_c按非条形承台取值。

　　④对于采用后注浆灌注桩的承台,η_c宜取低值。

　　⑤对于饱和黏性土中的挤土桩基、软土地基上的桩基承台,η_c宜取低值的0.8倍。

▶ 8.4.3　桩基沉降计算

桩基承担上部结构的自重,并将其传递给土体,这必然会导致桩周土体发生变形,进而引起桩基沉降。设计中必须对桩基沉降进行控制,使其满足建筑物桩基变形允许值的要求。

桩端持力层为软弱土的一、二级建筑桩基,以及桩端持力层为黏性土、粉土或存在软弱下卧层的一级建筑桩基,应验算沉降,并宜考虑上部结构与基础的共同作用。

群桩沉降计算,要求计算桩端以下地基沉降计算深度范围内的变形量作为桩基沉降量。但计算时各层土的压缩模量 E_s,应按实际的自重应力和附加应力由试验曲线确定。

需要计算变形的建筑物,其桩基变形计算值,不应大于桩基变形允许值。

建筑物的桩基变形允许值与地基变形相似,桩基变形指标仍为沉降量、沉降差、倾斜与局部倾斜 4 种。如无当地经验时,可按表 8.14 的规定采用。对于表中未包括的建筑物桩基允许变形值,可根据上部结构对桩基变形的适应能力和使用上的要求确定。

表 8.14 建筑桩基沉降变形允许值

变形特征		允许值
砌体承重结构基础的局部倾斜		0.002
各类建筑相邻柱(墙)基的沉降差:		
①框架、框架—剪力墙、框架—核心筒结构		$0.002l_0$
②砌体墙填充的边排柱		$0.0007l_0$
③当基础不均匀沉降时不产生附加应力的结构		$0.005l_0$
单层排架结构(柱距为 6 m)桩基的沉降量/mm		120
桥式吊车轨面的倾斜(按不调整轨道考虑):		
纵向		0.004
横向		0.003
多层和高层建筑的整体倾斜	$H_g \leq 24$	0.004
	$24 < H_g \leq 60$	0.003
	$60 < H_g \leq 100$	0.0025
	$H_g > 100$	0.002
高耸结构桩基的整体倾斜	$H_g \leq 20$	0.008
	$20 < H_g \leq 50$	0.006
	$50 < H_g \leq 100$	0.005
	$100 < H_g \leq 150$	0.004
	$150 < H_g \leq 200$	0.003
	$H_g > 200$	0.002
高耸结构基础的沉降量/mm	$H_g \leq 100$	350
	$100 < H_g \leq 200$	250
	$200 < H_g \leq 250$	150
体型简单的剪力墙结构高层建筑桩基最大沉降量/mm	—	200

注:l_0 为相邻柱(墙)二测点间距离,H_g 为自室外地面算起的建筑物高度。

1)桩中心距不大于6倍桩径的桩基

《桩基规范》规定,桩基(桩距≤6d)最终沉降量的计算,可采用等效作用分层总和法。等效作用面位于桩端平面,等效作用面积为桩承台投影面积,等效作用附加应力近似取承台底平均附加应力。等效作用面以下的应力分布,采用各向同性均质直线变形体理论,计算模式如图8.14所示。桩基础内任意点的最终沉降量,可用角点法按下式计算:

$$s = \psi\psi_e s' = \psi\psi_e \sum_{j=1}^{m} p_{0j} \sum_{i=1}^{l} \frac{z_{ij}\overline{\alpha}_{ij} - z_{(i-1)j}\overline{\alpha}_{(i-1)j}}{E_{si}} \tag{8.31}$$

式中　　s——桩基最终沉降量,mm。

s'——采用布辛奈斯克解,按实体深基础分层总和法计算出的桩基沉降量,mm。

ψ——桩基沉降计算经验系数。当无当地可靠经验时,桩基沉降计算经验系数可按表8.15选用。对于采用后注浆施工工艺的灌注桩,桩基沉降计算经验系数应根据桩端持力土层类别,乘以0.7(砂、砾、卵石)~0.8(黏性土、粉土)折减系数;饱和土中采用预制桩(不含复打、复压、引孔沉桩)时,应根据桩距、土质、沉桩速率和顺序等因素,乘以1.3~1.8挤土效应系数,土的渗透性低,桩距小,桩数多,沉降速率快时取大值。

ψ_e——桩基等效沉降系数。

表8.15　桩基沉降计算经验系数 ψ

$\overline{E}_s$/MPa	≤10	15	20	35	≥50
ψ	1.2	0.9	0.65	0.50	0.40

注:①$\overline{E}_s$ 为沉降计算深度范围内压缩模量的当量值,可按下式计算:$\overline{E}_s = \sum A_i / \sum (A_i/E_{si})$,式中 A_i 为第 i 层土附加压力系数沿土层厚度的积分值,可近似按分块面积计算;

②ψ 可根据 $\overline{E}_s$ 内插取值。

$$\psi_e = C_0 + \frac{n_b - 1}{C_1(n_b - 1) + C_2} \tag{8.32}$$

$$n_b = \sqrt{nB_c/L_c} \tag{8.33}$$

L_c,B_c,n 分别为矩形承台的长、宽及总桩数;n_b 为矩形布桩时的短边布桩数,具体计算参见规范;系数 C_0,C_1,C_2 根据群桩距径比 s_a/d、长径比 l/d 及基础长宽比 L_c/B_c 查表8.16进行确定。

m——角点法计算点对应的矩形荷载分块数;

p_{0j}——第 j 块矩形底面在荷载效应准永久组合下的附加压力,kPa;

l——桩基沉降计算深度范围内所划分的土层数;

E_{si}——等效作用面以下第 i 层土的压缩模量,MPa,采用地基土在自重压力至自重压力加附加压力作用时的压缩模量,MPa;

z_{ij},$z_{(i-1)}$——桩端平面第 j 块荷载作用面至第 i 层土、第 $i-1$ 层土底面的距离,m;

$\overline{\alpha}_{ij}$,$\overline{\alpha}_{(i-1)j}$——桩端平面第 j 块荷载计算点至第 i 层土、第 $i-1$ 层土底面深度范围内平均附加应力系数,可按第3章表3.10采用。

计算矩形桩基的变形时,桩基中点沉降计算式(8.31)可简化成下式:

$$s = \psi\psi_e s' = 4\psi\psi_e p_0 \sum_{i=1}^{n} \frac{z_i \overline{\alpha_i} - z_{i-1} \overline{\alpha_{i-1}}}{E_{si}}$$

$$(8.34)$$

式中　p_0——在荷载效应准永久组合下承台底的平均附加压力,kPa;

　　　$\overline{\alpha_i}, \overline{\alpha_{i-1}}$——平均附加应力系数,根据矩形长宽比 a/b 和深宽比 $z_i/b = 2z_i/B_c$ 与 $z_{i-1}/b = 2z_{i-1}/B_c$ 查表 3.10。

桩基沉降计算深度 z_n(图 8.14),按应力比法确定,且 z_n 处的附加应力 σ_z 与土的自重应力 σ_c 应符合下式要求:

$$\sigma_z \leqslant 0.2\sigma_c \qquad (8.35)$$

$$\sigma_z = \sum_{j=1}^{m} a_j p_{0j} \qquad (8.36)$$

式中附加应力系数 a_j,根据角点法划分的矩形长宽比及深宽比查表 3.2 确定。

当布桩不规则时,等效距径比可按式(8.37)、式(8.38)近似计算:

圆形桩

$$s_a/d = \sqrt{A}/(\sqrt{n}d) \qquad (8.37)$$

方形桩

$$s_a/d = 0.886\sqrt{A}/(\sqrt{n}b) \qquad (8.38)$$

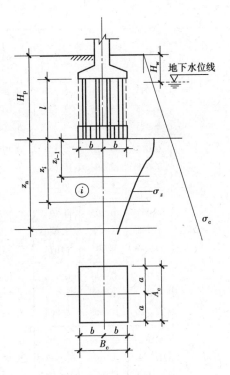

图 8.14　最终沉降量计算图

式中　A——桩基承台总面积,m^2;

　　　b——方形桩截面边长,m。

计算桩基沉降时,应考虑相邻基础的影响,采用叠加原理计算;等效作用附加压力及桩基等效沉降系数可按独立基础计算。当桩基形状不规则时,可采用等代矩形面积计算桩基等效沉降系数,等效矩形的长宽比可根据承台实际尺寸和形状确定。

表 8.16　桩基等效沉降系数 ψ_e 计算参数表($s_a/d = 2$)

l/d	L_c/B_c 系数	1	2	3	4	5	6	7	8	9	10
5	C_0	0.203	0.282	0.329	0.363	0.389	0.410	0.428	0.443	0.456	0.468
	C_1	1.543	1.687	1.797	1.845	1.915	1.949	1.981	2.047	2.073	2.098
	C_2	5.563	5.356	5.086	5.020	4.878	4.843	4.817	4.704	4.690	4.681
10	C_0	0.125	0.188	0.228	0.258	0.282	0.301	0.318	0.333	0.346	0.357
	C_1	1.487	1.573	1.653	1.676	1.731	1.750	1.768	1.828	1.844	1.860
	C_2	7.000	6.260	5.737	5.535	5.292	5.191	5.114	4.949	4.903	4.865

续表

l/d	系数	L_c/B_c 1	2	3	4	5	6	7	8	9	10
15	C_0	0.093	0.146	0.180	0.207	0.228	0.246	0.262	0.275	0.287	0.298
	C_1	1.508	1.568	1.637	1.647	1.696	1.707	1.718	1.776	1.787	1.798
	C_2	8.413	7.252	6.520	6.208	5.878	5.722	5.604	5.393	5.320	5.259
20	C_0	0.075	0.120	0.151	0.175	0.194	0.211	0.225	0.238	0.249	0.260
	C_1	1.548	1.592	1.654	1.656	1.701	1.706	1.712	1.770	1.777	1.783
	C_2	9.783	8.236	7.310	6.897	6.486	6.280	6.123	5.870	5.771	5.689
25	C_0	0.063	0.103	0.131	0.152	0.170	0.186	0.199	0.211	0.221	0.231
	C_1	1.596	1.628	1.686	1.679	1.722	1.722	1.724	1.783	1.786	1.789
	C_2	11.118	9.205	8.094	7.583	7.095	6.841	6.647	6.353	6.230	6.128
30	C_0	0.055	0.090	0.116	0.135	0.152	0.166	0.179	0.190	0.200	0.209
	C_1	1.646	1.669	1.724	1.711	1.753	1.748	1.745	1.806	1.806	1.806
	C_2	12.426	10.159	8.868	8.264	7.700	7.400	7.170	6.836	6.689	6.568
40	C_0	0.044	0.073	0.095	0.112	0.126	0.139	0.150	0.160	0.169	0.177
	C_1	1.754	1.761	1.812	1.787	1.827	1.814	1.803	1.867	1.861	1.855
	C_2	14.984	12.036	10.396	9.610	8.900	8.509	8.211	7.797	7.605	7.446
50	C_0	0.036	0.062	0.081	0.096	0.108	0.120	0.129	0.138	0.147	0.154
	C_1	1.865	1.860	1.909	1.873	1.911	1.889	1.872	1.939	1.927	1.916
	C_2	17.492	13.885	11.905	10.945	10.090	9.613	9.247	8.755	8.519	8.323
60	C_0	0.031	0.054	0.070	0.084	0.095	0.105	0.114	0.122	0.130	0.137
	C_1	1.979	1.962	2.010	1.962	1.999	1.970	1.945	2.016	1.998	1.981
	C_2	19.967	15.719	13.406	12.274	11.278	10.715	10.284	9.713	9.433	9.200
70	C_0	0.028	0.048	0.063	0.075	0.085	0.094	0.102	0.110	0.117	0.123
	C_1	2.095	2.067	2.114	2.055	2.091	2.054	2.021	2.097	2.072	2.049
	C_2	22.423	17.546	14.901	13.602	12.465	11.818	11.322	10.672	10.349	10.080
80	C_0	0.025	0.043	0.056	0.067	0.077	0.085	0.093	0.100	0.106	0.112
	C_1	2.213	2.174	2.220	2.150	2.185	2.139	2.099	2.178	2.147	2.119
	C_2	24.868	19.370	16.398	14.933	13.655	12.925	12.364	11.635	11.270	10.964
90	C_0	0.022	0.039	0.051	0.061	0.070	0.078	0.085	0.091	0.097	0.103
	C_1	2.333	2.283	2.328	2.245	2.280	2.225	2.177	2.261	2.223	2.189
	C_2	27.307	21.195	17.897	16.267	14.849	14.036	13.411	12.603	12.194	11.853
100	C_0	0.021	0.036	0.047	0.057	0.065	0.072	0.078	0.084	0.090	0.095
	C_1	2.453	2.392	2.436	2.341	2.375	2.311	2.256	2.344	2.299	2.259
	C_2	29.744	23.024	19.400	17.608	16.049	15.153	14.464	13.575	13.123	12.745

续表

l/d	系数	1	2	3	4	5	6	7	8	9	10
		\multicolumn{10}{c}{$(S_a/d=3)$}
5	C_0	0.203	0.318	0.377	0.416	0.445	0.468	0.486	0.502	0.516	0.528
	C_1	1.483	1.723	1.875	1.955	2.045	2.098	2.144	2.1\218	2.256	2.290
	C_2	3.679	4.036	4.086	4.053	3.995	4.007	4.014	3.938	3.944	3.948
10	C_0	0.125	0.213	0.263	0.298	0.324	0.346	0.364	0.380	0.394	0.406
	C_1	1.419	1.559	1.662	1.705	1.770	1.801	1.801	1.891	1.913	1.935
	C_2	4.861	4.723	4.460	4.384	4.237	4.193	4.193	4.038	4.017	4.000
15	C_0	0.093	0.166	0.209	0.240	0.266	0.285	0.302	0.317	0.330	0.342
	C_1	1.430	1.533	1.619	1.646	1.703	1.723	1.741	1.801	1.817	1.832
	C_2	5.900	5.435	5.010	4.855	4.641	4.559	4.496	4.340	4.300	4.267
20	C_0	0.075	0.138	0.176	0.205	0.227	0.246	0.262	0.276	0.288	0.299
	C_1	1.461	1.542	1.619	1.635	1.687	1.700	1.712	1.772	1.783	1.793
	C_2	6.879	6.137	5.570	5.346	5.073	4.958	4.869	4.679	4.623	4.577
		\multicolumn{10}{c}{$(S_a/d=3)$}
25	C_0	0.063	0.118	0.153	0.179	0.200	0.218	0.233	0.246	0.258	0.268
	C_1	1.500	1.565	1.637	1.544	1.693	1.699	1.706	1.737	1.774	1.780
	C_2	7.822	6.826	6.127	5.839	5.511	5.364	5.252	5.030	4.956	4.899
30	C_0	0.055	0.104	0.136	0.160	0.180	0.196	0.210	0.223	3.234	0.244
	C_1	1.542	1.595	1.663	1.662	1.709	1.711	1.712	1.775	1.777	1.780
	C_2	8.741	7.506	6.680	6.331	5.949	5.772	5.638	5.383	5.297	5.226
40	C_0	0.044	0.085	0.112	0.133	0.150	0.165	0.178	0.189	0.199	0.208
	C_1	1.632	1.667	1.729	1.715	1.759	1.750	1.743	1.808	1.804	1.799
	C_2	10.535	8.845	7.774	7.309	6.822	6.588	6.410	6.093	5.978	5.883
50	C_0	0.036	0.072	0.096	0.114	0.130	0.143	0.155	0.165	0.174	0.182
	C_1	1.726	1.746	1.805	1.778	1.819	1.801	1.786	1.855	1.843	1.832
	C_2	12.292	10.168	8.860	8.284	7.694	7.405	7.185	6.805	6.662	5.543
60	C_0	0.031	0.063	0.084	0.101	0.115	0.127	0.137	0.146	0.155	0.163
	C_1	1.822	1.828	1.885	1.845	1.885	1.858	1.834	1.907	1.888	1.870
	C_2	14.029	11.486	9.944	9.259	8.568	8.224	7.962	7.520	7.348	7.206
70	C_0	0.028	0.056	0.075	0.090	0.103	0.114	0.123	0.132	0.140	0.147
	C_1	1.920	1.913	1.968	1.916	1.954	1.918	1.885	1.962	1.936	1.911
	C_2	15.756	12.801	11.029	10.237	9.444	9.047	8.742	8.238	8.038	7.871

续表

l/d	系数 L_c/B_c	1	2	3	4	5	6	7	8	9	10
80	C_0	0.025	0.050	0.068	0.081	0.093	0.103	0.122	0.120	0.127	0.134
	C_1	2.019	2.000	2.053	1.988	2.025	1.979	1.938	2.019	1.985	1.954
	C_2	17.478	14.120	12.117	11.220	10.325	9.874	9.527	8.959	8.731	8.540
90	C_0	0.022	0.045	0.062	0.074	0.085	0.095	0.103	0.110	0.117	0.123
	C_1	2.118	2.087	2.139	2.060	2.096	2.041	1.991	2.076	2.036	1.998
	C_2	19.200	15.442	13.210	12.208	11.211	10.705	10.316	9.684	9.427	9.211
100	C_0	0.021	0.142	0.057	0.069	0.079	0.087	0.095	0.102	0.108	0.114
	C_1	2.218	2.174	2.225	2.133	2.168	2.103	2.044	2.133	2.086	2.042
	C_2	20.925	16.770	14.307	13.201	12.101	11.541	11.110	10.413	10.127	9.886
$(S_a/d=4)$											
5	C_0	0.203	0.354	0.422	0.464	0.495	0.519	0.538	0.555	0.568	0.580
	C_1	1.445	1.786	1.986	2.101	2.213	2.286	2.349	2.434	2.484	2.530
	C_2	2.633	3.243	3.340	3.444	3.431	3.466	3.488	3.433	3.447	3.457
10	C_0	0.125	0.237	0.294	0.332	0.361	0.384	0.403	0.419	0.433	0.445
	C_1	1.378	1.570	1.695	1.756	1.830	1.870	1.906	1.972	2.000	2.027
	C_2	3.707	3.873	3.743	3.729	3.630	3.612	3.597	3.500	3.490	3.482
$(S_a/d=4)$											
15	C_0	0.093	0.185	0.234	0.269	0.296	0.317	0.335	0.351	0.364	0.376
	C_1	1.384	1.524	1.626	1.666	1.729	1.757	1.781	1.843	1.863	1.881
	C_2	4.571	4.458	4.188	4.107	3.951	3.904	3.866	3.736	3.712	3.693
20	C_0	0.075	0.153	9.198	0.230	0.254	0.275	0.291	0.306	0.319	0.331
	C_1	1.408	1.521	1.611	1.638	1.695	1.713	1.730	1.791	1.805	1.818
	C_2	5.361	5.024	4.636	4.502	4.297	4.225	4.169	4.009	3.973	3.944
25	C_0	0.063	0.132	0.173	0.202	0.255	0.244	0.260	0.274	0.286	0.297
	C_1	1.441	1.534	1.616	1.633	1.686	1.698	1.706	1.770	1.779	1.786
	C_2	6.114	5.578	5.081	4.900	4.650	4.555	4.482	4.293	4.246	4.208
30	C_0	0.055	0.117	0.154	0.181	0.203	0.221	0.236	0.249	0.261	0.271
	C_1	1.477	1.555	1.633	1.640	1.691	1.696	1.701	1.764	1.768	1.771
	C_2	6.843	6.122	5.524	5.298	5.004	4.887	4.799	4.581	4.524	4.477
40	C_0	0.044	0.095	0.127	0.151	0.170	0.186	0.200	0.212	0.223	0.233
	C_1	1.555	1.611	1.681	1.673	1.720	1.714	1.708	1.774	1.710	1.765
	C_2	8.261	7.195	6.402	6.093	5.713	5.556	5.436	5.163	5.085	5.021
50	C_0	0.036	0.081	0.109	0.130	0.148	0.162	0.175	0.186	0.196	0.205
	C_1	1.636	1.674	1.740	1.718	1.762	1.745	1.730	1.800	1.787	1.775
	C_2	9.648	8.258	7.277	6.887	6.424	6.227	6.077	5.749	5.650	5.569

l/d	系数	L_c/B_c 1	2	3	4	5	6	7	8	9	10
60	C_0	0.031	0.071	0.096	0.115	0.131	0.144	0.156	0.166	0.175	0.183
	C_1	1.719	1.742	1.805	1.768	1.810	1.783	1.758	1.832	1.811	1.791
	C_2	11.021	9.319	8.152	7.684	7.138	6.902	6.721	6.338	6.219	6.120
70	C_0	0.028	0.063	0.086	0.103	0.117	0.130	0.140	0.150	0.158	0.166
	C_1	1.803	1.811	1.872	1.821	1.861	1.824	1.789	1.867	1.839	1.812
	C_2	12.387	10.381	9.029	8.485	7.856	7.580	7.369	9.929	6.789	6.672
80	C_0	0.025	0.057	0.077	0.093	0.107	0.118	0.128	0.137	0.145	0.152
	C_1	1.887	1.882	1.940	1.876	1.914	1.866	1.822	1.904	1.868	1.834
	C_2	13.753	11.447	9.911	9.291	8.578	8.262	8.020	7.524	7.362	7.226
90	C_0	0.022	0.051	0.071	0.085	0.098	0.108	0.117	0.126	0.133	0.140
	C_1	1.972	1.953	2.009	1.931	1.967	1.909	1.857	1.943	1.899	1.858
	C_2	15.119	12.518	10.799	10.102	9.3051	8.949	8.674	8.122	7.938	7.782
100	C_0	0.021	0.047	0.065	0.079	0.090	0.100	0.109	0.117	0..123	0.130
	C_1	2.057	2.025	2.079	1.986	2.021	1.953	1.891	1.981	1.931	1.883
	C_2	16.490	13.595	11.691	10.918	10.36	0.639	9.331	8.722	8.515	8.339
$(S_a/d=5)$											
5	C_0	0.203	0.389	0.464	0.510	0.543	0.567	0.587	0.603	0.617	0.628
	C_1	1.416	1.864	2.120	2.277	2.416	2.514	2.599	2.695	2.761	2.821
	C_2	1.941	2.652	2.824	2.957	2.973	3.018	3.045	3.008	3.023	3.033
10	C_0	0.125	0.260	0.323	0.364	0.394	0.417	0.437	0.453	0.467	0.480
	C_1	1.349	1.593	1.740	1.818	1.902	1.952	1.996	2.065	2.099	2.131
	C_2	2.959	3.301	3.255	3.278	3.208	3.206	3.201	3.120	3.116	3.112
15	C_0	0.093	0.202	0.257	0.295	0.323	0.345	0.364	0.379	0.393	0.405
	C_1	1.351	1.528	1.645	1.697	1.766	1.800	1.829	1.893	1.916	1.938
	C_2	3.724	3.825	3.649	3.614	3.492	3.465	3.442	3.329	3.314	3.301
20	C_0	0.075	0.168	0.218	0.252	0.278	0.299	0.317	0.332	0.345	0.357
	C_1	1.372	1.513	1.615	1.651	1.712	1.735	1.755	1.818	1.834	1.849
	C_2	4.407	4.316	4.036	3.957	3.792	3.745	3.708	3.566	3.542	3.522
25	C_0	0.063	0.145	0.190	0.222	0.246	0.267	0.283	0.298	0.310	0.322
	C_1	1.399	1.517	1.609	1.633	1.690	1.705	1.717	1.781	1.791	1.800
	C_2	5.049	4.792	4.418	4.301	4.096	4.031	3.982	3.812	3.780	3.754
30	C_0	0.055	0.128	0.170	0.199	0.222	0.241	0.257	0.271	0.283	0.294
	C_1	1.431	1.531	1.617	1.630	1.684	1.692	1.697	1.762	1.767	1.770
	C_2	5.668	5.258	4.796	4.644	4.401	4.320	4.259	4.063	4.022	3.990

续表

l/d	系数	L_c/B_c 1	2	3	4	5	6	7	8	9	10
40	C_0	0.044	0.105	0.141	0.167	0.188	0.205	0.219	0.232	0.243	0.253
	C_1	1.498	1.573	1.650	1.646	1.695	1.689	1.683	1.751	1.746	1.741
	C_2	6.865	6.176	5.547	5.331	5.013	4.902	4.817	4.568	4.512	4.467
50	C_0	0.036	0.089	0.121	0.144	0.163	0.179	0.192	0.204	0.214	0.224
	C_1	1.569	1.623	1.695	1.675	1.720	1.703	1.868	1.758	1.743	1.730
	C_2	8.034	7.085	6.296	6.018	5.628	5.486	5.379	5.078	5.006	4.948
60	C_0	0.031	0.078	0.106	0.128	0.145	0.159	0.171	0.182	0.192	0.201
	C_1	1.642	1.678	1.745	1.710	1.753	1.724	1.697	1.772	1.749	1.727
	C_2	9.192	7.994	7.046	6.709	6.246	6.074	5.943	5.590	5.502	5.429
70	C_0	0.028	0.069	0.095	0.114	0.130	0.143	0.155	0.165	0.174	0.182
	C_1	1.715	1.735	1.799	1.748	1.789	1.749	1.712	1.791	1.760	1.730
	C_2	10.345	8.905	7.800	7.403	6.868	6.664	6.509	6.104	5.999	5.911
80	C_0	0.025	0.063	0.086	0.104	0.118	0.131	0.141	0.151	0.159	0.167
	C_1	1.788	1.793	1.854	1.788	1.827	1.776	1.730	1.812	1.773	1.737
	C_2	11.498	9.820	8.558	8.102	7.493	7.258	7.077	6.620	6.497	6.393
					$(S_a/d=5)$						
90	C_0	0.022	0.057	0.079	0.095	0.109	0.120	0.130	0.139	0.147	0.154
	C_1	1.861	1.851	1.909	1.830	1.866	1.805	1.749	1.835	1.789	1.745
	C_2	12.653	10.741	9.321	8.805	8.123	7.854	7.647	7.138	6.996	6.876
100	C_0	0.021	0.052	0.072	0.088	0.100	0.111	0.120	0.129	0.136	0.143
	C_1	1.934	1.909	1.966	1.871	1.905	1.834	1.769	1.859	1.805	1.755
	C_2	13.812	11.667	10.089	9.512	8.755	8.453	8.218	7.657	7.495	7.358
					$(S_a/d=6)$						
5	C_0	0.203	0.423	0.506	0.555	0.588	0.613	0.633	0.649	0.663	0.674
	C_1	1.393	1.956	2.277	2.485	2.658	2.789	2.902	3.021	3.099	3.179
	C_2	1.438	2.152	2.365	2.503	2.538	2.581	2.603	2.586	2.596	2.599
10	C_0	0.125	0.281	0.350	0.393	0.424	0.449	0.468	0.485	0.499	0.511
	C_1	1.328	1.623	1.793	1.889	1.983	2.044	2.096	2.169	2.210	2.247
	C_2	2.421	2.870	2.881	2.927	2.879	2.886	2.887	2.818	2.817	2.815
15	C_0	0.093	0.219	0.279	0.318	0.348	0.371	0.390	0.406	0.419	0.423
	C_1	1.327	1.540	1.671	1.733	1.809	1.848	1.882	1.949	1.975	1.999
	C_2	3.126	3.366	3.256	3.250	3.153	3.139	3.126	3.024	3.015	3.007
20	C_0	0.075	0.182	0.236	0.272	0.300	0.322	0.340	0.355	0.369	0.380
	C_1	1.344	1.513	1.625	1.669	1.735	1.762	1.785	1.850	1.868	1.884
	C_2	3.740	3.815	3.607	3.565	3.428	3.398	3.374	3.243	3.227	3.214

续表

l/d	系数	1	2	3	4	5	6	7	8	9	10
		L_c/B_c									
25	C_0	0.063	0.157	0.207	0.024	0.266	0.287	0.304	0.319	0.332	0.343
	C_1	1.368	1.509	1.610	1.640	1.700	1.717	1.731	1.796	1.807	1.816
	C_2	4.311	4.242	3.950	3.877	3.703	3.659	3.625	3.468	3.445	3.427
30	C_0	0.055	0.139	0.184	0.216	0.240	0.260	0.276	0.291	0.303	0.314
	C_1	1.395	1.516	1.608	1.627	1.683	1.692	1.699	1.765	1.769	1.773
	C_2	4.858	4.659	4.288	4.187	3.977	3.921	3.879	3.694	3.666	3.643
40	C_0	0.044	0.114	0.153	0.181	0.203	0.221	0.236	0.249	0.261	0.271
	C_1	1.455	1.545	1.627	1.626	1.676	1.671	1.664	1.733	1.727	1.721
	C_2	5.912	5.477	4.957	4.804	4.528	4.447	4.386	4.151	4.111	4.078
50	C_0	0.036	0.097	0.132	0.157	0.177	0.193	0.207	0.219	0.230	0.240
	C_1	1.517	1.584	1.659	1.640	1.687	1.669	1.650	1.723	1.707	1.691
	C_2	6.939	6.287	5.624	5.423	5.080	4.974	4.896	4.610	4.557	4.514
$(S_a/d=6)$											
60	C_0	0.031	0.085	0.116	0.139	0.157	0.172	0.185	0.196	0.207	0.216
	C_1	1.581	1.627	1.698	1.662	1.706	1.675	1.645	1.722	1.697	1.672
	C_2	7.956	7.097	6.292	6.043	5.634	5.504	5.406	5.071	5.004	4.948
70	C_0	0.028	0.076	0.104	0.125	0.141	0.156	0.168	0.178	0.188	0.196
	C_1	1.645	1.673	1.740	1.688	1.728	1.686	1.646	1.726	1.692	1.660
	C_2	8.968	7.908	6.964	6.667	6.191	6.035	5.917	5.532	5.450	5.382
80	C_0	0.025	0.068	0.094	0.113	0.129	0.142	0.153	0.163	0.172	0.180
	C_1	1.708	1.720	1.783	1.716	1.754	1.700	1.650	1.734	1.692	1.652
	C_2	9.981	8.724	7.640	7.293	6.751	6.569	6.428	5.994	5.896	5.814
90	C_0	0.022	0.062	0.086	0.104	0.118	0.131	0.141	0.150	0.159	0.167
	C_1	1.772	1.768	1.827	1.745	1.780	1.716	1.657	1.744	1.694	1.648
	C_2	10.997	9.544	8.319	7.924	7.314	7.103	6.939	6.457	6.342	6.244
100	C_0	0.021	0.057	0.079	0.096	0.110	0.121	0.131	0.140	0.148	0.155
	C_1	1.835	1.815	1.872	1.775	1.808	1.733	1.665	1.755	1.698	1.646
	C_2	12.016	10.370	9.004	8.557	7.879	7.639	7.450	6.919	6.787	6.673

注:L_c——群桩基础承台长度;B_c——群桩基础承台宽度;l——桩长;d——桩径。

2)单桩、单排桩、桩中心距大于6倍桩径的疏桩基础

(1)承台底地基土不分担荷载的桩基

桩端平面以下地基中由基桩引起的附加应力,按考虑桩径影响的明德林解计算确定。将沉降计算点水平面影响范围内各基桩对应力计算点产生的附加应力叠加,采用单向压缩分层总和法计算土层的沉降,并计入桩身压缩 s_e。桩基的最终沉降量可按式(8.39)、式(8.40)、式(8.41)计算:

$$s = \psi \sum_{i=1}^{n} \frac{\sigma_{zi}}{E_{si}} \Delta z_i + s_e \tag{8.39}$$

$$\sigma_{zi} = \sum_{j=1}^{m} \frac{Q_j}{l_j^2} [\alpha_j I_{p,ij} + (1 - \alpha_j) I_{s,ij}] \tag{8.40}$$

$$s_e = \xi_e \frac{Q_j l_j}{E_c A_{ps}} \tag{8.41}$$

（2）承台底地基土分担荷载的复合桩基

将承台底土压力对地基中某点产生的附加应力按布辛奈斯克解计算，与基桩产生的附加应力叠加，采用与第（1）条相同方法计算沉降。其最终沉降量可按式（8.42）、式（8.43）、式（8.44）计算：

$$s = \psi \sum_{i=1}^{n} \frac{\sigma_{zi} + \sigma_{zci}}{E_{si}} \Delta z_i + s_e \tag{8.42}$$

$$\sigma_{zci} = \sum_{k=1}^{u} \alpha_{ki} p_{ck} \tag{8.43}$$

式中　m——以沉降计算点为圆心，0.6 倍桩长为半径的水平面影响范围内的基桩数。

n——沉降计算深度范围内土层的计算分层数，分层数应结合土层性质，分层厚度不应超过计算深度的 0.3 倍。

σ_{zi}——水平面影响范围内各基桩对应力计算点桩端平面以下第 i 层土 1/2 厚度处产生的附加竖向应力之和，kPa，应力计算点应取与沉降计算点最近的桩中心点。

σ_{zci}——承台压力对应力计算点桩端平面以下第 i 计算土层 1/2 厚度处产生的应力，kPa，可将承台板划分为 u 个矩形块，可按《桩基规范》附录 D 采用角点法计算。

Δz_i——第 i 计算土层厚度，m。

E_{si}——第 i 计算土层的压缩模量，采用土的自重压力至土的自重压力加附加压力作用时的压缩模量，MPa。

Q_j——第 j 桩在荷载效应准永久组合作用下，桩顶的附加荷载，kN，当地下室埋深超过 5 m 时，取荷载效应准永久组合作用下的总荷载为考虑回弹再压缩的等代附加荷载。

l_j——第 j 桩桩长，m。

A_{ps}——桩身截面面积，m^2。

α_j——第 j 桩总桩端阻力与桩顶荷载之比，近似取极限总端阻力与单桩极限承载力之比。

$I_{p,ij}, I_{s,ij}$——分别为第 j 桩的桩端阻力和桩侧阻力对计算轴线第 i 计算土层 1/2 厚度处的应力影响系数，可按《桩基规范》附录 F 确定。

E_c——桩身混凝土的弹性模量，MPa。

p_{ck}——第 k 块承台底均布压力，kPa，可按 $p_{ck} = \eta_{ck} f_{ak}$ 取值，其中 η_{ck} 为第 k 块承台底板的承台效应系数，按表 8.13 确定，f_{ak} 为承台底地基承载力特征值。

α_{ki}——第 k 块承台底角点处，桩端平面以下第 i 计算土层 1/2 厚度处的附加应力系数，可按《桩基规范》附录 D 确定。

s_e——计算桩身压缩,m。

ξ_e——桩身压缩系数,端承型桩,取 $\xi_e = 1.0$。摩擦型桩,当 $l/d \leqslant 30$ 时,取 $\xi_e = 2/3$;
$l/d \geqslant 50$ 时,取 $\xi_e = 1/2$,介于两者之间可线性插值。

ψ——沉降计算经验系数,无当地经验时,可取 1.0。

对于单桩、单排桩、复合疏桩基础的最终沉降计算深度 z_n,可按应力比法确定,即 z_n 处由桩引起的附加应力 σ_z、由承台土压力引起的附加应力 σ_{zc} 与土的自重应力 σ_c 应符合下式要求:

$$\sigma_z + \sigma_{zc} = 0.2\sigma_c \tag{8.44}$$

3)软土地基减沉复合疏桩基础

当软土地基上建造多层建筑,地基承载力基本满足要求(以底层平面面积计算)时,可设置穿过软土层进入相对较好土层的疏布摩擦型桩,由桩和桩间土共同分担荷载。该种减沉复合疏桩基础,可按式(8.45)、式(8.46)确定承台面积和桩数:

$$A_c = \xi \frac{F_k + G_k}{f_{ak}} \tag{8.45}$$

$$n \geqslant \frac{F_k + G_k - \eta_c f_{ak} A_c}{R_a} \tag{8.46}$$

式中　A——桩基承台总净面积,m^2;

f_{ak}——承台底地基承载力特征值,kPa;

ξ——承台面积控制系数,$\xi \geqslant 0.60$;

n——基桩数;

η_c——桩基承台效应系数,可按表 8.13 取值。

减沉复合疏桩基础中点沉降可按式(8.47)、式(8.48)、式(8.49)、式(8.50)计算:

$$s = \psi(s_s + s_{sp}) \tag{8.47}$$

$$s_s = 4p_0 \sum_{i=1}^{m} \frac{z_i \overline{\alpha}_i - z_{(i-1)} \overline{\alpha}_{(i-1)}}{E_{si}} \tag{8.48}$$

$$s_{sp} = 280 \frac{\overline{q}_{su}}{E_s} \cdot \frac{d}{(s_a/d)^2} \tag{8.49}$$

$$p_a = \eta_p \frac{F - nR_a}{A_c} \tag{8.50}$$

式中　s——桩基中心点沉降量,m;

s_s——由承台底地基土附加压力作用下产生的中点沉降(图 8.15),m;

s_{sp}——由桩土相互作用产生的沉降,m;

p_0——按荷载效应准永久值组合计算的假想天然地基平均附加压力,kPa;

E_{si}——承台底以下第 i 层土的压缩模量,应取自重压力至自重压力与附加压力段的模量值,MPa;

m——地基沉降计算深度范围的土层数,沉降计算深度按 $\sigma_z = 0.1\sigma_c$ 确定,σ_z 按式(8.35)、式(8.36)确定;

$\overline{q}_{su}, \overline{E}_s$——桩身范围内按厚度加权的平均桩侧极限摩阻力,kPa,平均压缩模量,MPa;

d——桩身直径,m,当为方形桩时,$d = 1.27b$(b 为方形桩截面边长);

s_a/d——等效距径比,可按式(8.37)、式(8.38)执行;

z_i, z_{i-1}——承台底至第 i 层、第 $i-1$ 层土底面的距离;

$\bar{\alpha}_i, \bar{\alpha}_{i-1}$——承台底至第 i 层、第 $i-1$ 层土层底范围内的角点平均附加应力系数,根据承台等效面积的计算分块矩形长宽比 a/b 及深宽比 $z_i/b = 2z_i/B_c$,由《桩基规范》附录 D 确定,其中承台等效宽度 $B_c = B\sqrt{A_c/L}$,B, L 分别为建筑物基础外缘平面的宽度和长度;

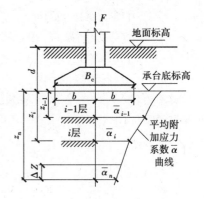

图 8.15　复合疏桩基础沉降计算的分层示意图

F——荷载效应准永久值组合下,作用于承台底的总附加荷载,kN;

η_p——基桩刺入变形影响系数,按桩端持力层土质确定,砂土为 1.0,粉土为 1.15,黏性土为 1.30;

ψ——沉降计算经验系数,无当地经验时,可取 1.0。

8.5　桩基水平承载力与位移计算

工程中的桩基础,一般以承受竖向荷载为主,但在风、地震或土、水压力等作用下,桩基础顶部作用有水平荷载。某些情况下,如深基坑支护的锚桩、码头靠船和系缆绳的基础、往复式动力机械基础、海港护坡堤基础等,也可能承受较大的水平荷载。这时需对桩基础的水平承载力进行验算。

▶ 8.5.1　水平荷载下桩的失效与变形

桩所受的水平荷载一般都作用(或经平移后作用)于桩顶。桩顶在水平力与弯矩作用下,使桩身挤压土体,并受土体反力作用,发生横向弯曲变形,桩体产生内力。随着水平力的加大,桩的水平位移与土的变形增大,最后桩一侧出现桩土开裂,另一侧土体明显隆起。如果桩的水平位移超过容许值,桩身产生裂缝以至断裂或拔出,桩基失效或破坏。实践证明,桩的水平承载力比竖向承载力低得多。

影响桩的水平承载力的因素很多,主要取决于桩的截面刚度、入土深度、桩侧土质条件、桩顶位移允许值、桩顶嵌固情况等。

桩在水平荷载作用下的变形(位)特征,由于桩与地基的相对刚度及桩长的不同,可分为三种类型:

(1)刚性桩(短桩)

地基软弱,桩身较短,桩的抗弯刚度大大超过地基刚度,桩身如同刚体一样绕桩端附近某点转动或倾斜偏移,土体屈服挤出隆起,如图8.16(a)所示。

（2）半刚性桩(中长桩)

地基较密实,桩身较长,桩的抗弯刚度相对地基刚度较弱,桩身上部发生弯曲变形,下部完全嵌固在地基土中,桩身位移曲线只出现一个位移零点,即桩身只向原直立轴线一侧挠曲变形,如图8.16(b)所示。

（3）柔性桩(长桩)

地基较松软,桩的长度足够长或刚度很小,桩身位移曲线上出现两个及两个以上位移零点和弯矩零点,即桩身向原直立轴线两侧弹性挠曲

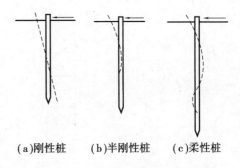

(a)刚性桩　　(b)半刚性桩　　(c)柔性桩

图8.16　桩在水平荷载下的变形

变形,且位移和弯矩随桩深衰减很快,计算时可视桩长为无限长,如图8.16(c)所示。

半刚性桩和柔性桩统称为弹性桩。

上述三种桩的界限,以桩身变形系数 α(亦称桩特征值)与桩入土长度 h 的乘积大小划定。例如,我国一些设计规范中用的"m"法,以 $\alpha h \geqslant 4$ 为长桩,$\alpha h \leqslant 2.5$ 为短桩。

桩的水平承载力设计值,一般采用现场静荷载试验和理论计算两类方法确定。

桩的水平静荷载试验在原位进行,所得结果较符合实际,可以结合具体的土层和桩基验证计算值。

水平承载力设计值的确定是观察各级荷载反复作用的位移值是否趋于稳定,初始阶段因荷载不大,位移值应趋于稳定。如荷载加大到某一级时,桩的位移值不断增大且不稳定,则可认为该级荷载为桩的破坏荷载。因此,其前一级荷载为水平力的极限荷载,可取极限承载力的一半作为单桩水平承载力特征值(即安全系数2)。

▶ 8.5.2　单桩水平承载力的理论计算(m法)

1)地基水平抗力系数的分布形式

桩在水平力和弯矩作用下,用理论方法计算桩的变位和内力时,通常采用按文克勒假定的弹性地基上的竖直梁计算法。该方法假定桩的侧向地基反力 p 与该点的水平位移 x 成比例,即:

$$p = k_x \cdot x \cdot b_0 \tag{8.51}$$

式中　b_0——桩身截面计算宽度,m;

　　　k_x——地基水平抗力系数(亦称基床系数,地基系数)。

常见的对 k_x 的假定,可以分为以下4种常用形式:常数法、K法、m法和C法,如图8.17所示。

常数法假定 k_x 沿深度为常数,适用于桩顶水平位移不大的情况,如高层建筑下抗风力或机器基础的竖直桩。C法与常数法不同,其分布为 $k_x = Cz^{0.5}$,较适用于黏性土。m法是假定 $k_x = mz$,即假定 k_x 随深度 z 呈线性变化,m 值为常数,依土质而定,较适用于砂性土。m法和C值法较多应用于铁路和公路工程,并已积累了试验数据和经验。K法在20世纪50年代的桥梁设计中应用较多,近年已被C法和m法代替。

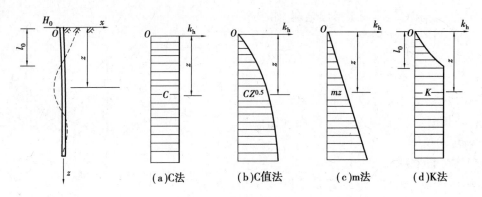

| (a)C法 | (b)C值法 | (c)m法 | (d)K法 |

图8.17　地基水平基床系数 k_h 的几种典型分布

2)挠曲微分方程和 m 法

单桩桩顶在水平力 H_0、弯矩 M_0 和地基对桩侧的水平抗力 p_x 作用下挠曲,根据 m 法的假定 $k_x = mz$,桩的弹性曲线微分方程可写成如下形式:

$$\frac{\mathrm{d}^4 x}{\mathrm{d}z^4} + \frac{mb_0}{EI}xz = 0 \tag{8.52}$$

式中　EI——桩身横向抗弯刚度,$kN \cdot m^2$,E 为桩身弹性模量,I 为截面惯性矩;

　　　　z,x——桩身截面的深度与该截面的水平位移,m。

m 的具体含义是单位深度内水平抗力系数的变化,应根据单桩水平静载试验确定。如无试验资料时,可参照表8.17选取。

表8.17　地基土水平抗力系数的比例系数 m 值

序号	地基土类别	预制桩、钢桩		灌注桩	
		$m/(\mathrm{MN} \cdot \mathrm{m}^{-4})$	相应单桩在地面处水平位移/mm	$m/(\mathrm{MN} \cdot \mathrm{m}^{-4})$	相应单桩在地面处水平位移/mm
1	淤泥,淤泥质土,饱和湿陷性黄土	2~4.5	10	2.5~6	6~12
2	流塑、软塑状黏性土,$e > 0.9$ 粉土,松散粉细砂,松散稍密填土	4.5~6	10	6~14	4~8
3	可塑状黏性土,$e = 0.7 \sim 0.9$ 粉土,湿陷性黄土,中密填土,稍密细砂	6~10	10	14~35	3~6
4	硬塑、坚硬状黏性土,湿陷性黄土,$e < 0.7$ 粉土,中密的中粗砂,密实老填土	10~22	10	35~100	2~5
5	中密、密实的砾砂,碎石类土			100~300	1.5~3

注:①当桩顶水平位移大于表列值或灌注桩配筋率≥0.65%时,m 值应适当降低;当预制桩的水平位移小于10 mm时,m 值可适当提高。

②当水平荷载为长期或经常出现的荷载时,应将表列数值乘以0.4降低采用。

③当地基为可液化土层时,应将表列数值乘以土层液化折减少系数 φ_L(表8.10)。

若令

$$\alpha = \sqrt[5]{\frac{mb_0}{EI}} \tag{8.53}$$

式中 α——桩的变形系数，$1/\mathrm{m}$。

代入前式得：

$$\frac{\mathrm{d}^4 x}{\mathrm{d}z^4} + \alpha^5 xz = 0 \tag{8.54}$$

利用幂级数积分后可得到该微分方程的解，通过梁的挠度 x 与弯矩 M、剪力 V 和转角 ϕ 的微分关系，求出桩身各截面的内力 M，V，位移 x，角位移 ϕ 以及土的水平抗力 p_x。

有关计算系数，一般已编制成表格，以供设计者采用，可参阅有关设计规范或手册。

当桩侧由几层土组成时，应求出主要影响深度 $h_m = 2(d+1)$（单位 m）范围内的 m 值为计算值，如三层土的有关值分别为 m_1, m_2, m_3 和 h_1, h_2, h_3，则：

$$m = \frac{m_1 h_1^2 + m_2(2h_1 + h_2)h_2 + m_3(2h_1 + 2h_2 + h_3)h_3}{h_m^2} \tag{8.55}$$

如 h_m 范围内只有两层土，则 $h_3 = 0$，即得相应的 m 值。

单桩受水平荷载作用引起的桩周土抗力分布范围大于桩径（宽），而且和桩截面形状有关，故需用计算宽度 b_0。当圆桩径 $d \leq 1\ \mathrm{m}$，$b_0 = 0.9(1.5d + 0.5)$；$d > 1\ \mathrm{m}$ 时，$b_0 = 0.9(d+1)$。而方桩边宽 $b \leq 1\ \mathrm{m}$ 时，$b_0 = 1.5b + 0.5$；$b > 1\ \mathrm{m}$ 时，$b_0 = b + 1$。

3)桩身最大弯矩及其位置

设计承受水平荷载的单桩，需知道桩身的最大弯矩值及其作用截面位置，以便计算截面配筋，为此可简化为根据桩顶荷载 H_0，M_0 以及桩的变形系数 α 计算如下系数：

$$C_{\mathrm{I}} = \alpha M_0 / H_0 \tag{8.56}$$

由系数 C_{I} 从表 8.18 查得相应的换算深度 $h' = ah$，由此可求得最大弯矩的深度为：

$$z' = h' / \alpha \tag{8.57}$$

同时，由系数 C_{I} 查得相应的系数 D_{II}，即可由下式计算桩身最大弯矩值：

$$M_{\max} = D_{\mathrm{II}} M_0 \tag{8.58}$$

表 8.18 是按长桩 $h = 4.0/\alpha$ 编制的，即桩的入土深度符合这一条件，一般房屋建筑均可满足。如 $h > 4.0/\alpha$，可按该表计算；如 $h \leq 4.0/\alpha$，可查阅《桩基规范》的附录表 C.0.3-5。

桩顶刚接于承台的桩，其桩身内弯矩和剪力的有效深度为 $z = 4.0/\alpha$，在此深度以下，M 和 V 实际上可忽略不计，只需按构造配筋或不配筋。

4)单桩水平承载力特征值

当桩顶的水平位移的允许值 x_{oa} 为已知时，可按下式计算单桩水平承载力特征值 R_{h}。

桩顶自由时

$$R_{\mathrm{h}} = 0.41\alpha^3 EI x_{\mathrm{oa}} - 0.665\alpha M_0 \tag{8.59}$$

桩顶刚接时

$$R_{\mathrm{h}} = 1.08\alpha^3 EI x_{\mathrm{oa}} \tag{8.60}$$

式中，R_{h} 的单位是 kN；x_{oa} 的单位是 m；M_0 的单位是 $\mathrm{kN \cdot m}$。

表 8.18　计算桩身最大弯矩及其位置的系数 C_I 和 D_{II}

$h' = \alpha h$	C_I	D_{II}	$h' = \alpha h$	C_I	D_{II}
0.0	∞	1.000	1.4	-0.145	-4.596
0.1	131.252	1.001	1.5	-0.299	-1.876
0.2	34.186	1.004	1.6	-0.434	-1.128
0.3	15.544	1.012	1.7	-0.555	-0.740
0.4	8.781	1.029	1.8	-0.665	-0.530
0.5	5.539	1.057	1.9	-0.768	-0.396
0.6	3.710	1.101	2.0	-0.865	-0.304
0.7	2.566	1.169	2.2	-1.048	-0.187
0.8	1.791	1.274	2.4	-1.230	-0.118
0.9	1.238	1.441	2.6	-1.420	-0.073
1.0	0.824	1.728	2.8	-1.635	-0.045
1.1	0.503	2.299	3.0	-1.893	-0.026
1.2	0.246	3.876	3.5	-2.994	-0.003
1.3	0.034	23.438	4.0	-0.045	0.011

5)桩基础的水平承载力

计算桩基础的水平承载力时,应将承台与桩(群)作为一个整体结构,求得承台的变位,再计算各桩的内力,验算单桩承载力及桩的截面强度,计算工作比较复杂繁琐。

在某些特定条件下,如全埋入土中的低承台桩基础,且水平力与弯矩均不大、桩数较多时,可采用简化计算办法。此时,弯矩的作用,可按式(8.25)至式(8.28)进行验算,桩基中单桩所受水平力按式(8.24)计算。桩基础的水平承载力为各单桩的总和,同时考虑桩基承台边侧的被动土体的作用,其取值应根据承台变位判定被动土压力的发挥程度而定。当承台变位不大时,以采用静止土压力值为宜。根据土质硬软不同,一般可取静止土压力系数 $k_0 = 0.5 \sim 0.7$,对于一般施工条件下夯实的填土,可取 $k_0 = 0.5$。

▶ 8.5.3　按规范计算桩基水平承载力

①受水平荷载的一般建筑物和水平荷载较小的高大建筑物,单桩基础和群桩中基桩应满足式(8.61)要求:

$$H_{ik} \leqslant R_h \tag{8.61}$$

式中　H_{ik}——在荷载效应标准组合下,作用于基桩 i 桩顶处的水平力,kN;

　　　　R_h——单桩基础或群桩中基桩的水平承载力特征值,kN,对于单桩基础,可取单桩的水平承载力特征值 R_{ha}。

②单桩的水平承载力特征值的确定应符合下列规定:

a. 对于受水平荷载较大的设计等级为甲级、乙级的建筑桩基,单桩水平承载力特征值应通过单桩水平静载试验确定,试验方法可按现行行业标准《建筑基桩检测技术规范》(JGJ 106)执行。

b. 对于钢筋混凝土预制桩、钢桩、桩身正截面配筋率不小于 0.65% 的灌注桩,可根据静载试验结果,取地面处水平位移为 10 mm(对于水平位移敏感的建筑物取水平位移 6 mm)所对应的荷载的 75% 为单桩水平承载力特征值。

c. 对于桩身配筋率小于 0.65% 的灌注桩,可取单桩水平静载试验的临界荷载的 75% 为单桩水平承载力特征值。

d. 当缺少单桩水平静载试验资料时,可按下列公式估算桩身配筋率小于 0.65% 的灌注桩的单桩水平承载力特征值:

$$R_{ha} = \frac{0.75\alpha\gamma_m f_t W_0}{\nu_M}(1.25 + 22\rho_g)\left(1 \pm \frac{\zeta_N N}{\gamma_m f_t A_n}\right) \tag{8.62}$$

式中 α——桩的水平变形系数,按式(8.53)确定;

R_{ha}——单桩水平承载力特征值,kN, $\pm$ 号根据桩顶竖向力性质确定,压力取"+",拉力取"-";

γ_m——桩截面模量塑性系数,圆形截面 $\gamma_m = 2$,矩形截面 $\gamma_m = 1.75$;

f_t——桩身混凝土抗拉强度设计值,kPa;

W_0——桩身换算截面受拉边缘的截面模量,m³,圆形截面 $W_0 = \pi d[d^2 + 2(\alpha_E - 1)\rho_g d_0^2]/32$,方形截面 $W_0 = b[b^2 + 2(\alpha_E - 1)\rho_g b_0^2]/6$,其中 d 为桩直径,d_0 为扣除保护层厚度的桩直径,b 为方形截面边长,b_0 为扣除保护层厚度的桩截面宽度,α_E 为钢筋弹性模量与混凝土弹性模量的比值;

ν_M——桩身最大弯距系数,按表 8.19 取值,当单桩基础和单排桩基纵向轴线与水平力方向相垂直时,按桩顶铰接考虑;

ρ_g——桩身配筋率;

A_n——桩身换算截面积,圆形截面 $A_n = \pi d^2[1 + (\alpha_E - 1)\rho_g]/4$,方形截面 $A_n = b^2[1 + (\alpha_E - 1)\rho_g]$;

ζ_N——桩顶竖向力影响系数,竖向压力取 0.5,竖向拉力取 1.0;

N——在荷载效应标准组合下桩顶的竖向力,kN。

表 8.19　桩顶(身)最大弯矩系数 ν_M 和桩顶水平位移系数 ν_x

桩顶约束情况	桩的换算埋深(αh)	ν_M	ν_x
铰接、自由	4.0	0.768	2.441
	3.5	0.750	2.502
	3.0	0.703	2.727
	2.8	0.675	2.905
	2.6	0.639	3.163
	2.4	0.601	3.526
固接	4.0	0.926	0.940
	3.5	0.934	0.970
	3.0	0.967	1.028
	2.8	0.990	1.055
	2.6	1.018	1.079
	2.4	1.045	1.095

注:①铰接(自由)的 ν_M 系桩身的最大弯矩系数,固接的 ν_M 系桩顶的最大弯矩系数;
②当 $\alpha h > 4$ 时取 $\alpha h = 0.4$。

对于混凝土护壁的挖孔桩,计算单桩水平承载力时,其设计桩径取护壁内直径。当桩的水平承载力由水平位移控制,且缺少单桩水平静载试验资料时,可按式(8.63)估算预制桩、钢桩、桩身配筋率不小于0.65%的灌注桩单桩水平承载力特征值。

$$R_{ha} = 0.75 \frac{\alpha^3 EI}{\nu_x} x_{0a} \tag{8.63}$$

式中 EI——桩身抗弯刚度,对于钢筋混凝土桩,$EI = 0.85E_c I_0$,其中 I_0 为桩身换算截面惯性矩,圆形截面为 $I_0 = W_0 d_0/2$,矩形截面为 $I_0 = W_0 b_0/2$;

x_{0a}——桩顶允许水平位移,m;

ν_x——桩顶水平位移系数,按表8.19取值,取值方法同 ν_M。

验算永久荷载控制的桩基的水平承载力时,应将上述方法确定的单桩水平承载力特征值乘以调整系数0.80;验算地震作用桩基的水平承载力时,宜将按上述方法确定的单桩水平承载力特征值乘以调整系数1.25。

③群桩基础(不含水平力垂直于单排桩基纵向轴线和力矩较大的情况)的基桩水平承载力特征值应考虑由承台、桩群、土相互作用产生的群桩效应,可按下列公式确定:

$$R_h = \eta_h R_{ha} \tag{8.64}$$

考虑地震作用且 $s_a/d \leqslant 6$ 时:

$$\eta_h = \eta_i \eta_r + \eta_l \tag{8.65}$$

$$\eta_i = \frac{\left(\dfrac{s_a}{d}\right)^{0.015n_2+0.45}}{0.15n_1 + 0.1n_2 + 1.9} \tag{8.66}$$

$$\eta_l = \frac{mx_{0a}B'_c h_c^2}{2n_1 n_2 R_{ha}} \tag{8.67}$$

$$x_{0a} = \frac{R_{ha}\nu_x}{\alpha^3 EI} \tag{8.68}$$

其他情况:

$$\eta_h = \eta_i \eta_r + \eta_l + \eta_b \tag{8.69}$$

$$\eta_b = \frac{\mu P_c}{n_1 n_2 R_h} \tag{8.70}$$

$$B'_c = B_c + 1(m) \tag{8.71}$$

$$P_c = \eta_c f_{ak}(A - nA_{ps}) \tag{8.72}$$

式中 η_h——群桩效应综合系数;

η_i——桩的相互影响效应系数;

η_r——桩顶约束效应系数(桩顶嵌入承台长度50~100 mm时),按表8.20取值;

η_l——承台侧向土抗力效应系数(承台侧面回填土为松散状态时取 $\eta_l = 0$);

η_b——承台底摩阻效应系数;

s_a/d——沿水平荷载主向的距径比;

n_1, n_2——分别为沿水平荷载方向和垂直于水平荷载方向每排桩中的桩数;

m——承台侧面土水平抗力系数的比例系数,当无试验资料时可按表8.17取值;

x_{oa}——桩顶(承台)的水平位移允许值,当以位移控制时,可取 $x_{oa} = 10$ mm(对水平位

移敏感的结构物取 $x_{oa} = 6 \text{ mm}$），当以桩身强度控制（低配筋率灌注桩）时，可近似按式（8.68）确定；

B'_c——承台受侧向土抗力一边的计算宽度,m；

B_c——承台宽度,m；

h_c——承台高度,m；

μ——承台底与基土间的摩擦系数,可按表5.3取值；

P_c——承台底地基土分担的竖向总荷载标准值,kPa；

η_c——按表8.13确定；

A——承台总面积,m^2；

A_{ps}——桩身截面面积,m^2。

表 8.20　桩顶约束效应系数 η_r

换算深度 ah	2.4	2.6	2.8	3.0	3.5	≥4.0
位移控制	2.58	2.34	2.20	2.13	2.07	2.05
强度控制	1.44	1.57	1.71	1.82	2.00	2.07

8.6　桩的设计与计算

▶ 8.6.1　桩基础设计的内容和步骤

桩基础的一般设计内容和步骤（程序）如下：

①调查研究,收集设计资料。需掌握的资料有：

a.建筑物上部结构的类型、平面尺寸、构造及使用上的要求；

b.上部结构传来的荷载大小及性质；

c.工程地质勘察资料,在提出勘察任务书时,必须说明拟建中的桩基方案,以便勘察工作符合有关规范的一般规定和桩基工程的专门要求；

d.当地的施工技术条件,包括成桩机具、材料供应、施工方法及施工质量；

e.施工现场的交通、电源、邻近建筑物、周围环境及地下管线情况；

f.当地及现场周围建筑基础工程设计及施工的经验教训等。

②选择桩的类型及几何尺寸,包括桩的材料、顶底标高、承台埋深、持力层的选定等。

③确定单桩承载力特征值。

④确定桩的数量及平面布置,包括承台的平面形状尺寸。

⑤确定群桩或带桩基础的承载力,必要时验算群桩地基强度和变形（沉降量）。

⑥桩身构造设计与强度计算。

⑦承台设计,包括构造和受弯、冲切、剪切计算。

⑧绘制桩基础施工图。

上列各项中③⑤项已如前述,下面对②④⑥⑦各项分别介绍。

▶ 8.6.2 桩的类型及其几何尺寸的选择

1)桩的类型选择

选择桩的类型,要根据所获得的设计资料综合考虑,确定用摩擦桩是用端承桩?是用预制桩还是灌注桩?用什么类型的预制桩或灌注桩?需作具体的技术与经济分析。必要时可考虑爆扩桩、组合式桩或结合某些地基处理方法考虑桩的类型。

端承桩应在下列情况下选用:地层中有坚实的土层(砂、砾石、卵石、坚硬老黏土)或岩层,且桩的长径比可以不太大。对于桩底部扩大的应按端承桩设计。

摩擦桩应在下列情况下选用:地层中无坚实土层可作持力层,且不宜扩底时;虽有较坚实土层,但埋深过大,桩端进入会使桩的长径比很大,实际传递到桩端荷载较小时;灌注桩桩底沉渣较厚难以清除,或预制桩打入时挤土现象严重而上涌使得桩端阻力无法充分发挥时。

预制钢筋混凝土桩适于下列情况:持力层顶面起伏不大,且穿越土层为高、中压缩性土或需贯穿厚度不大的中密砂层,或不含大块卵石和漂石的碎石类土;周围建筑物或地下管线对沉桩挤土效应不敏感或对打桩振动、噪声污染无限制;除桩尖外,不需要桩进入坚实持力层以及单桩设计承载力不太大(<3 000 kN)等。

钢管桩目前在我国只在极少数深厚软土层上的高、重建筑物或海洋平台基础中选用。

灌注桩宜在下列情况下选用:桩端持力层顶面起伏和坡角变化较大、土层厚薄不均、岩石风化程度差异较大、地层成因及构造复杂;桩基需埋深很大,预制桩难以施工;持力层为基岩,桩端需嵌入;地层中有大弧石或存在硬夹层;河床冲刷较大,河道不稳;地基土为黏性土、粉土、碎石土或基岩;根据土层情况和荷载分布,需要采用不同的桩长或桩径,需要扩底或变化截面及配筋率的桩;高重建筑物和要求承载力很大的一柱一桩基础等。

对于淤泥、流塑状态淤泥质土、流砂、承压水压力大、透水性强的地基土等,须经过试桩取得施工经验后方可选用灌注桩。

2)桩基的持力层选择

正确地选择桩基持力层,对发挥桩基的效益十分重要。有坚实土层和岩层作持力层最好。如果在常用桩长范围内无坚实土层,亦可考虑选择中等强度的土层,如中密以上的砂层或中等压缩性的黏性土等。

桩端进入持力层的深度,对于黏性土和粉土不宜小于 $2d$,对于砂土不宜小于 $1.5d$,对于碎石类土不宜小于 d。当存在软弱下卧层时,桩端以下硬持力层厚度不宜小于 $3d$。当硬持力层较厚,且施工许可时,桩端进入持力层的深度尽可能达到桩端阻力的临界深度,以提高桩端阻力。临界深度值,对于砂、砾为 $3d \sim 6d$,对于粉土、黏性土为 $5d \sim 10d$。嵌岩灌柱桩的周边嵌入微风化或中等风化岩体的最小深度,不宜小于 $0.4d$ 且不小于 0.5 m;倾斜度大于30%的中风化岩,宜根据倾斜度及岩石完整性适当加大嵌岩深度;对于嵌入平整、完整的坚硬岩和较硬岩的深度不宜小于 $0.2d$,且不应小于 0.2 m。

3)桩的尺寸选择

桩的尺寸主要是桩长和截面尺寸(桩径或边长)。桩长(一般指桩身长,不包括桩尖)为承台底面标高与桩端标高之差。在确定持力层及其进入深度后,就要拟定承台底面标高,亦即承台埋置深度。

承台底面标高的选择,应考虑上部建筑物的使用要求,柱下或墙下的桩基有无地下室、箱形基础、承台或筏板基础的预估厚度以及季节性冻土的影响等。一般应使承台顶面低于室外地面 100 mm 以上。如有基础梁、筏板、箱基等,其厚(高)度应考虑在内。在季节性冻土地区,应按浅基础埋置深度的确定原则防止土的冻涨影响。为便于开挖施工,应尽量将承台埋置于地下水位以上。

桩的截面尺寸(桩径或边长)的确定,要力求既满足使用要求,又能充分发挥地基土的承载能力,既符合成桩技术的现实工艺水平,又能满足工期要求和降低造价。

桩径(边长)的确定,首先要考虑不同桩型(或施工技术)的最小直径要求,如:钢筋混凝土方桩不小于 250 mm × 250 mm,干作业钻孔桩和振动沉管灌注桩不小于 ϕ300 mm,泥浆护壁回转或冲击钻孔桩不小于 ϕ500 mm,人工挖孔桩不小于 0.8 m,钢管桩不小于 ϕ400 mm 等。对于摩擦型桩,为获得较大的比表面(桩侧表面积与体积之比),宜采用细长桩。端承桩的持力层强度低于桩材强度而地基土层又适宜时,应优先考虑采用扩底灌注桩。

桩径的确定,还要考虑单桩承载力的要求和布桩的构造要求。如:条形基础下不能用过大的桩距(亦即桩径不宜过大),以免承台梁跨度过大;柱下独立基础不宜使承台板平面尺寸过大。一般,同一建筑的桩基采用相同桩径,但当荷载分布不均匀时,可根据荷载和地基土条件,采用不同直径的桩(尤其是用灌注桩时)。

当高承台桩基露出地面较高或桩侧土为淤泥或自重湿陷性黄土时,为保证桩身不产生压屈失稳,端承桩的长径比应取 $l/d \leqslant 40$。为保证施工垂直度,亦需控制长径比,对一般黏性土、砂土,端承桩的长径比应取 $l/d \leqslant 60$。对摩擦桩则不作限制。

▶ 8.6.3 确定桩数与平面布置

1)确定桩数

当桩的类型、基本尺寸和单桩承载力特征值确定后,可根据上部结构情况,按式(8.73)初步确定桩数:

$$n \geqslant \mu \frac{F_k + G_k}{R_a} \tag{8.73}$$

式中 n——桩数;

F_k——相应于荷载效应标准组合作用于桩基承台顶面的竖向力,kN;

G_k——桩基承台和承台上土自重标准值,kN;

R_a——单桩竖向承载力特征值,kN;

μ——系数,当桩基为轴心受压时 $\mu = 1$,当偏心受压时 $\mu = 1.1 \sim 1.2$。

初步确定的桩数,可据以进行桩的平面布置,如经有关验算可作必要的修改。

2)桩的平面布置

桩基中各桩的中心距主要取决于群桩效应(包括挤土桩的挤土效应)、承台分担荷载的作用及承台用料等。《桩基规范》中规定桩的最小中心距见表 8.21。当施工中采取减小挤土效应的可靠措施时,可根据当地经验适当减小。

大面积挤土桩群宜按表值适当加大桩距。扩底灌注桩除应该符合表 8.21 的要求外,尚应满足如下规定:钻、挖孔灌注桩桩距≥1.5D 或 D+1 m(当 D>2 m 时),沉管扩底灌注桩桩距≥2D(D 为扩大端设计径)。

桩位布置,应尽可能使上部荷载的中心和桩群横截面的形心重合;应力求各桩受力相近,为扩大惯性矩,宜将桩布置在承台外围,即各桩应距离垂直于偏心荷载或水平力与弯矩较大方向的横截面轴线远些,以使桩群截面对该轴具有较大的惯性矩。

表 8.21 桩的最小中心距

成桩工艺及土类		桩排数≥3 排,桩数≥9 根的摩擦桩基	其他情况
非挤土灌注桩		3.0d	3.0d
部分挤土桩	非饱和土、饱和非黏性土	3.5d	3.0d
	饱和黏性土	4.0d	3.5d
挤土桩	非饱和土、饱和非黏性土	4.0d	3.5d
	饱和黏性土	4.5d	4.0d
钻、挖孔扩底桩		2D 或 D+2.0 m(当 D>2 m)	1.5D 或 D+1.5 m（当 D>2 m)
打入式敞口管桩和 H 型钢桩	非饱和土、饱和非黏性土	2.2D 且 4.0d	2.0D 且 3.5d
	饱和黏性土	2.5D 且 4.5d	2.2D 且 4.0d

注:①d——圆桩直径或方桩边长,D——扩大端设计直径;
　　②当纵横向桩距不相等时,其最小中心距应满足"其他情况"一栏的规定;
　　③当为端承型桩时,非挤土灌注桩的"其他情况"一栏可减小至 2.5d。

桩的排列,可采用行列式或梅花式,如图 8.18 所示,适于较大面积的满堂桩基;箱基和带梁筏基下,以及墙下条形基础的桩,宜沿墙或梁下布置成单排或双排,以减小底板厚度或承台梁宽度;柱下独立基础的桩,宜采用承台板,形状如图 8.19 所示。此外,为了使桩受力合理,在墙的转角及交叉处应布桩,窗下及门下尽可能不布桩。

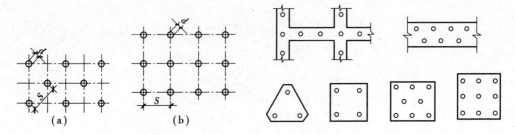

图 8.18 桩的排列　　　　　　图 8.19 柱下桩基承台平面形状

▶ 8.6.4 桩基承台设计

1)桩基承台的作用

桩基承台的作用包括下列三项：

①把多根桩联结成整体，共同承受上部荷载；

②把上部结构荷载，通过桩承台传递到各根桩的顶部；

③桩基承台为现浇钢筋混凝土结构，相当于一个浅基础，因此，桩基承台本身具有类似于浅基础的承载作用，即桩基承台效应。

2)桩基承台的种类

①高桩承台：当桩顶位于地面以上相当高度的承台称为高桩承台。如上海宝钢位于长江上运输矿石的栈桥桥台。

②低桩承台：凡桩顶位于地面以下的桩承台称低桩承台，通常建筑物基础承重的桩承台都属于这一类。低桩承台与浅基础一样，要求承台底面埋置于当地冻结深度以下。

3)桩基承台的材料与施工

①桩承台应采用钢筋混凝土材料，现场浇筑施工。因各桩施工时桩顶的高度与桩位不可能非常准确，要将各桩紧密联结成为整体，桩基承台无法预制。

②承台的混凝土强度等级不宜低于 C20。

③承台的钢筋配置应符合下列规定：

a. 柱下独立桩基承台纵向受力钢筋应通长配置，如图 8.20(a)所示。对四桩以上(含四桩)承台宜按双向均匀布置，对三桩的三角形承台应按三向板带均匀布置，且最里面的三根钢筋围成的三角形应在柱截面范围内，如图 8.20(b)所示。纵向钢筋锚固长度自边桩内侧(当为圆桩时，应将其直径乘以 0.8 等效为方桩)算起，不应小于 $35d_g$(d_g 为钢筋直径)；当不满足时应将纵向钢筋向上弯折，此时水平段的长度不应小于 $25d_g$，弯折段长度不应小于 $10d_g$。承台纵向受力钢筋的直径不应小于 12 mm，间距不应大于 200 mm。柱下独立桩基承台的最小配筋率不应小于 0.15%。

b. 柱下独立两桩承台，应按现行国家标准《混凝土结构设计规范》(GB 50010)中的深受弯构件配置纵向受拉钢筋、水平及竖向分布钢筋。承台纵向受力钢筋端部的锚固长度及构造应与柱下多桩承台的规定相同。

c. 条形承台梁的纵向主筋应符合现行国家标准《混凝土结构设计规范》(GB 50010)中关于最小配筋率的规定，如图 8.20(c)所示，主筋直径不应小于 12 mm，架立筋直径不应小于 10 mm，箍筋直径不应小于 6 mm。承台梁端部纵向受力钢筋的锚固长度及构造应与柱下多桩承台的规定相同。

d. 筏形承台板或箱形承台板在计算中当仅考虑局部弯矩作用时，考虑到整体弯曲的影响，在纵横两个方向的下层钢筋配筋率不宜小于 0.15%，上层钢筋应按计算配筋率全部连通。当筏板的厚度大于 2 000 mm 时，宜在板厚中间部位设置直径不小于 12 mm、间距不大于 300 mm 的双向钢筋网。

④承台底面钢筋的混凝土保护层厚度，当有混凝土垫层时不应小于 50 mm，无垫层时不

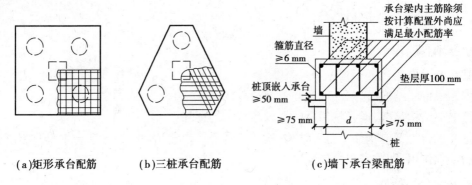

（a）矩形承台配筋　　　（b）三桩承台配筋　　　（c）墙下承台梁配筋

图8.20　承台配筋示意图

应小于70 mm。此外尚不应小于桩头嵌入承台内的长度。

4）桩基承台的尺寸

①独立柱下桩基承台的最小宽度不应小于500 mm，边桩中心至承台边缘的距离不应小于桩的直径或边长，且桩的外边缘至承台边缘的距离不应小于150 mm。对于墙下条形承台梁，桩的外边缘至承台梁边缘的距离不应小于75 mm。承台的最小厚度不应小于300 mm。

②高层建筑平板式和梁板式筏形承台的最小厚度不应小于400 mm，墙下布桩的剪力墙结构筏形承台的最小厚度不应小于200 mm。

③高层建筑箱形承台的构造应符合《高层建筑筏形与箱形基础技术规范》（JGJ 6）的规定。

5）承台板厚度及强度计算

承台厚度可按冲切及剪切条件确定。一般可先按经验估计承台厚度，然后再进行冲切和剪切强度验算，并根据验算结果进行调整。承台强度计算包括受弯、受冲切、受剪切及局部承压计算，具体可参考《桩基规范》的相关规定。

▶ 8.6.5　桩基础设计例题

【例8.2】　设计一柱下桩基础，已知由上部结构传至柱下端的一组荷载为：竖向荷载设计值 $F = 3\ 040$ kN，弯矩设计值 $M = 400$ kN·m 和水平力 $H = 80$ kN。工程地质资料如表8.22所示，已知地下水位为 -4 m。本例题按《桩基规范》（JGJ 94—2008）计算。

表8.22　例8.2工程地质资料

地层序号	地层名称	深度/m	地层厚度/m	重度 γ/(kN·m⁻³)	天然含水量 w/%	天然孔隙比 e	液性指数 I_L	黏聚力 c/kPa	内摩擦角 φ/(°)	压缩模量 E_s/MPa	桩侧阻力特征值 q_{sia}/kPa	桩端阻力特征值 q_{pa}/kPa	承载力特征值 f_a/kPa
1	杂填土	0~1	1.0	16									
2	粉　土	1~4	3.0	18	30	1.0	1.0	10	12	4.6	42		120
3	淤泥质黏土	4~16	12.0	17	33	1.1	1.0	8	8	4.4	25		110
4	黏　土	16~26	10.0	19	25.5	0.7	0.5	15	20	10.0	60	1 100	285

【解】 （1）选择桩型、桩材及桩长

根据试桩初步选择 $\phi500$ 钻孔灌注桩，混凝土水下灌注用 C25，钢筋采用 I 级。经查表得 $f_c = 11.9 \ \text{N/mm}^2$，$f_t = 1.27 \ \text{N/mm}^2$，钢筋 $f_y = f'_y = 210 \ \text{N/mm}^2$。初步选择第 4 层（黏土）为桩端持力层。初步选择承台底面埋深 1.5 m，桩端进入持力层不得小于 1 m；最小桩长选择为 $16 \ \text{m} + 1.0 \ \text{m} - 1.5 \ \text{m} = 15.5 \ \text{m}$。

（2）确定单桩竖向承载力特征值

①根据桩身材料强度确定单桩竖向承载力特征值，按式（8.1）计算，f_c 按 0.8 折减，配筋率初步取为 0.5%，则：

$$\begin{aligned} R_a &= \psi_c f_c A_{ps} + 0.9 f'_y A'_s = 0.9 \times 0.8 \times 10 \ \text{MPa} \times 0.5^2 \ \text{m}^2 \times \pi/4 + \\ &\quad 0.9 \times 210 \ \text{MPa} \times 0.005 \times 0.5^2 \ \text{m}^2 \times \pi/4 = \\ &\quad (1.413 + 0.185)\text{MPa} = 1.598 \ \text{MN} = 1 \ 598 \ \text{kN} \end{aligned}$$

②初步设计时，根据桩侧阻力特征值 q_{sik}、桩端阻力特征值 q_{pk} 确定单桩竖向承载力特征值，按式（8.8）进行计算。则：

$$\begin{aligned} R_a &= Q_{uk}/2 = \frac{(q_{pk} A_p + u \sum q_{sik} l_i)}{2} = [\ 1 \ 100 \ \text{kPa} \times 0.5^2 \ \text{m}^2 \times \pi/4 + \pi \times \\ &\quad 0.5 \ \text{m}(42 \ \text{kPa} \times 2.5 \ \text{kPa} + 25 \ \text{kPa} \times 12 \ \text{m} + 60 \ \text{kPa} \times 1.0 \ \text{m})\ ]/2 = \\ &\quad (216.0 + 730.4)\text{kN}/2 = 473 \ \text{kN} \end{aligned}$$

单桩竖向承载力特征值取上述二项计算值的小者，则 $R_a = 473 \ \text{kN}$

（3）确定桩的数量和平面布置

初步假定承台底面积为 $4 \times 3.6 \ \text{m}^2$，承台和土自重 $G = 4 \ \text{m} \times 3.6 \ \text{m} \times 1.5 \ \text{m} \times 20 \ \text{kN/m}^3 = 432 \ \text{kN}$，则桩数按式（8.73）初步确定为

$$n = \mu (F_k + G_k)/R_a = 1.1(3 \ 040 + 420)\text{kN}/473 \ \text{kN} = 8.05 \quad \text{取} \ n = 8 \ \text{根}$$

桩距 $S = 3d = 3 \times 0.5 \ \text{m} = 1.5 \ \text{m}$。承台平面布置如图 8.21 所示，承台尺寸为 $4 \times 3.6 \ \text{m}^2$，8 根桩呈梅花形布置（$G = 432 \ \text{kN}$）。考虑承台效应，基桩承载力可按式（8.29）、式（8.30）确定，验算考虑承台效应的基桩竖向承载力特征值。

查表 8.13 得 $\eta_c = 0.13$。计算承台底地基土净面积和内、外区净面积，即

$$A_c = (4 \times 3.6)\text{m}^2 - 8 \times 0.5^2 \ \text{m}^2 \times \pi/4 = (14.4 - 1.57)\text{m}^2 = 12.83 \ \text{m}^2$$

计算基桩对应的承台底净面积：

$$A_{ci} = A_c/n = 12.83 \ \text{m}^2/8 = 1.604 \ \text{m}^2$$

基底以下 1.8 m（1/2 承台宽）土地基承载力特征值：

$$f_{ak} = (120 \ \text{kPa} \times 1.8 \ \text{m})/1.8 \ \text{m} = 120 \ \text{kPa}$$

不考虑地震作用，群桩中则任一基桩承载力特征值为：

$$R = R_a + \eta_c f_{ak} A_c = 473 \ \text{kN} + 0.13 \times 120 \ \text{kPa} \times 1.604 \ \text{m}^2 = 498 \ \text{kN}$$

（4）桩顶作用效应计算

①轴心竖向力作用下

$N_k = (F_k + G_k)/n = (3 \ 040 + 432)\text{kN}/8 = 434 \ \text{kN} < R = 498 \ \text{kN}$，满足要求。

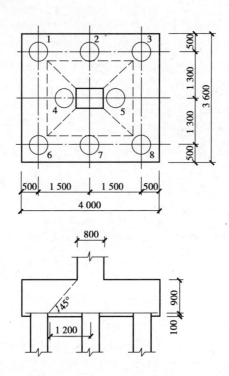

图 8.21　例 8.2 桩的布置

② 偏心荷载作用下

$$N_{kmax} = \frac{F_k + G_k}{n} + \frac{m_{xk}y_i}{\sum y_i^2} + \frac{m_{yk}x_i}{\sum x_i^2} = 434 \text{ kN} + \frac{(400 + 80 \times 1.5)\text{kN} \cdot \text{m} \times 1.5 \text{ m}}{4 \times 1.5^2 \text{ m}^2 + 2 \times 0.75 \text{ m}^2}$$

$$= (434 + 77)\text{kN} = 511 \text{ kN} < 1.2R = 597.6 \text{ kN}, 亦满足要求。$$

由于 $N_{kmin} = (434 - 77)\text{kN} = 257 \text{ kN} > 0$, 桩不受上拔力。

(5) 群桩基础承载力验算

假设群桩为实体基础(长方锥台形), 桩所穿过土层内摩擦角的加权平均值为:

$$\varphi_0 = \frac{\sum \varphi_i l_i}{\sum l_i} = \frac{12° \times 2.5 \text{ m} + 8° \times 12 \text{ m} + 20° \times 1 \text{ m}}{2.5 \text{ m} + 12 \text{ m} + 1 \text{ m}} = 9.42°$$

则:

$$A = [3.5 \text{ m} + 2 \times 15.5 \text{ m} \times \tan(9.42°/4)] \times$$

$$[3.1 \text{ m} + 2 \times 15.5 \text{ m} \times \tan(9.42°/4)] = (4.775 \times 4.375)\text{m}^2$$

$$= 20.89 \text{ m}^2$$

按地基基础设计规范, 假想实体基础: $b = 4.375$ m, $d = 17$ m, $\gamma = 9$ kN/m³(有效重度) $\gamma_0 = 9.6$ kN/m³(加权平均), 经修正的地基承载力特征值计算式为:

$$f = f_k + \eta_b \gamma (b - 3) + \eta_d \gamma_0 (d - 0.5) = 280 \text{ kPa} + 0.3 \times 9 \text{ kN/m}^3 (4.375 - 3)\text{m} + 1.6 \times$$

$$9.6 \text{ kN/m}^3 (17 - 0.5)\text{m} = 521.8 \text{ kPa}$$

取承台、桩、土混合重度 20 kN/m³, 地下水位以下取 10 kN/m³, 则假想实体自重为:

$$G_k = A(4 \text{ m} \times 20 \text{ kN/m}^3 + 13 \text{ m} \times 10 \text{ kN/m}^3) = 20.89 \text{ m}^2 \times 210 \text{ kN/m}^2 = 4387 \text{ kN}$$

轴心荷载时假想实体基础底面压力:

$p = (F_k + G_k)/A = (3\ 040 + 4\ 387)\,\text{kN}/20.89\ \text{m}^2 = 355.5\ \text{kPa} < f = 521.5\ \text{kPa}$，安全。

偏心荷载时假想实体基础底面压力：

$$p_{\max} = \frac{F_k + G_k}{A} + \frac{m_k}{W}$$

$$= 355.5\ \text{kPa} + \frac{400\ \text{kN} \cdot \text{m} + 80\ \text{kN}(15.5 + 1.5)\,\text{m}}{4.375\ \text{m} \times 4.775^2\ \text{m}^2/6}$$

$$= 461.4\ \text{kPa} < 1.2f = 626\ \text{kPa}，安全。$$

（6）群桩沉降计算

桩中心距 $s_a = 1.5\ \text{m}$，属于小于 6 倍桩径（$6d = 3.0\ \text{m}$）的桩基，可将群桩作为假想的实体基础，按等效作用分层总和法计算群桩的沉降。

桩端平面至承台底范围内平均压力（地下水位之上混合重度取 $20\ \text{kN/m}^3$）：

$$p' = \frac{2\ 800\ \text{kN}}{4\ \text{m} \times 3.6\ \text{m}} + 4 \times 20\ \text{kPa} + 13 \times 10\ \text{kPa} = 194\ \text{kPa} + 210\ \text{kPa} = 404\ \text{kPa}$$

桩端平面处土的自重压力：$p_c = 16\ \text{kN/m}^3 \times 1\ \text{m} + 18\ \text{kN/m}^3 \times 3\ \text{m} + 7\ \text{kN/m}^3 \times 12\ \text{m} + 9\ \text{kN/m}^3 \times 1\ \text{m} = 163\ \text{kPa}$

桩端平面处桩基对土的平均附加压力：$p_0 = p' - p_c = (404 - 163)\,\text{kPa} = 241\ \text{kPa}$

取 $s_a/d = 3.0, l/d = 15.5/0.5 = 31, L_c/B_c = 1.11, \psi = 1.2$。

由此查表 8.16 得（内插值法）$C_0 = 0.059\ 3, C_1 = 1.557, C_2 = 8.778$，

$$n_b = \sqrt{n'B_c/L_c} = \sqrt{8 \times 3.6/4} = 2.683\ 3$$

$$\psi_c = C_0 + \frac{n_b - 1}{C_1(n_b - 1) + C_2} = 0.059\ 3 + \frac{2.683\ 3 - 1}{1.557 \times 1.683\ 3 + 8.778} = 0.207$$

承台底面积矩形长宽比 $a/b = L_c/B_c = 1.11$，深宽比 $Z_i/b = 2Z_i/B_c$，查表 3.11，用内插值法得 $\overline{\alpha}_i$，并按式（8.34）分别计算 $z_i\overline{\alpha}_i, \Delta s$ 和 s，列表于 8.23。

地基沉降计算深度 z_n 按附加应力 $\sigma_z = 0.2\sigma_c$ 验算。假定取 $z_i = 6\ \text{m}$，计算得 $\sigma = 4\alpha_j p_0 = 4 \times 0.037 \times 241 = 35.7\ \text{kPa}$

z_n 深处土的自重应力 $\sigma_c = p_c + z_n\gamma = 163\ \text{kPa} + 6\ \text{m} \times 9\ \text{kN/m}^3 = 217\ \text{kPa}$，可见 σ_z 已减到其值的 0.2 以下（35.7/217 = 0.164 5），符合要求。即桩基最终沉降量 $s = 18.94\ \text{mm}$。

表 8.23　分层沉降量计算表

i	z_i	$\dfrac{z_i}{b} = \dfrac{2z_i}{B_e}$	$\overline{\alpha}_i$	$z_i\overline{\alpha}_i$	E_{si}/MPa	$\Delta s = 4\psi\psi_e p_0\dfrac{z_i\overline{\alpha}_i - z_{i-1}\overline{\alpha}_{i-1}}{E_{si}}$	S/mm
0	0	0	0.250	0	10	0	0
1	5	2.78	0.148 5	0.742 5	10	17.780	17.78
2	7	3.33	0.131 8	0.790 8	10	1.157	18.94
3	8	3.89	0.118 0	0.826	10	0.843	19.78
4	9	4.44	0.160 7	0.853 6	10	0.659	20.44

桩身及承台设计计算请读者参考《桩基规范》的相关要求自行完成。本例题采用等厚度承台，各种冲切和剪切承载力均满足要求，且有较大余地，故承台亦可设计成锥形或阶梯形，但需经冲切和剪切的验算。

8.7 其他深基础

▶ 8.7.1 沉井

1)沉井的工作原理

在深基础工程施工中,为了减少放坡大开挖的大量土方量,并保证陡直开挖边坡的稳定性,人们创造了沉井基础。这是一种竖向的筒形结构物,通常用素混凝土或钢筋混凝土材料制成。沉井的施工方法是:先在地面制作一个井筒形结构,然后从井筒内挖土,使沉井失去支承,靠自重作用而下沉,直至设计高程,最后封底,如图 8.22 所示。沉井的井筒,在施工期间作为支撑四周土体的护壁,竣工后即为永久性的深基础。

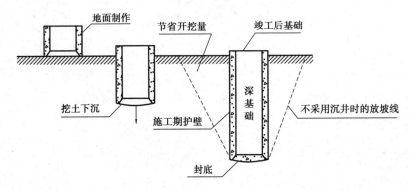

图 8.22 沉井的工作原理

2)沉井的类型

(1)按沉井断面形状分类

①单孔沉井。沉井只有一个井孔,这是最常见的中小型沉井。沉井的平面形状有圆形、正方形、椭圆形和矩形等。沉井承受四周的土压力和水压力。从受力条件而言,圆形沉井较好,沉井的井壁可薄些;方形或矩形沉井,在水平向土压力和水压力的作用下,将产生较大的弯矩,井壁厚度要大些。但从使用角度来看,方形与矩形较好。为了减小沉井下沉过程中方形和矩形沉井四角的应力集中,常将四角的直角做成圆角,如图 8.23 所示。

②单排孔沉井。这种沉井具有一排井孔。根据工程的用途,沉井的平面形状有矩形、长圆形等。沉井各井孔之间用隔墙隔开,这样既增加了沉井的整体刚度,又便于挖土和下沉。单排孔沉井,适用于长度较大的工程,如图 8.23 所示。

③多排孔沉井。整个沉井由多道纵向隔墙与横向隔墙,把沉井隔成多排井孔,如图 8.23 所示。因此,多排孔沉井成为刚度很大的空间结构,这种沉井适合作大型结构物基础。在施工过程中,有利于控制各个井孔挖土的进度,保证沉井均匀下沉,不致发生倾斜事故。

(2)按沉井竖向剖面形状分类

①柱形沉井。柱形沉井,在竖直方向的剖面均相同,为等截面柱的形状,如图 8.24(a)所

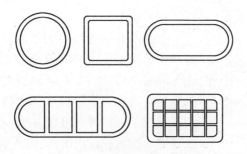

图 8.23　沉井按断面形状分类

示,大多数沉井属于这一种。

②锥形沉井。为了减小沉井施工下沉过程中井筒外壁土的摩擦阻力,或为了避免沉井由硬土层进入下部软土层时沉井上部被硬土层夹住,使沉井下部悬挂在软土中发生拉裂,可将沉井井筒制成非等截面结构,成为井筒上小下大的锥形,如图 8.24(b)所示。

③阶梯形沉井。鉴于沉井所承受的土压力与水压力均随深度而增大,为了合理利用材料,可将沉井的井壁随深度分为几段,做成阶梯形。下部井壁厚度大,上部厚度小,因此,这种沉井外壁所受的摩擦阻力可以减小,有利于下沉,如图 8.24(c)所示。

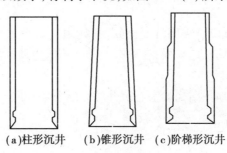

(a)柱形沉井　(b)锥形沉井　(c)阶梯形沉井

图 8.24　按沉井竖向剖面形状分类

(3)按沉井所用材料分类

①砖石沉井。这种沉井适用于深度浅的小型沉井,或临时性沉井。例如,房屋纠倾工作井,即用砖砌沉井,深度为 4~5 m。

②素混凝土沉井。这种沉井适用于中小型沉井。通常断面呈圆形。沉井底端的刃脚需配筋,便于下切土体,避免损伤井筒。

③钢筋混凝土沉井。这种沉井适用于大中型工程。沉井可根据工程需要,做成各种形状、各种规格和深度较大的沉井,应用十分广泛。

3)沉井的结构

沉井的结构包括刃脚、井筒、内隔墙、底梁、封底与顶盖等部分,如图 8.25 所示。

(1)刃脚与踏面

刃脚位于沉井的最下端,形如刀刃,在沉井下沉过程中起切土下沉的作用。刃脚并非真正的尖刃,其最底部为一水平面,称为踏面。踏面的宽度通常不小于 150 mm。当土质坚硬时,刃脚踏面用钢板或角钢加以保护。刃脚内侧的倾斜面的水平倾角通常为 40°~60°。

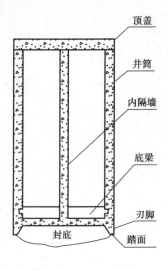

图 8.25　沉井的结构

（2）井筒

沉井的井筒为沉井的主体。在沉井下沉过程中，井筒是挡土的围壁，应有足够的强度，承受四周的土压力和水压力。同时井筒又需要有足够的自重，以克服井筒外壁与土的摩擦阻力和刃脚踏面底部土的阻力，使沉井能在自重作用下徐徐下沉。另一方面，井筒内部的空间，要容纳挖土工人或挖土机械在井内工作，以及潜水员排除障碍的需要，因此，井筒内径最小不要小于0.9 m。

（3）内隔墙和底梁

大型沉井在沉井内部设置内隔墙即可减小受弯时的净跨度，以增加沉井的刚度。同时，内隔墙把整个沉井分成若干井孔，各井孔分别挖土，便于控制沉降和纠倾处理。有时在内隔墙下部设底梁，或单独做底梁。内隔墙与底梁的底面高程，应高于刃脚踏面0.5～1.0 m，以免妨碍沉井刃脚切土下沉。

（4）封底与沉井底板

当沉井下沉至设计标高后，需用混凝土封底，以阻止地下水和地基土进入井筒。为使封底的现浇混凝土底板与井筒联结牢固，在刃脚上方井筒的内壁预先设置一圈凹槽。

（5）顶盖

当沉井作为水泵站等地下结构的空心沉井时，在沉井顶部需做钢筋混凝土顶盖。

4）沉井的施工

（1）准备工作

①平整场地。沉井施工场地要仔细平整，平整范围要大于沉井外侧1～3 m。

②放线定位。沉井的平面位置应仔细测量，把沉井的中轴线和外围轮廓线放好，定位要准确，并经验收合格才能正式施工。

（2）沉井制作

通常沉井在原位制作，可采用三种不同的方法：

①承垫木方法。承垫木方法为传统方法，如图8.26（a）所示。在经过平整、放线定位的场地上铺一层砂垫层，厚0.5 m左右。在砂垫层上，于沉井刃脚部位，对称、成对地安置适当的承垫木。再在各垫木之间填实砂土，然后按照设计的尺寸立模板，扎钢筋，浇筑第一节沉井。

②无垫木方法。在均匀土层上，可采用无垫木方法，如图8.26（b）所示。浇筑一层与沉井井壁等厚的混凝土，代替承垫木和砂垫层。浇筑的混凝土为圆环状，位于沉井刃脚的下方。其目的在于保证沉井制作过程与沉井下沉开始时，处于竖直方向。

③土模法。如地基为均匀的黏性土，呈可塑或硬塑状态，则可采用土模法制作沉井，如图8.26（c）所示。在定位放线的刃脚部位，按照设计的尺寸，仔细开挖黏性土基槽。利用地基黏性土作为天然模板，以代替砂垫层、承垫木及人工制作的刃脚木模。故这种方法可节省时间和费用。

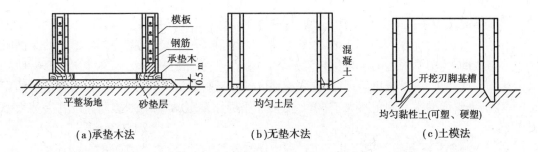

图 8.26 沉井制作的方法

应当注意:浇筑沉井混凝土时,应对称和均匀地进行,以防止沉井发生倾斜。当沉井采取分节制作时,第一节混凝土达到设计强度70%后,方可浇筑其上一节沉井的混凝土。

(3)沉井下沉

①材料强度要求。待沉井第一节的混凝土或砌筑的砂浆达到设计强度以后,且其余各节混凝土或砂浆达到设计强度的70%后,方可下沉。

②抽出承垫木的要求。沉井刃脚下的承垫木不能由1人顺次抽出,而必须由2人对称、同步地抽出承垫木。在每次抽出承垫木以后,应立即用砂填实其空位。应严格防止由于抽承垫木不当,造成沉井倾斜。

③沉井下沉方法。通常沉井在天然地面下沉。如在水面下沉,还需预先填筑砂岛或搭支架下沉。沉井在地面下沉的方法可分为下列几种:

a. 人工挖土法。场地无地下水,或地下水的水量不大的小型沉井,可用人工挖土法下沉。挖土应分层、均匀、对称地进行,使沉井均匀竖直下沉,避免发生倾斜。通常不应从沉井刃脚踏面下直接挖土,以免造成局部沉井悬空。如土质较软,应先开挖沉井锅底中间部位,沿沉井刃脚周围保留土堤,使沉井挤土下沉。

b. 排水下沉法。先用高压水枪,把沉井底部的泥土冲散(水枪的水压力通常为2.5~3.0 MPa)并稀释成泥浆,然后用水力吸泥机吸出井外。这种方法适用于地层土质稳定、不会产生流砂的情况。

c. 不排水下沉法。不排水下沉法,要求将沉井内的水位,始终保持高于井外水位1~2 m,采用机械抓斗,水下出土。当地层土质不稳定、地下水涌水量较大时可用此法,以防止井内排水产生流砂。

在大型多孔沉井挖土下沉时,要求各孔同步挖土,各井孔中的土面高差不应超过1 m,以利于沉井均匀下沉。

(4)测量监控

为了保证沉井均匀下沉,测量监控十分重要。尤其对于平面尺寸大或深度大的沉井,更为关键。通常大中型沉井,要求每班至少测量2次。若发现沉井倾斜,应立刻通报,并迅速采取相应措施,及时进行纠倾。

(5)沉井封底

当沉井下沉至设计标高时,应进行沉降观测。当8 h内沉井的下沉量不大于10 mm时,方可进行封底。

（6）施工中特殊问题的处理

①沉井突然大幅度下沉。在软土地基沉井施工中,常发生沉井突然大幅度下沉问题。如某工程的一个沉井,一次突沉达 3 m 之多,分析突沉的原因是由于沉井井筒外壁土的摩擦阻力很小造成的,当刃脚附近的土体被挖除后,沉井失去支承而剧烈下沉。这种突沉容易使沉井发生倾斜或超沉,应予避免。因此,在软土地区设计与制作沉井时,可以加大刃脚踏面的宽度,并使刃脚斜面的水平倾角不大于 60°。必要时采用加设底梁等措施,以防止沉井突然大幅度下沉。

②沉井倾斜。沉井倾斜是沉井下沉过程中经常发生的问题,需注意防止并及时纠正。沉井倾斜应以预防为主,加强测量临控。发现倾斜,及时通报并迅速采取措施。如在下沉较小的一侧加紧挖土,在沉井顶部加荷载等。

③沉井不下沉。有时在沉井井内挖土后不下沉,甚至将刃脚底掏空还不下沉。遇到这类情况,应先调查分析其原因,再采取相应的措施。如因沉井外壁摩擦阻力太大,可采用在井筒外挖土、冲水或灌膨润土泥浆等方法,以减去其摩擦阻力。若沉井刃脚遇到障碍物,则应让潜水员进行水下清理。

▶ 8.7.2　地下连续墙

1）地下连续墙的特点

地下连续墙是利用特殊的挖槽设备在地下构筑的连续墙体,常用于挡土、截水、防渗和承重等。1950 年地下连续墙首次应用于意大利米兰的一项工程,近 50 年来得到了迅速发展。随着城市建设和工业交通的发展,地铁、高层建筑、桥梁、重型厂房、大型地下设施等日益增多,例如:有的新建或扩建地下工程由于四周临街或与现有建筑物紧相连接;有的工程由于地基比较松软,打桩会影响临近建筑物的安全和产生噪声;还有的工程由于受环境条件的限制,或由于水文地质和工程地质的复杂性,很难设置井点降水等。这些场合,采用地下连续墙支护具有明显的优越性。

地下连续墙之所以得到广泛应用与发展,因为其具有如下优点:

①减少施工对环境的影响。施工时振动少,噪声低,能够紧邻相邻的建筑物及地下管线施工,对沉降及变位较易控制。

②地下连续墙的墙体刚度大、整体性好,结构和地基的变形都较小,既可用于超深围护结构,也可用于主体结构。

③地下连续墙为整体连续结构,加上现浇墙壁厚度一般不小于 60 cm,钢筋保护层较大,耐久性好,抗渗性能也较好。

④可实行逆作法施工,有利于施工安全,加快施工速度,降低造价。

地下连续墙也有自身的缺点和尚待完善的方面,主要有:

①弃土及废泥浆的处理,除增加工程费用外,若处理不当,还会造成新的环境污染。

②地下连续墙最适应的地层为软塑、可塑的黏性土层。当地层条件复杂时,将会增加施工难度和工程造价。

③槽壁坍塌。地下水位急剧上升、护壁泥浆液面急剧下降、有软弱疏松或砂性夹层、泥浆的性质不当或已经变质、施工管理不当等,都可引起槽壁坍塌。槽壁坍塌轻则引起墙体混凝

土超方和结构尺寸超出允许的界限,重则引起相邻地面沉降、坍塌,危害临近建筑物和地下管线的安全。

2)地下连续墙的适用条件

地下连续墙是一种比钻孔灌注桩和深层搅拌桩造价昂贵的结构形式,其在基础工程中的适用条件有:

①基坑深度不小于 10 m;

②软土地基或砂土地基;

③在密集的建筑群中开挖基坑,周围地面沉降和建筑物的沉降受到严格限制时;

④围护结构与主体结构相结合,用作主体结构的一部分,对抗渗有较严格要求时;

⑤采用逆作法施工,内衬与护壁形成复合结构的工程。

3)地下连续墙的分类

地下连续墙按其填筑的材料,分为土质墙、混凝土墙、钢筋混凝土墙(现浇和预制)和组合墙(预制钢筋混凝土墙板和现浇混凝土的组合,或预制钢筋混凝土墙板和自凝水泥膨润土泥浆的组合);按其成墙方式,分为桩排式、壁板式、桩壁组合式;按其用途,分为临时挡土墙、防渗墙以及主体结构兼做临时挡土墙的地下连续墙。

①桩排式地下连续墙,实际就是钻孔灌注桩并排连接所形成的地下连续墙。其设计与施工可归类于钻孔灌注桩。

②壁板式地下连续墙,采用专用设备,利用泥浆护壁在地下开挖深槽,水下浇筑混凝土,形成地下连续墙。

③桩壁组合式地下连续墙,即将上述桩排式和壁板式地下连续墙组合起来使用的地下连续墙。

4)地下连续墙的设计与施工

(1)导墙

地下连续墙的第一道工序——修筑导墙,如图 8.27 所示。导墙主要是为保证开挖槽段竖直作导向,并防止机械上下运行时碰坏槽壁。导墙位于地下连续墙的墙面线两侧,深度一般为 1 ~ 2 m,顶面略高于施工地面,导墙的内壁面应竖直。内外导墙墙面之间距为地下连续墙的设计厚度加施工余量,一般为 40 ~ 60 cm。

导墙的施工通常采用在现场开挖导沟,现场浇筑混凝土,成为对称的两个 Γ 断面,并安放一层钢筋网。混凝土强度等级为 C15,拆模后,应立即在导墙之间加设支撑。

(2)槽段开挖

槽段开挖宽度,即内外导墙之间距,也即为地下连续墙的厚度。施工时,沿地下连续墙长度分段开挖槽孔。挖土机械常用液压抓斗机,如履带吊车液压抓斗机,斗容为 0.19 m³,抓斗机的液压压力为 18 MPa,这种抓斗机适用于开挖深度为 8 ~ 15 m。

也可采用多头钻开挖槽段,反循环泥浆排弃土,即泥浆由导沟流入槽段,由多头钻切削下的土屑悬混在泥浆中,经吸力泵由钻头中心吸入空心钻杆,排出槽外,平均钻进速度为 6 ~ 8 m/h。

（3）泥浆护壁

泥浆起护壁作用，防止孔壁坍塌。在施工期间，槽内泥浆面必须高于地下水位0.5 m以上，且不应低于导墙顶面0.3 m。

泥浆的材料应选用膨润土，要求黏粒含量大于50%，$I_p > 20$，含砂量小于4%，相对密度为1.05~1.25，胶体率大于98%，pH值7~9，泥皮厚度1~3 mm/min。

由于泥浆比重大于地下水的比重，泥浆面高于地下水位，因此，泥浆压力足以平衡地下水的水压力和土压力，成为槽壁土体的液态支撑。同时泥浆还可以深入槽壁土的孔隙中，使槽壁表面形成一层致密的泥皮，增加槽壁的稳定性。泥浆经处理后，大部分可回收重复使用。

（4）分段与接头

地下连续墙标准槽段为6 m长，最大不超过8 m。分段施工时，两段之间的接头可采用圆形或凸形接头管，使相邻槽段紧密相接，还可放置竖直塑料止水带防止渗漏。接头管应能承受混凝土的压力，在浇筑混凝土过程中，须经常转动及提动接头管，以防止接头管与一侧混凝土固结在一起。当混凝土已凝固，不会发生流动或坍塌时，即可拔出接头管。

（5）钢筋笼制作与吊装

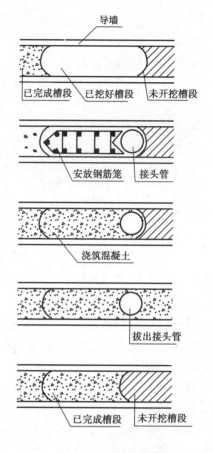

图8.27　分段施工连接图

钢筋笼的尺寸应根据单元槽段的规格与接头形式等确定，并应在平面制作台上成型和预留插放混凝土导管的位置。为保证钢筋保护层的厚度，可采用水泥砂浆垫块，固定在钢筋笼两面的外侧。同时可采用纵向钢筋桁架及在主筋平面内加斜向拉条等措施，使钢筋笼在吊运过程中具有足够的刚度，不致使其变形而影响入槽。

钢筋笼应在清槽换浆合格后立即安装，用起重机整段吊起，对准槽孔，徐徐下落，安置在槽段的准确位置。

（6）混凝土浇筑

混凝土的要求：水灰比不大于0.6，水泥掺量不少于370 kg/m³；坍落度宜为18~20 cm；扩散度34~38 cm，应通过试验确定。混凝土的细骨料为中砂、粗砂，粗骨料为粒径不大于40 mm的卵石或碎石。

在槽段中的接头管和钢筋笼就位后，用导管法浇筑混凝土。要求槽内混凝土面的上升速度不应小于2 m/h，导管埋入混凝土内的深度在1.5~6.0 m范围。一个单元槽段应一次连续浇筑混凝土，直至混凝土顶面高于设计标高300~500 mm为止。凿去浮浆层后的墙顶标高应符合设计要求。

重复步骤（2）~（6），直到完成全部地下连续墙施工。

(7)工效

上述地下连续墙施工方法是一种机械化的快速施工方法,工效高、成本低、安全可靠。国际上采用综合指标,即每一日完成地下连续墙(包括做导墙、挖槽、制作与吊钢筋笼、浇筑混凝土全过程)的方量来计算工效。如上钢一厂的地下连续墙工程长60 m,宽18 m,深12.5 m,墙厚0.6 m,总体积8 100 m³,施工队全队48人,只用4个多月时间,工效达到国际标准。据有关资料分析,如将大型沉井改用地下连续墙,可降低造价25%~45%,值得推广。

▶ 8.7.3 墩基础

墩基础是在就地成孔后浇灌混凝土而成的深基础,一般只在重型建(构)筑物的基础工程中使用。与桩比较,墩基础的特点是截面尺寸大(边长或直径通常大于1 m),因而承载能力比桩大。这样,上部结构的荷载只须通过单个或少数几个墩基础,就能直接传递给地下坚实土层或岩层。因此,墩基础所需的承台面积很小。至于从荷载传递性质来看,墩基础与桩基有些相似,但在作用机理上存在一些差异。这两类基础的最大区别在于施工方法不同。

早期的墩基础施工,是以人工开挖坑孔,用木板或钢圈支承孔壁,随着开挖工作的进展,支撑系统也不断向下延伸。这种施工方法在未遇到地下水时尚无问题,但较费时费工。当穿越地下水位以下的粉砂土或粉土层时,常发生流砂现象,造成施工困难。

当墩基础的数量很少或施工设备有限,且在墩基础埋深范围内无地下水存在或者便于降低地下水位时,也可考虑采用敞坑开挖的施工方法。用这种方法建造的墩基础,可以采用砖石材料,且可能做成实心或空心的各种形状。

发展至今,墩基础的施工已广泛采用钻、挖、冲等成孔机械(钻孔墩),因而墩基础和大直径钻孔灌注桩之间也就没有明显的界限了。近年来,钻孔墩的直径和长度已大大增加,甚至出现底部直径扩大到7.5 m的墩基础,以及支承在岩层上承受荷载高达70 MN的钻孔墩。

墩基础施工要精心进行,包括:准确定桩位,开挖成孔要规整、足尺寸,墩底虚土要清除干净、验孔、安放钢筋笼、装导管、连续浇筑混凝土,一气呵成。若采用人工挖孔应注意安全,预防孔壁坍塌。同时应有通风设备,防止中毒。每一墩都必须有施工的详细记录,确保质量。

▶ 8.7.4 箱桩基础

当高层建筑的地基土质较好时,常采用箱形基础,这不仅能满足地基承载力的要求,而且同时能满足地震区对基础埋深,即稳定性的要求。箱形基础的埋深大,基坑开挖土方量大,箱基为空心结构,自重小于挖除的土重,因此,箱基为补偿性基础。箱基的空间,可作为人防及设备层等。

若高层建筑的地基土质较弱,仅用上述箱形基础无法满足地基承载力的要求时,则需要在箱形基础底板下设置桩。这种箱加桩的基础,简称箱桩基础。例如,天津市国际大厦主楼38层,总高135.6 m。地基表层为素填土,层厚约4 m;第②层为可塑粉质黏土,层厚约3 m;第③层为软塑粉质黏土,层厚约8 m。由于地基承载力低,无法采用天然地基,根据上部结构的荷载与地质条件,在3层箱下设置钢筋混凝土桩,桩截面450 mm×450 mm,桩长26 m,桩端持力层为⑥a层细砂。计算单桩承载力特征值为2 500 kN,桩的静载荷试验结果为2 800~3 300 kN。共400根长桩,承受桩顶以上总荷载800 MN。天津国际大厦已建成多年,使用情

况良好。

箱桩基础这种新的基础形式,改变了过去认为高烈度地震区软弱地基上难以建高层建筑的看法。

在有些工程中,箱形基础可能已满足承载力要求,但可能不满足变形要求,这时也可以采用箱桩基础,其中的桩主要起控制变形的作用。

复习思考题

8.1 何为桩基础,桩基础由哪几部分组成? 适用范围如何?

8.2 桩有哪些分类,常用桩的特点和适用性如何?

8.3 试述桩土荷载传递的过程,结合单桩内力、桩侧摩阻与位移的分布,说明桩的破坏模式和极限承载力的取值准则。

8.4 单桩承载力由哪两部分组成? 如何确定单桩竖向承载力特征值?

8.5 试述负摩阻力的概念。

8.6 按《桩基规范》,单桩竖向极限承载力标准值可由哪些方法确定? 和《建筑地基基础设计规范》比较有何不同?

8.7 试述群桩效应的概念和群桩效应系数的意义。

8.8 什么情况下需要验算桩基沉降? 验算的要求和方法如何? 地基沉降计算深度的定义是什么?

8.9 试述单桩水平承载力的理论计算方法(以 m 法为主)。

8.10 承台的破坏形式主要有哪些? 承台的构造要求主要有哪些?

8.11 桩基础的设计原则主要有哪些? 设计的一般步骤是什么?

8.12 选择桩的类型、几何尺寸及其布置,需具体确定哪些项目(或参数)?

8.13 何谓群桩? 群桩效应与承台效应如何计算? 群桩承载力与单桩承载力之间有何内在联系?

8.14 桩基设计包括哪些内容? 偏心受压情况下,桩的数量如何确定? 桩基础初步设计后,还需要进行哪些验算? 如果验算不满足要求,应如何解决?

8.15 何为深基础? 深基础有哪些类型? 适用于什么条件? 深基础与浅基础有何差别?

8.16 沉井基础有何特点? 如何选择沉井基础类型?

8.17 沉井的基本组成及各部分的作用如何? 沉井制作时分节高度应考虑哪些因素?

习 题

8.1 某校教师住宅为 6 层砖混结构,横墙承重。作用在横墙墙脚底面荷载为 165.9 kN/m。横墙长度为 10.5 m,墙厚 37 cm。地基土表层为中密杂填土,层厚 $h_1 = 2.2$ m,桩侧阻力特征值 $q_{s1a} = 11$ kPa;第 2 层为流塑淤泥,层厚 $h_2 = 2.4$ m,$q_{s2a} = 8$ kPa;第 3 层为可塑粉土,

层厚 $h_3 = 2.6$ m，$q_{s3a} = 25$ kPa；第 4 层为硬塑粉质黏土，层厚 $h_4 = 6.8$ m，$q_{s4a} = 40$ kPa，桩端阻力特征值 $q_{pa} = 1\,800$ kPa。试设计横墙桩基础。

8.2　有一建筑场地地基土情况如下：第 1 层，杂填土，厚 1 m；第 2 层，粉土，软塑 $e = 0.92$，$w = 30\%$，$\gamma = 18.6$ kN/m³，厚 7 m，$q_{s2a} = 12$ kPa；第 3 层，粉砂，中密，$e = 0.82$，厚 4 m，$q_{s3a} = 30$ kPa；第 4 层，黏土，$e = 1.2$，$\gamma = 17$ kN/m³，流塑 $I_L = 1.2$，厚度 10 m 以上（夹薄层砂），$q_{s4a} = 25$ kPa，$q_{pa} = 1\,800$ kPa。立柱的截面为 1.0 m × 0.6 m；荷载 $F = 4\,000$ kN，$M_y = 500$ kN·m，$H = 100$ kN。地下水位在室外地面下 4 m。试为柱下独立基础选择桩型，并设计桩基础及其承台。

地基处理

〖**本章导读**〗
　　地基处理方法按其原理和作用可分为换填垫层、碾压及夯实、排水固结、振密挤密、置换及拌入、加筋及其他方法等 7 类。本章将主要介绍前 5 类中的几种常用地基处理方法,要求掌握这几种常用地基处理方法的特点及适用范围、作用原理、设计要点和施工质量要求;了解托换技术和组合型地基处理方法。

9.1　概　述

▶ 9.1.1　地基处理的对象和目的

　　我国地域辽阔,自然地理环境不同,土质各异,地基条件区域性较强,在选择建筑场址时,应尽量选择地质条件良好的场地,但有时也不得不在地质条件不良的场地进行建设,为此必须对不良地基进行处理。

1)地基处理的对象

　　地基处理的对象一般是软弱地基和特殊土地基。软弱地基系指主要由淤泥、淤泥质土、冲填土、杂填土或其他高压缩性土层构成的地基。

　　软弱土具有如下工程特性:

　　①具有显著的结构性。特别是滨海相的软土,一旦受到扰动,其絮状结构受到破坏,土的强度显著降低,甚至呈流动状态。软土受到扰动后强度降低的特性可用灵敏度表示。多数软

土的灵敏度为 3 ~ 16。

②具有较明显的流变性。软土在不变的剪应力作用下,将连续产生缓慢的剪切变形,并可能导致抗剪强度的衰减。在固结沉降完成后,软土还可能继续产生可观的次固结沉降。

③压缩性较高。软土的压缩系数 $a_{1-2} > 0.5$ MPa^{-1},大部分压缩变形发生在 100 kPa 左右的垂直压力作用下。

④抗剪强度很低。软土的天然不排水抗剪强度一般小于 30 kPa。

⑤软土的透水性较差,其渗透系数一般在 $i \times 10^{-6} \sim i \times 10^{-8}$ cm/s ($i = 1, 2, \cdots, 9$)。因此土层在自重或荷载作用下达到完全固结所需的时间很长。

⑥具有不均匀性,软土中常夹有厚薄不等的粉土、粉砂、细砂等。

由于软土具有强度低、压缩性较高和透水性较差等特性,因此,在软土地基上修建建筑物,必须重视地基的变形和稳定问题。软土地基承载力常为 50 ~ 80 kPa,如果不作任何处理,一般不能承受较大的建筑物荷载,否则软土地基就有可能出现局部剪切乃至整体剪切破坏的危险。此外,软土地基上建筑物的沉降和不均匀沉降往往比较大。沉降稳定的历时亦较长,在比较深厚的软土层上,建筑物基础的沉降可持续数年乃至数十年以上。沉降过大和持续的时间过长,都会给建筑物设计标高的确定和建筑物内设备的安装带来麻烦,而不均匀沉降则可能造成建筑物开裂或影响建筑物的使用。

冲填土(冲积土或吹填土)是天然水流夹带泥砂冲积形成,或者是在人工整治和疏通江河时,用挖泥船或泥浆泵把江河或港湾底部的泥砂用水力冲填(吹填)形成的沉积土。冲填土的物质成分比较复杂,如以粉土、黏土为主,属于欠固结的软弱土,而主要由砂粒以上粗颗粒组成的,则不属于软弱土。

杂填土一般是覆盖在城市地表的人工杂物,包括瓦片砖块等建筑垃圾、工业废料和生活垃圾等。其主要特性是强度低、压缩性高和均匀性差。

特殊土有地区性的特点,它包括湿陷性黄土、膨胀土、红黏土和冻土等。

2)地基处理的目的

地基处理的目的是采用各种地基处理方法以改善地基条件,这些措施包括以下 5 个方面的内容:

①改善剪切特性,提高抗剪强度。地基的剪切破坏表现在建筑物的地基承载力不够,使结构失稳、土方开挖时边坡失稳、地基产生隆起或基坑开挖时坑底隆起。因此,为了防止剪切破坏,就需要采取增加地基土的抗剪强度的措施。

②改善压缩特性,增加土的密实度。地基的高压缩性表现在建筑物的沉降和差异沉降大,因此需要采取措施提高地基土的压缩模量。

③改善透水特性,固结地基。地基的透水性表现在堤坝、房屋等基础下产生的地基渗漏,基坑开挖过程中产生流砂和管涌。因此需要改变地基土的透水性或采取措施减小水压力。

④改善动力特性。地基的动力特性表现在地震时将会产生液化或震陷变形,因此需要研究采取何种措施防止地基土液化,并改善其动力特性,提高地基的抗震性能。

⑤改善特殊土的不良特性。主要是指消除或减少黄土的湿陷性和膨胀土的胀缩性等地基处理的措施。

► 9.1.2 地基处理方法分类

地基处理的方法有很多种:按时间可分为临时处理和永久处理;按处理深度可分为浅层处理和深层处理;按土性对象可分为砂性土处理和黏性土处理,饱和土处理和非饱和土处理;按处理方法的原理可分为图9.1所示的几类。

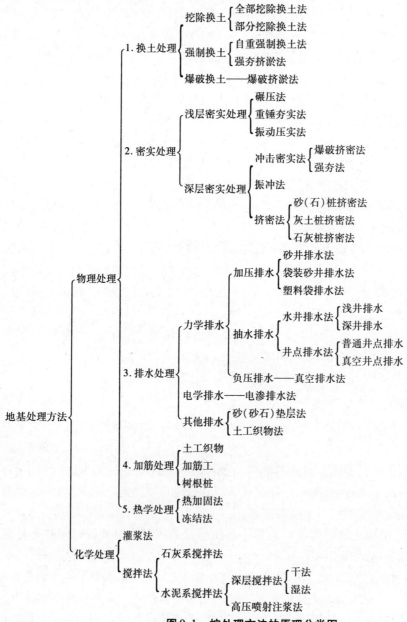

图9.1　按处理方法的原理分类图

图9.1中的各种处理方法是按处理方法的原理来划分的,各种处理方法都有它的适用范围、局限性和优缺点,没有一种方法是万能的。具体工程情况很复杂,工程地质条件千变万化,各个工程间地基条件差别很大,具体工程对地基的要求也不同,而且机具材料等条件

也因工作部门不同、地区不同而有较大差别。因此,在选择地基处理方法时,要综合考虑上述各方面因素,选择最佳的处理方法。各种地基处理方法的主要适用范围及加固效果见表9.1。

表9.1　各种地基处理方法的主要适用范围及加固效果

| 按处理深浅分类 | 序号 | 处理方法 | 土质适用情况 | | | | | | 加固效果 | | | | 常用有效处理深度/m |
			淤泥质土	人工填土	饱和土(黏性土)	非饱和土(黏性土)	无黏性土	湿陷性黄土	降低压缩性	提高抗剪能力	形成不透水性	改善动力特性	
浅层加固	1	换填垫层法	*	*	*	*		*	*	*		*	3
	2	机械碾压法		*		*	*	*	*	*			3
	3	平板振动法		*		*	*	*	*	*			1.5
	4	重锤夯实法		*		*	*	*	*	*			1.5
	5	土工合成材料法	*		*	*				*			
深层加固	6	强夯法		*		*	*	*	*	*		*	10
	7	砂(砂石)桩挤密法	慎重	*	*	*	*	*	*	*		*	20
	8	振动水冲法	慎重	*	*	*	*		*	*		*	18
	9	干振碎石桩法		*		*	*		*	*		*	6
	10	土(灰土、二灰)桩挤密法				*		*	*	*			20
	11	石灰桩挤密法	*			*			*	*			20
	12	砂井(袋装砂井、塑料排水带)堆载预压法	*		*				*	*			15
	13	真空预压法			*				*	*			15
	14	降水预压法			*				*	*			30
	15	电渗排水法	*		*				*	*			20
	16	注浆法	*	*	*	*	*		*	*	*		20
	17	高压喷射注浆法	*	*	*	*			*	*	*		20
	18	深层搅拌法	*		*	*			*	*			18
	19	粉体喷射搅拌法	*		*	*			*	*			13
	20	热加固法				*		*	*	*			15
	21	冻结法	*	*	*	*	*	*			*	*	

▶ 9.1.3　地基处理方案的确定

1)准备工作

①搜集详细的岩土工程勘察资料、上部结构及基础设计资料等;
②根据工程的要求和采用天然地基存在的主要问题,确定地基处理的目的、处理范围和

处理后要求达到的各项技术经济指标等；

③结合工程情况，了解当地地基处理经验和施工条件，对于有特殊要求的工程，尚应了解其他地区相似场地上同类工程的地基处理经验和使用情况等；

④调查邻近建筑、地下工程和有关管线等情况；

⑤了解建筑场地的环境情况。

2）地基处理方法确定的步骤

（1）初选几种可行性方案

根据结构类型、荷载大小及使用要求，结合地形地貌、地层结构、土质条件、地下水特征、环境情况和对邻近建筑的影响等因素进行综合分析，初步选出几种可供考虑的地基处理方案，包括选择两种或多种地基处理措施组成的综合处理方案。

（2）选择最佳方案

对初步选出的各种地基处理方案，分别从加固原理、适用范围、预期处理效果、耗用材料、施工机械、工期要求和对环境的影响等方面进行技术经济分析和对比，选择最佳的地基处理方法。

（3）现场试验

对已选定的地基处理方法，宜按建筑物地基基础设计等级和场地复杂程度，在有代表性的场地上进行相应的现场试验或试验性施工，并进行必要的测试，以检验设计参数和处理效果。如达不到设计要求时，应查明原因，修改设计参数或调整地基处理方法。

9.2　换填垫层法

换填垫层法是指挖去地表浅层软弱土层或不均匀土层，分层回填强度高，压缩性低，性能稳定且无腐蚀性的砂、素土、灰土、工业废渣等材料，并夯压密实，形成垫层的地基处理方法。

▶ 9.2.1　加固机理及适用范围

1）换填垫层的作用

（1）提高地基承载力

浅基础的地基承载力与持力层的抗剪强度有关。若上部荷载超过软弱地基土的强度，则从基础底面开始发生剪切破坏，随应力增大向纵深发展。如果以抗剪强度较高的砂或其他填筑材料代替软弱的土，就可提高持力层地基的承载力，避免地基剪切破坏。

（2）减少沉降量

一般地基浅层部分沉降量在总沉降量中所占的比例较大。如以密实砂或其他填筑材料代替上部软弱土层，就可以减少这部分的沉降量。由于砂垫层或其他垫层对应力的扩散作用，使作用在下卧层土上的压力较小，也相应减少下卧层土的沉降量。

（3）加速软弱土层的排水固结

建筑物的不透水基础直接与软弱土层相接触时，在荷载的作用下，软弱土层地基中的水被迫绕基础两侧排出,因而使基底下的软弱土不易固结,形成较大的孔隙水压力,还可能导致由于地基强度降低而产生塑性破坏的危险。砂垫层和砂石垫层等垫层材料透水性大,软弱土层受压后,垫层可作为良好的排水面,使基础下面的孔隙水压力迅速消散,加速垫层下软弱土层的固结和提高其强度,避免地基土塑性破坏。

(4)防止冻胀

因为粗颗粒的垫层材料孔隙大,不易产生毛细管现象,因此可以防止寒冷地区土中结冰所造成的冻胀。

(5)消除膨胀土的胀缩作用

在膨胀土地基上可选用砂、碎石、块石、煤渣、二灰或灰土等材料作为垫层,以消除这部分土的胀缩作用。

2)换填垫层法的适用范围

换填垫层法适用于淤泥、淤泥质土、湿陷性黄土、素填土、杂填土地基及暗沟、暗塘等的浅层处理。常用于多层或低层建筑的条形基础、独立基础、地坪、料场及道路工程,既安全又经济,但换填的层深范围有限。

▶ **9.2.2 垫层的设计**

如图9.2所示,垫层的设计关键是决定其厚度 z 和宽度 b'。既要求有足够的厚度以置换部分软弱土层,又要求有足够大宽度以防止砂垫层向两侧挤出。

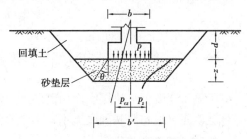

图9.2 垫层的尺寸设计

1)垫层厚度的确定

垫层的厚度 z 应根据需置换软弱土的深度或下卧土层的承载力确定,并应符合下式要求:

$$p_z + p_{cz} \leqslant f_{az} \qquad (9.1)$$

式中 p_z——相应于荷载效应标准组合时,垫层底面处的附加压力值,kPa;

p_{cz}——垫层底面处土的自重压力值,kPa;

f_{az}——下卧层顶面处经深度修正后的地基承载力特征值,kPa。

垫层底面处的附加压力值 p_z 可分别按下式计算:

条形基础:
$$p_z = \frac{b(p_k - p_c)}{b + 2z \, tan \, \theta} \qquad (9.2)$$

矩形基础:
$$p_z = \frac{bl(p_k - p_c)}{(b + 2z \, tan \, \theta)(l + 2z \, tan \, \theta)} \qquad (9.3)$$

式中 b——矩形基础或条形基础底面的宽度,m;

l——矩形基础底面的长度,m;

p_k——相应于荷载效应标准组合时,基础底面处的平均压力值,kPa;

p_c——基础底面处土的自重压力值,kPa;

z——基础底面下垫层的厚度,m;

θ——垫层的压力扩散角,(°),宜通过试验确定,当无试验资料时,可按表9.2采用。

表 9.2　压力扩散角 θ

z/b　　　换填材料	中砂、粗砂、砾砂、圆砾、角砾、石屑、卵石、碎石、矿渣	粉质黏性土、粉煤灰	灰　土
0.25	20°	6°	28°
≥0.50	30°	23°	

注:①当 $z/b < 0.25$ 时,除灰土取 $\theta = 28°$ 外,其余材料均取 $\theta = 0°$,必要时,宜由试验确定;
　　②当 $0.25 < z/b < 0.5$ 时,θ 值可内插求得。

具体计算时,一般可根据垫层的承载力确定出基础宽度,再根据下卧土层的承载力确定出垫层的厚度。可先假设一个垫层的厚度,然后按式(9.1)进行验算,直至满足要求为止。换填垫层的厚度一般不宜大于 3 m,否则工程量大、不经济、施工困难。但也不宜小于 0.5 m,否则作用不显著、效果差。

2)垫层宽度的确定

垫层的底面宽度应满足基础底面应力扩散的要求,可按下式确定:

$$b' \geq b + 2z \tan \theta \tag{9.4}$$

式中　b'——垫层底面宽度,m;

θ——垫层的压力扩散角,(°),可按表 9.2 采用,当 $z/b < 0.25$ 时,仍按 $z/b = 0.25$ 取值。

垫层顶面宽度可从垫层底面两侧向上,按基坑开挖期间保持边坡稳定的当地经验放坡确定。垫层顶面每边超出基础底边不宜小于 300 mm。

3)垫层承载力的确定

垫层的承载力宜通过现场载荷试验确定,初步设计时对一般工程可按表 9.3 选用,并应进行下卧层承载力的验算。

表 9.3　垫层承载力

换填材料	承载力特征值 f_{ak} / kPa
碎石、卵石	200 ~ 300
砂夹石(其中碎石、卵石占全重的 30% ~ 50%)	200 ~ 250
土夹石(其中碎石、卵石占全重的 30% ~ 50%)	150 ~ 200
中砂、粗砂、砾砂、圆砾、角砾	150 ~ 200
粉质黏土	130 ~ 180
石　屑	120 ~ 150
灰　土	200 ~ 250
粉煤灰	120 ~ 150
矿　渣	200 ~ 300

注:压实系数小的垫层,承载力特征值取低值,反之取高值;原状矿渣垫层取低值,分级矿渣或混合矿渣垫层取高值。

4) 沉降计算

重要的建筑或垫层下存在软弱下卧层的建筑,还应进行地基变形计算。建筑物基础沉降等于垫层自身的变形量 s_1 与下卧土层的变形量 s_2 之和。

▶ 9.2.3 垫层施工要点

1) 垫层材料选用

①砂石。宜选用碎石、卵石、角砾、圆砾、砾砂、粗砂、中砂或石屑(粒径小于 2 mm 的部分不应超过总重的 45%),应级配良好,不含植物残体、垃圾等杂质。当使用粉细砂或石粉(粒径小于0.075 mm 的部分不超过总重的 9%)时,应掺入不少于总重 30% 的碎石或卵石。砂石的最大粒径不宜大于 50 mm。对湿陷性黄土地基,不得选用砂石等透水材料。

②粉质黏土。土料中有机质含量不得超过 5%,亦不得含有冻土或膨胀土。

③灰土。常用的体积配合比宜为 2∶8 或 3∶7。土料宜用粉质黏土,不宜使用块状黏土和砂质粉土,不得含有松软杂质,并应过筛,其颗粒直径不得大于 15 mm。石灰宜用新鲜的消石灰,其颗粒直径不得大于 5 mm。

④粉煤灰。可用于道路、堆场和小型建(构)筑物等的换填垫层。

⑤工业废渣。在有可靠试验结果或成功工程经验时,质地坚硬、性能稳定、无腐蚀性和放射性危害的工业废渣等均可用于填筑换填垫层。

2) 垫层施工机械选择

垫层施工应根据不同的换填材料选择施工机械。粉质黏土、灰土宜采用平碾、振动碾或羊足碾,中小型工程也可采用蛙式夯、柴油夯;砂石等宜用振动碾;粉煤灰宜采用平碾、振动碾、平板振动器、蛙式夯;矿渣宜采用平板振动器或平碾,也可采用振动碾。

3) 垫层施工工艺

①垫层的施工方法、分层铺填厚度、每层压实遍数等宜通过试验确定。除接触下卧软土层的垫层底部应根据施工机械设备及下卧层土质条件确定厚度外,一般情况下,垫层的分层铺填厚度可取 200~300 mm。为保证分层压实质量,应控制机械碾压速度。

②粉质黏土和灰土垫层土料的施工含水量宜控制在最优含水量 w_{op} ±2% 的范围内,粉煤灰垫层的施工含水量宜控制在 w_{op} ±4% 的范围内。最优含水量可通过击实试验确定,也可按当地经验取用。

③当垫层底部存在古井、古墓、洞穴、旧基础、暗塘等时,应根据建筑对不均匀沉降的要求予以处理,并经检验合格后,方可铺填垫层。

④基坑开挖时应避免坑底土层受扰动,可保留约 200 mm 厚的土层暂不挖去,待铺填垫层前再挖至设计标高。严禁扰动垫层下的软弱土层,防止其被践踏、受冻或受水浸泡。在碎石或卵石垫层底部宜设置 150~300 mm 厚的砂垫层或铺一层土工织物,以防止软弱土层表面的局部破坏,同时必须防止基坑边坡坍土混入垫层。

⑤换填垫层施工应注意基坑排水,除采用水撼法施工砂垫层外,不得在浸水条件下施工,必要时应采用降低地下水位的措施。

⑥垫层底面宜设在同一标高上,如深度不同,基坑底土面应挖成阶梯或斜坡搭接,并按先

深后浅的顺序进行垫层施工,搭接处应夯压密实。

⑦粉质黏土及灰土垫层分段施工时,不得在柱基、墙角及承重窗间墙下接缝。上下两层的缝距不得小于500 mm。接缝处应夯压密实。灰土应拌合均匀并应当日铺填夯压。灰土夯压密实后3 d内不得受水浸泡。粉煤灰垫层铺填后宜当天压实,每层验收后应及时铺填上层或封层,防止干燥后松散起尘污染,同时应禁止车辆碾压通行。

⑧垫层竣工验收合格后,应及时进行基础施工与基坑回填。

▶ 9.2.4 质量检验

①粉质黏土、灰土、粉煤灰和砂石垫层的施工质量检验,可用环刀法、贯入仪、静力触探、轻型动力触探或标准贯入试验检验;对砂石、矿渣垫层,可用重型动力触探检验。并均应通过现场试验,以设计压实系数所对应的贯入度为标准检验垫层的施工质量。压实系数也可采用环刀法、灌砂法、灌水法或其他方法检验。

②垫层的施工质量检验必须分层进行,并应在每层的压实系数符合设计要求后再铺填上层土。

③采用环刀法检验垫层的施工质量时,取样点应位于每层厚度的2/3深度处。检验点数量,对大基坑每50~100 m² 不应少于1个检验点,对基槽每10~20 m不应少于1个点,每个独立柱基不应少于1个点。采用贯入仪或动力触探检验垫层的施工质量时,每分层检验点的间距应小于4 m。

④竣工验收采用载荷试验检验垫层承载力时,每个单体工程不宜少于3点,对于大型工程则应按单体工程的数量或工程的面积确定检验点数。

【例9.1】 某中学教学楼,采用砖混结构条形基础。作用在基础顶面竖向荷载为 $F_k = 130$ kN/m。地基土层情况:表层为素填土,层厚1.3 m,$\gamma = 17.5$ kN/m³;第二层为淤泥质土,层厚6.5 m,$\gamma = 17.8$ kN/m³,$f_{ak} = 75$ kPa,$w = 47.5\%$。地下水位深1.3 m。试设计此教学楼基础的砂垫层。

【解】 (1)砂垫层材料采用粗砂,要求压实系数为0.95,承载力特征值 f_{ak} 取150 kPa。

(2)考虑淤泥质土软弱,基础宜浅埋,基础埋深定为 $d = 0.8$ m。

(3)计算墙基的宽度:

$$b \geq \frac{F_k}{f_a - 20d} = \frac{130 \text{ kN/m}}{150 \text{ kPa} - 20 \text{ kN/m}^3 \times 0.8 \text{ m}} = 0.97 \text{ m}, 取 b = 1.0 \text{ m}。$$

(4)设计粗砂垫层厚度 $z = 1.2$ m。

(5)垫层底面土的自重压力

$$p_{cz} = \gamma_1 h_1 + \gamma_2'(d + z - h_1) = 17.5 \text{ kN/m}^3 \times 1.3 \text{ m} + 7.8 \text{ kN/m}^3 \times 0.7 \text{ m} = 28.2 \text{ kPa}$$

(6)垫层底面土的附加压力,$z/b = 1.2 > 0.25$,故附加压力扩散角 θ 取30°。则:

$$p_k - p_c = \frac{F_k + \gamma_0 db}{b} - \gamma_1 d = \frac{130 \text{ kN/m} + 20 \text{ kN/m}^3 \times 1 \text{ m} \times 0.8 \text{ m}}{1 \text{ m}} -$$

$$17.5 \text{ kN/m}^3 \times 0.8 \text{ m} = (146 - 14) \text{ kPa} = 132 \text{ kPa}$$

$$p_z = \frac{b(p_k - p_c)}{b + 2z \tan \theta} = \frac{132 \text{ kPa} \times 1 \text{ m}}{1.0 \text{ m} + 2 \times 1.2 \text{ m} \times \tan 30°} = \left(\frac{132}{2.38}\right) \text{ kPa} = 55.5 \text{ kPa}$$

（7）垫层底面淤泥质土的承载力特征值

$$\gamma_m = \frac{1.3 \text{ m} \times 17.5 \text{ kN/m}^3 + 0.7 \text{ m} \times 7.8 \text{ kN/m}^3}{2.0 \text{ m}} = 14.1 \text{ kN/m}^3$$

$$f_{az} = f_{ak} + \eta_d \gamma_m (D - 0.5) = 75 \text{ kPa} + 1.0 \times 14.1 \text{ kN/m}^3 \times (2.0 - 0.5) \text{m} = 96.15 \text{ kPa}$$

（8）验算垫层底面下卧层承载力

$$p_z + p_{cz} = (55.5 + 28.2) \text{kPa} = 83.7 \text{ kPa} < f_{az} = 96.15 \text{ kPa}$$

满足要求但过于安全，可将垫层厚度减小，采用 $z = 0.8$ m。重新计算：

$$p_{cz} = \gamma_1 h_1 + \gamma_2'(d + z - h_1) = 17.5 \text{ kN/m}^3 \times 1.3 \text{ m} + 7.8 \text{ kN/m}^3 \times 0.3 \text{ m} = 25.1 \text{ kPa}$$

$$p_z = \frac{b(p_k - p_c)}{b + 2z \tan \theta} = \frac{132 \text{ kPa} \times 1 \text{ m}}{1.0 \text{ m} + 2 \times 0.8 \text{ m} \times \tan 30°} = \left(\frac{132}{1.92}\right) \text{kPa} = 68.75 \text{ kPa}$$

$$\gamma_m = \frac{1.3 \text{ m} \times 17.5 \text{ kN/m}^3 + 0.3 \text{ m} \times 7.8 \text{ kN/m}^3}{1.6 \text{ m}} = 15.69 \text{ kN/m}^3$$

$$f_{az} = f_{ak} + \eta_d \gamma_m (D - 0.5) = 75 \text{ kPa} + 1.0 \times 15.69 \text{ kN/m}^3 \times (1.6 - 0.5) \text{m} = 92.26 \text{ kPa}$$

$$p_z + p_{cz} = (68.75 + 25.1) \text{kPa} = 93.85 \text{ kPa} \approx f_{az} = 92.26 \text{ kPa}$$

（9）确定垫层底面宽度

$$b' = b + 2z \tan \theta = 1.0 \text{ m} + 2 \times 0.8 \text{ m} \times 0.577 = 1.92 \text{ m}$$

考虑在淤泥土中深度仅为 0.3 m，可以采用 1:0.3 边坡，这样对表层素填土可以保持土坡稳定，设计如图 9.3 所示。

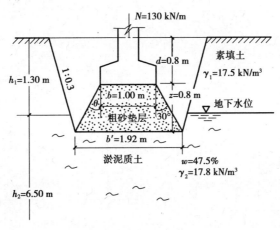

图 9.3　垫层设计

9.3　预压法

预压法（排水固结法）是在建筑物建造前，对天然地基或对已设排水体（如砂井和排水垫层）的地基施加预压荷载（如堆载、真空预压或联合预压），使土体中的孔隙水排出，逐渐固结，使地基的沉降在加载预压期间基本完成或大部分完成，同时可增加地基土的抗剪强度，从而提高地基的承载力和稳定性的地基处理方法。

▶ 9.3.1 加固机理与适用范围

1)加固机理

在饱和软土地基上施加荷载后,孔隙水被缓慢排出,孔隙体积随之逐渐减少,地基发生固结变形。同时随着超静水压力逐渐消散,有效应力提高,地基土强度增长。

现以图9.4为例作一说明。当土样的天然固结压力为σ_0'时,其孔隙比为e_0,在e—σ_c'坐标上其相应的点为a点,当压力增加$\Delta\sigma'$,固结终止时,对应c点,孔隙比减小Δe,曲线abc称为压缩曲线。与此同时,抗剪强度与固结压力由a点提高到c点。所以,土体在受压固结时,一方面孔隙比减小产生压缩,一方面抗剪强度也得到提高。如从c点卸除压力$\Delta\sigma'$,则土样回弹,图中cef为回弹曲线,如从f点再加压$\Delta\sigma'$,土样发生再压缩,沿虚线达到c'点。从再压缩曲线fgc'可清楚地看出,固结压力同样从σ_0'增加$\Delta\sigma'$,孔隙比减小值$\Delta e'$比Δe小得多。这说明,如果在建筑场地的地基上,先加一个和上部建筑物相同的压力进行预压,使土层固结(相当于压缩曲线从a点变化到c点),然后卸除荷载(相当于在回弹曲线上由c点变化到f点)再建造建筑物(相当于再压缩曲线上从f点变化到c'点),这样,建筑物引起的沉降即可大大减小。如果预压荷载大于建筑物荷载,即所谓超载预压,则效果更好,因当土层的固结压力大于使用荷载下的固结压力时,原来的正常固结黏土层将处于超固结状态,使土层在使用荷载下的变形大为减小。

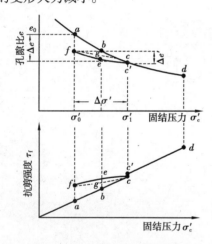

图9.4 排水固结时土的压缩与强度变化

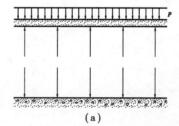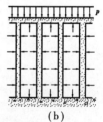

图9.5 排水法的原理

能否取得良好的预压固结效果,与如下两个基本条件有关:必要的预压荷载;良好的排水边界条件与排水固结预压历时长短。当土层厚度相对荷载宽度(或直径)比较小时,土层中孔隙水向上下面透水层排出而使土层发生固结,如图9.5(a)所示,称为竖向固结。根据固结理论,黏性土固结所需时间与排水距离的平方成正比。因此,为了加速土层的固结,最有效的方法是增加土层的排水途径,缩短排水距离。砂井、塑料排水板等竖向排水体就是为此目的而设置的,如图9.5(b)所示。

2)适用条件

预压法主要适用于处理淤泥质土、淤泥和冲填土等饱和黏性土地基。对于砂类土和粉土,因透水性良好,无须用此法处理。对于含水平砂夹层的黏性土,因其具有较好的横向排水性能,所以不用竖向排水体(砂井等)处理,也能获得良好的固结效果。

▶ 9.3.2 堆载预压法设计计算

排水固结法的设计,实质上就是进行排水系统和加压系统的设计,使地基在受压过程中排水固结,强度相应增加以满足逐渐加荷条件下地基稳定性的要求,并加速地基的固结沉降,缩短预压时间。设计内容包括:选择竖向排水体,确定其断面尺寸、间距、排列方式和埋设深度;确定预压区范围、预压荷载大小、荷载分级、加荷速率和预压时间;计算地基固结度、强度增长、稳定性和变形量。

1)砂井排水固结的设计计算

常用的竖向排水体有普通砂井、袋装砂井和塑料排水板,三者的作用机理相同,均可采用普通砂井的设计方法。

(1)砂井设计

砂井设计内容包括砂井的直径、间距、长度、布置方式和范围等。

①砂井的直径和间距。砂井的直径和间距应根据地基土的固结特性,和预定时间内所要求达到的固结度确定。砂井的直径不宜过大或过小,过大不经济,过小施工易造成灌砂不足,缩颈或砂井不连续等质量问题。常用的普通砂井直径可取 300 ~ 500 mm,袋装砂井直径可取 70 ~ 120 mm。塑料排水板已标准化,一般相当于直径 60 ~ 70 mm 的砂井。砂井的间距可按井径比选用,井径比 n 按式(9.5)确定:

$$n = \frac{d_e}{d_w} \tag{9.5}$$

式中 d_e——砂井有效排水范围等效圆直径,mm;

d_w——砂井直径,mm。

普通砂井的间距可按 $n = 6 \sim 8$ 选用,塑料排水板和袋装砂井的间距可按 $n = 15 \sim 22$ 选用。

②砂井长度。砂井的长度应根据建筑物对地基的稳定性、变形要求和工期要求确定。当压缩土层不厚、底部有透水层时,砂井应尽可能贯穿压缩土层;当压缩层较厚,其间有砂层或砂透镜体时,砂井应尽可能打至砂层或透镜体;当压缩土层很厚,其中又无透水层时,可按地基的稳定性及建筑物变形要求处理的深度来决定。按稳定性控制的工程,如路堤、土坝、岸坡、堆料场等,砂井深度应通过稳定分析确定,砂井长度应超过最危险滑弧面的深度 2.0 m。从沉降考虑,砂井长度宜穿透主要的压缩土层。

③砂井的布置和范围。砂井常按梅花形和正方形布置,如图 9.6(b),(c)所示。假设每个砂井的有效影响面积为圆面积,如砂井间距为 l,则等效圆(有效排水范围)的直径 d_e 与 l 关系为:梅花形时,$d_e = 1.05l$;正方形时,$d_e = 1.13l$。由于梅花形排列较正方形紧凑和有效,应用较多。砂井的布置范围应稍大于建筑物基础范围,扩大的范围可由基础轮廓线向外增大 2 ~ 4 m。

④砂垫层。在砂井的顶面应铺设排水砂垫层,以连通各个砂井形成通畅的排水层,将水排到场地以外。一般情况下,砂垫层厚度不应小于 0.5 m;水下施工时,砂垫层厚度一般为 1.0 m 左右。为节省砂料,也可采用连通砂井的纵横砂沟代替整片砂垫层,砂沟的高度一般为

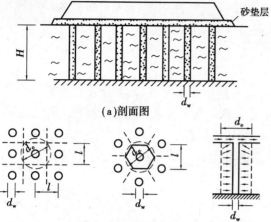

（a）剖面图

（b）正方形布置图　（c）梅花形布置图　（d）砂井的排水途径

图9.6　砂井布置图

0.5～1.0 m,砂沟宽度取砂井直径的2倍。

（2）地基固结度计算

地基固结度计算分为瞬时加荷条件和逐级加荷条件两种,一般先假设荷载是瞬时施加的,然后根据实际情况进行修正。

①瞬时加荷条件下砂井地基固结度的计算。

竖向平均固结度 $\overline{U}_z$ 可按下式计算:

$$\overline{U}_z = 1 - \frac{8}{\pi^2}\exp\left(\frac{-\pi^2}{4}T_V\right) \tag{9.6}$$

$$T_V = \frac{C_V t}{H^2} \tag{9.7}$$

$$C_V = \frac{k_V(1+e)}{\gamma_w a} \tag{9.8}$$

径向平均固结度 $\overline{U}_r$ 可按下式计算:

$$\overline{U}_r = 1 - \exp\left(-\frac{8}{F}T_H\right) \tag{9.9}$$

$$T_H = \frac{C_H t}{d_e^2} \tag{9.10}$$

$$C_H = \frac{k_H(1+e)}{\gamma_w a} \tag{9.11}$$

$$F = \frac{n^2}{n^2-1}\ln n - \frac{3n^2-1}{4n^2} \tag{9.12}$$

$$n = \frac{d_e}{d_w} \tag{9.13}$$

平均总固结度:

$$\overline{U}_{rz} = 1 - (1-\overline{U}_r)(1-\overline{U}_z) \tag{9.14}$$

把 $\overline{U}_z$ 和 $\overline{U}_r$ 的表达式代入得:

$$\overline{U}_{rz} = 1 - \frac{8}{\pi^2}e^{-\beta t} \tag{9.15}$$

$$\beta = \frac{8C_H}{Fd_e^2} + \frac{\pi^2 C_V}{4H^2} \tag{9.16}$$

砂井未打穿压缩土层时的平均固结度:

$$\overline{U} = Q\overline{U}_{rz} + (1-Q)\overline{U}_z \tag{9.17}$$

$$Q = \frac{H_1}{H_1+H_2} \tag{9.18}$$

式中　T_V——竖向固结时间因素;

　　　　C_V——竖向固结系数,cm²/s;

　　　　k_V——竖向渗透系数,cm/s;

H——单面排水土层厚度,cm,如双面排水土层厚度取一半;

a——土的压缩系数,kPa^{-1};

t——固结时间,s;

T_H——径向固结时间因素;

C_H——水平固结系数,cm^2/s;

k_H——水平渗透系数,cm/s;

γ_w——水的重度,kN/m^3;

H_1,H_2——分别为砂井部分和砂井下压缩层厚度,m。

②逐级加荷条件下砂井地基固结度的计算。

对逐级加载条件下竖井地基平均固结度的计算,《建筑地基处理技术规范》(JGJ 79)采用的是改进的高木俊介法,其理由是该公式理论上是精确解,且无需先计算瞬时加载条件下的固结度,再根据逐级加载条件进行修正,而是两者合并计算出修正后的平均固结度,而且公式适用于多种排水条件,可应用于考虑井阻及涂抹作用的径向平均固结度计算。其总荷载作用下地基的平均固结度可按下式计算:

$$\bar{U}_t = \sum_{i=1}^{n} \frac{\dot{q}_i}{\sum \Delta p}\left[(T_i - T_{i-1}) - \frac{\alpha}{\beta}e^{-\beta t}(e^{\beta T_i} - e^{\beta T_{i-1}}) \right] \tag{9.19}$$

式中　$\bar{U}_t$——t 时间地基的平均固结度;

$\dot{q}_i$——第 i 级荷载的加荷速率,kPa/d;

$\sum \Delta p$——各级荷载的累加值,kPa;

T_{i-1},T_i——分别为第 i 级荷载的起始和终止时间(从零点起算),d,当计算第 i 级荷载加载过程中某时间 t 的固结度时,T_i 改为 t;

α,β——参数,根据地基土排水固结条件按表9.4采用。对竖井地基,表中所列 β 为不考虑涂抹和井阻影响的参数值。

表9.4　α,β 值

参数 \ 排水固结条件	竖向排水固结 ($\bar{U}_z > 30\%$)	向内径向排水固结	竖向和向内径向排水固结(竖井穿透受压土层)	说　明
α	$\dfrac{8}{\pi^2}$	1	$\dfrac{8}{\pi^2}$	$F_n = \dfrac{n^2}{n^2-1}\ln n - \dfrac{3n^2-1}{4n^2}$ C_H——土的径向排水固结系数,cm^2/s; C_V——土的竖向排水固结系数,cm^2/s; H——土层竖向排水距离,cm;
β	$\dfrac{\pi^2 C_V}{4H^2}$	$\dfrac{8C_H}{F_n d_e^2}$	$\dfrac{8C_H}{F_n d_e^2} + \dfrac{\pi^2 C_V}{4H^2}$	$\bar{U}_z$——双面排水土层或固结应力均匀分布的单面排水土层平均固结度

③考虑涂抹和井阻影响时地基固结度的计算。

当排水竖井采用挤土方式施工时,应考虑涂抹对土体固结的影响。当竖井的纵向通水量 q_w 与天然土层水平向渗透系数 k_h 的比值较小,且长度又较长时,尚应考虑井阻影响。

瞬时加载条件下,考虑涂抹和井阻影响时,竖井地基径向排水平均固结度可按下式计算:

$$\overline{U}_r = 1 - e^{-\frac{8C_H}{Fd_e^2}t} \tag{9.20}$$

$$F = F_n + F_s + F_r \tag{9.21}$$

$$F_n = \ln n - \frac{3}{4} \qquad n \geqslant 15 \tag{9.22}$$

$$F_s = \left[\frac{k_H}{k_s} - 1\right]\ln s \tag{9.23}$$

$$F_r = \frac{\pi^2 L^2}{4}\frac{k_H}{q_w} \tag{9.24}$$

式中　$\overline{U}_r$——固结时间 t 时竖井地基径向排水平均固结度;

　　　k_s——涂抹区土的水平向渗透系数,cm/s,可取 $k_s = \left(\frac{1}{5} \sim \frac{1}{3}\right)k_H$;

　　　s——涂抹区直径 d_s 与竖井直径 d_w 的比值,可取 $s = 2.0 \sim 3.0$,对中灵敏度黏性土取低值,对高灵敏黏性土取高值;

　　　L——竖井深度,cm;

　　　q_w——竖井纵向通水量,为单位水力梯度下单位时间的排水量,cm³/s。

一级或多级等速加荷条件下,考虑涂抹和井阻影响时,竖井穿透受压土层地基之平均固结度可按式(9.19)计算,其中 $\alpha = \frac{8}{\pi^2}$,$\beta = \frac{8C_H}{Fd_e^2} + \frac{\pi^2 C_V}{4H^2}$。

2)预压荷载

预压荷载大小应根据设计要求确定。对于沉降有严格限制的建筑,应采用超载预压法处理,超载量大小应根据预压时间内要求完成的变形量通过计算确定,并宜使预压荷载下受压土层各点的有效竖向应力,大于建筑物荷载引起的相应点的附加应力。

预压荷载顶面的范围应等于或大于建筑物基础外缘所包围的范围。

加载速率应根据地基土的强度确定。当天然地基土的强度满足预压荷载下地基的稳定性要求时,可一次性加载,否则应分级逐渐加载,待前期预压荷载下地基土的强度增长满足下一级荷载下地基的稳定性要求时方可加载。

3)地基强度增长计算

计算预压荷载下饱和黏性土地基中某点的抗剪强度时,应考虑土体原来的固结状态。对正常固结饱和黏性土地基,某点某一时间的抗剪强度可按下式计算:

$$\tau_{ft} = \tau_{f0} + \Delta\sigma_z U_t \tan\varphi_{cu} \tag{9.25}$$

式中　τ_{f0}——地基土的天然抗剪强度,kPa;

　　　$\Delta\sigma_z$——预压荷载引起的该点的附加应力,kPa;

　　　U_t——该点土的固结度;

φ_{cu}——三轴固结不排水压缩试验求得的土的内摩擦角。

4）变形计算

预压荷载下地基的最终竖向变形量可按下式计算：

$$s_f = \xi \sum_{i=1}^{n} \frac{e_{0i} - e_{1i}}{1 + e_{0i}} h_i \tag{9.26}$$

式中　e_{0i}——第 i 层土中点自重应力所对应的孔隙比，由室内固结试验 e-p 曲线查得；

　　　e_{1i}——第 i 层土中点自重应力与附加应力之和所对应的孔隙比，由室内固结试验 e-p 曲线查得；

　　　h_i——第 i 层土厚度，m；

　　　ξ——经验系数，对于正常固结饱和黏性土地基可取 $\xi = 1.1 \sim 1.4$，荷载较大、地基土较软弱时取较大值，否则取较小值。

【例9.2】　某工程建在饱和软黏土地基上，砂井长 $H = 12$ m，间距 $l = 1.5$ m，梅花形布置，$d_w = 30$ cm，$C_V = C_H = 1.0 \times 10^{-3}$ cm²/s，求一次加荷3个月时砂井地基的平均固结度。

【解】　（1）竖向平均固结度

$$T_V = \frac{C_V t}{H^2} = \frac{1.0 \times 10^{-3} \times 90 \times 86\,400}{(12 \times 100)^2} = 5.4 \times 10^{-3}$$

$$U_z = 1 - \frac{8}{\pi^2}\exp\left(-\frac{\pi^2}{4}T_V\right) = 1 - \frac{8}{\pi^2}\exp\left(-\frac{\pi^2}{4} \times 5.4 \times 10^{-3}\right)$$

$$= 1 - \frac{8}{\pi^2} \times 0.987 = 20\%$$

（2）径向平均固结度

$$d_e = 1.05l = 1.05 \times 150 \text{ cm} = 157.5 \text{ cm}$$

$$n = \frac{d_e}{d_w} = \frac{157.5}{30} = 5.25$$

$$F = \frac{n^2}{n^2 - 1}\ln n - \frac{3n^2 - 1}{4n^2} = \frac{5.25^2}{5.25^2 - 1}\ln 5.25 - \frac{3 \times 5.25^2 - 1}{4 \times 5.25^2} = 0.979$$

$$T_H = \frac{C_H t}{d_e^2} = \frac{1.0 \times 10^{-3} \times 90 \times 86\,400}{157.5^2} = 0.313$$

$$U_r = 1 - \exp\left(-\frac{8}{F}T_H\right) = 1 - \exp\left(-\frac{8}{0.979} \times 0.313\right) = 1 - 0.077\,5 = 92.3\%$$

（3）地基的总固结平均结度

$$U_{rz} = 1 - (1 - U_r)(1 - U_z) = 1 - (1 - 0.932)(1 - 0.2) = 93.8\%$$

【例9.3】　已知：地基为淤泥质黏土层，固结系数 $C_H = C_V = 1.8 \times 10^{-3}$ cm²/s，受压土层厚20 m，袋装砂井直径 $d_w = 70$ mm，袋装砂井为等边三角形排列，间距 $l = 1.4$ m，深度 $H = 20$ m，砂井底部为不透水层，砂井打穿受压土层。预压荷载总压力 $p = 100$ kPa，分两级等速加载，如图9.7所示。求：加荷开始后120 d受压土层的平均固结度（不考虑竖井井阻和涂抹影响）。

【解】　受压土层平均固结度包括两部分：径向排水平均固结度和向上竖向排水平均固结度。

$$\alpha = \frac{8}{\pi^2} = 0.81, \quad \beta = \frac{8C_H}{Fd_e^2} + \frac{\pi^2 C_V}{4H^2}$$

根据砂井的有效排水圆柱体直径 $d_e = 1.051 = 1.05 \times 1.4 \text{ m} = 1.47 \text{ m}$

井径比 $n = \dfrac{d_e}{d_w} = \dfrac{1.47}{0.07} = 21$，则

$$F = \frac{n^2}{n^2 - 1}\ln n - \frac{3n^2 - 1}{4n^2} = \frac{21^2}{21^2 - 1}\ln 21 - \frac{3 \times 21^2 - 1}{4 \times 21^2} = 2.3$$

$$\beta = \frac{8 \times 1.8 \times 10^{-3}}{2.3 \times 147^2} + \frac{3.14^2 \times 1.8 \times 10^{-3}}{4 \times 2\,000^2} = 2.908 \times 10^{-7}\,\frac{1}{s} = 0.025\,1\left(\frac{1}{d}\right)$$

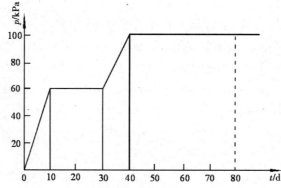

图9.7　加载过程

第1级荷载加荷速率 $\dot{q}_i = \dfrac{60 \text{ kPa}}{10 \text{ d}} = 6 \text{ kPa/d}$

第2级荷载加荷速率 $\dot{q}_i = \dfrac{(100 - 60) \text{ kPa}}{(40 - 30)\text{d}} = 4 \text{ kPa/d}$

固结度计算：

$$\overline{U}_t = \sum_{i=1}^{n} \frac{\dot{q}_i}{\sum \Delta p}\left[(T_i - T_{i-1}) - \frac{\alpha}{\beta}e^{-\beta t}(e^{\beta \cdot T_i} - e^{\beta \cdot T_{i-1}})\right]$$

$$= \frac{\dot{q}_1}{\sum \Delta p}\left[(t_1 - t_0) - \frac{\alpha}{\beta}e^{-\beta t(e^{\beta t_1} - e^{\beta t_0})}\right] + \frac{\dot{q}_2}{\sum \Delta p}\left[(t_3 - t_2) - \frac{\alpha}{\beta}e^{-\beta t(e^{\beta t_3} - e^{\beta t_2})}\right]$$

$$= \frac{6}{100}\left[(10 - 0) - \frac{0.81}{0.025\,1}e^{-0.025\,1 \times 120(e^{0.025\,1 \times 10} - e^0)}\right] +$$

$$\frac{4}{100}\left[(40 - 30) - \frac{0.81}{0.025\,1}e^{-0.025\,1 \times 120(e^{0.025\,1 \times 40} - e^{0.025\,1 \times 30})}\right]$$

$$= 0.93$$

▶ 9.3.3 真空预压法设计要点

真空预压法是在地基表面铺设密封膜,通过特制的真空设备将其抽成真空,使密封膜下砂垫层内和土体中垂直排水通道内形成负压,加速孔隙水排出,从而使土体固结、强度提高的软土地基加固法。

1）真空预压法特点

①加固过程中土体除产生竖向压缩外,还伴随侧向收缩,使其不会造成侧向挤出,特别适于超软土地基加固。

②一般膜下真空度可达 600 mmHg（1mmHg = 133.3 Pa）,等效荷重为 80 kPa,约相当于 4.5 m堆土荷载;真空预压荷重可与堆载预压荷重叠加,当需要大于 80 kPa 的预压加固荷重时,可与堆载预压法同时使用,超出 80 kPa 的预压荷重由堆载预压补足。

③真空预压荷载不会引起地基失稳,因而施工时无须控制加荷速率,荷载可一次快速施加,加固速度快,工期短。

④真空预压使用的施工机具和设备简单,便于操作、施工方便,作业效率高、加固费用低,适于大规模地基加固,易于推广应用。

⑤真空预压法不需要大量堆载材料,可避免材料运入、运出而造成的运输紧张、周转困难与施工干扰。施工中无噪音,无振动,不污染环境。

⑥真空预压法适于狭窄地段、边坡附近的地基加固。

⑦真空预压法需要充足、连续的电力供应,加固时间不宜过长,否则,加固费用可能高于同等荷重的堆载预压。

⑧在真空预压加固过程中,加固区周围将产生向加固区内的水平变形,加固区边线以外约 10 m 附近常发生裂缝。因此,在建筑物附近施工时应注意抽空期间地基水平变形对原有建筑物所产生的影响。

2）真空预压法设计

①真空预压法处理地基,必须设置排水系统,否则地表密封膜下的真空度难以传到地基深处,因而达不到预压效果。砂井一般采用袋装砂井或塑料排水板,其尺寸、排列方式、间距和深度等参照堆载预压法确定。采用"细而密"的方式效果最好。要求砂井采用洁净中粗砂,其渗透系数 $k > 1 \times 10^{-2}$ cm/s。

②膜内真空度应稳定地保持在 650 mmHg 柱高以上,且均匀分布。竖井深度范围内土层的平均固结度应大于 90%。

③真空预压区边缘应大于建筑物基础轮廓线,每边增加量不得小于 3.0 m。每块预压面积宜尽可能大且呈方形。

④真空预压地基最终竖向变形可按本书公式(9.26)计算,其中 ξ 可取 0.8 ~ 0.9。真空—堆载联合预压法以真空预压为主时,ξ 可取 0.9。

⑤真空预压所需抽气设备的数量,可按加固面积的大小和形状、土层结构特点,以一套设备可抽空的面积为 1 000 ~ 1 500 m² 确定。

▶ 9.3.4 质量检验

1）施工过程质量检验和监测的内容

①塑料排水带必须在现场随机抽样送往实验室进行性能指标的测试,其性能指标包括纵向通水量、复合体抗拉强度、滤膜抗拉强度、滤膜渗透系数和等效孔径等;

②对不同来源的砂井和砂垫层砂料,必须取样进行颗粒分析和渗透性试验;

③对于以抗滑稳定控制的重要工程,应在预压区内选择代表性地点预留孔位,在加载不同阶段进行原位十字板剪切试验和取土进行室内土工试验;

④对预压工程,应进行地基竖向变形、侧向位移和孔隙水压力等项目的监测;

⑤真空预压工程除应进行地基变形、孔隙水压力的监测外,尚应进行膜下真空度和地下水位的量测。

2)预压法竣工验收检验的有关规定

①排水竖井处理深度范围内和竖井底面以下受压土层,经预压所完成的竖向变形和平均固结度应满足设计要求。

②应对预压的地基土进行原位十字板剪切试验和室内土工试验。必要时,尚应进行现场载荷试验,试验数量不应少于 3 点。

9.4 压实地基和夯实地基

压实地基是利用平碾、振动碾、冲击碾或其他碾压设备将填土分层密实处理的地基;而夯实地基(强夯、强夯置换)是反复将夯锤提到高处使其自由下落,给地基以冲击和振动能量,将地基土密实处理或置换形成密实墩体的地基。压实地基的原理和相关技术要求可参考 9.2 换填垫层法,本节主要介绍夯实地基的原理及设计要点。

▶ 9.4.1 原理及适用范围

强夯法是 1969 年法国 Menard 公司首创的一种地基加固方法。这种方法是反复将夯锤(质量一般为 10~40 t)提到一定高度使其自由下落(落距一般为 10~40 m),给地基冲击和振动能量,强制压实地基,从而提高地基的承载力并降低其压缩性,消除湿陷性土的湿陷性和砂土液化。由于强夯法具有加固效果显著、适用土类广、设备简单、施工方便、节省劳力、施工期短、节约材料、施工文明和施工费用低等优点,我国自 20 世纪 70 年代引进此法后即迅速在全国推广应用。

强夯法用于处理碎石土、砂土、低饱和度的粉土与黏性土、湿陷性黄土、素填土和杂填土等地基,一般均能取得较好的效果。对于软土地基,一般来说处理效果不显著。

强夯置换法是采用在夯坑内回填块石、碎石等粗颗粒材料,用夯锤夯击形成连续的强夯置换墩。强夯置换法是 20 世纪 80 年代后期开发的方法,适用于高饱和度的粉土与软塑—流塑的黏性土等地基上对变形控制要求不严的工程。强夯置换法具有加固效果显著、施工期短、施工费用低等优点。值得注意的是,采用强夯置换法前,必须通过现场试验确定其适用性和处理效果,否则不得采用。

▶ 9.4.2 设计计算

1)强夯设计

(1)加固影响深度的确定

强夯法的有效加固深度应根据现场试夯或当地经验确定。在缺少试验资料或经验时可按式(9.27)或表9.5预估。

$$H = \alpha\sqrt{\frac{WH}{10}} \tag{9.27}$$

式中 W——夯锤重,kN;

H——落距,m;

α——折减系数,黏性土取0.5,砂性土取0.7,黄土取0.34~0.5。

表9.5 强夯法的有效加固深度   单位:m

单击夯击能/(kN·m)	碎石土、砂土等粗颗粒土	粉土、黏性土、湿陷性黄土等细颗粒土
1 000	5.0~6.0	4.0~5.0
2 000	6.0~7.0	5.0~6.0
3 000	7.0~8.0	6.0~7.0
4 000	8.0~9.0	7.0~8.0
5 000	9.0~9.5	8.0~8.5
6 000	9.5~10.0	8.5~9.0
8 000	10.0~10.5	9.0~9.5

注:强夯法的有效加固深度应从最初起夯面算起。

(2)强夯的单位夯击能

强夯的单位夯击能应根据地基土的类别、结构类型、荷载大小和要求处理的深度等综合考虑,并通过现场试夯确定。在一般情况下,粗颗粒土可取1 000~3 000(kN·m)/m²,细颗粒土可取1 500~4 000(kN·m)/m²。

(3)夯击点的布置及间距

夯击点位置可根据基底平面形状进行布置。对于某些基础面积较大的建筑物或构筑物,为便于施工,可按等边三角形或正方形布置夯点;对于办公楼、住宅建筑等,可根据承重墙位置布置夯点,一般可采用等腰三角形布点,保证横向承重墙以及纵墙和横墙交接处墙基下均有夯击点;对于工业厂房来说也可按柱网来设置夯击点。

夯击点间距的确定,一般根据地基土的性质和要求处理的深度而定。第一遍夯击点间距可取夯锤直径的2.5~3.5倍,第二遍夯击点位于第一遍夯击点之间。以后各遍夯击点间距可适当减小。对处理深度较深或单击夯击能较大的工程,第一遍夯击点间距宜适当增大。

(4)夯点的夯击次数

夯点的夯击次数,应按现场试夯得到的夯击次数和夯沉量关系曲线确定,并应同时满足下列条件:

①最后两击的平均夯沉量不宜大于下列数值:当单击夯击能小于4 000 kN·m时为50 mm;当单击夯击能为4 000~6 000 kN·m时为100 mm;当单击夯击能大于6 000 kN·m时为200 mm。

②夯坑周围地面不应发生过大的隆起。

③不因夯坑过深而发生提锤困难。

（5）夯击遍数

夯击遍数应根据地基土的性质确定,可采用点夯 2～3 遍,对于渗透性较差的细颗粒土,必要时夯击遍数可适当增加。最后再以低能量满夯 2 遍,满夯可采用轻锤或低落距多次夯击,锤印应搭接。一般满夯为 4 遍,在其他情况下,可采用 2 遍。

如图 9.8 所示,25 个夯击点分二遍完成。第一遍夯 16 个点,5 m×5 m 正方形布置;第二遍夯 9 个点,5 m×5 m 正方形布置。

（6）间歇时间

两遍夯击之间应有一定的时间间隔,间隔时间取决于土中超静孔隙水压力的消散时间。

当缺少实测资料时,可根据地基土的渗透性确定,对于渗透性较差的黏性土地基,间隔时间不应少于 3～4 周;对于渗透性好的地基可连续夯击,为了提高地基的渗透性可根据土质情况选用碎石桩、砂桩或塑料排水板提高地基的渗透性。

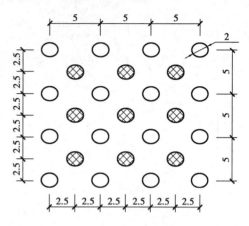

图 9.8　夯点平面布置（单位:m）

（7）加固范围

强夯处理范围应大于建筑物基础范围,每边超出基础外缘的宽度宜为基底下设计处理深度的 1/2～2/3,并不宜小于 3 m。

（8）试夯方案

根据以上确定的强夯参数,在拟处理场地范围内选择试验区进行强夯方案试验,在强夯试夯结束一至数周后采用静力触探、标准贯入试验、静载荷试验等方法进行检测,并与夯前测试数据进行对比,确定强夯各项参数及试验效果。

（9）地基承载力特征值

强夯地基承载力特征值应通过现场载荷试验确定,初步设计时也可根据夯后原位测试和土工试验指标按现行国家标准《建筑地基基础设计规范》（GB 50007）有关规定确定。

（10）变形计算

强夯地基变形计算应符合现行国家标准《建筑地基基础设计规范》（GB 50007）有关规定。夯后有效加固深度内土层的压缩模量应通过原位测试或土工试验确定。

2）强夯置换法设计

（1）墩位布置

墩位布置宜采用等边三角形或正方形。对独立基础或条形基础可根据基础形状与宽度相应布置。

（2）墩间距

墩间距应根据荷载大小和原土的承载力选定,当满堂布置时可取夯锤直径的 2～3 倍,对独立基础或条形基础可取夯锤直径的 1.5～2.0 倍。墩的计算直径可取夯锤直径的 1.1～1.2 倍。

（3）夯点的夯击次数

夯点的夯击次数应通过现场试夯确定,且应同时满足下列条件:

①墩底穿透软弱土层,且达到设计墩长;

②累计夯沉量为设计墩长的 1.5 ~ 2.0 倍;

③最后两击的平均夯沉量与强夯法相同。

(4)垫层材料

墩顶应铺设一层厚度不小于 500 mm 的压实垫层,垫层材料可与墩体相同,粒径不宜大于 100 mm。

(5)加固范围

同强夯处理法。

(6)试夯方案

基本同强夯处理法。检测项目除进行现场载荷试验检测承载力和变形模量外,尚应采用超重型或重型动力触探等方法,检查置换墩着底情况及承载力与密度随深度的变化。

(7)地基承载力特征值

确定软黏性土中强夯置换墩地基承载力特征值时,可只考虑墩体,不考虑墩间土的作用,其承载力应通过现场单墩载荷试验确定,对饱和粉土地基可按复合地基考虑,其承载力可通过现场单墩复合地基载荷试验确定。

(8)变形计算

同强夯处理法。

▶ 9.4.3 质量检验

1)施工过程检验

检查施工过程中的各项测试数据和施工记录,不符合设计要求时应补夯或采取其他有效措施。强夯置换施工中可采用超重型或重型圆锥动力触探检查置换墩着底情况。

2)强夯检测时间

强夯处理后的地基竣工验收承载力检验,应在施工结束后间隔一定时间方能进行。对于碎石土和砂土地基,其间隔时间可取 7 ~ 14 d,粉土和黏性土地基可取 14 ~ 28 d,强夯置换地基间隔时间可取 28 d。

3)检测方法

强夯处理后的地基竣工验收时,承载力检验应采用原位测试和室内土工试验。强夯置换后的地基竣工验收时,承载力检验除应采用单墩载荷试验检验外,尚应采用动力触探等有效手段,查明置换墩着底情况及承载力与密度随深度的变化,对饱和粉土地基允许采用单墩复合地基载荷试验代替单墩载荷试验。

4)检测数量

竣工验收承载力检验的数量,应根据场地复杂程度和建筑物的重要性确定。对于简单场地上的一般建筑物,每个建筑地基的载荷试验检验点不应少于 3 点;对于复杂场地或重要建筑地基应增加检验点数。强夯置换地基载荷试验检验和置换墩着底情况检验数量,均不应少于墩点数的 1%,且不应少于 3 点。

9.5　复合地基理论

复合地基是指由两种刚度(或模量)不同的材料(桩体和桩间土)组成,共同承受上部荷载并协调变形的人工地基。根据桩体材料的不同,复合地基的分类如图9.9所示。

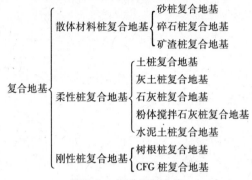

图9.9　复合地基分类

▶ 9.5.1　复合地基作用机理与破坏模式

1)作用机理

复合地基的作用主要有以下4种:

①桩体作用。桩体与桩间土共同工作,由于桩体刚度比周围土体大,在刚性基础下等量变形时,地基中应力将重新分配,桩体产生应力集中而桩间土应力降低,这样复合地基承载力和整体刚度高于原地基,沉降量有所减少。

②加速固结作用。碎石桩、砂桩透水性好,可加速地基固结。水泥土类和混凝土类桩在某种程度上也可加速地基固结。

③挤密作用。砂桩、土桩、石灰桩、碎石桩施工中振动、挤压、排土对桩间土起到密实作用。采用石灰桩中的生石灰吸水、发热、膨胀后对桩间土同样可起到挤密作用。

④加筋作用。各种复合地基除了可提高地基的承载力和整体刚度外,还可提高土体的抗剪强度,增加土坡的抗滑能力。

2)破坏模式

复合地基的破坏形式可分为3种情况:第1种是桩间土先破坏进而发生复合地基全面破坏;第2种是桩体先破坏进而发生复合地基全面破坏;第3种是桩体和桩间土同时发生破坏。实际工程中,第1、第3种情况较少见,一般是桩体先破坏,继而引起复合地基全面破坏。

复合地基破坏的模式可以分为4种形式:刺入破坏、鼓胀破坏、整体剪切破坏、滑动破坏,如图9.10所示。

①刺入破坏模式如图9.10(a)所示。桩体刚度较大,地基土强度较低的情况下较易发生刺入破坏。桩体发生刺入破坏后,不能继续承担荷载,进而引起桩间土发生破坏,导致复合地基全面破坏。刚性桩复合地基较易发生这类破坏。

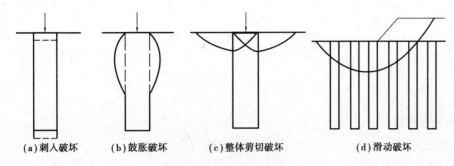

(a)刺入破坏　　**(b)鼓胀破坏**　　**(c)整体剪切破坏**　　　　**(d)滑动破坏**

图9.10　复合地基破坏模式

②鼓胀破坏模式如图9.10(b)所示。在荷载作用下,桩间土不能提供足够的围压来阻止桩体发生过大的侧向变形,从而导致桩体的鼓胀破坏。散体材料桩复合地基易发生这类破坏;一定条件下,柔性桩复合地基也可能产生这类破坏。

③整体剪切破坏模式如图9.10(c)所示。在荷载作用下,复合地基产生图中所示的塑性区,在滑动面上桩体和土体均发生剪切破坏。散体材料桩复合地基易发生这类破坏;一定条件下,柔性桩复合地基也可能产生这类破坏。

④滑动破坏模式如图9.10(d)所示。在荷载作用下,复合地基沿某一滑动面产生滑动破坏。在滑动面上,桩体和桩间土均发生剪切破坏。各种复合地基都可能发生这类破坏。

▶ 9.5.2　复合地基的有关设计参数

1)面积置换率

若桩体的横截面积为A_P,该桩体承担的复合地基面积为A,则复合地基置换率为:

$$m = A_P/A \tag{9.28}$$

桩体在平面的布置形式通常有两种,即等边三角形和正方形布置;但也有布置成网格状,将增强体做成连续墙形式。3种布置形式如图9.11所示。

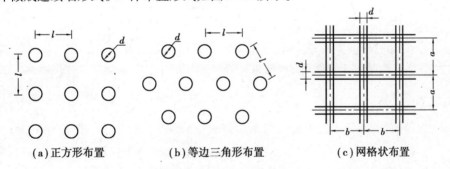

(a)正方形布置　　　　**(b)等边三角形布置**　　　　**(c)网格状布置**

图9.11　桩体平面布置图

对正方形布置和等边三角形布置,若桩体直径为d,桩间距为l,则复合地基置换率按不同布置方式分别按式(9.29)、式(9.30)、式(9.31)计算。

正方形布置

$$m = \frac{\pi d^2}{4l^2} \tag{9.29}$$

等边三角形布置

$$m = \frac{\pi d^2}{2\sqrt{3}l^2} \qquad (9.30)$$

网格状布置

$$m = \frac{(a + b - d)}{ab}d \qquad (9.31)$$

2)桩土应力比

在荷载作用下,若将复合地基中桩体的竖向平均应力记为 σ_p,桩间土的平均应力记为 σ_s,则桩土应力比为:

$$n = \sigma_p / \sigma_s \qquad (9.32)$$

桩土应力比是复合地基的一个重要设计参数,它关系到复合地基承载力和变形的计算。影响桩土应力比的因素很多,如荷载水平、桩土模量比、置换率、原地基土强度、桩长、固结时间和垫层情况等。由于土体和桩体的实际应力应变关系比较复杂,至今尚无一个被工程界接受的较完善的计算模式。在实际工程应用中,常常通过现场足尺模型试验测定桩土应力比,用以指导工程设计。

3)复合模量

复合地基加固区是由桩体和桩间土两部分组成,呈非均质。在复合地基计算中,为了简化计算,将加固区视作一均质的复合土体,那么与原非均质复合土体等价的复合土体的模量称为复合地基的复合模量。

▶ 9.5.3 复合地基承载力

复合地基承载力特征值应通过复合地基静载荷试验或采用增强体静载荷试验结果和其周边土的承载力特征值结合经验确定,初步设计时也可按下列公式估算:

①对散体材料增强体复合地基承载力,应按式(9.33)计算。

$$f_{spk} = [1 + m(n - 1)]f_{sk} \qquad (9.33)$$

式中 f_{spk} ——复合地基承载力特征值,kPa;

       f_{sk} ——处理后桩间土承载力特征值,kPa,可按地区经验确定;

       n ——复合地基桩土应力比,可按地区经验确定;

       m ——面积置换率 $\left[m = \dfrac{d^2}{d_e^2} \right.$, d 为桩身平均直径(m), d_e 为一根桩分担的处理面积的等效圆直径(m);等边三角形布桩 $d_e = 1.05s$,正方形布桩 $d_e = 1.13s$,矩形布桩 $d_e = 1.13\sqrt{s_1 s_2}$, s, s_1, s_2 分别为桩间距、纵向桩间距和横向桩间距$]$。

②有粘结强度增强体复合地基承载力应按式(9.34)计算。

$$f_{spk} = \lambda m \cdot \frac{R_a}{A_p} + \beta(1 - m)f_{sk} \qquad (9.34)$$

式中 λ ——单桩承载力发挥系数,可按地区经验取值;

       R_a ——单桩竖向承载力特征值,kN;

       A_p ——桩的截面积,m²;

       β ——桩间土承载力折减系数,可按地区经验取值。

③增强体单桩承载力特征值可按式(9.35)计算。

$$R_a = u_p \cdot \sum_{i=1}^{n} q_{si} l_{pi} + \alpha_p A_p q_p \tag{9.35}$$

式中 u_p ——桩的周长,m;

$\quad q_{si}$ ——桩周第 i 层土的侧摩阻力特征值,kPa;可按地区经验取值;

$\quad l_{pi}$ ——桩长范围内第 i 层土的厚度,m;

$\quad A_p$ ——桩的截面积,m^2;

$\quad q_p$ ——桩端端阻力特征值,kPa,可按地区经验取值,对于水泥搅拌桩、旋喷桩应取未修正的桩端地基土承载力特征值;

$\quad \alpha_p$ ——桩端端阻力发挥系数,可按地区经验取值。

④有粘结强度复合地基增强体桩身强度应满足式(9.36)的要求。当符合地基承载力进行基础埋深的深度修正时,增强体强桩身强度应满足式(9.37)的要求。

$$f_{cu} \geqslant 4\frac{\lambda R_a}{A_p} \tag{9.36}$$

$$f_{cu} \geqslant 4\frac{\lambda R_a}{A_p}\Big[1 + \frac{\gamma_m(d-0.5)}{f_{spa}}\Big] \tag{9.37}$$

式中 f_{cu} ——桩体试块(边长 150 mm 立方体)标准养护 28d 立方体抗压强度平均值,kPa;

$\quad \gamma_m$ ——基础底面以上土的加权平均重度,kN/m^3,地下水位以下取有效重度;

$\quad d$ ——基础埋置深度,m;

$\quad f_{spa}$ ——深度修正后符合地基承载力特征值,kPa。

▶ 9.5.4 复合地基变形

复合地基变形计算应符合现行国家标准《建筑地基基础设计规范》(GB 50007)有关规定计算确定,地基变形计算深度应大于复合土层的深度。复合土层的分层与天然地基相同,各复合土层的压缩模量等于该层天然地基压缩模量的 ζ 倍。ζ 可按式(9.38)确定:

$$\zeta = \frac{f_{spk}}{f_{ak}} \tag{9.38}$$

式中 f_{ak} ——基础底面下天然地基承载力特征值,kPa。

复合地基的沉降计算经验系数 ψ_s 可根据地区观测资料统计值确定,无经验取值时,可采用表9.6 的数值。

表9.6 沉降计算经验系数 ψ_s

$\overline{E}_s/MPa$	4.0	7.0	15.0	20.0	35.0
ψ_s	1.0	0.7	0.4	0.25	0.2

注:$\overline{E}_s$ 为变形计算深度范围内压缩模量的当量值,应按下式计算:

$$\overline{E}_s = \frac{\sum\limits_{i=1}^{n} A_i + \sum\limits_{j=1}^{m} A_j}{\sum\limits_{i=1}^{n}\dfrac{A_i}{E_{spi}} + \sum\limits_{j=i}^{m}\dfrac{A_j}{E_{sj}}}$$

式中 A_i ——加固土层第 i 层土附加应力系数沿土层厚度的积分值;

$\quad A_j$ ——加固土层以下第 j 层土附加应力系数沿土层厚度的积分值。

9.6 振冲法

振动水冲法简称振冲法,砂土地基通过加水振动可以使之密实,振冲法就是利用这个原理发展起来的地基加固方法,后来又被用于黏性土层中设置振冲置换碎石桩。

▶ 9.6.1 加固机理及适用范围

1)加固机理

振冲法是利用一个振冲器(图9.12),在高压水流帮助下边振边冲,使松砂地基变密;或在黏性土地基中成孔,在孔中填入碎石制成一根根的桩体,这样的桩体和原来的土构成复合地基。振冲器为圆筒形,筒内由一组偏心铁块、潜水电机和通水管三部分组成。潜水电机带动偏心铁块使振冲器产生高频振动,通水管接通高压水流从喷水口喷出,形成振动水冲作用。振冲法的工作过程是利用吊车或卷扬机把振冲器吊立就位(如图9.13中第1步骤);然后打开下端喷水口,开动振冲器,在振动作用下振冲器沉到设计加固的深度(如图9.13中第2步骤);接着边往孔内回填砂料或碎石,边喷水振动,使碎石密实,逐渐上提,振密全孔,这样就使孔内填料及孔周围一定范围内土密实(如图9.13中第3,4步骤)。

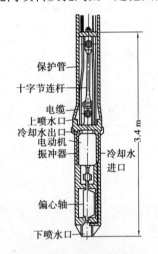

图9.12 振冲器构造图

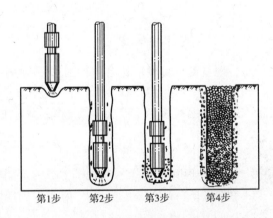

图9.13 振冲法施工过程

在砂土中和黏性土中振冲法的加固机理是不同的。在砂土中,振冲器对土施加重复水平振动和侧向挤压作用,使土的结构逐渐破坏,孔隙水压力逐渐增大。由于土的结构破坏,土粒便向低电能位置转移,土体由松变密。当孔隙水压增大到最大主应力值时,土体开始液化。所以,振冲对砂土的作用主要是振动密实和振动液化,随后孔隙水消散固结。对于颗粒较细的砂土地基,需要在振冲孔中添加碎石形成碎石桩,才能获得较好的加密效果。颗粒较粗的中、粗砂土可不必加料,也可得到较好的加密效果。

在黏性土中,振动不能使黏性土液化。除了部分非饱和土或黏粒土含量较少的黏性土在振动挤压作用下可能压密外,对于饱和黏性土,特别是饱和软土,振动挤压不可能使土密实,甚至扰动了土的结构,引起土中孔隙水压力的升高,降低有效应力,使土的强度降低。所以振冲法在黏性土中的作用主要是振冲制成碎石桩,置换软弱土层,碎石桩与周围土组成复合地基。实践证明,具有一定抗剪强度($c_u > 20$ kPa)的地基土采用碎石桩处理的效果较好,反之,处理效果不显著,甚至不能采用。

总之振冲法的机理,在砂土中主要是振动挤密和振动液化作用,在黏性土中主要是振冲置换作用,置换的桩体与土组成复合地基。

2)适用条件

振冲法适用于处理砂土、粉土、粉质黏土、素填土和杂填土等地基。对于处理不排水抗剪强度不小于20 kPa 的饱和黏性土和饱和黄土地基,应在施工前通过现场试验确定其适用性。不加填料振冲加密适用于处理黏粒含量不大于10% 的中砂、粗砂地基。

▶ 9.6.2 振冲法的设计要点

1)振冲置换法

(1)处理范围

振冲桩处理范围应根据建筑物的重要性和场地条件确定,当用于多层建筑和高层建筑时,宜在基础外缘扩大1~2 排桩;当要求消除地基液化时,在基础外缘扩大宽度不应小于基底下可液化土层厚度的1/2。

(2)桩位布置

对大面积满堂处理,宜用等边三角形布置;对单独基础或条形基础,宜用正方形、矩形或等腰三角形布置。

(3)桩(振冲桩)的间距

振冲桩的间距应根据上部结构荷载大小和场地土层情况,并结合所采用的振冲器功率大小综合考虑。30 kW 振冲器布桩间距可采用1.3~2.0 m,55 kW 振冲器布桩间距可采用1.4~2.5 m,75 kW 振冲器布桩间距可采用1.5~3.0 m。荷载大或对黏性土宜采用较小的间距,荷载小或对砂土宜采用较大的间距。

(4)加固的深度(桩长)

当相对硬层埋深不大时,应按相对硬层埋深确定;当相对硬层埋深较大时,按建筑物地基变形允许值确定;在可液化地基中,桩长应按要求的抗震处理深度确定。桩长不宜小于4 m。在桩顶和基础之间宜铺设一层300~500 mm 厚的碎石垫层,不但可以起到应力扩散作用,同时还可起到排水和加快固结作用。

(5)填入材料

桩体材料可用含泥量不大于5% 的碎石、卵石、矿渣或其他性能稳定的硬质材料,不宜使用风化易碎的石料。常用的填料粒径为:30 kW 振冲器20~80 mm,55 kW 振冲器30~100 mm,75 kW 振冲器40~150 mm。

(6)桩径与填料量

振冲桩的直径常为0.8~1.2 m,平均直径可按每根桩所用填料量计算。

（7）复合地基承载力

振冲桩复合地基承载力特征值应通过现场复合地基载荷试验确定,初步设计时也可用单桩和处理后桩间土承载力特征值按式(9.33)估算。处理后桩间土承载力特征值,可按地区经验确定,如无经验时,对一般黏性土地基,可取天然地基承载力特征值,松散的砂土、粉土可取原天然地基承载力特征值的1.2~1.5倍;复合地基桩土应力比 n ,宜采用实测值确定,如无实测资料时,对于黏性土可取2.0~4.0,对于砂性土、粉土可取1.5~3.0。桩间土强度低取大值,桩间土强度高取小值。

（8）变形计算

复合地基的变形计算应符合9.5.4节的规定。

2）振冲挤密法

不加填料振冲加密宜在初步设计阶段进行现场工艺试验,确定不加填料振密的可能性、孔距、振密电流值、振冲水压力、振后砂层的物理力学指标等。用30 kW振冲器振密深度不宜超过7 m,75 kW振冲器不宜超过15 m。不加填料振冲加密孔距可为2~3 m,宜用等边三角形布孔。不加填料振冲加密地基承载力特征值应通过现场载荷试验确定,初步设计时也可根据加密后原位测试指标按现行国家标准《建筑地基基础设计规范》(GB 50007)有关规定确定。地基变形计算应符合同一规范的有关规定。加密深度内土层的压缩模量应通过原位测试确定。

▶ 9.6.3 振冲法施工

1）主要设备

（1）振冲器

振冲法施工可根据设计荷载的大小、原土强度的高低、设计桩长等条件选用不同功率的振冲器。常用型号如ZCQ13,ZCQ30,ZCQ55 等。施工前应在现场进行试验,以确定水压、振密电流和留振时间等各种施工参数。

（2）起重机械

升降振冲器的机械可用起重机、自行井架式施工平车或其他合适的设备。施工设备应配有电流、电压和留振时间自动信号仪表。

2）施工步骤

①清理平整施工场地,布置桩位。

②施工机具就位,使振冲器对准桩位。

③启动供水泵和振冲器,水压可用200~600 kPa,水量可用200~400 L/min,将振冲器徐徐沉入土中,造孔速度宜为0.5~2.0 m/min,直至达到设计深度。记录振冲器经各深度的水压、电流和留振时间。

④造孔后边提升振冲器边冲水直至孔口,再放至孔底,重复两三次扩大孔径并使孔内泥浆变稀,开始填料制桩。

⑤大功率振冲器投料可不提出孔口,小功率振冲器下料困难时,可将振冲器提出孔口填料,每次填料厚度不宜大于50 cm。将振冲器沉入填料中进行振密制桩,当电流达到规定的密

实电流值和规定的留振时间后,将振冲器提升 30 ~ 50 cm。

⑥重复以上步骤,自下而上逐段制作桩体直至孔口,记录各段深度的填料量、最终电流值和留振时间,并均应符合设计规定。

⑦关闭振冲器和水泵。

振密孔施工顺序宜沿直线逐点逐行进行。

▶ 9.6.4 质量检验

1)检验间隔时间

对粉质黏土地基间隔时间可取 21 ~ 28 d,对粉土地基可取 14 ~ 21 d。

2)质检方法

振冲桩的施工质量检验可采用单桩载荷试验,检验数量为桩数的 0.5%,且不少于 3 根。对碎石桩体可用重型动力触探进行随机检验。对桩间土可在处理深度内用标准贯入、静力触探等进行检验。对大型、重要的或场地复杂的工程,振冲处理后的地基竣工验收时,承载力检验应采用复合地基载荷试验。

9.7 挤密法

▶ 9.7.1 砂石桩法

砂石桩法是指采用振动、冲击或水冲等方式在地基中成孔,再将碎石、砂或砂石挤压入孔中形成砂石所构成的密实桩体,并和桩周土组成复合地基的地基处理方法。

1)加固机理及适用范围

(1)砂土类加固机理——挤密

疏松砂土为单粒结构,孔隙大,颗粒位置不稳定。在静力和振动作用下,土粒易移动至稳定位置,使孔隙减小而压密。

(2)黏性土加固机理——置换

密实砂石桩在软弱黏性土中取代了同体积的软弱黏性土,起到置换作用并形成复合地基,使地基承载力有所提高,地基沉降量减小。此外,砂石桩在软弱黏性土中可以形成排水通道,加速地基固结速率。

(3)适用范围

砂石桩法适用于挤密松散砂土、粉土、黏性土、素填土、杂填土等地基。对饱和黏土地基上变形控制要求不严的工程,也可采用砂石桩置换处理。砂石桩法也可用于处理可液化地基。

2)砂石桩的设计要点

(1)处理范围

砂石桩处理范围应大于基底范围,处理宽度宜在基础外缘扩大 1 ~ 3 排桩。对可液化地基,在基础外缘扩大宽度不应小于可液化土层厚度的 1/2,并不应小于 5 m。

（2）桩直径及桩位布置

砂石桩直径可采用 300 ~ 800 mm，可根据地基土质情况和成桩设备等因素确定。对饱和黏性土地基宜选用较大的直径。

砂石桩孔位宜采用等边三角形或正方形布置。

（3）砂石桩的间距

砂石桩的间距应通过现场试验确定。对粉土和砂土地基，不宜大于砂石桩直径的 4.5 倍；对黏性土地基，不宜大于砂石桩直径的 3 倍。初步设计时，砂石桩的间距也可按下列公式估算。

对松散粉土和砂土地基可根据挤密后要求达到的孔隙比 e_1 来确定：

等边三角形布置

$$s = 0.95 \xi d \sqrt{\frac{1 + e_0}{e_0 - e_1}} \tag{9.39}$$

正方形布置

$$s = 0.89 \xi d \sqrt{\frac{1 + e_0}{e_0 - e_1}} \tag{9.40}$$

$$e_1 = e_{\max} - D_{r1}(e_{\max} - e_{\min}) \tag{9.41}$$

式中　　s——砂石桩间距，m；

d——砂石桩直径，m；

ξ——修正系数，当考虑振动下沉密实作用时可取 1.1 ~ 1.2，不考虑振动下沉密实作用时可取 1.0；

e_0——地基处理前砂土的孔隙比，可按原状土样试验确定，也可根据动力或静力触探等对比试验确定；

e_1——地基挤密后要求达到的孔隙比；

$e_{\max}, e_{\min}$——砂土的最大、最小孔隙比，可按现行国家标准《土工试验方法标准》（GB/T 50123—1999）的有关规定确定；

D_{r1}——地基挤密后要求砂土达到的相对密实度，可取 0.7 ~ 0.85。

对黏性土地基：

等边三角形布置

$$s = 1.08 \sqrt{A_e} \tag{9.42}$$

正方形布置

$$s = \sqrt{A_e} \tag{9.43}$$

式中　A_e——1 根桩承担的处理面积，m²。

$$A_e = \frac{A_P}{m} \tag{9.44}$$

式中　A_P——砂石桩的截面积，m²；

m——面积置换率，可按式（9.28）确定。

（4）加固的深度（桩长）

①当松软土层厚度不大时，砂石桩桩长宜穿过松软土层。

②当松软土层厚度较大时,对按稳定性控制的工程,砂石桩桩长应不小于最危险滑动面以下 2 m 的深度;对按变形控制的工程,砂石桩桩长应满足处理后地基变形量不超过建筑物的地基变形允许值,并满足软弱下卧层承载力的要求。

③对可液化的地基,砂石桩桩长应按现行国家标准《建筑抗震设计规范》(GB 50011)的有关规定采用。

④桩长不宜小于 4 m。

(5)填入材料

桩体材料可用碎石、卵石、角砾、圆砾、砾砂、粗砂、中砂或石屑等硬质材料,含泥量不得大于 5%,最大粒径不宜大于 50 mm。

砂石桩桩孔内的填料量应通过现场试验确定,估算时可按设计桩孔体积乘以充盈系数 β 确定,β 可取 1.2 ~ 1.4。如施工中地面有下沉或隆起现象,则填料数量应根据现场具体情况予以增减。

砂石桩顶部宜铺设一层厚度为 300 ~ 500 mm 的砂石垫层。

(6)复合地基承载力

砂石桩复合地基承载力特征值应通过现场复合地基载荷试验确定,初步设计时也可用单桩和处理后桩间土承载力特征值按式(9.33)估算。处理后桩间土承载力特征值,可按地区经验确定,如无经验时,对一般黏性土地基,可取天然地基承载力特征值,松散的砂土、粉土可取原天然地基承载力特征值的 1.2 ~ 1.5 倍;复合地基桩土应力比 n,宜采用实测值确定,如无实测资料时,对于黏性土可取 2.0 ~ 4.0,对于砂性土、粉土可取 1.5 ~ 3.0。桩间土强度低取大值,桩间土强度高取小值。

(7)变形计算

复合地基的变形计算应符合 9.5.4 节的规定。

3)砂石桩施工

(1)施工方法与要求

当采用振动成桩法时,用振动打桩机成桩的步骤(图 9.14):

①移动桩机及导向架,把桩管及桩尖对准桩位;

②开动桩管顶部的振动机,将套管打入土中设计深度;

③将砂石料从套管上部的送料斗投入套管中;

④向上拉拔桩管一定高度(1 ~ 2 m),压缩空气将砂石从套管底端压出;

⑤降落桩管,振动桩管振密底端下部砂石并挤密周围土体。

重复上述步骤,直至地面,即成砂石桩。

施工质量要求:控制每次填入的砂石量、套管提升的高度和速度、挤压次数和时间以及电机的工作电流等,以保证挤密均匀和砂石桩桩身的连续性。

当采用锤击成桩法时,锤击成桩可采用双管法。成桩工艺与振动成桩法基本相同,用内管向下冲击代替振动器,如图 9.15 所示。

(2)成桩挤密试验

在砂石桩正式施工前进行现场挤密试验,试验桩的数量应不少于 7 ~ 9 个。如发现问题,则应及时调整设计或改进施工。

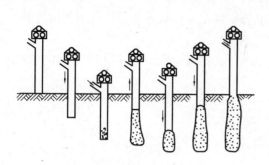

图 9.14　振动挤密法施工

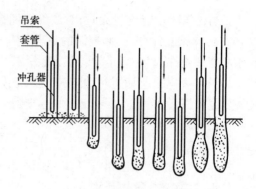

图 9.15　锤击挤密法施工

（3）施工顺序

以挤密为主的砂石桩施工时,应间隔(跳打)进行,并宜由外侧向中间推进;对黏性土地基,砂石桩主要起置换作用,为了保证设计的置换率,宜从中间向外围或隔排施工;在既有建(构)筑物邻近施工时,为了减少对邻近既有建(构)筑物的振动影响,应背离建(构)筑物方向进行。

4）质量检验

（1）检验间隔时间

施工后应间隔一定时间方可进行质量检验。对饱和黏性土地基应待孔隙水压力消散后进行,间隔时间不宜少于 21 d;对粉土地基不宜少于 14 d;对砂土和杂填土地基,不宜少于 7 d。

（2）质检方法

砂石桩质量检验方法同振冲法。

▶ 9.7.2　灰土挤密桩法和土挤密桩法

灰土挤密桩和土挤密桩是由机械成孔,将灰土或素土填入孔中,用机械压实形成。

1）加固机理及适用条件

（1）加固机理

灰土挤密桩或土挤密桩通过成孔过程中的横向挤压作用,桩孔内的土被挤向周围,使桩间土得以挤密,然后将备好的灰土或素土(黏性土)分层填入桩孔内,并分层捣实至设计标高。用灰土分层夯实的桩体,称为灰土挤密桩;用素土分层夯实的桩体,称为土挤密桩。二者分别与挤密的桩间土组成复合地基,共同承担上部荷载。

（2）适用条件

灰土挤密桩法和土挤密桩法适用于处理地下水位以上的粉土、黏性土、素填土、杂填土和湿陷性黄土等地基,可处理地基的厚度为 3 ~ 15 m。当以消除地基土的湿陷性为主要目的时,可选用土挤密桩法。当以提高地基土的承载力或增强其水稳性为主要目的时,宜选用灰土挤密桩法。当地基土的含水量大于24%、饱和度大于65%时,不宜选用灰土挤密桩法或土挤密桩法。

2)灰土挤密桩法和土挤密桩法设计要点

(1)处理范围

灰土挤密桩和土挤密桩处理地基的面积,应大于基础或建筑物底层平面的面积,并应符合下列规定:

①当采用局部处理时,超出基础底面的宽度:对非自重湿陷性黄土、素填土和杂填土等地基,每边不应小于基底宽度的0.25倍,并不应小于0.50 m;对自重湿陷性黄土地基,每边不应小于基底宽度的0.75倍,并不应小于1.00 m。

②当采用整片处理时,超出建筑物外墙基础底面外缘的宽度,每边不宜小于处理土层厚度的1/2,并不应小于2 m。

(2)桩直径及桩位布置

桩孔直径宜为300~450 mm,并可根据所选用的成孔设备或成孔方法确定。桩孔宜按等边三角形布置。

(3)桩孔间距与数量

桩孔之间的中心距离,可为桩孔直径的2.0~2.5倍,也可按下式估算:

$$s = 0.95d\sqrt{\frac{\bar{\eta}_c\rho_{dmax}}{\bar{\eta}_c\rho_{dmax} - \bar{\rho}_d}} \tag{9.45}$$

式中　s——桩孔之间的中心间距,m;

　　　d——桩孔直径,m;

　　　ρ_{dmax}——桩间土的最大干密度,t/m^3;

　　　$\bar{\rho}_d$——地基处理前的平均干密度,t/m^3;

　　　$\bar{\eta}_c$——桩间土经成孔挤密后的平均挤密系数,对重要工程不宜小于0.93,对一般工程不宜小于0.90。

桩间土的挤密用平均挤密系数 $\bar{\eta}_c$,应按式(9.46)计算:

$$\bar{\eta}_c = \frac{\bar{\rho}_{d1}}{\rho_{dmax}} \tag{9.46}$$

式中　$\bar{\rho}_{d1}$——在成孔挤密深度内,桩间土的平均干密度,t/m^3,平均试样数不应少于6组。

桩孔的数量可按下式估算:

$$n = \frac{A}{A_e} \tag{9.47}$$

式中　n——桩孔的数量;

　　　A——拟处理地基的面积,m^2;

　　　A_e——一根桩承担的处理地基面积,m^2,即 $A_e = \frac{\pi d_e^2}{4}$;

　　　d_e——一根桩分担的处理地基面积的等效圆直径,m,桩孔按等边三角形布置时 $d_e = 1.05s$,桩孔按正方形布置时 $d_e = 1.13s$。

(4)桩体材料

桩孔内的填料,应根据工程要求或处理地基的目的确定,其灰土中消石灰与土的体积配合比宜为2:8或3:7。土料宜选用粉质黏土,有机质含量不应超过5%,且不得含有冻土,渣土

垃圾粒径不应超过 15 mm。

（5）填料压实要求

孔内填料应分层回填夯实,桩体的夯实质量宜用平均压实系数$\bar{\lambda}_c$控制。当桩孔内用灰土或素土分层回填、分层夯实时,桩体内的平均压实系数$\bar{\lambda}_c$值均不应小于 0.97,其中压实系数最小值不应低于 0.93;桩顶标高以上应设置 300~500 mm 厚的 2:8 或 3:7 灰土垫层,其压实系数不应小于 0.95。

（6）复合地基承载力

灰土挤密桩和土挤密桩复合地基承载力特征值,应通过现场复合地基载荷试验确定。初步设计当无试验资料时,可按式(9.33)估算。复合地基桩土应力比应按试验或地区经验确定。灰土挤密桩复合地基的承载力特征值,不宜大于处理前天然地基承载力特征值的 2.0 倍,并不宜大于 250 kPa;对土挤密桩复合地基的承载力特征值,不宜大于处理前的 1.4 倍,并不宜大于 180 kPa。

（7）复合地基的变形计算

复合地基的变形计算应符合 9.5.4 节的规定。

3）灰土挤密桩法和土挤密桩法施工

（1）成孔方法

应按设计要求、成孔设备、现场土质和周围环境等情况,选用沉管(振动、锤击)或冲击等方法。

（2）预留覆盖土层厚度

桩顶设计标高以上的预留覆盖土层厚度宜符合下列要求:

①沉管(锤击、振动)成孔,宜为 0.50~0.70 m;

②冲击成孔,宜为 1.20~1.50 m。

（3）成孔时,地基土宜接近最优(或塑限)含水量

当土的含水量低于 12% 时,宜对拟处理范围内的土层进行增湿。在地基处理前 4~6 d,将需增湿的水通过一定数量和一定深度的渗水孔,均匀地浸入拟处理范围内的土层中。

（4）成孔和孔内回填夯实应符合要求

①成孔和孔内回填夯实的施工顺序:当整片处理时,宜从里(或中间)向外间隔 1~2 孔进行,对大型工程,可采取分段施工;当局部处理时,宜从外向里间隔 1~2 孔进行。

②向孔内填料前,孔底应夯实,并应抽样检查桩孔的直径、深度和垂直度。

③桩孔的垂直度偏差不宜大于 1.5%。

④桩孔中心点的偏差不宜超过桩距设计值的 5%。

⑤经检验合格后,应按设计要求,向孔内分层填入筛好的素土、灰土或其他填料,并应分层夯实至设计标高。

4）质量检验

成桩后,应及时抽样检验灰土挤密桩或土挤密桩处理地基的质量。对一般工程,主要应检查施工记录,检测全部处理深度内桩体和桩间土的干密度;对重要工程,除检测上述内容外,还应测定全部处理深度内桩间土的压缩性和湿陷性。抽样检验的数量,对一般工程不应

少于桩总数的 1%，对重要工程不应少于桩总数的 1.5%。

灰土挤密桩和土挤密桩地基竣工验收时，承载力检验应采用复合地基载荷试验。检验数量不应少于桩总数的 0.5%，且每项单体工程不应少于 3 点。

9.8 化学加固法

▶ 9.8.1 概述

1）化学加固法原理

化学加固法是将一定的化学材料（无机或有机材料）配制成浆液，用各种机具将化学浆液灌入地基土中，使与地基土发生化学变化，胶凝或固化成新的坚硬物质，以增加地基强度，降低地层渗透性，降低地基土压缩性的一项地基处理技术。

2）常用化学浆液材料

化学加固法加固地基的化学浆液种类很多，按主剂性质可分为有机系和无机系。常用材料如下：

①水泥浆液。即由高标号的硅酸盐水泥和速凝剂等组成的常用胶结浆液。

②以水玻璃（$Na_2O \cdot nSiO_2$）为主的浆液。这类浆液有较多的配方形式，较常用的是将水玻璃浆液（$Na_2O \cdot nSiO_2$）与氯化钙浆液配合使用，该类浆液价格较贵，较少用。

③以丙烯酰胺为主的浆液。这是以有机化合物为主的浆液，浆材中的丙凝对神经系统有毒，且污染空气和地下水，其价格也昂贵，难于广泛应用。

④以纸浆液为主的浆液。如重铬酸盐类，其加固效果较好，但有毒性，易污染地下水源，故使用上受到限制。

3）化学浆液注入地基的方法

根据地基土的颗粒大小、化学浆液的性状不同，常用压力灌浆法、高压喷射注浆法、深层搅拌法和电渗硅化法等方法，可针对不同工程与土质条件选择最佳方案。

▶ 9.8.2 灌浆法

1）灌浆设备

①压力泵。根据不同的浆液可选用清水泵、泥浆泵或砂浆泵，并按设计要求选用合适的型号。

②浆液搅拌机。

③注浆管。常用钢管制成。选择合适的直径，并有一段是带孔的花管。

2）灌浆方法

（1）渗透灌浆

此法通常用钻机成孔，将注浆管放入孔中需要灌浆的深度，钻孔四周顶部封死。启动压

力泵,将搅拌均匀的浆液压入土中的孔隙和岩石的裂缝中,同时挤出土中的自由水。凝固后,土体与岩石裂隙胶结成整体。此法基本上不改变原状土的结构和体积,所用灌浆压力较小。灌浆材料用水泥浆或水泥砂浆,适用于卵石,中、粗砂和有裂隙的岩石。

(2)挤密灌浆

此法与渗透灌浆相似,但需要较高的压力灌入浓度较大的水泥浆或水泥砂浆。灌浆管管壁为封闭型,浆液在注浆管底端挤压土体,形成"浆泡",使地层上抬。硬化后的浆土混合物为坚固球体。此法适用于黏性土。

(3)劈裂灌浆

此法与挤密灌浆相似,但需要采用更高的压力,超过地层的初始应力和抗拉强度引起土体和岩石的结构破坏,使地层中原有的裂隙或孔隙张开,形成新的孔隙或裂隙,促成浆液的可灌性并增大扩散距离。凝固后,效果良好。

▶ 9.8.3 水泥土搅拌法

1)加固地基的原理

此法是利用水泥(或石灰)等材料作为固化剂通过特制的搅拌机械,就地将软土和固化剂(浆液或粉体)强制搅拌,使软土硬结成具有整体性、水稳性和一定强度的水泥加固土,从而提高地基土强度和增大变形模量。根据固化剂掺入状态的不同,它可分为浆液搅拌和粉体喷射搅拌两种。前者是用浆液和地基土搅拌(简称湿法),后者是用粉体和地基土搅拌(简称干法)。

2)特点及适用范围

水泥土搅拌法加固软土技术具有其独特优点:

①最大限度地利用了原土;

②搅拌时无振动、无噪声和无污染,可在密集建筑群中进行施工,对周围原有建筑物及地下沟管影响很小;

③根据上部结构的需要,可灵活地采用柱状、壁状、格栅状和块状等加固形式;

④与钢筋混凝土桩基相比,可节约钢材并降低造价。

水泥土搅拌法适用于处理正常固结的淤泥与淤泥质土、粉土、饱和黄土、素填土、黏性土,以及无流动地下水的饱和松散砂土等地基。当地基土的天然含水量小于30%(黄土含水量小于25%)、大于70%,或地下水的pH值小于4时不宜采用干法。

3)施工工艺

水泥土搅拌法施工步骤由于湿法和干法的施工设备不同而略有差异。其主要步骤为:

①搅拌机械就位、调平;

②预搅下沉至设计加固深度;

③边喷浆(粉)、边搅拌提升直至预定的停浆(灰)面;

④重复搅拌下沉至设计加固深度;

⑤重复搅拌提升至停浆(灰)面;

⑥关闭搅拌机械。

在预(复)搅下沉时,也可采用喷浆(粉)的施工工艺,但必须确保全桩长上下至少再重复搅拌一次。

整个步骤如图9.16所示。

4)水泥土搅拌法的设计要点

设计前应分析研究场地的岩土工程勘察报告,对报告中填土层的厚度和组成,软土层的分布范围、分层情况,地下水

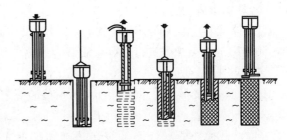

图9.16 深层搅拌法的工艺流程

位及pH值,土的含水量、塑性指数和有机质含量等应进行分析研究,以确定水泥搅拌法的适用性及采用必要的处理措施。

(1)固化剂选用

固化剂宜选用强度等级为32.5级及其以上的普通硅酸盐水泥。水泥掺量除块状加固时可用被加固湿土质量的7%~12%外,其余宜为12%~20%。湿法的水泥浆水灰比可选用0.45~0.55。外掺剂可根据工程需要和土质条件选用具有早强、缓凝、减水以及节省水泥等作用的材料,但应避免污染环境。

(2)搅拌桩桩长、桩径确定

竖向承载搅拌桩的长度应根据上部结构对承载力和变形的要求确定,并宜穿透软弱土层到达承载力相对较高的土层。为提高抗滑稳定性而设置的搅拌桩,其桩长应超过危险滑弧以下2 m。湿法的加固深度不宜大于20 m,干法不宜大于15 m。水泥土搅拌桩的桩径不应小于500 mm。

(3)布桩形式

竖向承载搅拌桩的平面布置,可根据上部结构特点及对地基承载力和变形的要求,采用柱状、壁状、格栅状或块状等加固形式。桩可只在基础平面范围内布置,独立基础下的桩数不宜少于3根。柱状加固可采用正方形、等边三角形等布桩。

(4)单桩竖向承载力特征值 R_a

竖向承载水泥土搅拌桩复合地基的承载力特征值应通过现场单桩或多桩复合地基载荷试验确定。初步设计时也可按式(9.34)估算,处理后桩向土承载力特征值 f_{sk}(kPa)可取天然地基承载力特征值;桩间土承载力折减系数 β,对软弱土可取0.1~0.4,对其他土层可取0.4~0.8;单桩承载力发挥系数 λ 可取1.0。

(5)水泥土搅拌桩复合地基承载力特征值

水泥土搅拌桩单桩竖向承载力特征值,应通过现场静载荷试验确定。初步设计时可按式(9.35)估算,桩端端阻发挥系数可取0.4~0.6;桩端端阻力特征值,可取桩端土未经修正的地基承载力特征值,并满足式(9.48)的要求,应使由桩身材料强度确定的单桩承载力不小于由桩周土和桩端土的抗力所提供的单桩承载力。

$$R_a = \eta f_{cu} A_p \tag{9.48}$$

式中　f_{cu}——与搅拌桩桩身水泥土配比相同的室内加固土试块(边长为70.7 mm的立方体)在标准养护条件下90 d龄期的立方体抗压强度平均值,kPa;

　　　η——桩身强度折减系数,干法可取0.20~0.25,湿法可取0.25。

（6）软弱下卧层验算

当搅拌桩处理范围以下存在软弱下卧层时，应按现行国家标准《建筑地基基础设计规范》（GB 50007）的有关规定进行下卧层承载力验算。

（7）复合地基变形

复合地基的变形计算量应符合9.5.4节的规定。

（8）垫层设置

竖向承载搅拌桩复合地基应在基础和桩顶之间设置褥垫层。褥垫层厚度可取 200 ~ 300 mm，其材料可选用中砂、粗砂、级配砂石等，最大粒径不宜大于 20 mm。褥垫层的夯填度不应大于0.9。

5）质量检验

①水泥土搅拌桩的质量控制应贯穿施工的全过程，并应坚持全程的施工监理。施工过程中必须随时检查施工记录和计量记录，并对照规定的施工工艺对每根桩进行质量评定。检查重点是：水泥用量、桩长、搅拌头转数和提升速度、复搅次数和复搅深度、停浆处理方法等。

②水泥土搅拌桩的施工质量检验可采用以下方法：

a. 成桩 7 d 后，采用浅部开挖桩头（深度宜超过停浆（灰）面下 0.5 m），目测检查搅拌的均匀性，量测成桩直径。检查量为总桩数的 5%。

b. 成桩后 3 d 内，可用轻型动力触探（N_{10}）检查每米桩身的均匀性。检验数量为施工总桩数的 1%，且不少于 3 根。

③竖向承载水泥土搅拌桩地基竣工验收时，承载力检验应采用复合地基载荷试验和单桩载荷试验。

载荷试验必须在桩身强度满足试验荷载条件时，并宜在成桩 28 d 后进行。检验数量为桩总数的 0.5% ~ 1%，且每项单体工程不应少于 3 点。

经触探和载荷试验检验后对桩身质量有怀疑时，应在成桩 28 d 后，用双管单动取样器钻取芯样作抗压强度检验，检验数量为施工总桩数的 0.5%，且不少于 3 根。

④对相邻桩搭接要求严格的工程，应在成桩 15 d 后，选取数根桩进行开挖，检查搭接情况。

⑤基槽开挖后，应检验桩位、桩数与桩顶质量，如不符合设计要求，应采取有效补强措施。

▶ 9.8.4 高压喷射注浆法

1）加固地基的原理

此法是用钻机钻孔至所需加固深度后，将喷射管插入地层预定深度，用高压泵（工作压力在 20 MPa 以上）将水泥浆液从喷射管喷出，使土体结构破坏并与水泥浆液混合，胶结硬化后形成强度较高、压缩性较低、不透水的固结体，达到加固目的。其施工工艺流程如图 9.17 所示。

2）特点及适用范围

高压喷射注浆法具有适用范围广、施工简便、噪声小、振动小；可控制固结体的形状；可垂直、倾斜和水平喷射；耐久性好；设备简单、速度快、效率高等特点。可用于既有建筑和新建建筑地基加固,深基坑、地铁等工程的土层加固或防渗。

高压喷射注浆法适用于处理淤泥,淤泥质土,流塑、软塑或可塑黏性土,粉土,砂土,黄土,素填土和碎石土等地基。

3)分类

高压喷射注浆法分旋喷、定喷和摆喷三种类别。根据工程需要和土质条件,可分别采用单管法、双管法和三管法。加固形状可分为柱状、壁状、条状和块状。

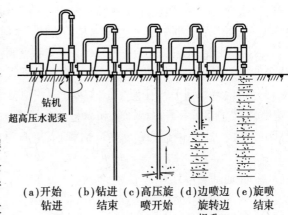

图9.17 高压喷射注浆施工工艺流程图

①单管法:喷射高压水泥浆液一种介质,成桩直径较小,一般为 0.3~0.8 m。

②双管法:喷射高压水泥浆液和压缩空气两种介质,成桩直径 1 m 左右。

③三管法:喷射高压水流、压缩空气和水泥浆液三种介质,成桩直径较大,一般为 1.0~2.0 m。

三种工法中以三管法有效处理深度最深,双管法次之,单管法最短。

4)高压喷射注浆法的设计要点

(1)桩径

高压喷射注浆法所形成的桩直径的确定是一个复杂问题,尤其是深部的直径,无法用准确的方法确定。因此,除了浅层可以用开挖的方法确定之外,只能用半经验的方法加以判断。根据国内外的施工经验,其设计直径可参考表9.7选用。定喷及摆喷的有效长度为旋喷桩直径的 1.0~1.5 倍。

表9.7 旋喷桩直径　　　　　　单位:m

土 类 \ 方 法		单管法	双管法	三管法
黏性土	$0 < N < 5$	0.5~0.8	0.8~1.2	1.2~1.8
	$6 < N < 10$	0.4~0.7	0.7~1.1	1.0~1.6
砂 土	$0 < N < 10$	0.6~1.0	1.0~1.4	1.5~2.0
	$11 < N < 20$	0.5~0.9	0.9~1.3	1.2~1.8
	$21 < N < 30$	0.4~0.8	0.8~1.2	0.9~1.5

注:N 为标准贯入试验击数。

(2)加固体强度

高压喷射注浆形成的加固体强度取决于地基土质、喷射压力和置换程度,应通过现场试验确定。当无现场试验资料时,亦可参照相似土质条件的工程经验,一般黏性土和黄土中固体单轴抗压强度可达 5~10 MPa,砂土和砂砾土中的固结强度可达 8~20 MPa。

(3)布桩形式

布桩形式根据工程性质和加固目的的确定。用于地基加固时,可选用等边三角形、三角形、分散群桩等,独立基础下桩数不少于 4 根,用于防水帷幕或基坑防水时宜选用交联式三角形或交联式排列,相邻桩搭接不宜小于 300 mm。高压喷射注浆法常与其他桩(灌注桩、钢板桩、预制桩等)组合在一起构成防水帷幕。

(4)复合地基承载力特征值

旋喷桩复合地基承载力特征值和单桩竖向承载力特征值应通过现场载荷试验确定。初步设计时,可按式(9.34)和式(9.35)估算,其桩身材料强度还应满足式(9.36)和式(9.37)要求。

(5)复合地基变形计算

复合地基的变形计算应符合9.5.4节的规定。

(6)软弱下卧层验算

当旋喷桩处理范围以下存在软弱下卧层时,应按现行国家标准《建筑地基基础设计规范》(GB 50007)的有关规定进行下卧层承载力验算。

(7)垫层设置

竖向承载旋喷桩复合地基宜在基础和桩顶之间设置褥垫层。褥垫层厚度可取 150 ~ 300 mm,其材料可选用中砂、粗砂、级配砂石等,最大粒径不宜大于 20 mm。

5)质量检验

①高压喷射注浆可根据工程要求和当地经验,采用开挖检查、取芯(常规取芯或软取芯)、标准贯入试验、载荷试验或围井注水试验等方法进行检验,并结合工程测试、观测资料及实际效果综合评价加固效果。

②检验点应布置在以下部位有代表性的桩位、施工中出现异常情况的部位,以及地基情况复杂,可能对高压喷射注浆质量产生影响的部位。

③检验点的数量为施工孔数的2%,并不应少于 6 点。质量检验宜在高压喷射注浆结束28 d 后进行。

④竖向承载旋喷桩地基竣工验收时,承载力检验应采用复合地基载荷试验和单桩载荷试验。检验数量为桩总数的1%,且每项单体工程不应少于 3 点。

9.9 水泥粉煤灰碎石(CFG)桩法

▶ 9.9.1 加固机理及适用范围

水泥粉煤灰碎石桩(Cement Fly-ash Gravel Pile)是由水泥、粉煤灰、碎石、石屑或砂加水拌和形成的高黏结强度桩(简称 CFG 桩),桩体强度 C5 ~ C25,桩、桩间土与褥垫层共同构成复合地基。

CFG 桩是在碎石桩的基础上发展起来的,属于复合地基刚性桩。严格意义上讲,应该是一种半柔半刚性桩。CFG 桩具有单桩承载力高,可大幅度地提高地基土承载力。CFG 桩复合地基具有变形小、适用范围广的特点,对基础而言,既适用于条基、独立基础,也适用于箱基、筏基,处理的建(构)筑物有工业厂房、民用建筑(高层、多层),目前国内已将其应用于 35 层高层建筑的地基处理。

▶ 9.9.2 CFG 桩的设计要点

CFG 桩复合地基的设计原则是:
①满足建筑物对复合地基承载力的要求;
②满足建筑物地基变形的要求;
③满足桩、桩间土变形协调的要求;
④满足环境条件对地基处理的要求。
设计内容包括桩径、桩距、桩长、承载力计算、变形计算和褥垫层厚度。

1)桩径

根据施工工艺,桩径可选 350~600 mm。

2)桩长

桩长的确定应根据建筑物荷载和对地基变形的要求,及有无良好的桩端持力层确定。一般情况下,桩端应选择承载力较高的土层作为桩端持力层,如果设计对地基变形要求严格,桩长应尽可能控制主要变形,如在基础下部小于 10 m 范围内有良好的桩端持力层,也可采用长短相结合的 CFG 桩。

3)桩间距

桩间距根据设计对复合地基承载力要求、土的性质、施工所采用的工艺确定,采用非挤土和部分挤土成桩工艺,桩间距宜为 3~5 倍桩径;采用挤土成桩工艺和墙下条形基础单排布桩的桩间距宜为 3~6 倍桩径;桩长范围内有饱和粉土、粉细砂、淤泥、淤泥质土层,采用长螺旋钻中心压灌成桩施工中可能发生窜孔时宜采用较大桩距。桩的设置可只在基础范围内,桩的排列可按等三角形、正方形和单排等方式布置。

4)褥垫层

桩顶和基础之间应设置褥垫层,褥垫层厚度宜取 150~300 mm,当桩径大或桩距大时,褥垫层厚度宜取高值。褥垫层材料宜用中砂、粗砂、级配砂石或碎石等,最大粒径不宜大于 30 mm。褥垫层具有调整桩土应力比,保证桩土协调的作用。根据研究,在相同条件下,垫层越薄,桩土应力比越大;垫层越厚,桩土应力比越小。

5)复合地基承载力特征值

水泥粉煤灰碎石桩复合地基承载力特征值,应通过现场复合地基载荷试验确定,初步设计时也可按式(9.34)估算。其中单桩承载力发挥系数 λ 和桩间土承载力发挥系数 β 应按地区经验取值,如无经验时 λ 可取 0.8~0.9,褥垫层的厚径比小时取大值;β 可取 0.9~1.0,褥垫层的厚径比大时取大值。处理后桩间土承载力特征值 f_{sk},对非挤土成桩工艺,可取天然地基承载力特征值;对挤土成桩工艺,一般黏性土可取天然地基承载力特征值,松散砂土、粉土可取天然地基承载力特征值的 1.2~1.5 倍,原土强度低的取大值。

6)单桩竖向承载力特征值

单桩竖向承载力特征值 R_a 的取值,应符合下列规定:

①当采用单桩载荷试验时,应将单桩竖向极限承载力除以安全系数2;

②当无单桩载荷试验资料时,可按式(9.35)估算,桩端阻力发挥系数 α_p 可取1.0;

③桩身强度应满足式(9.36)和式(9.37)要求。

7)地基变形计算

复合地基的变形计算应符合9.5.4节的规定。

▶ 9.9.3 CFG 桩的施工

1)施工工艺的选择

水泥粉煤灰碎石桩的施工工艺,应根据现场条件选用。

①长螺旋钻孔灌注成桩,适用于地下水位以上的黏性土、粉土、素填土、中等密实以上的砂土;

②长螺旋钻孔、管内泵压混合料灌注成桩,适用于黏性土、粉土、砂土,以及对噪声或泥浆污染要求严格的场地;

③振动沉管灌注成桩,适用于粉土、黏性土及素填土地基。

2)施工过程要求

长螺旋钻孔、管内泵压混合料灌注成桩施工和振动沉管灌注成桩施工,除应执行国家现行有关规定外,尚应符合下列要求:

①施工前应按设计要求由实验室进行配合比试验,施工时按配合比配制混合料。长螺旋钻孔、管内泵压混合料成桩施工的坍落度宜为160~200 mm,振动沉管灌注成桩施工的坍落度宜为30~50 mm,振动沉管灌注成桩后桩顶浮浆厚度不宜超过200 mm。

②长螺旋钻孔、管内泵压混合料成桩施工在钻至设计深度后,应准确掌握提拔钻杆时间,混合料泵送量应与拔管速度相配合,遇到饱和砂土或饱和粉土层,不得停泵待料。沉管灌注成桩施工拔管速度应按匀速控制,拔管速度应控制在1.2~1.5 m/min,如遇淤泥或淤泥质土,拔管速度应适当放慢。

③施工桩顶标高宜高出设计桩顶标高不少于0.5 m。

④成桩过程中,抽样做混合料试块,每台机械一天应做一组(3块)试块(边长为150 mm的立方体),标准养护,测定其立方体抗压强度。

⑤施工垂直度偏差不应大于1%。对满堂布桩基础,桩位偏差不应大于0.4倍桩径;对条形基础,桩位偏差不应大于0.25倍桩径,对单排布桩桩位偏差不应大于60 mm。

▶ 9.9.4 质量检验

1)施工质量检验

施工质量检验主要应检查施工记录、混合料坍落度、桩数、桩位偏差、褥垫层厚度、夯填度和桩体试块抗压强度等。

2)竣工验收

水泥粉煤灰碎石桩地基竣工验收时,承载力检验应采用复合地基载荷试验。

水泥粉煤灰碎石桩地基检验应在桩身强度满足试验荷载条件时,并宜在施工结束28 d后进行。试验数量宜为总桩数的0.5%～1%,且每个单体工程的试验数量不应少于3点。应抽取不少于总桩数的10%的桩进行低应变动力试验,检测桩身完整性。

9.10 组合型地基处理

组合型地基处理是指采用两种或两种以上类型的地基处理方法来处理同一地基的方法,可达到比单一工法节省造价、缩短工期、提高地基承载力、减少复合地基的变形或消除地基液化、地基土湿陷性等目的。

▶ 9.10.1 地基处理方法的选用

组合型地基处理方法的选用应根据建筑物对地基承载力、变形要求,地基土质情况、周边环境及可采用的材料等综合确定。根据目前有关文献介绍,有以下几种组合方式。

1)长短CFG桩组合

根据复合地基在荷载作用下的位移特性和变形特性可知,长短桩复合地基能较好地发挥和增强地基土体在提高承载力和减少沉降方面的潜能。工程上一般对地基浅层土的承载力要求较高,对深部土层的承载力要求较低,只需满足下卧层强度要求即可;而长短桩复合地基可做到浅层置换率高,深部置换低,这样就合理地满足了软弱地基不同深度对承载力的要求。长短桩复合地基的浅部地基置换率高,加固区复合模量大,而深部地基置换率低,复合地基模量较低,正好适应浅部附加应力大,深部附加应力小的应力场,这样对减少软弱地基总沉降量有利。

2)夯扩挤密水泥土桩与CFG桩组合

采用夯扩挤密水泥土短桩处理填土,可消除其湿陷性,提高桩间土承载力,而采用长桩CFG桩,则可控制压缩层地基变形。

3)砂石桩与CFG桩组合

采用砂石桩挤密桩间土,可消除地基土液化,由于砂石桩的渗透性强,还可加速地基土的固结。采用CFG桩不仅增加了对碎石桩的侧限约束,减少了散体桩顶部的压胀变形,而且提高了复合地基的承载力,减少了复合地基的变形。

4)夯扩挤密渣土桩加灌注CFG桩

充分利用现场的材料灰渣土和天然级配的砂石,做成夯扩挤密渣土桩,挤密桩间土(回填土),消除回填土的湿陷性,提高桩间土承载力,减少复合地基沉降。灌注CFG桩下部4 m采用夯扩素混凝土,上部4～5 m采用人工灌注CFG桩。

5)石灰桩与深层搅拌桩

采用石灰桩对桩间土挤密,提高浅部桩间土的承载力和压缩模量,减小复合地基的变形。采用深层搅拌桩处理软土层,提高复合地基的承载力。

6)塑料排水板加强夯

采用塑料排水板排除饱和黏土、淤泥土中的孔隙水,为强夯时土体排水增加了垂直的排水通道。采用强夯加固地基土,在夯击动能作用下,土体中的孔隙水压力增加,孔隙水沿塑料排水板(或砂井)排出,防止了强夯振动产生液化。

7)静动联合排水固结加固软土

在堆载预压排水固结时,辅以从小能量到大能量的强夯,使地基土层的超孔隙水压力在强夯作用下,沿地基土的竖向排水通道快速排出,从而达到地基加固的目的。

▶ 9.10.2 多桩型复合地基

多桩型复合地基是采用两种及两种以上不同材料增强体,或采用同一材料、不同长度增强体加固形成的复合地基。多桩型复合地基适用于处理不同深度存在相对硬层的正常固结土,或浅层存在欠固结土、湿陷性黄土、可液化土等特殊土,以及地基承载力和变形要求较高的地基。

多桩型复合地基的设计应根据建筑物对地基承载力、变形的要求以及地基土的特点选用。应当指出:多桩型地基的组合并不是一种模式,由于设计人的思路不同,对同一场地地基处理也许有多种组合方式,但只有一种最优化的组合模式。

1)设计原则

①桩型及施工工艺的确定,应考虑土层情况、承载力与变形控制要求、经济性和环境要求等综合因素。

②对复合地基承载力贡献较大或用于控制复合土层变形的长桩,应选择相对较好的持力层;对处理欠固结土的增强体,其桩长应穿越欠固结土层;对消除湿陷性土的增强体,其桩长应穿过湿陷性土层;对处理液化土的增强体,其桩长应穿过可液化土层。

③如浅部存在有较好持力层的正常固结土,可采用长桩与短桩的组合方案。

④对浅部存在软土或欠固结土,宜先采用预压、压实、夯实、挤密方法或低强度桩复合地基处理浅层地基,再采用桩身强度相对较高的长桩进行地基处理。

⑤对湿陷性黄土应先采用压实、夯实或土桩、灰土桩等方法处理湿陷性,再采用具有黏结强度桩进行地基处理。

2)设计内容

(1)桩径

一般情况下,长螺旋成孔管内泵压混合料灌注 CFG 桩和振动沉管 CFG 桩选用 400 mm 的桩径,夯扩桩选用 500~550 mm 的桩径,夯实水泥土桩选用 350~400 mm 的桩径,深层搅拌桩选用 500 mm 的桩径。

(2)桩长

桩长的设计应以长桩控制变形,短桩满足承载力为依据,对短桩尽可能选择好的桩端持力层,如以消除液化或消除地基土的湿陷性为目的,短桩应穿过液化层或湿陷性土层。长桩根据变形要求,一般选用承载力高、变形小的长螺旋成孔管内泵压混合料灌注 CFG 桩或夯扩CFG 桩。

（3）布桩形式

多桩型复合地基的布桩宜采用正方形或三角形间隔布置，刚性桩宜在基础范围内布桩，其他增强体布桩应满足液化土地基和湿陷性黄土地基对不同性质土质处理范围的要求。

（4）垫层设置

多桩型复合地基垫层设置，对刚性长、短桩复合地基宜选择砂石垫层，垫层厚度宜取对复合地基承载力贡献较大的增强体直径的1/2；对刚性桩与其他增强体桩组合的复合地基，垫层厚度宜取刚性桩直径的1/2；对湿陷性黄土地基，垫层材料应采用灰土，垫层厚度宜为300 mm。

（5）多桩型复合地基承载力特征值

多桩型复合地基承载力特征值f_{spk}应由多桩复合地基载荷试验确定，在初步设计时，可按下列公式估算。

对具有黏结强度的两种组合形式的多桩型复合地基承载力特征值可按式（9.49）估算：

$$f_{spk} = m_1 \frac{\lambda_1 R_{a1}}{A_{p1}} + m_2 \frac{\lambda_2 R_{a2}}{A_{p2}} + \beta(1 - m_1 - m_2)f_{sk} \tag{9.49}$$

式中　m_1，m_2——分别为桩1和桩2的面积置换率；

　　　　f_{sk}——处理后符合地基桩间土承载力特征值，kPa；

　　　　R_{a1}，R_{a2}——桩1和桩2的单桩承载力特征值，kN；

　　　　A_{p1}，A_{p2}——桩1和桩2的单桩承载面积，m²；

　　　　β——桩间土承载力发挥系数；无经验时可取0.9～1.0。

对具有黏结强度的桩与散体材料桩组合形成的复合地基承载力特征值可按式（9.50）估算：

$$f_{spk} = m_1 \frac{\lambda_1 R_{a1}}{A_{p1}} + \beta[1 - m_1 + m_2(n - 1)]f_{sk} \tag{9.50}$$

式中　β——仅由散体材料桩加固处理形成的复合地基承载力发挥系数；

　　　　n——仅由散体材料桩加固处理形成的复合地基的桩土应力比；

　　　　f_{sk}——仅由散体材料桩加固处理后桩间土承载力特征值，kPa。

（6）面积置换率

多桩型复合地基面积置换率，应根据基础面积与该面积范围内实际的布桩数量进行计算，当基础面积较大或条形基础较长时，可用单元面积置换率代替。

当按图9.18矩形布桩时，$m_1 = \dfrac{A_{p1}}{2s_1 s_2}$，$m_2 = \dfrac{A_{p1}}{2s_1 s_2}$；当按图9.19三角形布桩且$s_1 = s_2$时，$m_1 = \dfrac{A_{p1}}{s_1^2}$，$m_2 = \dfrac{A_{p2}}{s_1^2}$。

3）多桩型复合地基的变形计算

多桩型复合地基的变形计算应符合9.5.4节的规定，复合土层的压缩模量可按下列公式计算。

①有黏结强度增强体的长短桩复合加固区、仅长桩加固区土层压缩模量提高系数分别按式（9.51）或（9.52）计算：

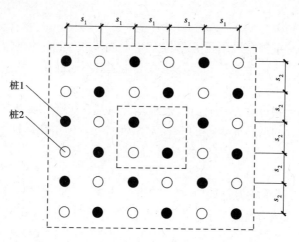

图9.18　多桩型复合地基矩形布桩单元面积计算模型

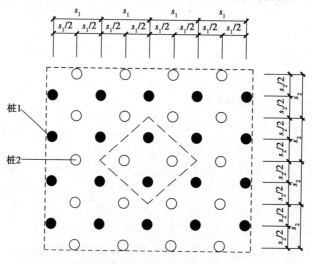

图9.19　多桩型复合地基矩形布桩单元面积计算模型

$$\zeta_1 = \frac{f_{\text{spk}}}{f_{\text{ak}}} \qquad (9.51)$$

$$\zeta_2 = \frac{f_{\text{spk1}}}{f_{\text{ak}}} \qquad (9.52)$$

式中　f_{spk1}、f_{spk}——分别为仅由长桩处理形成复合地基承载力特征值和长短桩复合地基承载力特征值,kPa;

ζ_1,ζ_2——分别为长短桩复合地基加固区土层压缩模量提高系数和仅由长桩处理形成复合地基加固土层压缩模量提高系数。

②对由有黏结强度的桩与散体材料桩组合形成的复合地基加固区土层压缩模量提高系数,可按式(9.53)或式(9.54)计算:

$$\zeta_1 = \frac{f_{\text{spk}}}{f_{\text{spk2}}} [1 + m(n-1)]\alpha \qquad (9.53)$$

$$\zeta_2 = \frac{f_{\text{spk}}}{f_{\text{ak}}} \qquad (9.54)$$

式中 f_{spk2}——仅由散体材料桩加固处理后符合地基承载力特征值,kPa;

α——处理后桩间土地基承载力的调整系数,$\alpha = \dfrac{f_{sk}}{f_{ak}}$;

m——散体材料桩的面积置换率。

4)多桩型复合地基的施工

①对处理可液化土层的多桩型复合地基,应先施工处理液化的增强体;

②对消除或部分消除湿陷性黄土地基,应先施工处理湿陷性的增强体;

③应降低或减小后施工增强体对已施工增强体质量和承载力的影响。

5)质量检验

①竣工验收时,多桩型复合地基承载力检验,应采取多桩复合地基静载荷试验和单桩静载荷试验,检验数量不得少于总桩数的1%。

②多桩复合地基静载荷试验,对每个单体工程检验数量不得少于3点。

③增强体施工质量检验,对散体材料增强体的检验数量不应少于其总桩数的2%,对具有黏结强度的增强体,完整性检验数量不应少于总桩数的10%。应降低或减小后施工增强体对已施工增强体质量和承载力的影响。

9.11 托换技术

▶ 9.11.1 托换技术的原理

托换技术(即基础托换),是指解决原有建筑物的地基处理、基础加固或改建问题,解决在原有建筑物基础下修建地下工程,以及新建工程临近原有建筑物而影响到原有工程安全等问题的技术总称。可分为以下三类:

1)补救性托换

凡解决对既有建筑物的地基土,因不满足地基承载力和变形要求而进行地基处理或基础加固的,称为补救性托换。

2)预防性托换

凡解决对既有建筑物基础下因修建地下工程,如地下铁道穿越既有建筑物等,或因邻近新建工程而影响到既有建筑物的安全时所进行的托换,称为预防性托换。如托换方式采用平行于既有建筑物而修建比较深的墙体者,称为侧向托换。

3)维持性托换

凡在新建的建筑物基础上预留可设置顶升的措施,以适应事后不容出现的地基差异沉降值时而进行的托换,称为维持性托换。如在软黏土地基上建造油罐时,在环形基础中预留可设置千斤顶的净空,需要时进行相应的托换作业,即属此种托换。

▶ 9.11.2 托换前的准备工作

托换前需做如下几项准备工作：

①掌握托换工程场地的工程地质和水文地质资料；

②掌握被托换建筑物的结构设计、施工、竣工、沉降观测和损坏原因分析等资料；

③收集场地内地下管线、邻近建筑物和自然环境等对既有建筑物在托换施工时或竣工后可能产生影响的调查资料；

④根据被托换工程的要求与托换类型，制定托换具体方案。

▶ 9.11.3 桩式托换

桩式托换为采用桩进行基础托换方法的总称。它是在基础结构的下部或两侧设置各类桩(包括静压桩、锚杆静压桩、灌注桩、树根桩、预试桩、打入桩和灰土桩等)，在桩上搁置托梁或承台系统，或直接与基础锚固来支撑被托换的墙或基础。本节主要介绍前4种桩式托换。

1)静压桩托换

坑式静压桩托换系在墙基或柱基下开挖竖坑和横坑，在基础底部放直径为 150～200 mm 的钢筋混凝土预制方桩，每节桩长可按托换坑的净空高度和千斤顶的行程确定(一般为 1～2 m)，桩顶上安放钢垫板，在其上再设置行程较大的 15～30 t 的油压千斤顶，千斤顶上放压力传感器，用钢垫板顶住基础底板作为反力支点，分节将钢管或钢筋混凝土预制方桩压入，如图 9.20 所示。施工时对坑壁不能直立的砂土和软弱土等地基，要进行坑壁支护，可在基础底面下开挖横的导坑，如坑内有水，应在不扰动地基土的情况下降水后才能施工。桩分段压入，对钢管桩

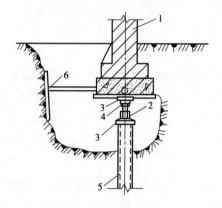

图 9.20 静压桩托换
1—被托换基础；2—油压千斤顶；3—钢垫板；
4—传感器；5—短钢管；6—支撑和挡板

分段接头可采用焊接，对钢筋混凝土桩分段接头可采用硫磺胶泥或焊接连接。桩顶应压入到压桩力达 1.5 倍单桩承载力标准值相应深度的土层内。桩压至设计深度后，拆除千斤顶，对钢管桩，可根据工程要求在管内浇注混凝土。最后应用混凝土将桩与原有基础浇注成一个整体。

坑式静压桩托换一般适用于条形基础的托换加固。

2)锚杆静压桩托换

此法在基础上面施工，要点如下：

①将桩位处基础凿出一方孔，每边大于桩 20～30 mm；

②在基础顶面桩孔四周，用电钻打 4 个圆孔，插入长螺栓，用环氧砂浆固定作为锚杆；

③用型钢制成反力架，底端固定在锚杆上；

④用千斤顶将预制桩分节压入地基至设计深度，使桩顶低于基础底面约 10 cm，如图 9.

21 所示;

⑤拆去压桩设备,在桩顶放入钢筋,并浇筑混凝土至基础顶面。

3)灌注桩托换

此法要求托换工程具有沉桩设备所需净空条件。此法所用的灌注桩主要有三种:螺旋钻孔灌注桩;潜水钻孔灌注桩;人工挖孔灌注桩,主要适用于无地下水的黏性土中。灌注桩施工完毕,需要在桩顶现浇托梁,以支承上部柱或墙。

4)树根桩托换

树根桩是指小直径的钢筋混凝土桩。它适用于旧房修复和加层、古建筑整修、地铁穿越、桥梁工程等各类地基的处理与基础加固,根据工程要求和地质情况,采用不同钻头、桩孔倾斜角和钻进时的护孔方法。

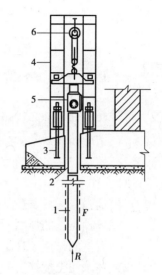

图 9.21　锚杆静压桩示意
1—预制桩;2—压桩孔;3—锚杆;
4—反力架;5—油压千斤顶;
6—倒链

当树根桩穿过旧建筑物基础时,需要凿开基础,将基础主筋与树根桩主筋焊接,并将两者混凝土牢固结合。

树根桩的优点:机具简单、施工场地小、噪声小、振动小,可做成斜桩,施工时因桩孔很小,故而对墙身和地基土消弱影响小。

此外还有灌浆托换、特殊托换、纠倾托换以及综合托换等方法,限于篇幅,不再赘述。

▶ 9.11.4　基础加固托换

对由于基础支承能力不足的既有建筑物加固,可采取基础加固法。

①当基础由于机械损伤、不均匀沉降和胀缩等原因引起开裂或损坏时,可采用灌浆法加固,选用水泥浆或环氧树脂等作为浆液。

施工时在基础中钻孔,孔内放注浆管,灌浆压力取 0.2 ~ 0.6 MPa。当注浆管提升至地表下 1.0 ~ 1.5 m 深度范围内,浆液不再下沉时,停止灌浆。

②当既有建筑物基础开裂或基底面积不足时,可采用混凝土或钢筋混凝土套加大基础。当采用混凝土套加固时,基础每边加宽 20 ~ 30 cm。加宽部分钢筋应与基础内主筋连接。在加宽部分地基上应铺设厚度为 10 cm 的压实碎石层或卵石层。灌注混凝土前应将原基础凿毛、刷洗干净,每隔一定高度插入钢筋或角钢。

③当既有建筑物需要增层或基础需要加固,而地基又不能满足变形和强度要求时,可采用坑式托换法增大基础埋置深度,使基础支承在较好的土层上。

在贴近被托换的基础前侧挖一个比基底深 1.5 m 的竖坑。将竖坑横向扩展到基础底面上,自基底向下开挖到要求的持力层标高。向基础下坑体浇筑混凝土,至基底以下 80 cm 处停止,养护 1 d 后用干稠水泥砂浆填入空隙,用锤敲击短木,充分挤实填入的砂浆。

④当对基础或地基进行局部或单独加固不能满足要求时,可将原单独基础或条形基础连接成整体式筏片基础,或将原筏片基础改成具有较大刚度的箱形基础,也可设置结构连接体

构成组合结构,以增加结构刚度,克服不均匀沉降。

复习思考题

9.1 试述地基处理的目的及一般方法。

9.2 何谓软弱地基?试简述软土的工程特性。

9.3 换填垫层法的原理是什么?如何确定垫层的厚度和宽度?理想的垫层材料是什么?它起什么作用?

9.4 何谓强夯法?试述其加固机理。

9.5 试述预压法的加固原理和应用条件。真空预压法比堆载预压法的优点在何处?

9.6 砂石桩的作用原理是什么?

9.7 试述水泥土搅拌法的加固机理。

9.8 何谓高压喷射注浆法?试说明其特点和适用范围。

9.9 何谓复合地基?复合地基的设计要点有哪些?

9.10 何谓托换法?托换法有哪几种?

9.11 组合型地基处理的方法有哪些?

习 题

9.1 某砌体结构承重住宅,采用墙下条形基础1.2 m,基础承受上部结构传来的竖向荷载 $F_k = 120$ kN/m,基础埋深1.0 m。地基土层情况:表层为黏土层,层厚1.0 m,$\gamma = 17.5$ kN/m³。其下为较厚的淤泥质土,$\gamma = 17.8$ kN/m³,$f_{ak} = 45$ kPa,$w = 65\%$。地下水位距地表1.0 m。地基处理拟采用换填垫层法,试确定砂垫层厚度和砂垫层宽度。(答案:1.7 m,3.16 m)

9.2 某场地淤泥质黏土层厚15 m,下为不透水土层,该淤泥质黏土层固结系数:$C_v = C_h = 2.0 \times 10^{-3}$ cm²/s,拟采用大面积堆载预压法加固,采用袋装砂井排水,井径为 $d_w = 70$ mm,等边三角形布置,间距 $s = 1.4$ m,井深度15 m,预压荷载60 kPa,一次匀速施加,时间为12 d。试求加荷100 d后,平均固结度接近多少?(按《建筑地基处理技术规范》计算)。(答案:0.95)

9.3 振冲碎石桩桩径0.9 m,等边三角形布桩,桩距 s 为2.1 m,现场载荷试验结果复合地基承载力特征值为190 kPa,桩间土承载力特征值130 kPa,根据承载力计算公式计算得出的桩土应力比是多少?(答案:3.77)

9.4 某松散砂土地基,处理前现场测得砂土孔隙比为0.81,土工试验测得砂土的最大、最小孔隙比分别为0.90和0.60。拟采用砂石桩法处理地基,要求挤密后砂土地基达到的相对密实度为0.8。砂石桩的桩径为0.7 m,等边三角形布置。试确定砂石桩的间距(不考虑振动下沉挤密作用)。(答案:2.3 m)

9.5 某办公楼为5层砌体承重结构,采用钢筋混凝土筏板基础,基础底面长46.0 m,宽

12.0 m。地基土为杂填土,地基承载力特征值为 $f_{ak}=86$ kPa。拟采用灰土挤密桩,设计桩径 $d=400$ mm,桩孔按等边三角形布置,桩孔内填料的最大干密度为 $\rho_{d\,max}=1.67$ t/m³;场地处理前平均干密度 $\bar{\rho}_d=1.33$ t/m³,挤密后桩间土平均干密度要求达到 $\bar{\rho}_{dl}=1.54$ t/m³,进行灰土挤密桩设计,桩孔之间的中心距离最合适的距离为多少? 试计算所需灰土挤密桩的桩数。(答案:1.0 m,603)

9.6 某6层住宅,框架结构,独立基础底面尺寸 $l \times b = 3.5$ m × 3.5 m,基础埋深 2.5 m,如习题图 9.1 所示。拟采用水泥搅拌桩复合地基,搅拌桩直径 0.6 m,桩有效长度 9 m,搅拌桩桩身立方体抗压强度 $f_{cu}=2\,000$ kPa,桩身强度折减系数 $\eta=0.4$,桩端天然地基土承载力折减系数 $\alpha=0.5$,桩间土承载力折减系数 $\beta=0.3$,试计算水泥土搅拌桩的桩数? (答案:9)

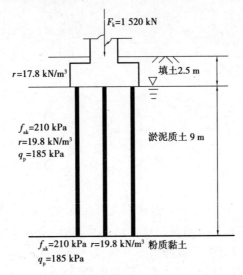

$F_k = 1\,520$ kN

$r=17.8$ kN/m³   填土 2.5 m

$f_{ak}=210$ kPa
$r=19.8$ kN/m³
$q_p=185$ kPa   淤泥质土 9 m

$f_{ak}=210$ kPa $r=19.8$ kN/m³ 粉质黏土
$q_p=185$ kPa

习题 9.1 附图

9.7 某工程场地为软土地基,采用 CFG 桩复合地基处理,桩径 $d=0.5$ m,按正方形布桩,桩距 $S=1.1$ m,桩长 $l=15$ m,要求复合地基承载力特征值 $f_{spk}=180$ kPa,单桩承载力特征值 R_a 及加固土试块立方体抗压强度平均值 f_{cu} 应为多少? (取置换率 $m=0.2$,桩间土承载力特征值 $f_{sk}=80$ kPa,折减系数 $\beta=0.4$)(答案:$R_a=151$ kPa,$f_{cu}=3\,210$ kPa)

10

特殊土地基

〖**本章导读**〗

由于地理环境、地形高差、气温、雨量、地质成因和地质历史不同,加上组成土的物质成分和次生变化等多种因素,形成了若干性质特殊的土类,包括湿陷性黄土、膨胀土、红黏土及多年冻土等。这些天然形成的特殊性土的地理环境分布有一定的规律性和区域性,因此,这些土也称为区域性土。以这些特殊土作为建筑地基时,应注意其特有性质,采取必要的措施,以防止发生工程事故。

10.1 湿陷性黄土地基

▶ ### 10.1.1 湿陷性黄土概述

1)特性

湿陷性黄土具有与一般粉土与黏性土不同的特性,主要是具有大孔隙和湿陷性。大孔隙是指用肉眼即可见的土中孔隙;湿陷性是指在一定压力下浸水,土的结构迅速被破坏,并发生显著的附加下沉的现象。

2)湿陷性黄土的分区

黄土在我国分布较广,面积约 63.5 万平方千米,湿陷性黄土约占 60%。按工程地质特征和湿陷性强弱程度,可将我国湿陷性黄土划为 7 个分区(湿陷等级的划分详见表 10.1):

①陇西地区。湿陷性黄土层厚通常大于 10 m。地基湿陷等级多为Ⅲ,Ⅳ级。对工程危害性大。

②陇东—陕北—晋西地区。湿陷性黄土层厚通常大于 10 m。地基湿陷等级多为Ⅲ,Ⅳ级。对工程危害性较大。

③关中地区。湿陷性黄土厚 4~12 m。对工程有一定危害性。

④山西—冀北地区。湿陷性黄土厚 2~16 m。地基湿陷等级一般为Ⅱ,Ⅲ级。对工程有一定危害。

⑤河南地区。湿陷性黄土厚 4~8 m。一般为非自重湿陷性,对工程危害性不大。

⑥冀鲁地区。土层厚 2~6 m,非自重湿陷性。地基湿陷等级为Ⅰ级。

⑦北部边缘地区。包括晋陕宁区与河西走廊区。地基湿陷等级为Ⅰ,Ⅱ级。

表 10.1　湿陷性黄土地基的湿陷等级

计算自重湿陷量/cm 　　　　　 总湿陷量 Δ_s/cm	湿陷类型		
	非自重湿陷性场地	自重湿陷性场地	
	$\Delta_{zs} \leqslant 7$	$7 < \Delta_{zs} \leqslant 3.5$	$\Delta_{zs} > 3.5$
$\Delta_s \leqslant 30$	Ⅰ(轻微)	Ⅱ(中等)	—
$30 < \Delta_s \leqslant 70$	Ⅱ(中等)	*Ⅱ 或Ⅲ	Ⅲ(严重)
$\Delta_s > 70$	Ⅱ(中等)	Ⅲ(严重)	Ⅳ(很严重)

*注:当湿陷量的计算值 Δ_s >600 mm、自重湿陷量的计算值 Δ_{zs} >300 mm 时,可判为Ⅲ级;其他情况可判为Ⅱ级。

3)各分区湿陷性黄土的物理及力学性质(详见表 10.2)

①以粉土为主,粉粒含量一般大于 60%;

②含水量低,一般 w 为 10%~20%;

③天然密度小,ρ 为 1.40~1.65 g/cm^3;

④孔隙比大,通常 e 在 1.0 左右;

⑤塑性指数中偏低,I_P 为 7~13,属粉土或粉质黏土;

⑥压缩系数 a 为 0.2~0.6 MPa^{-1},属中到高压缩性,遇水急剧下沉,具湿陷性;

⑦富含碳酸钙盐类。

4)黄土的划分

黄土为第四纪的沉积物。按形成时代早晚,可分为 4 类,详见表 10.3。

5)黄土湿陷性的原因

关于黄土湿陷性的原因,有很多不同的观点,至今未能取得一致,总的来说,可分为外因和内因。

表10.2　各分区湿陷性黄土的物理及力学性质指标

分区	亚区	地带	黄土层厚度/m	湿陷性黄土厚度/m	地下水埋藏深度/m	含水量 ω/%	塑性指数 I_P	孔隙比 e	压缩系数 a/MPa^{-1}	湿陷系数 δ_s	自重湿陷系数 δ_{zs}	湿陷性黄土特征简述
陇西地区 I		低阶地	4~25	3~16	4~18	6~25	4~12	0.7~1.20	0.10~0.90	0.020~0.200	0.010~0.200	自重湿陷性黄土分布很广，湿陷性黄土厚度通常大于10 m，地基湿陷等级多为Ⅲ、Ⅳ级，湿陷性敏感
		高阶地	15~100	8~35	20~80	3~20	5~12	0.80~1.30	0.10~0.70	0.020~0.220	0.010~0.200	
陇东陕北晋西地区 Ⅱ		低阶地	3~30	4~11	4~14	10~24	7~13	0.97~1.18	0.26~0.67	0.019~0.079	0.005~0.041	自重湿陷性黄土分布广泛，湿陷性黄土层厚度通常大于10 m，地基湿陷等级多为Ⅲ~Ⅳ级，湿陷性较敏感
		高阶地	50~150	10~15	40~60	9~22	8~12	0.8~1.20	0.17~0.63	0.023~0.088	0.006~0.048	
关中地区 Ⅲ		低阶地	5~20	4~10	6~18	14~28	9~12	0.94~1.13	0.24~0.64	0.029~0.076	0.003~0.039	低阶地多属非自重湿陷性黄土，高阶地和黄土塬多属自重湿陷性黄土，湿陷性黄土厚度：在渭北高原一般大于10 m；在秦岭北麓地带有的小于4~10 m，地基湿陷等级一般为Ⅱ~Ⅲ级。自重湿陷性黄土层一般埋藏较深，湿陷发生发展较迟缓
		高阶地	50~100	6~23	14~40	11~21	10~13	0.95~1.21	0.17~0.63	0.030~0.080	0.005~0.042	
山西冀北地区 Ⅳ		低阶地	5~15	2~10	4~8	6~19	8~12	0.58~1.10	0.24~0.87	0.030~0.070	—	低阶地多属非自重湿陷性黄土，高阶地（包括山麓堆积）多属自重湿陷性黄土，湿陷性黄土层厚度多为5~10 m，个别地段小于5 m或大于10 m，地基湿陷等级一般为Ⅱ~Ⅲ级。在低阶地新近堆积黄土 Q_4 分布较普遍，土的结构较松散，冀北部分地区黄土压缩性较高。冀北部分新近堆积黄土含砂量大
		高阶地	30~100	5~20	50~60	11~24	10~13	0.97~1.31	0.12~0.62	0.015~0.089	0.007~0.040	
	晋东南地区Ⅳ2		30~53	2~12	4~7	18~23	10~13	0.85~1.00	0.29~1.00	0.030~0.070	0.015~0.052	
河南地区 Ⅴ			6~25	4~8	5~25	16~21	10~13	0.86~1.07	0.18~0.33	0.023~0.045	—	一般为非自重湿陷性黄土。湿陷性黄土厚度一般为5 m，土的结构较密实，压缩性较低。该区浅部分新近堆积黄土，压缩性较高

地区	区											特征描述
冀鲁地区 VI	河北区 VI1		3~30	2~6	5~12	14~18	9~13	0.85~1.00	0.18~0.60	0.024~0.048	—	一般为非自重湿陷性黄土,湿陷性黄土层厚度一般为5~10 m,局部地段为II级,地基湿陷等级一般为5~10 m,土的结构密实,压缩性低。在黄土边缘地带及鲁山北麓的局部地段,湿陷性黄土层薄,含水量高,湿陷系数小,地基湿陷性等级为I级或不具湿陷性
	山东区 VI2		3~20	2~6	5~8	15~23	10~13	0.85~0.90	0.19~0.51	0.020~0.041	—	为非自重湿陷性黄土,湿陷性黄土层厚度一般小于5 m。地基湿陷性等级一般为I~II级,土的压缩性低,土中含砂量较多,湿陷性黄土分布不连续
边缘地区 VII	宁陕区 VII1		5~30	1~10	5~25	7~13	7~10	1.02~1.14	0.22~0.57	0.032~0.059	—	靠近山西、陕西的黄土地区。一般为非自重湿陷性黄土,地基湿陷等级一般为I级,湿陷性黄土层厚度一般为5~10 m。低阶地新近堆积(Q_4^2)黄土分布很广,土的结构松散,压缩性较高,高阶地的结构土的结构密实,压缩性较低
	河西走廊区 VII2		5~10	2~5	5~10	14~18	8~12	—	0.17~0.36	0.029~0.050	—	
	内蒙中部—辽西区 VII3	低阶地	5~15	5~11	5~10	6~20	8~10	0.87~1.05	0.11~0.77	0.026~0.048	0.040	
		高阶地	10~20	8~15	12	12~18	9~11	0.85~0.99	0.10~0.40	0.020~0.041	0.069	
	新疆—甘西—青海区 VII4		3~30	2~10		3~27	6~18	0.69~1.30	0.10~1.05	0.015~0.199	—	一般为非自重湿陷性黄土场地,局部地,地基湿陷等级为I~II级,III级,湿陷性黄土层厚度一般小于8 m,天然含水量较低,黄土层厚度及湿陷性变化大。主要分布于沙漠边缘,冲、洪积扇中上部,河流阶地及山麓斜坡,北疆呈连续条状分布,南疆呈零星分布

表 10.3　黄土的划分

地质年代	黄土划分	试验压力 200~300 kPa	备　注
全新世 Q_4	黄土状土	具湿陷性	包括湿陷性黄土 Q_4^1 和新近堆积黄土 Q_4^2
晚更新世 Q_3	马兰黄土	具湿陷性	
中更新世 Q_2	离石黄土	上部部分土层具湿陷性	有无湿陷性由实际压力或上覆土的饱和自重压力进行浸水试验确定
早更新世 Q_1	午城黄土	不具湿陷性	

（1）外因

主要为建筑物本身的上下水道漏水、大量降雨渗入地下以及附近修建水库、渠道蓄水渗漏等。

（2）内因

主要指黄土的内部结构,概括地说是黄土内部存在着架空的结构,这种结构的连接在遇水时会削弱,所以在一定压力下遇水破坏,产生附加下沉。

▶ 10.1.2　黄土湿陷性的测定方法

1）室内浸水侧限压缩试验

取天然结构与天然含水量的原状试样数个,进行黄土湿陷试验。试验要求:土样的质量等级应为Ⅰ级不扰动土样;环刀面积不应小于 50 cm²,使用前应将环刀洗净风干,透水石应烘干冷却;加荷前,应将环刀试样保持天然湿度;试样浸水宜用蒸馏水;试样浸水前和浸水后的稳定标准,应为每小时的下沉量不大于 0.01 mm。

（1）测定湿陷系数 δ_s

测 δ_s 时应将环刀试样保持在天然湿度下,分级加荷至规定压力,待稳定后浸水饱和。附加下沉稳定,试验终止。

分级加荷标准:加荷在 0~200 kPa 之内,每级加荷增量宜为 50 kPa;加荷在 200 kPa 以上,每级加荷增量宜为 100 kPa。

测定湿陷系数 δ_s 的试验压力,应自基础底面(如基地标高不确定时,自地面下 1.5 m)算起:

①基底下 10 m 以内的土层应用 200 kPa,10 m 以下至非湿陷性黄土层顶面,应用其上覆土的饱和和自重压力(当大于 300 kPa 压力时,仍应用 300 kPa);

②当基底压力大于 300 kPa 时,宜用实际压力;

③对压缩性较高的新近堆积黄土,基底下 5 m 以内的土层宜用 100~150 kPa 压力,5~10 m 和 10 m 以下至非湿陷性黄土层顶面,应分别用 200 kPa 和上覆土的饱和自重压力。

根据室内浸水压缩试验结果,按下式计算:

$$\delta_s = \frac{h_p - h_p'}{h_0} \tag{10.1}$$

式中　h_p——保持天然湿度和结构的试样,加压至一定压力时下沉稳定后的高度,mm;

h'_p——上述压力稳定后的试样,在浸水(饱和)作用下附加下沉稳定后的高度,mm;

h_0——试样的原始高度,mm。

(2)测定自重湿陷系数 δ_{zs}

测 δ_{zs} 时,将浸水压力改为上覆土的饱和自重压力,下沉稳定后,试样浸水饱和,附加下沉稳定,试验终止。

试样上覆土的饱和密度,可以按式(10.2)计算:

$$\rho_s = \rho_d \left(1 + \frac{S_r e}{d_s}\right) \tag{10.2}$$

式中　ρ_s——土的饱和密度,g/cm^3;

　　　ρ_d——土的干密度,g/cm^3;

　　　S_r——土的饱和度,可取 $S_r = 85\%$;

　　　e——土的空隙比;

　　　d_s——土粒相对密度。

自重湿陷系数 δ_{zs},可按式(10.3)计算:

$$\delta_{zs} = \frac{h_z - h'_z}{h_0} \tag{10.3}$$

式中　h_z——保持天然湿度和结构的土样,加压至土的饱和自重压力时,下沉稳定后的高度,cm;

　　　h'_z——上述加压稳定后的土样,在浸水作用下下沉稳定后的高度,cm;

　　　h_0——土样的原始高度,cm。

根据黄土湿陷试验结果绘制 e-p 关系曲线,如图 10.1 所示。试验开始分级加荷,如图 10.1(a)中 ab 曲线所示。待试样在设计荷载 p_d 作用下,压缩稳定后(即 b 点),保持 p_d 不变,加水浸湿,土样下陷至稳定(到 c 点),如竖向直线 bc 所示。b,c 两点孔隙比的差值 $e_m = e_1 - e_2$,称为大孔隙系数。如继续分级加荷,则土样的压缩变形曲线如 cd 所示。在 p_{d1},p_{d2},p_{d3},…作用下浸水,测同一地点相同深度取的几个试样,分别在不同荷载得到各试样相应的大孔隙系数 e_{m1},e_{m2},e_{m3},…绘制 e_m-p 曲线,如图 10.1(b)所示。

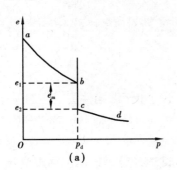
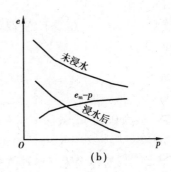

图 10.1　黄土湿陷试验

(3)测定湿陷起始压力 p_{sh}

湿陷起始压力,指湿陷性黄土浸湿后,开始发生湿陷现象的外来压力。若在非自重湿陷性黄土地基设计中,使基底压力 $\sigma < p_{sh}$,即使地基浸水,也不会发生严重湿陷事故。

测定方法有单线法压缩试验和双线法压缩试验。从同一土层中所取试样,两者密度差值不得大于 0.03 g/cm³。在 0～150 kPa 压力之内,每级增量宜为 25～50 kPa;大于 150 kPa 压力,每级增量宜为 50～100 kPa。

①单线法压缩试验:不应少于 5 个环刀试样,均在天然湿度下分级加荷,分别加至不同的规定压力,下沉稳定后浸水饱和,到附加下沉稳定为止。

②双线法压缩试验:取 2 个环刀试样,施加相同的第一级压力,下沉稳定后应将 2 个环刀试样的百分表读数调至一致,同时考虑各仪器变形量的差值。一个在天然湿度下分级加荷,加至最后一级压力,下沉稳定后浸水饱和,试验到附加下沉稳定为止。另一个试样浸水饱和,附加下沉稳定后,在浸水饱和状态下分级加荷,下沉稳定后继续加荷,加至最后一级压力,下沉稳定试验终止。这里值得注意的是:当天然湿度的试样没在最后一级压力下浸水饱和,附加下沉稳定后的高度与浸水饱和试样,在最后一级压力下的下沉稳定后的高度不一定一致,当相对差值不大于 20% 时,应以前者的结果为准,对浸水饱和试样的试验结果进行修正;如相对差值大于 20% 时,应重新试验。

在 p-δ_s 曲线上,宜取 $\delta_\mathrm{s} = 0.015$ 所对应的压力作为湿陷起始压力 p_sh 值。

2)现场注水静载荷试验

这项试验的装置与试验方法,与一般现场载荷试验相同。承压板面积宜为 0.50 m²,试坑边长(或直径)应为承压板边长(或直径)的 3 倍,试坑底部铺设 10～15 cm 厚的粗、中砂找平,以防注水时冲动黄土面。

每级加荷增量 $\Delta p \leqslant 25$ kPa,试验终止荷载 $\sum \Delta p \geqslant 200$ kPa。

每级加荷后的稳定标准:连续 2 小时内,每小时的下沉量小于 0.01 mm。

用载荷试验测定 p_sh 可选择下列方法之一:

①双线法载荷试验:应在场地内相邻位置的同一标高处,做 2 个载荷试验,其中一个在天然湿度的土层上进行,另一个在浸水饱和后进行。

②单线法载荷试验:应在场地内相邻位置的同一标高处,在天然湿度的土层上至少做 3 个不同压力下的浸水载荷试验。

在压力与浸水下沉量 p-δ_s 曲线上,宜取其转折点所对应的压力作为 p_sh 值。

3)现场试坑浸水试验

(1)试坑尺寸

试坑宜挖成圆形(或方形),其直径(或边长)不应小于湿陷性黄土层的厚度,并不应小于 10 m。试坑深度一般为 0.50 m,最深不应大于 0.80 m。坑底铺 100 mm 厚的砂石。

(2)沉降观测

试坑内不同深度处,对称设置沉降观测标点,试坑外设置地面沉降观测标点。沉降观测精度为 ±0.10 mm。

(3)浸水观测

试坑内的水头高度应保持 300 mm。浸水过程中,应观测湿陷量、耗水量、浸湿范围和地面裂缝,试验进行至湿陷稳定为止。湿陷稳定标准为最后 5 天的平均湿陷量小于 1 mm/d。

► ### 10.1.3 黄土地基湿陷性评价

1)黄土湿陷性判别标准

湿陷系数以 $\delta_s < 0.015$,定为非湿陷性黄土;湿陷系数 $\delta_s \geq 0.015$,定为湿陷性黄土。

2)建筑场地的湿陷类型

(1)实测自重湿陷量 Δ'_{zs}

自重湿陷量应根据现场试坑浸水试验确定。在新建地区,对甲、乙类建筑,宜采用试坑浸水试验。

(2)计算自重湿陷量 Δ_{zs}

①自重湿陷系数 δ_{zs}。δ_{zs} 应根据室内浸水压缩试验,测定不同深度的土样在饱和土自重压力下的 δ_{zs}。

②计算自重湿陷量 Δ_{zs}。Δ_{zs} 应按式(10.4)计算:

$$\Delta_{zs} = \beta_0 \sum_{i=1}^{n} \delta_{zsi} h_i \tag{10.4}$$

式中 δ_{zsi}——第 i 层土在上覆土的饱和($S_r > 0.85$)自重压力下的自重湿陷系数;

h_i——第 i 层土的厚度,cm;

β_0——因土质地区而异的修正系数,在缺乏实测资料时,对陇西地区可取 1.5,对陇东—陕北—晋西地区取 1.2,对关中地区可取 0.9,对其他地区可取 0.5。

计算自重湿陷量 Δ_{zs} 的累计,应自天然地面算起(当挖、填方的厚度和面积较大时,应自设计地面算起),至其下全部湿陷性黄土层的底面为止。其中自重湿陷系数 $\delta_{zs} < 0.015$ 的土层不应累计。

(3)建筑场地湿陷类型判别

①当实测或计算自重湿陷量 Δ'_{zs}(或 Δ_{zs})≤ 7 cm 时,定为非自重湿陷性黄土场地;

②当 Δ'_{zs}(或 Δ_{zs})> 7 cm 时,定为自重湿陷性黄土场地。

3)湿陷性黄土地基的湿陷等级

(1)总湿陷量 Δ_s

湿陷性黄土地基,受水浸湿饱和至下沉稳定为止的总湿陷量 Δ_s 应按式(10.5)计算:

$$\Delta_s = \sum_{i=1}^{n} \beta \delta_{si} h_i \tag{10.5}$$

式中 δ_{si}——第 i 层土的湿陷系数。

h_i——第 i 层土的厚度,cm。

β——考虑地基土的侧向挤出和浸水几率等因素的修正系数。基底下 5 m(或压缩层)深度内,取 1.5;5~10 m 深度内,取 1.0;10 m 以下至非湿陷性黄土层顶面,在自重湿陷性黄土场地,可按式(10.4)中的 β_0 值取用。

总湿陷量 Δ_s 应自基础底面算起。初步勘察时,自地面下 1.5 m 算起。累计深度按场地与建筑类别不同区别对待如下:

①非自重湿陷性黄土场地,累计至基底下 10 m(或压缩层)深度止。

②自重湿陷性黄土场地,累计至基底下 10 m(或压缩层)深度止。其中湿陷系数 δ_s(10 m 以下为自重湿陷系数 δ_{zs})小于 0.015 的土层不应累计。

(2)湿陷性黄土地基的湿陷等级

湿陷性黄土地基的湿陷等级,应根据基底下各土层累计的总湿陷量 Δ_s 和计算自重湿陷量 Δ_{zs} 的大小和场地湿陷类型,判为 Ⅰ,Ⅱ,Ⅲ,Ⅳ 四级,详见表 10.1。

▶ 10.1.4 湿陷性黄土地基处理

当湿陷性黄土地基的压缩变形、湿陷变形或强度不能满足设计要求时,应针对不同的土质条件和建筑物的类别,采取相应的措施。

选择地基处理方法时,应根据建筑物的类别、湿陷性黄土的特性、施工条件和当地材料,并经综合技术经济比较确定。常用地基处理方法可按表 10.4 选择。

表 10.4 湿陷性黄土地基常用的处理方法

名 称	适用范围	可处理的湿陷性黄土层厚度/m
垫层法	地下水位以上,局部或整片处理	1~3
强夯法	地下水位以上,$S_r \leqslant 60\%$ 的湿陷性黄土,局部或整片处理	3~12
挤密法	地下水位以上,$S_r \leqslant 65\%$ 的湿陷性黄土	5~15
预浸水法	自重湿陷性黄土场地,地基湿陷等级为 Ⅲ 级或 Ⅳ 级,可消除地面下 6 m 以下湿陷性黄土层的全部湿陷性	6 m 以上,尚应采用垫层或其他方法处理
其他方法	经经验研究或工程实践证明行之有效	

10.2 膨胀土地基

▶ 10.2.1 膨胀土对建筑物的危害

1)定义

膨胀土中黏粒成分主要为亲水性矿物,具有显著的吸水膨胀性和失水收缩性。

2)危害

膨胀土通常强度较高、压缩性低,易被误认为是良好的地基土。

膨胀土对建筑物的损坏,主要由不均匀变形所引起。当最大胀缩变形超过 15 mm,就会引起墙体开裂。

3)房屋开裂的特点

膨胀土地基上修建的房屋易出现开裂,其中以低层砖木结构民房最严重,房屋裂缝形态为：

①山墙上呈倒八字形，裂缝上宽下窄；

②外纵墙下部裂缝水平方向，同时墙体外倾，基础外转；

③地基多次往复胀缩，使墙体裂缝斜向交叉；

④独立砖柱水平断裂同时水平位移；

⑤地坪隆起、开裂等。

4）膨胀土的分布

膨胀土在地球上分布很广。我国膨胀土分布也很广，以云南、广西、湖北、安徽、河北、河南等省区的山前丘陵和盆地边缘最为常见。在美国，80%的州都有膨胀土分布。

在膨胀土地基上建设工程，应切实做好勘察、设计与处理工作。

▶ 10.2.2 膨胀土的特征

1）野外特征

膨胀土一般分布在Ⅱ级以上河谷阶地、丘陵地区及山前缓坡地带。旱季时地表常见裂缝，雨季时裂缝闭合。

我国膨胀土生成年代大多数为第四纪晚更新世 Q_3 及其以前，少量为全新世 Q_4。土的颜色呈黄色、黄褐色、红褐色、灰白色或花斑色等。土的结构致密，常呈坚硬或硬塑状态。这种土在地表 $1 \sim 2$ m 内常见竖向张开裂隙，向下逐渐尖灭，并有斜交和水平方向裂缝。当地的地下水多为上层滞水的裂隙水，地下水位随季节变化大，易引起地基不均匀胀缩变形。

2）矿物成分

膨胀土的矿物成分主要是次生黏土矿物蒙脱土和伊利土。蒙脱土亲水性强，浸湿后强烈膨胀。伊利土亲水性也较强。地基中含亲水性强的矿物较多时，遇水膨胀隆起，失水收缩下沉，对建筑物危害很大。

3）物理及力学特性

①天然含水量接近塑限，$w \approx w_P$，为 20% ～30%，一般饱和度 $S_r > 0.85$。

②天然孔隙比中等偏小，e 为 0.5 ～0.8。

③液限 w_L 为 38% ～55%，塑限 w_P 为 20% ～35%；塑性指数 I_P 为 18 ～35，为黏土，多数 I_P 为 22 ～35。

④$d < 0.005$ mm 的黏粒含量占 24% ～40%。

⑤自由膨胀率 δ_{ef} 为 40% ～58%，最高可大于 70%。膨胀率 δ_{ep} 为 1% ～4%。膨胀压力 p_e 为 10 ～110 kPa。

⑥缩限 w_s 为 11% ～18%；红黏土类型的膨胀土 w_s 偏大。

⑦抗剪强度指标 c、φ 值，浸水前后相差大，尤其 c 值可差数倍。

⑧压缩性小，多属于低压缩性土。

4)胀缩变形的主要内外因素

（1）内因

膨胀土发生胀缩变形的内部因素主要有以下几个方面：

①矿物的化学成分：如上所述膨胀土含大量蒙脱土和伊利土，亲水性强，胀缩变形大。化学成分以氧化硅、氧化铝、氧化铁为主。如氧化硅含量大，则胀缩量大。

②黏粒含量：黏粒 $d < 0.005$ mm，比表面积大，电分子吸引力大，因此黏粒含量高时胀缩变形大。

③土的干密度 ρ_d：如 ρ_d 大即 e 小，则浸水膨胀强烈，失水收缩小；反之，如 ρ_d 小即 e 大，则浸水膨胀小，失水收缩大。

④含水量 w：若初始 w 与膨胀后 w 接近，则膨胀小，收缩大；反之则膨胀大，收缩小。

⑤土的结构：土的结构强度大，则限制胀缩变形的作用大，当土的结构被破坏后，胀缩性增大。

（2）外因

膨胀土发生胀缩变形的外部因素主要有以下几个方面：

①气候条件：包括降雨量、蒸发量、气温、相对湿度和地温等，雨季土体吸水膨胀，旱季失水收缩。

②地形地貌：同类膨胀土，地势低处比高处胀缩变形小。

③周围树木：尤其阔叶乔木，旱季树根吸水，加剧膨胀土的干缩变形，使邻近树木房屋开裂。

④日照程度：房屋向阳面开裂多，背阴面开裂少。

5)工程地质分类

按地貌、地层、岩性、矿物成分等因素，我国膨胀土的工程地质分类见表10.5。

表 10.5 膨胀土工程地质分类

类别	地貌	地层	岩性	矿物成分	物理性指标				分布的典型地区
					$w/\%$	e	$w_L/\%$	I_P	
一类	分布在盆地的边缘与丘陵地	晚第三纪至第四纪湖相沉积及第四纪风化层	以灰白、灰绿的杂色黏土为主(包括半成岩的岩石)，裂隙特别发育，常有光滑面或擦痕	以蒙特石为主	20~37	0.6~1.1	45~90	21~48	云南蒙自、鸡街，广西宁明，河北邯郸，河南平顶山，湖北襄樊
二类	分布在河流的阶地	第四纪冲积、洪积坡洪积层(包括少量冰水沉积)	以灰褐、褐黄、红黄色黏土为主，裂隙很发育，有光滑面与擦痕	以伊利石为主	18~23	0.5~0.8	36~54	18~30	安徽合肥，四川成都，湖北枝江、郧县，山东临沂
三类	分布在岩溶地区平原谷地	碳酸盐类岩石的残积、坡积及其冲积层	以红棕、棕黄色高塑性黏土为主，裂隙发育，有光滑面和擦痕		27~38	0.9~1.4	50~100	20~45	广西贵县、来宾、武宣

▶ 10.2.3　膨胀土的工程特性指标

1）自由膨胀率 δ_{ef}

自由膨胀率 δ_{ef} 为人工制备的烘干土,在水中增加的体积与原体积之比,按式(10.6)计算:

$$\delta_{ef} = \frac{V_W - V_0}{V_0} \tag{10.6}$$

式中　V_W——土样在水中膨胀稳定后的体积,cm^3;

　　　V_0——土样原有体积,cm^3。

2）膨胀率 δ_{ep}

膨胀率 δ_{ep} 为在一定压力下,浸水膨胀稳定后,试样增加的高度与原高度之比,按式(10.7)计算:

$$\delta_{ep} = \frac{h_W - h_0}{h_0} \tag{10.7}$$

式中　h_W——土样浸水膨胀稳定后的高度,mm;

　　　h_0——土样的原始高度,mm。

3）收缩系数 λ_s

收缩系数 λ_s 为原状土样在直线收缩阶段,含水量减少1%时的竖向线缩率,按式(10.8)计算:

$$\lambda_s = \frac{\Delta \delta_s}{\Delta w} \tag{10.8}$$

式中　$\Delta \delta_s$——收缩过程中与两点含水量之差对应的竖向线缩率之差,%;

　　　Δw——收缩过程中直线变化阶段两点含水量之差,%。

4）膨胀力 p_e

膨胀力为原状土样在体积不变时,由于浸水膨胀产生的最大内应力,由膨胀力试验测定。

▶ 10.2.4　膨胀土场地与地基评价

1）膨胀土判别

具有下列工程地质特征,且自由膨胀率 $\delta_{ef} \geqslant 40\%$ 的土,应判定为膨胀土。

①裂隙发育,常有光滑面和擦痕,有的裂隙中充填着灰白、灰绿色黏土,在自然条件下呈坚硬或硬塑状态;

②多出露于二级或二级以上阶地、山前和盆地边缘丘陵地带,地形平缓,无明显自然陡坎;

③常见浅层塑性滑坡、地裂,新开挖坑(槽)壁易发生坍塌等;

④建筑物裂缝随气候变化而张开和闭合。

2)膨胀土的膨胀潜势

根据自由膨胀率δ_{ef}的太小,膨胀土的膨胀潜势可分为弱、中、强三类,见表10.6。

3)膨胀土建筑场地

根据地形地貌条件,膨胀土建筑场地可分为下列两类:

①平坦场地:地形坡度$i < 5°$;地形坡度$5° < i < 14°$,距坡肩水平距离大于10 m的坡顶地带。

②坡地场地:地形坡度$i \geqslant 5°$;地形坡度虽然$i < 5°$,但同一建筑物范围内局部地形高差大于1 m。这类场地对建筑物更为不利。

4)膨胀土地基的胀缩等级

根据地基的膨胀、收缩变形对低层砖混房屋的影响程度,膨胀土地基的胀缩等级可按表10.7分为Ⅰ,Ⅱ,Ⅲ级。等级越高其膨胀性越强,以此作为膨胀土地基评价的依据。

表10.6 膨胀土的膨胀潜势分类

自由膨胀率/%	膨胀潜势
$40 \leqslant \delta_{ef} < 65$	弱
$65 \leqslant \delta_{ef} < 90$	中
$\delta_{ef} \geqslant 90$	强

表10.7 膨胀土地基的胀缩等级

地基分级变形量s_c/ mm	级 别
$15 \leqslant s_c < 35$	Ⅰ
$35 \leqslant s_c < 70$	Ⅱ
$s_c \geqslant 70$	Ⅲ

注:地基分级变形量s_c应按式(10.14)计算,式中膨胀率采用的压力应为50 kPa。

10.2.5 膨胀土的地基计算

1)地基土的膨胀变形量s_e

膨胀变形量s_e应按式(10.9)计算:

$$s_e = \psi_e \sum_{i=1}^{n} \delta_{epi} h_i \tag{10.9}$$

式中 ψ_e——计算膨胀变形量的经验系数,宜根据当地经验确定,若无可依据的经验时,三层及三层以下的建筑物可采用0.6;

δ_{epi}——基础底面以下第i层土在该层土的平均自重压力和平均附加应力之和作用下的膨胀率,由室内试验确定;

h_i——第i层土的计算厚度,mm;

n——自基础底面至计算深度内所划分的土层数,计算深度应根据大气影响深度确定,有浸水可能时,可按浸水影响深度确定。

2)地基土的收缩变形量s_s

收缩变形量s_s应按式(10.10)计算:

$$s_s = \psi_s \sum_{i=1}^{n} \lambda_{si} \Delta w_i h_i \tag{10.10}$$

式中 ψ_s——计算收缩变形量的经验系数,宜根据当地经验确定,若无可依据的经验时,三层

及三层以下的建筑物可采用 0.8;

Δw_i——地基土收缩过程中,第 i 层土可能发生的含水量变化的平均值以小数表示,按式(10.11)计算;

n——自基础底面至计算深度内所划分的土层数,计算深度可取大气影响深度(当有热源影响时,应按热源影响深度确定),应由各气候区土的深层变形观测或含水量观测及地温观测资料确定,无此资料时,可按表 10.8 取值。

表 10.8 大气影响深度

土的湿度系数 ψ_w	大气影响深度 d_a	大气影响急剧层深度
0.6	5.0	2.25
0.7	4.0	1.80
0.8	3.5	4.58
0.9	3.0	1.35

注:①大气影响深度是指自然气候条件下,由降水、蒸发、地温等因素引起的土的升降变形的有效深度;
　　②大气影响急剧层深度系指大气影响特别显著的深度,采用 $0.45d_a$。

在计算深度内,各土层的含水量变化值 Δw_i 应按式(10.11)计算:

$$\Delta w_i = \Delta w_1 - (\Delta w_1 - 0.01)\frac{z_i - 1}{z_n - 1} \tag{10.11}$$

$$\Delta w_1 = w_1 - \psi_w w_P \tag{10.12}$$

$$\psi_w = 1.152 - 0.726\alpha - 0.00107c \tag{10.13}$$

式中　z_i——第 i 层土的深度,m;

z_n——计算深度,可取大气影响深度,m;

w_1, w_P——地表下 1 m 处土的天然含水量和塑限含水量,以小数表示;

ψ_w——土的湿度系数,应根据当地 10 年以上土的含水量变化及有关气象资料统计求出,无此资料时,可按式(10.13)计算;

α——当地 9 月至次年 2 月的蒸发力之和与全年蒸发力之比值;

c——全年中干燥度(干燥度 = 蒸发力/降水量)大于 1.00 的月份的蒸发力与降水量差值之总和,mm。

3)地基土的胀缩变形量 s

胀缩变形量 s 应按式(10.14)计算:

$$s = \psi \sum_{i=1}^{n} (\delta_{epi} + \lambda_{si}\Delta w_i)h_i \tag{10.14}$$

式中　ψ——计算胀缩变形量的经验系数,可取 0.7。

4)膨胀土地基承载力

膨胀土地基承载力可用 3 种方法确定:

(1)现场浸水载荷试验方法确定

对荷载较大的建筑物用此法。要求方形承压板宽度 $b \geq 0.707$ m,在离压板中心 $2b$ 距离的两侧钻孔各一排,2×14 孔,或挖砂沟,充填中粗砂,深度不小于当地大气影响深度或 $4b$。载荷试验分级加荷至设计荷载沉降稳定后,由钻孔或砂沟两面浸水,使土体膨胀稳定后停止浸水,再分级加荷直至破坏。取破坏荷载的一半为地基土承载力基本值 f_0。

(2)根据土的抗剪强度指标计算

根据前面章节中公式计算地基承载力设计值 f,应采用饱和三轴不排水快剪试验确定土的抗剪强度指标 c_u,φ_u 值。

(3)经验法

有些地区已有大量试验资料,制定了承载力表,可供一般工程采用。无资料地区,可按表 10.9 数据选用。

表 10.9　膨胀土地基承载力基本值 f_0　　　　单位:kPa

$a_w = \dfrac{w}{w_L}$　　孔隙比 e	0.6	0.9	1.1	备　注
$a_w < 0.5$	350	280	200	
$0.5 \leq a_w < 0.6$	300	220	170	此表适用于基坑开挖时土的含水量等于或小于勘察取土试验时土的天然含水量
$0.6 \leq a_w < 0.7$	250	200	150	

5)膨胀土地基变形量

(1)地基土的计算变形量应符合式(10.15)要求:

$$s_j = [s_j] \tag{10.15}$$

式中　s_j——天然地基或人工地基及采用其他处理措施后的地基变形量计算值,mm;

$[s_j]$——建筑物的地基容许变形值,可按表 10.10 取值,mm。

表 10.10　建筑物膨胀土地基容许变形值

结构类型	地基相对变形		地基变形量/ mm
	种　类	数　值	
砖混结构	局部倾斜	0.001	15
房屋长度三到四开间及四角有构造柱或配筋砖混承重结构	局部倾斜	0.001 5	30
工业与民用建筑相邻柱基 ①框架结构无填充墙时 ②框架结构有填充墙时 ③当基础不均匀沉降时 不产生附加应力的结构	变形差 变形差 变形差	$0.001l$ $0.001 5l$ $0.003l$	30 20 40

注:l 为相邻柱基的中心距离,m。

(2)膨胀土地基变形量取值规定

①膨胀变形量应取基础某点的最大膨胀上升量;

②收缩变形量应取基础某点的最大收缩下沉量；

③胀缩变形量应取基础某点的最大膨胀上升量与最大收缩下沉量之和；

④变形差应取相邻两基础的变形量之差；

⑤局部倾斜应取砖混承重结构沿纵墙 6～10 m 内基础两点的变形量之差与其距离的比值。

▶ 10.2.6 膨胀土地区建筑工程措施

1)建筑措施

(1)建筑体型应力求简单

下列情况应设置沉降缝：

①挖方与填方交界处或地基土显著不均匀处；

②建筑物平面转折部位或高度(或荷重)有显著差异的部位；

③建筑结构(或基础)类型不同的部位。

(2)屋面排水宜采用外排水

排水量较大时,应采用雨水明沟或管道排水。

(3)散水设计要求

①散水面层采用混凝土或沥青混凝土,其厚度为 80～100 mm；

②散水垫层采用灰土或三合土,其厚度为 100～200 mm；

③散水伸缩缝间距可为 3 m,并与水落管错开；

④散水宽度不小于 1.2 m,其外缘应超出基槽 300 mm,坡度可为 3%～5%；

⑤散水与外墙的交接缝和散水伸缩缝,均应填以柔性防水材料；

⑥宽度大于 2 m 的宽散水:面层可采用 C15 混凝土,厚 80～100 mm,并在面层与垫层之间做隔热保温层,可采用 1:3 石灰焦渣,厚 100～200 mm；垫层可采用 2:8 灰土或三合土,厚 100～200 mm。散水外端用 C15 混凝土包裹隔热层与垫层,至垫层底部深度。

(4)室内地面设计应区别对待

要求不严的地面按通常方法；Ⅲ级膨胀土地基和使用要求特别严格的地面,可采用地面配筋或地面架空；大面积地面应做分格变形缝。分格尺寸可为 3 m×3 m,变形缝均应填嵌柔性防水材料。

2)结构措施

(1)基础形式

较均匀的弱膨胀土地基,可采用条形基础。基础埋深较大或基底压力较小时,宜采用墩基。

(2)承重砌体结构

可采用拉结较好的实心砖墙,不得采用空斗墙、砌块墙或无砂混凝土砌体；不宜采用砖拱结构、无砂大孔混凝土和无筋中型砌块等对变形敏感的结构。

(3)设置圈梁

圈梁部位为房屋顶层和基础顶部。多层房屋的其他各层可隔层设置,必要时也可层层设置。

砖混结构房屋圈梁应设置在外墙、内纵墙以及对整体刚度起重要作用的内横墙上,并在同

一平面内闭合。圈梁的高度不小于 120 mm,纵向钢筋可采用4ϕ12,混凝土强度等级为 C15。

(4)设置构造柱

Ⅲ级膨胀土地基必要时可适当设置构造柱,以加强上部结构整体性。

3)膨胀土地基处理

根据土的胀缩等级、当地材料及施工工艺等,进行综合技术经济比较后确定处理方法,常用换土、砂石垫层与土性改良等方法。必要时可采用桩基础。

(1)换土垫层

可采用非膨胀性土或灰土。换土厚度可通过变形计算确定。

(2)砂石垫层

平坦场地上Ⅰ、Ⅱ级膨胀土地基可用此法,厚度不应小于 300 mm。垫层宽度应大于基底宽度,两侧宜用相同材料回填,并做好防水处理。

(3)桩基础

桩基础应穿过膨胀土层,使桩尖进入非膨胀土层或伸入大气影响急剧层以下一定深度。桩的下端可发挥锚固作用,抵抗膨胀土对上部桩的上拔力。

桩承台梁下应留有空隙,其值应大于土层浸水后的最大膨胀量,且不小于 100 mm。

(4)其他方法

美国用石灰浆灌入法加固膨胀土地区铁路路基;澳大利亚针对宅旁大树吸水与蒸发引起房屋破坏,采取移去树木或在树木与房屋中间设置竖直隔墙以及深基托换等方法。

10.3 红黏土地基

▶ 10.3.1 红黏土的形成条件

红黏土是石灰岩、白云岩等碳酸盐类岩石,在亚热带高温潮湿气候条件下,经风化作用形成的高塑性红色黏土。一般 $w_L > 50\%$。经再搬运后,仍保留红黏土基本特征。$w_L > 45\%$ 的土,称为次生红黏土。

红黏土分布:在我国云南、贵州省和广西壮族自治区分布较广,广东、海南、福建、四川、湖北、湖南、安徽等省也有分布,一般在山区或丘陵地带居多。

岩溶地区的基岩上常覆盖红黏土。由于地表水和地下水的运动引起的冲蚀和潜蚀作用,常造成红黏土中产生土洞。

除了碳酸盐岩类出露区的红黏土以外,还有玄武岩出露区红黏土、花岗岩出露区红土、红层出露区红土以及中更新世网纹红土等。

▶ 10.3.2 红黏土的特征

1)主要特征

①颜色:呈褐红、棕红、紫红及黄褐色。

②土层厚度：一般厚 3 ~ 10 m，个别地带厚达 20 ~ 30 m。因受基岩起伏影响，往往在水平距离仅 1 m 范围内，厚度可突变 4 ~ 5 m，而且很不均匀。

③状态与裂隙：沿深度状态上部硬，下部软。因胀缩交替变化，红黏土中网状裂隙发育，裂隙延伸至地下 3 ~ 4 m，破坏了土体的完整性。位于斜坡、陡坎上的竖向裂隙，容易引起滑坡。

2)典型红黏土的物理及力学性质

①天然含水量 w 为 20% ~ 75%，w_L 为 50% ~ 110%；

②饱和度 $S_r > 0.85$，多数处于饱和状态；

③天然孔隙比很大，e 为 1.1 ~ 1.7；

④塑性指数 I_P 为 30 ~ 50，为高塑性黏土；

⑤黏粒含量高，可达 55% ~ 70%，具高分散性；

⑥强度高，$c = 40 ~ 90$ kPa，$\varphi = 8° ~ 20°$；

⑦中低压缩性，$a_{1-2} < 0.3$ MPa^{-1}；

⑧地基承载力较高，$f_{ak} = 180 ~ 380$ kPa。

▶ 10.3.3 红黏土地基的评价

①红黏土的表层，通常呈坚硬—硬塑状态，强度高，压缩性低，为良好地基。可充分利用表层红黏土作为天然地基持力层。

②红黏土的底层，接近下卧基岩面附近，尤其在基岩面低洼处，因地下水积聚，常呈软塑或流塑状态。这种红黏土强度较低，压缩性较高，为不良地基。

③红黏土由于下卧基岩面起伏不平并存在软弱土层，容易引起地基不均匀沉降。应注意查清岩面起伏状况，并进行必要的处理。

④岩溶地区的红黏土常有土洞，应查明土洞部位与大小，进行充填处理。

⑤红黏土的胀缩特性与网状裂隙，对土坡和基础有不良影响，基槽应防止日晒雨淋。

10.4 冻土地基

▶ 10.4.1 冻土地基的特点

1)冻土的类别

冻土分为三类：

①季节性冻土：指地壳表层冬季冻结而在夏季又全部融化的土(岩)。我国华北、东北与西北大部分地区为此类冻土。在基础埋深设计中，应考虑当地冻结深度。

②隔年冻土：指冬季冻结，而翌年夏季并不融化的那部分冻土。

③多年冻土：指持续冻结时间在 2 年或 2 年以上的土(岩)。这种冻土通常很厚，常年不融化，具有特殊的性质。当温度条件改变时，其物理力学性质随之改变，并产生冻胀、融陷、热融、滑塌等现象。

2）多年冻土的分布

在我国年平均气温低于 -2 ℃，冻期长达 7 个月以上的严寒地区有多年冻土分布，主要集中在东北大、小兴安岭北部，青藏高原，以及天山、阿尔泰山等地区，总面积约为 215 万 km^2，约占我国面积的 22%。

3）冻土的描述和定名（见表 10.11）

表 10.11　冻土的描述和定名

土　类	含冰特征　·		冻土定名
Ⅰ 未冻土	处于非冻结状态的岩、土	按 GBJ 145—90 进行命名	—
Ⅱ 冻土	肉眼看不见分凝冰的冻土（N）	①胶结性差，易碎的冻土（N_f）	少冰冻土 （S）
		②无过剩冰的冻土（N_{bn}）	
		③胶结性良好的冻土（N_b）	
		④有过剩冰的冻土（N_{bc}）	
	肉眼可见分凝冰，但冰层厚度 小于 2.5 cm 的冻土（V）	①单个冰晶体或冰包裹体的冻土（V_X）	多冰冻土（D）
		②在颗粒周围有冰膜的冻土（V_c）	
		③不规则走向的冰条带冻土（V_r）	富冰冻土（F）
		④层状或明显定向的冰条带冻土（V_S）	饱冰冻土（B）
Ⅲ 厚层冰	冰层厚度大于 2.5 mm 的含土冰 层或纯冰层（ICE）	①含土冰层（ICE + 土类符号）	含土冰层（H）
		②纯冰层（ICE）	ICE + 土类符号

4）冻土的分区与形态

（1）按平面分布特征分区

①零星冻土区：冻土面积仅占 5% ~30%。

②岛状冻土区：冻土面积占 40% ~60%。

③断续冻土区：冻土面积占 70% ~80%。

④整体冻土区：冻土面积 >90%，厚度达 30 m 以上。

（2）竖向形态

①衔接的冻土：季节性冻层深度到达多年冻土顶面，如青藏高原的多年冻土属这类。

②不衔接的冻土：季节性冻层深度较浅，达不到多年冻土层顶面，两者之间存在一层未冻结的融土层，东北地区的部分多年冻土属这类。

5）多年冻土发展趋势

（1）发展的冻土

冻土层每年散热多于吸热，则多年冻土厚度逐渐增加，即属这类冻土。

（2）退化的冻土

冻土层每年吸热多于散热，则多年冻土层逐渐融化变薄，以致消失。如清除地表草皮等覆盖，可加速多年冻土退化。

10.4.2 冻土的物理力学性质

1)按冻土中未冻水含量区分

①坚硬冻土:土中未冻水含量很少,土粒被冰牢固地胶结。坚硬冻土的强度高,压缩性低,在荷载作用下呈脆性破坏。

②塑性冻土:土中含大量未冻水,冻土的强度不高,压缩性较大。

③松散冻土:土的含水量较小,土粒未被冰所胶结,仍呈冻前的松散状态。

2)冻土的构造与融陷性

(1)冻土的构造

①晶粒状构造:冻结时,水分就在原来的孔隙中结成晶粒状的冰晶。一般的砂土或冻结速率大、含水量小的黏性土具有这种构造,如图10.2(a)所示。

②层状构造:土在单向冻结并有水分转移时,形成层状构造。冰和矿物颗粒离析,形成冰夹层。在冻结速率小,冻结过程中有水分迁移的饱和砂性土与粉土中常见,如图10.2(b)所示。

③网状构造:土在多向冻结条件下,分水转移形成网状构造,也称为蜂窝状构造,如图10.2(c)所示。

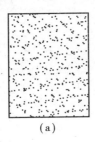  

(a)　　　　　　　　(b)　　　　　　　　(c)

图10.2　冻土的构造

(2)冻土的冻胀性

地基土的冻胀性按表7.4分为不冻胀、弱冻胀、冻胀、强冻胀和特强冻胀5级。

3)冻土的特殊物理性质指标

①相对含冰量 i_0 : $i_0 = \dfrac{\text{冰的质量}}{\text{全部水的质量}} \times 100\%$

②冰夹层含水量 w_b : $w_b = \dfrac{\text{冰夹层的质量}}{\text{土骨架的质量}} \times 100\%$

③未冻水含量 w_r : $w_r = (1 - i_0)w$

④饱冰度 V : $V = \dfrac{\text{冰的质量}}{\text{土的总质量}} = \dfrac{i_0 w}{1 + w} \times 100\%$

⑤冰夹层含冰量 B_b : $B_b = \dfrac{\text{冰透晶体和冰夹层体积}}{\text{冻土总体积}} \times 100\%$

4) 冻土的抗压强度与抗剪强度

（1）冻土的抗压强度

由于冰的胶结作用,冻土的抗压强度大于未冻土,并随气温降低而增高。在长期荷载下,冻土具有强烈的流变性,其极限抗压强度远低于瞬时荷载下的抗压强度。

（2）冻土的抗剪强度

在长期荷载下,冻土的抗剪强度低于瞬时荷载的强度。融化后土的黏聚力将大幅下降,由此可能造成事故。

5) 冻土地基的融沉变形

（1）冻土融化前后孔隙比变化

短期荷载下,冻土压缩性很低,可不计其变形,但冻土融化时,结构破坏,有的成为高压缩性的土体,产生剧烈变形。由图10.3(a)冻土的压缩曲线可见,当温度由 -0 ℃至 $+0$ ℃时,孔隙比突变 Δe；图10.3(b)表示融化前后孔隙比之差 Δe 与压力 p 的关系。在 $p \leqslant 500$ kPa 时,视为线性关系,以式(10.16)表示:

$$\Delta e = A + ap \tag{10.16}$$

式中　A——$\Delta e\text{-}p$ 曲线在纵坐标上的截距,称融化下沉系数;

　　　a——$\Delta e\text{-}p$ 曲线的斜率,为冻土融化时的压缩系数。

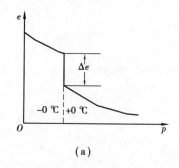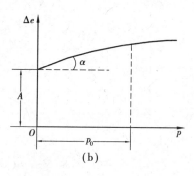

(a)　　　　　　　　　　(b)

图10.3　冻土融化前后孔隙比变化曲线

（2）冻土地基融沉变形

冻土地基的融沉变形 s 按式(10.17)计算:

$$s = \frac{\Delta e}{1+e_1}h = \frac{A}{1+e_1}h + \frac{ap}{1+e_1}h = A_0 h + a_0 ph \tag{10.17}$$

式中　e_1——冻土的原始孔隙比;

　　　h——土层融前的厚度,m;

　　　A_0——冻土的相对融沉量(融沉系数), $A_0 = \dfrac{A}{1+e_1}$;

　　　a_0——冻土引用压缩系数,MPa^{-1}, $a_0 = \dfrac{a}{1+e_1}$;

　　　p——作用在冻土上的总压力,即土的自重压力和附加压力之和,kPa。

▶ **10.4.3　地基土冻害的防治措施**

为防止地基土发生冻害,可采取下列防治措施。

1)换填法

该法用粗砂、砾石等不冻胀材料填筑在基础底下。换填深度:对不采暖建筑为当地冻深的80%,采暖建筑为60%。宽度由基础每边外伸15～20 cm。

2)物理化学法

①人工盐渍化改良土。加入 $NaCl$,$CaCl_2$ 和 KCl 等,以降低冰点的温度,减轻冻害。

②用憎水物质改良土。加入柴油等化学表面活性剂,以减少地基的含水量。

③使土颗粒聚集或分散改良土。如用顺丁烯聚合物,使土粒聚集,降低冻胀。

3)保温法

该法即在建筑物基础底部或四周设隔热层,增大热阻,推迟土的冻结,提高土温,降低冻深。

4)排水隔水法

此法在建筑物周围设排水沟,防止雨水入渗地基,同时在基础的两侧与底部填砂石料,并设排水管将入渗之水排出。

5)结构措施

①采用深基础。埋于当地冻深以下。

②锚固式基础。包括深桩基础与扩大基础。

③回避性措施。包括架空法、埋入法、隔离法。

复习思考题

10.1　自重湿陷性黄土场地如何判别? 计算自重湿陷量与总湿陷量有什么区别? 如何判别湿陷性黄土地基的湿陷等级?

10.2　湿陷性黄土地基承载力计算,与一般土的地基承载力有何不同?

10.3　湿陷性黄土地基处理有哪些方法? 什么条件适用换土垫层法? 强夯法适用何类情况?

10.4　膨胀土地基的胀缩变形量如何计算? 此胀缩变形量与膨胀地基容许变形值之间有什么关系?

10.5　膨胀土地基承载力如何确定? 重要工程应采用哪种确定方法? 一般工程可用哪种确定方法? 膨胀土地基处理的工程措施包括哪几种?

10.6　红黏土是怎样形成的? 具有何种特性? 什么条件下的红黏土为良好地基? 什么样的红黏土为不良地基?

习 题

10.1 关中地区某住宅地基为黄土,天然重度 $\gamma = 17.5 \ \text{kN/m}^3$,浸水饱和后 $\gamma_{sat} = 20.0 \ \text{kN/m}^3$。现取深度 5 m 处原状土样进行室内压缩试验。试样原始高度为 20 mm。加压至 $p = 100 \ \text{kPa}$ 时,下沉稳定后土样高度为 19.80 mm。然后浸水,下沉稳定后土样高度为 19.40 mm。另一原状土样,原始高度相同。加压至 $p = 200 \ \text{kPa}$ 时下沉稳定后,百分表长针正好走了半圈。然后浸水,至下沉稳定后,百分表长针累计走了一圈。试评价该地基是否为湿陷性黄土?并计算自重湿陷系数。(答案:湿陷性黄土,0.02)

10.2 陇西地区某建筑地基为自重湿陷性黄土。初勘结果:第①层黄土的湿陷系数 $\delta_{s1} = 0.013$,层厚 $h_1 = 1.0$ m;第②层 $\delta_{s2} = 0.018$,$h_2 = 3.0$ m;第③层 $\delta_{s3} = 0.030$,$h_2 = 1.50$ m;第④层 $\delta_{s4} = 0.050$,$h_4 = 8.0$ m。计算自重湿陷量 $\Delta_{zs} = 18.0$ cm。判别该黄土地基的湿陷等级。(答案:Ⅱ级)

10.3 已知某建筑楼地基为全新世湿陷性黄土。土的天然含水量 $w = 19.0\%$,$w_L = 25.2\%$,$e = 0.9$,$\gamma = 18.0 \ \text{kN/m}^3$。设计独立基础,底宽 4.0 m,埋深 2.0 m。计算修正后的地基承载力特征值。(答案:$f_0 = 170 \ \text{kPa}$,$f_a \approx 185 \ \text{kPa}$)

10.4 某单位三层办公楼地基为膨胀土,由试验测得第①层土膨胀率 $\delta_{ep1} = 1.8\%$,收缩系数 $\lambda_{s1} = 1.3$,含水量变化 $\Delta w_1 = 0.01$,土层厚 $h_1 = 1 \ 500$ mm;第②层土 $\delta_{ep2} = 0.7\%$,$\lambda_{s1} = 1.1$,$\Delta w_2 = 0.01$,$h_2 = 2 \ 500$ mm。计算此膨胀土地基的胀缩变形量并判别胀缩等级。(答案:64 mm,Ⅱ级)

10.5 广东韶关某医院三层医疗楼建在膨胀土地基上。土层厚 10~15 m,地下水位埋深 14.29 m。此医疗楼全长 102 m。采用条形基础。地基采用砂垫层,上部结构加圈梁处理。设计砂垫层尺寸、圈梁尺寸和构造。

10.6 云南某教学楼独立基础宽度 2.0 m,埋深 1.0 m,地基为红黏土,$\gamma = 18.0 \ \text{kN/m}^3$,$w_L = 86.0\%$,$w = 60.2\%$,$w_P = 58.2\%$。计算此教学楼地基承载力基本值和修正后的地基承载力特征值 f_a。(答案:210 kPa,231 kPa)

参考文献

[1] 华南理工大学,东南大学,浙江大学,湖南大学. 地基及基础[M].3 版. 北京：中国建筑工业出版社,1998.

[2] 赵明华. 土力学与基础工程[M].2 版.北京：中国建筑工业出版社,2008.

[3] 陈希哲. 土力学地基基础[M].4 版. 北京：清华大学出版社,2004.

[4] 陈仲颐,周景星,王洪瑾. 土力学[M]. 北京：清华大学出版社,1994.

[5] 赵成刚,白冰,王运霞. 土力学原理[M]. 北京：清华大学出版社,北京交通大学出版社,2004.

[6] 杨小平. 土力学及地基基础[M]. 武汉:武汉大学出版社,2000.

[7] 丁梧秀. 地基基础[M]. 郑州:郑州大学出版社,2006.

[8] 陈晓平,陈书申. 土力学与地基基础[M].2 版. 武汉:武汉理工大学出版社,2003.

[9] 史如平,韩选江. 土力学与地基工程[M].上海:上海交通大学出版社,1990.

[10] 冯国栋. 土力学[M]. 北京:中国水利电力出版社,1995.

[11] 钱家欢. 土力学[M]. 南京:河海大学出版社,1994.

[12] 高大钊. 土力学与基础工程[M]. 北京:中国建筑工业出版社,1998.

[13] 洪毓康. 土质学与土力学[M]. 北京:人民交通出版社,1995.

[14] 赵明华,李刚,曹喜仁,等. 土力学地基与基础疑难释义[M].北京:中国建筑工业出版,1999.

[15] 杨英华. 土力学[M]. 北京:地质出版社,1990.

[16] 邵全,韦敏才. 土力学与基础工程[M]. 重庆:重庆大学出版社,1998.

[17] 陆培毅. 土力学[M]. 北京:中国建材工业出版社,2000.

[18] 唐大雄,孙愫文. 工程岩土学[M]. 北京:地质出版社,1987.

［19］许惠德，马金荣，姜振泉. 土质学及土力学［M］. 徐州:中国矿业大学出版社,1995.

［20］顾晓鲁，钱鸿缙，刘惠珊，汪时敏. 地基与基础［M］. 2 版. 北京:中国建筑工业出版社, 1993.

［21］黄文熙. 土的工程性质［M］. 北京:中国水利水电出版社,1983.

［22］叶书麟，叶观宝. 地基处理［M］. 北京:中国建筑工业出版社,1997.

［23］叶书麟. 地基处理［M］. 北京:中国建筑工业出版社,1988.

［24］凌志平，易经武. 基础工程［M］. 北京:人民交通出版社,1997.

［25］陈国兴，樊良本，等. 基础工程学［M］. 北京:中国水利水电出版社,2002.

［26］东南大学,浙江大学,湖南大学,苏州科技学院. 土力学［M］. 2 版. 北京:中国建筑工业 出版社,2005.

［27］刘增荣. 土力学［M］. 上海:同济大学出版社,2005.

［28］陈仲颐，叶书麟. 基础工程学［M］. 北京:中国建筑工业出版社,1990.

［29］南京水利科学研究院. GB/T 50145—2007　土的工程分类标准［S］. 北京:中国计划出 版社,2008.

［30］中国建筑科学研究院. GB 50007—2011　建筑地基基础设计规范［S］. 北京:中国建筑 工业出版社,2002.

［31］南京水利科学研究院. GB/T 50123—1999　土工实验方法标准［S］. 北京:中国计划出 版社,1999.

［32］中国建筑科学研究院. JGJ 94—2008　建筑桩基技术规范［S］. 北京:中国建筑工业出 版社,2008.

［33］建设部综合勘察研究设计院. GB 50021—2001　岩土工程勘察规范(2009 年版)［S］. 北京:中国建筑工业出版社,2001.

［34］中国建筑科学研究院. JGJ 79—2012　建筑地基处理技术规范［S］. 北京:中国建筑工 业出版社,2002.

［35］中交公路规划设计院有限公司. JGJ D63—2007　公路桥涵地基与基础设计规范［S］. 北京:人民交通出版社,2007.